Wechselstromtechnik

I. Teil

Wechselstromtechnik

Von

Dr. G. Roessler

Professor an der Königlichen Technischen Hochschule
in Danzig

Zweite Auflage von
„Elektromotoren für Wechselstrom und Drehstrom"

I. Teil
Mit 185 Textfiguren

Berlin
Verlag von Julius Springer
1913

ISBN-13: 978-3-642-98294-1   e-ISBN-13: 978-3-642-99105-9

DOI: 10.1007/978-3-642-99105-9

Vorwort.

Das vorliegende Werk bildet eine erweiterte Umarbeitung des seit einigen Jahren vergriffenen Buches über Wechselstrom- und Drehstrommotoren. Während das ältere Buch nur das Verhalten der Motoren selbst behandelte, soll das neue eine systematische Darstellung der Wechselstromtechnik bieten. Der vorliegende erste Teil umfaßt die Grundgesetze der Wechselströme und der Mehrphasenströme, die Transformatoren, die synchronen Generatoren und die asynchronen Drehstrommotoren ohne Kollektor. der zweite Teil soll die synchronen Motoren, die Umformer und die Motoren mit Kollektor enthalten.

Bei der Größe des Gebietes der heutigen Wechselstromtechnik und der Spezialisierung aller seiner Teile müssen für ein Werk, das nicht allumfassend sein will, die besonderen Ziele angegeben werden. Das vorliegende Buch bietet eine Darstellung der Betriebseigenschaften der Maschinen und Apparate einer Wechselstromanlage, wie sie heute „listenmäßig" zu kaufen sind. Es soll den Leser befähigen, diese Eigenschaften wissenschaftlich zu verstehen und für seine besonderen Zwecke unter den in Frage kommenden Typen eine geeignete Auswahl zu treffen; eine Berechnungs- und Konstruktionslehre zu geben, ist nicht beabsichtigt.

Die Ansprüche, die an moderne elektrische Maschinen und Apparate zu machen sind, werden allgemein durch die Vorschriften des Verbandes Deutscher Elektrotechniker geregelt und im speziellen von den einzelnen Firmen für ihre Erzeugnisse durch technische Darlegungen in ihren Preislisten und sonstigen Druckschriften angegeben. Auch diese rein praktischen

Veröffentlichungen — nicht nur die große wissenschaftlich-technische Literatur unserer Zeitschriften — sind heute nur noch auf wissenschaftlicher Grundlage zu verstehen; durch mehr oder weniger populäre Auseinandersetzungen kann ihre sachkundige Benutzung nicht mehr gelehrt werden.

Die Darstellung habe ich so einfach wie möglich zu gestalten versucht. Überall habe ich mich bemüht in unmittelbarer Berührung mit den Naturerscheinungen und technischen Vorgängen zu bleiben und Zwischenrechnungen zu vermeiden. Voraussetzung für das Verständnis ist nur die Kenntnis der Grundgesetze der Elektrizität und des Magnetismus und der Grundbegriffe der Gleichstromtechnik. Wo ein Vergleich zwischen Gleichstrom und Wechselstrom angebracht erschien, ist auf mein Buch über Gleichstrommotoren hingewiesen worden; die zitierten Stellen sind jeweilen durch ein G charakterisiert. Um die Anschaulichkeit in der Darstellung zu erhöhen, habe ich vielfach Versuchsergebnisse angeführt, die ich früher im Elektrotechnischen Laboratorium der Königl. Technischen Hochschule in Berlin und jetzt in Danzig gewonnen und auch, soweit es die Zeit erlaubte, in meinen Vorlesungen verwertet habe. Für diejenigen Leser, die eine etwas weitergehende Vertiefung wünschen, ist der Text des Buches an vielen Stellen durch einen kleiner gedruckten Text ergänzt.

Die Gleichungen sind nicht laufend, sondern nach Paragraphen numeriert. Wird auf eine in einem anderen Paragraphen stehende Gleichung verwiesen, so ist neben der Nummer der Gleichung auch die Nummer ihrer Seite angegeben, bei Gleichungen desselben Paragraphen dagegen nur die Nummer der Gleichung selbst.

Bei der Schlußkorrektur hat mir Herr Dipl.-Ing. Roth, Docent an der Technischen Hochschule in Danzig, freundliche Hilfe geleistet; ich sage ihm dafür auch an dieser Stelle herzlichen Dank.

Danzig-Langfuhr, im September 1912.

G. Roessler.

Inhaltsverzeichnis.

(Die Zahlen bedeuten die Seitenzahlen.)

V. Mehrphasenströme und Drehfelder.

VI. Asynchrone Mehrphasenmotoren ohne Kollektor.

I. Grundbegriffe und Definitionen.

§ 1. Entstehung und Begriff der Wechselströme.

Alle elektrische Energie, welche die Starkstromtechnik heutzutage verwendet, wird erzeugt durch elektromagnetische Induktion. Das Wesen dieses Vorganges besteht bekanntlich in folgendem:

Bewegt man eine geschlossene Windung in einem magnetischen Felde, so daß sich die Zahl der sie schneidenden magnetischen Kraftlinien verändert, so entsteht in ihr eine elektromotorische Kraft, deren Größe gegeben ist durch die Schnelligkeit dieser Veränderung. Bezeichnet man nämlich mit N die gesamte Zahl der Kraftlinien, welche zur Zeit t die Windungsebene schneiden, so ist der Wert der induzierten EMK in absoluten elektromagnetischen Einheiten

$$E = -\frac{dN}{dt}, \quad \ldots \ldots \quad (1)$$

also gleich der sekundlichen Änderung der Kraftlinienzahl in der Windung.

Es genügt dabei aber nicht, daß nur andere Kraftlinien, aber in gleicher Gesamtzahl infolge der Bewegung in die Windung eintreten, wie es z. B. geschähe, wenn sich die Windung mit parallelbleibender Ebene in einem homogenen Magnetfelde bewegte, sondern der absolute Wert der gesamten Kraftlinienzahl, die von der Windung umschlossen wird, muß von Moment zu Moment wechseln.

Für die Richtung der induzierten EMK gilt die Regel: Man schaue längs der Richtung der Kraftlinien und verfolge die Bewegung der Windung. Sieht man dabei die Kraftlinienzahl in der Windung abnehmen, so verläuft die induzierte EMK im Sinne des Uhrzeigers.

Mit dieser Regel steht die Wahl des Vorzeichens in Formel 1 in folgendem Zusammenhang: Es sollen bei den späteren Erörterungen immer diejenigen Ströme als positiv bezeichnet werden,

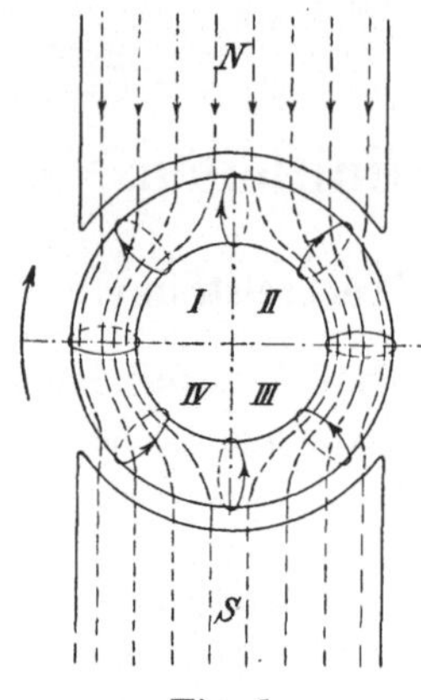

Fig. 1.

welche, in der Richtung der Kraftlinien betrachtet, im Sinne des Uhrzeigers verlaufen. Damit Gl. 1 bei abnehmender Kraftlinienzahl zu einem positiven Wert von E führt, muß also $\frac{dN}{dt}$, wie es oben geschehen ist, ein negatives Vorzeichen erhalten.

Als Beispiel der Stromerzeugung durch Induktion wollen wir Fig. 1 betrachten, das in der Literatur typisch gewordene Bild der Stromerzeugung durch Dynamomaschinen: Ein sich im Uhrzeigersinne drehender Ringanker, mit einer Windung versehen, ist in verschiedenen Stellungen gezeichnet. Über dem Anker befindet sich ein Nordpol, unter ihm ein Südpol, die Kraftlinien gehen also von oben nach unten. Wir sehen, wenn wir in der Richtung der Kraftlinien blicken,

im Quadranten I die Kraftlinienzahl abnehmen und daher eine EMK im Sinne des Uhrzeigers,

im Quadranten II die Kraftlinienzahl zunehmen und daher eine EMK entgegen dem Sinne des Uhrzeigers,

im Quadranten III die Kraftlinienzahl abnehmen und daher eine EMK im Sinne des Uhrzeigers,

im Quadranten IV die Kraftlinienzahl zunehmen und daher eine EMK entgegen dem Sinne des Uhrzeigers

entstehen. Überblicken wir das Gesamtbild, so erkennen wir, daß in den beiden Quadranten (I und II) oberhalb der neutralen Ebene der Strom in der Windung vorne nach außen, in den beiden Quadranten unterhalb der neutralen Ebene vorne nach innen fließt. Der induzierte Strom ändert also bei jedem Durchgange der Windung durch die neutrale Ebene seine Richtung; er schießt in der Windung hin und her. Die Bewegung vor einem Nordpol bringt die entgegengesetzte Stromrichtung hervor wie die Bewegung vor einem Südpol. In jedem Polbereich, der bei der Bewegung der Windung durch die neutrale Ebene beginnt und aufhört, schwillt der Strom vom Nullwert zu einem Maximalwert an und geht wieder auf Null herab.

Bei den modernen Generatoren werden zur besseren Raumausnutzung statt einer einzigen Windung ganze Spulen verwendet, die rings um den Anker gewickelt sind, und statt eines Polpaares werden meist mehrere benutzt. Das Arbeitsprinzip ist aber in allen Fällen dasselbe. Jede Spule geht abwechselnd an einem Nordpol und einem Südpol vorüber. Kraftlinienzahl und -Richtung in der Spule ändern sich dabei periodisch, und damit entsteht in dem Anker eine periodisch sich verändernde EMK und durch diese ein Strom, der zwischen positiven und negativen Maxima hin und her wogt, mit Null beginnend in einer Richtung

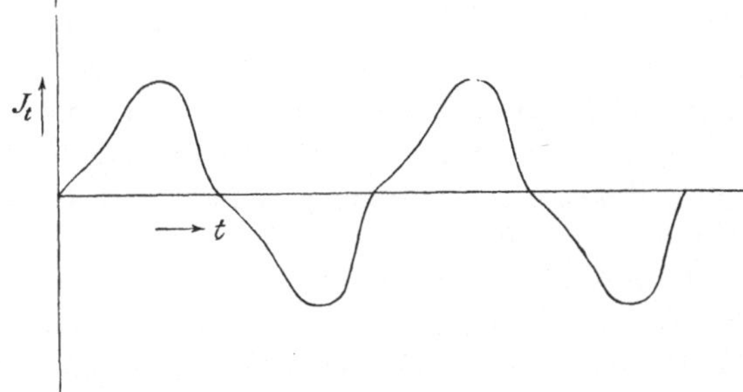

Fig. 2.

zu einem Maximum ansteigt, wieder auf Null herabgeht, seine Richtung wechselt, in der entgegengesetzten Richtung sein Maximum annimmt, wieder auf Null herabgeht usw.

Will man den zeitlichen Verlauf der Intensität solcher Ströme im orthogonalen Koordinatensystem graphisch darstellen, so ergibt sich ein Bild wie in Fig. 2. Hierin ist die Zeit die Abszisse, die Stromstärke die Ordinate; positive und negative Ordinaten bedeuten verschiedene Stromrichtungen. Da man allen einzelnen Magnetpolen genau gleiche Gestalt und Größe und gleichen Abstand vom Anker gibt, so müssen die positiven und negativen Stücke der Kurve genau kongruent sein.

Man bezeichnet Ströme, die durch eine Kurve wie Fig. 2 darzustellen sind, als Wechselströme, die Kurve selbst als die „Stromkurve" oder „Stromwelle". Wechselströme lassen sich also definieren als Ströme, deren Intensität und Richtung sich periodisch, d. h. in der Weise verändert, daß innerhalb einer gewissen Zeit immer dieselbe Stromstärke wiederkehrt. Diese Zeit heißt die „Dauer einer Periode"; sie kann natürlich ebensogut zwischen zwei positiven oder negativen Maximalwerten, wie zwischen zwei Nullwerten, nach denen die Stromstärke im positiven oder im negativen Sinne zunimmt, oder überhaupt zwischen zwei „entsprechenden" Punkten gezählt werden. Wir bezeichnen die Dauer einer Periode in Sekunden fortan mit T, so daß die Zahl der Perioden pro Sekunde, auch kurz „Frequenz" genannt, $\dfrac{1}{T}$ ist und setzen $\dfrac{1}{T} = \nu$. Statt der sekundlichen Periodenzahl ν pflegt man häufig auch die sekundliche Zahl der Wechsel der Stromrichtung anzugeben. Da der Strom nach Fig. 2 während einer Periode zweimal seine Richtung ändert, so ist diese „Wechselzahl" doppelt so groß wie die Periodenzahl.

Es sei schon an dieser Stelle bemerkt, daß von der deutschen elektrotechnischen Industrie die sekundlichen Periodenzahlen von 50 und 25 als normale angenommen sind, 50 für Licht- und gemischten Licht- und Kraftbetrieb, 25 für reinen Motorenbetrieb; für Bahnbetrieb scheint sich neuerdings die Periodenzahl 15 einzubürgern. Über Vorteile und Nachteile niederer und höherer Periodenzahlen wird später gesprochen werden.

Die Form der Stromkurve ist bei den praktisch verwendeten Wechselströmen sehr verschieden; am wichtigsten ist aus später zu erörternden Gründen die Form einer Sinuskurve. Statt glatter Sinuskurven kommen aber auch gewellte sinusartige Kurven oder spitzere und flachere Formen vor. Die weiteren Betrachtungen werden lehren, daß das Verhalten aller wichtigen Organe von Wechselstromanlagen in hohem Maße von der Form dieser Kurven abhängig ist.

Um die Veränderlichkeit der Wechselstromgrößen mit der Zeit zum Ausdruck zu bringen, wollen wir ihre Bezeichnungen fortan mit dem Index t versehen, also z. B. J_t die Stärke des Wechselstromes nennen.

§ 2. Einheiten für Spannung, Stromstärke und Arbeitsleistung.

Zur vollständigen Bestimmung eines Wechselstromes ist nach dem Vorangehenden die Angabe aller der veränderlichen Werte nötig, die er während einer Periode annimmt, also entweder die graphische Darstellung durch eine Stromkurve oder die Aufstellung eines mathematischen Gesetzes für deren Gestalt. Da jeder Wert der Stromstärke während einer unendlich kleinen Zeit als konstant angenommen werden kann, so kann man die momentanen, veränderlichen Werte in Ampere angeben unter Beibehaltung der für Gleichstrom gegebenen Definition dieser Einheit. Entsprechendes gilt auch für die Spannung und Arbeitsleistung, die naturgemäß auch periodisch veränderlich sein müssen. Man mißt also auch die veränderlichen Wechselspannungen in Volt und die Leistungen in Volt-Ampere oder Watt.

Offenbar ist aber die Angabe der Wechselstromgrößen durch Kurven oder mathematische Formeln für die Technik nicht immer angängig, zumal da sich, wie wir später sehen werden, die Kurvenformen in Wechselstrombetrieben mit der Belastung der Maschinen, Motoren und Transformatoren ändern.

Will man die Angabe der Stärke eines Wechselstromes auf die Einfachheit der Bestimmungsweise des Gleichstromes zurückführen, so liegt es nahe, von allen seinen veränderlichen Werten während einer Periode einen Mittelwert anzugeben. Dieser Wert wäre dann zu definieren als die Höhe eines Rechtecks, das gleiche Basis und gleichen Inhalt hat, wie die Fläche, welche die Kurve der betreffenden elektrischen Größe mit der Abszissenachse einschließt. Es gebe z. B. in Fig. 3 die Kurve ABC den Verlauf der Stromstärke während einer halben Periode an, und F sei der Inhalt der Fläche ABC.

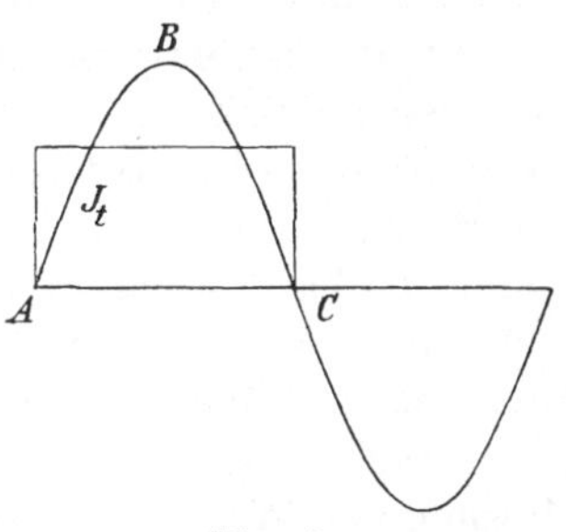

Fig. 3.

Konstruiert man dann über AC ein Rechteck mit der Höhe h, das ebenfalls den Inhalt F hat, so ist offenbar h der mittlere Wert der Ordinaten der Kurve ABC.

Wird der Verlauf von ABC dargestellt durch die Gleichung:

$$y = f_{(t)},$$

so ist

$$F = \int_{0}^{\frac{T}{2}} f_{(t)}\, dt,$$

da AC die Dauer $\dfrac{T}{2}$ einer halben Periode umfaßt. Also ist

$$h = \frac{1}{T} \int_{\frac{T}{2}}^{\frac{T}{2}} f_{(t)}\, dt \quad \dots \dots \dots \quad (1)$$

der einfache Mittelwert sämtlicher Ordinaten.

Bei Bildung dieses Mittelwertes kann die Integration selbstverständlich nur erfolgen entweder über eine ganze positive Hälfte der Stromkurve oder über eine ganze negative Hälfte und muß dabei stets mit der Ordinate Null beginnen.

Man würde die Stärke eines Wechselstromes ohne Zweifel allgemein durch diesen Mittelwert angeben, wenn er sich auf einfache Weise feststellen ließe. Die exakten Meßinstrumente für Wechselstrom, welche als Normale dienen müssen, zeigen aber diesen Wert nicht an. Um dieses zu begründen, müssen hier die Grundsätze der Meßtechnik kurz besprochen werden.

Die Gleichstromtechnik benutzt als Präzisionsinstrumente heute bekanntlich die sogenannten Drehspulinstrumente, bei denen ein permanenter Magnet eine drehbare Spule ablenkt, die von dem zu messenden Strom oder einer Abzweigung desselben durchflossen wird. Diese Instrumente lassen sich offenbar zur Messung von Wechselströmen nicht benutzen. Da die modernen Wechselströme 50 bis 100mal in der Sekunde ihre Richtung wechseln, und jeder Wechsel der Stromrichtung von einer Umkehr des Drehmomentes begleitet ist, so kann die drehbare Spule infolge ihrer Trägheit einen Ausschlag überhaupt nicht annehmen. Zur Messung von Wechselströmen sind also nur diejenigen Wirkungen des elektrischen Stromes geeignet, die sich mit der Richtung des Stromes nicht umkehren. Dies sind die Wärmewirkungen und bei entsprechender Einrichtung der Instrumente auch die elektrodynamischen.

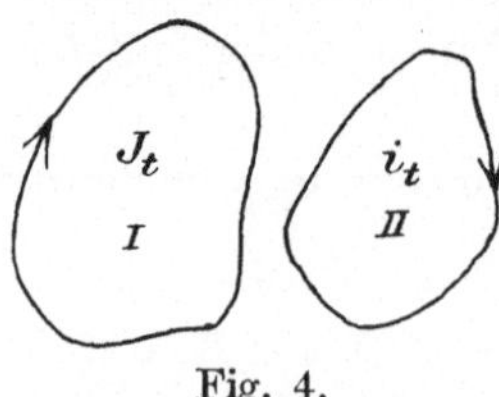

Fig. 4.

Die Wärmemenge, die ein Strom von J_t Amp. in einem Widerstande von w Ohm sekundlich entwickelt, ist $Q = J_t^2 w$ Watt; sie ist also unabhängig von einem Zeichenwechsel des Stromes. Unter elektrodynamischen Wirkungen versteht man bekanntlich die Kraftwirkungen zweier stromdurchflossenen Leiter aufeinander. Nach den Untersuchungen Ampères ist diese Kraft F_t propor-

tional den Stromstärken, welche beide Leiter durchfließen, bei
den in Fig. 4 gezeichneten Stromkreisen z. B. ist also

$$F_t = kJ_t i_t, \quad \ldots \ldots \ldots \quad (2)$$

wenn mit k der Proportionalitätsfaktor bezeichnet wird. k bedeutet demnach diejenige Kraft, mit der die betrachteten Leiter aufeinander einwirken würden, wenn J_t und i_t gleich 1 Amp. wären. Der Wert dieses Faktors hängt offenbar ab von der Gestalt und der Entfernung der Leiter. Schickt man durch beide Leiter denselben Strom J_t, so ist

$$F_t = kJ_t^2 \quad \ldots \ldots \ldots \quad (3)$$

unabhängig vom Vorzeichen von J_t.

Im folgenden soll kurz besprochen werden, wie man die beiden geschilderten Stromwirkungen zur Messung der drei maßgebenden elektrischen Größen des Wechselstromes: Spannung, Stromstärke und Arbeitsleistung benutzen kann. Die zu beschreibenden Instrumente sind nur typische Beispiele exakter Meßapparate und als solche der verschiedensten Modifikationen fähig. Wir beginnen mit der Messung der Stromstärke J_t und gehen dann über zur Spannung Ep_t und zur Leistung A_t.

Messung der Stromstärke.

Instrumente, bei denen die elektrodynamische Wirkung benutzt wird, heißen Elektrodynamometer. Die klassische Form eines solchen Instrumentes zeigt Fig. 5. Es besteht aus einer festen Spule I, die in der Figur im Querschnitt erscheint, und einer beweglichen Windung oder Spule II, deren Ebene senkrecht auf derjenigen von I steht. Die Stromzuführung zu II geschieht durch Queck-

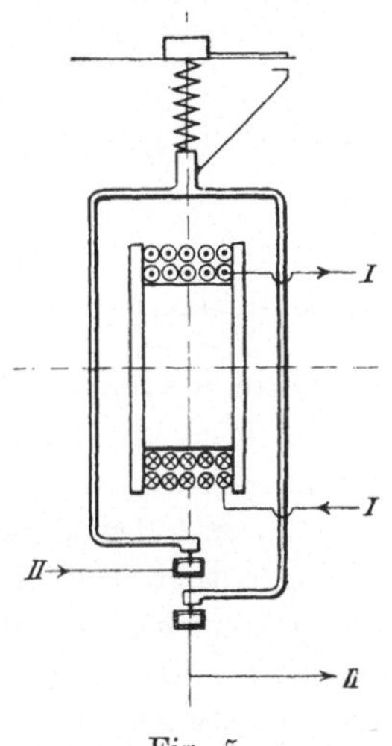

Fig. 5.

silbernäpfe. I und II sind hintereinander geschaltet und werden von dem zu messenden Strome durchflossen. Die ablenkende Kraft F, die I auf II ausübt, wird gemessen durch eine Torsionsfeder, die einerseits an II und andererseits an einem über einer horizontal liegenden Skala befindlichen Torsionskopf befestigt ist. Diese Feder ist so eingerichtet, daß das Torsionsmoment, welches sie bei einer Drehung um einen beliebigen Winkel erfährt, diesem Winkel möglichst genau proportional ist. Die Messung geschieht dann in folgender Weise:

Indem der Strom durch das Dynamometer fließt, wird die bewegliche Spule aus ihrer Nullage abgelenkt; ein an II befestigter Index, der unter der Skala des Instrumentes spielt, zeigt diesen Vorgang an. Man dreht nun die Torsionsfeder mit Hilfe des Torsionskopfes so lange, bis der Index auf den Nullpunkt zurückgekommen ist. Mit Hilfe eines Zeigers, der sich an demselben Torsionskopfe befindet, kann man den Drehungswinkel auf der Skala des Instrumentes ablesen. Durch dieses Verfahren wird das Drehmoment D_1 der elektrodynamischen Kräfte und das Drehmoment D_2 der Torsionsfeder äquilibriert. D_1 kann nach Gl. 3 gesetzt werden:

$$D_1 = k_1 \cdot J_t^2, \qquad \ldots \ldots \ldots \quad (4)$$

wirkt also immer in der gleichen Richtung.

D_2 ist proportional φ also:

$$D_2 = k_2 \cdot \varphi.$$

Hat die Torsion der Feder die abgelenkte Spule mit ihrem Index in ihre Gleichgewichtslage zurückgebracht, so ist

$$D_1 = D_2$$

oder

$$K_1 J_t^2 = K_2 \varphi$$

und schließlich:

$$J_t^2 = \mathrm{konst} \cdot \varphi = c\varphi. \qquad \ldots \ldots \quad (5)$$

Wäre die Stromstärke nur langsam veränderlich, so müßte man natürlich die Torsionsfeder entsprechend dieser Veränderung langsam drehen, um dauernd Gleichgewicht zwischen D_1 und D_2 zu behalten. Da aber die Schwankungen des Wechselstromes außerordentlich schnell geschehen, und die drehbare Spule zu träge ist, sich der Schnelligkeit der Schwankungen des Drehmomentes entsprechend zu bewegen, so läßt sie sich durch eine konstante Einstellung des Torsionskopfes dauernd in ihre Nulllage zurückbringen. Die k o n s t a n t e Einstellung ergibt sich dabei aus dem mittleren Werte der ablenkenden elektrodynamischen Kraft während einer Periode, und daher aus dem mittleren Wert von J_t^2. Wir wollen diesen Wert kurz mit $M(J_t^2)$ bezeichnen.

Aus Gl. 5 ergibt sich also, wenn mit φ jetzt der konstante Drehwinkel bezeichnet wird,

$$M(J_t^2) = c\varphi. \qquad \ldots \ldots \ldots \quad (6)$$

Ist c bekannt, so läßt sich mit Hilfe dieser Gleichung $M(J_t^2)$ berechnen. c aber kann durch eine Eichung des Instrumentes mit Gleichstrom leicht bestimmt werden. Hat der Gleichstrom die Stärke J, so ist auch

$$J^2 = c\varphi.$$

Derselbe Winkel φ ist also bei Gleichstrom und Wechselstrom einzustellen, wenn

$$M(J_t^2) = J^2 \quad \ldots \ldots \ldots \ldots \quad (7)$$

oder

$$\sqrt{M(J_t^2)} = J$$

ist. Man ist übereingekommen, den Ausdruck $\sqrt{M(J_t^2)}$ als den effektiven Wert der Wechselstromstärke zu bezeichnen.

Ein Elektrodynamometer ergibt demnach für Gleichstrom und Wechselstrom denselben Drehwinkel, wenn der effektive Wert des Wechselstromes gleich dem Werte des Gleichstromes ist, oder: ein Dynamometer zeigt, mit Gleichstrom geeicht, den effektiven Wert des Wechselstromes an.

Mit Rücksicht auf diese Eigenschaft der Präzisionsinstrumente wird die Stärke eines Wechselstromes heute ausschließlich durch den effektiven Wert dargestellt. Der effektive Wert gilt in der Technik als die Stärke des Wechselstromes schlechthin. Beim Elektrodynamometer ist die Angabe unabhängig von der Form der Stromkurve, denn eine Voraussetzung darüber ist bei der obigen Entwicklung nicht gemacht worden.

Fig. 6 zeigt den Verlauf von J_t^2 entsprechend dem durch Fig. 3 dargestellten Verlauf von J_t. Die Kurve J_t^2 hat für beide halben Perioden gleiche Vorzeichen, und der

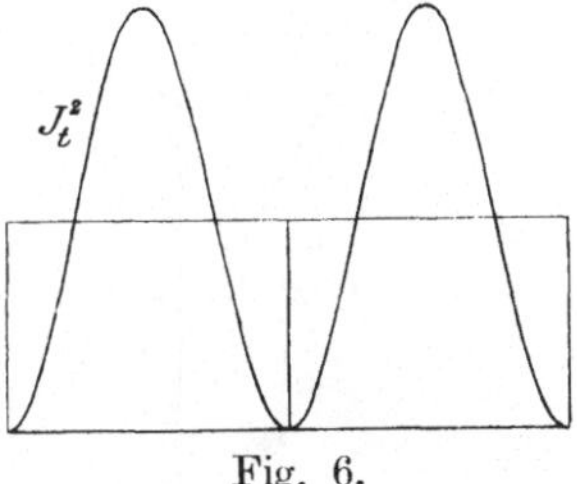

Fig. 6.

Mittelwert $M(J_t^2)$ ergibt sich daher als die Höhe eines Rechtecks, das mit der halben oder der ganzen Kurve gleiche Basis und Fläche hat. Der effektive Wert ergibt sich demnach aus:

$$M(J_t^2) = \frac{1}{T} \int_0^T J_t^2 \, dt = \frac{2}{T} \int_0^{\frac{T}{2}} J_t^2 \, dt. \quad \ldots \quad (8)$$

Das Integral und damit $M(J_t^2)$ kann auch durch Planimetrierung der Kurvenfläche gewonnen werden.

Im Gegensatz zu der Kurve J_t in Fig. 3 kann die Integration der Kurve $J_t{}^2$ in Fig. 6 zu jedem beliebigen Zeitpunke der Periode beginnen.

Da die Zurückdrehung des Zeigers in seine Nullage umständlich ist, so läßt man bei modernen Meßinstrumenten die drehbare Spule entgegen der Torsionskraft der Feder einen Ausschlag annehmen. Wie bei dem oben beschriebenen Elektrodynamometer wäre nach Gl. 5 der Ausschlag proportional dem Quadrat des effektiven Wertes der Stromstärke, wenn nicht mit zunehmendem Ausschlage durch die Änderung der gegenseitigen Lage der Spulen die konstante k_1 in Gl. 4 abnähme, weil die bewegliche Spule sich immer mehr aus dem Bereiche der stärkeren Wirkung der festen Spule herausdreht. Elektrodynamische Instrumente mit direktem Ausschlage weisen also eine solche Proportionalität nicht auf. Die quadratische Wirkung der Stromstärke und die Abnahme von k_1 zusammen ergeben bei zunehmender Stromstärke zunächst einen schneller als proportional der ersten Potenz der Stromstärke steigenden Ausschlagswinkel, also zunehmenden Abstand der Skalenteile, gegen Ende der Skala aber wieder eine Abnahme dieses Abstandes. Bei geeigneter Wahl der Form der Spulen und der gegenseitigen Lage kann man erreichen, daß Zu- und Abnahme sich bei allen Drehwinkeln annähernd ausgleichen und abgesehen von etwa dem ersten Fünftel der Skala annähernde Proportionalität zwischen Strom und Ausschlag besteht.

Zur Messung mittels direkten Ausschlags werden auch die kalorischen Wirkungen der Stromstärke benutzt, in den sog. Hitzdrahtinstrumenten, von denen der verbreitetste Typ in Fig. 7 gezeichnet ist. Zwischen A und B ist ein sehr dünner Metalldraht, der Hitzdraht, ausgespannt, welcher den zu messenden Strom zu führen hat und durch ein Federwerk straff gehalten wird. Zu diesem Zwecke ist an ihm in C und mit dem anderen Ende in D ein Faden befestigt, der seinerseits durch einen zweiten Faden EG mit Hilfe der Feder F gespannt wird. EG ist um die drehbare Rolle R geschlungen, auf deren Achse

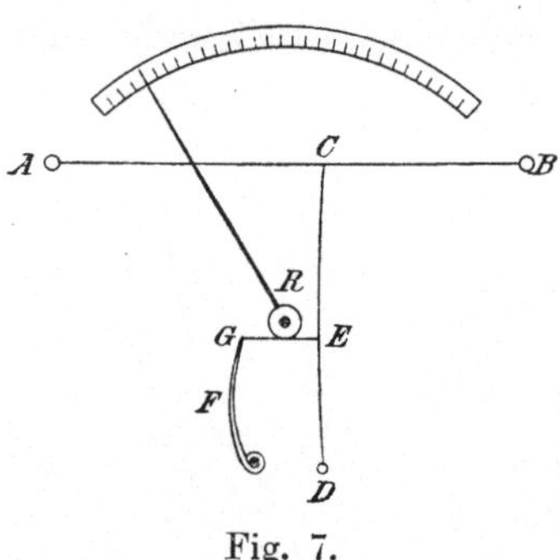

Fig. 7.

ein Zeiger sitzt. Fließt Strom durch den Hitzdraht, so wird er erwärmt, dehnt sich aus, senkt sich durch und wird durch die Feder F wieder gespannt, wobei der Faden EG nach links gezogen, und die Rolle mit dem Zeiger dadurch nach rechts gedreht wird. Da der dünne Hitzdraht nur geringe Stromstärken vertragen kann, wird zur Strommessung stets noch ein Meßwiderstand von entsprechenden Abmessungen parallel geschaltet.

Die Größe der Ausschläge hängt natürlich nur von der im Hitzdraht entwickelten Wärme ab. Diese Wärmemenge ist in der Sekunde

$$Q_t = J_t{}^2 w,$$

wenn w den Widerstand des Hitzdrahtes bedeutet. Q_t ändert sich also entsprechend der Kurve in Fig. 6, die dadurch entstehende Temperatur kann aber wiederum so schnell nicht schwanken, es stellt sich eine konstante Temperatur ein entsprechend dem mittleren Wert von Q_t. Der Ausschlag des Instrumentes ist also bestimmt durch

$$M(Q_t) = M(J_t{}^2) \cdot w;$$

er nimmt denselben Wert an wie bei einem Gleichstrom von der Stärke J, wenn Gl. 7 erfüllt ist. Das Hitzdraht-Amperemeter mißt also, mit Gleichstrom geeicht, ebensowie das Elektrodynamometer bei Wechselstrom den effektiven Wert der Stromstärke.

Der Zusammenhang zwischen Ausschlag und Wärmemenge Q_t ist hier verwickelt, da die Ausdehnung des Hitzdrahtes nicht durch Q_t, sondern durch die Temperatur bestimmt ist, die in verwickelter Weise mit Q_t zusammenhängt, und dadurch, daß auch w sich mit der Temperatur ändert. Die Skala wird also auch hier nicht gleichmäßig.

Die Tatsache, daß bei Erfüllung der Gl. 7 das Hitzdraht-Amperemeter bei Wechselstrom und Gleichstrom denselben Ausschlag aufweist, gibt dem effektiven Wert eine weit über die Meßtechnik hinausgehende Bedeutung. Nach der obigen Erörterung ist der effektive Wert des Wechselstromes derjenige, der in einem Leiter die gleiche Wärmemenge erzeugt, wie ein Gleichstrom von derselben Anzahl von Ampere. Nennt man, wie oben angegeben wurde, den effektiven Wert der Stärke des Wechselstromes die Wechselstromstärke schlechthin, so kann man ohne weiteres sagen, daß ein Wechselstrom eine Glühlampe zu ebenso hellem Leuchten bringt und die Wicklung einer elektrischen Maschine oder eines Motors ebenso stark erwärmt, wie ein Gleichstrom von derselben Stärke. Für die überaus bedeutungsvolle Wärmewirkung des Stromes gibt also die Anwendung des effektiven Wertes der Wechselstromstärke gleich einfache Rechnungsmethoden, wie sie bei Gleichstrom benutzt werden.

Messung der Spannung. Die Messung der Spannung eines Gleichstromes geschieht bekanntlich auf indirektem Wege, indem man die Stromstärke in einer Abzweigung feststellt.

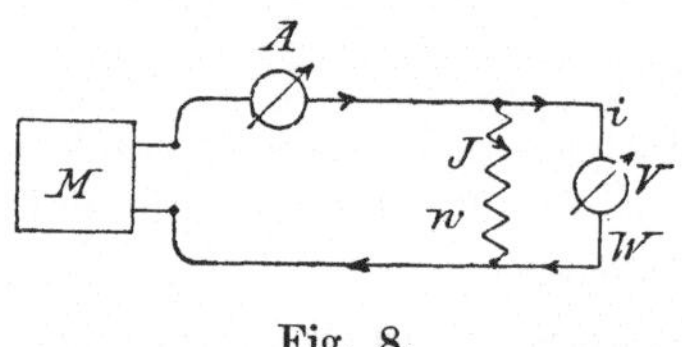

Fig. 8.

Soll z. B. (Fig. 8) die Spannung Ep an einem Widerstande w bestimmt werden, der von einem Strome J durchflossen wird, so legt man parallel zu w das Voltmeter an. Für den Ausschlag dieses Voltmeters ist maßgebend die Stromstärke i, welche dieses Instrument durchfließt, indirekt nur die Spannung, insofern die Spannung für diese Stromstärke bestimmend ist. Ist W der Widerstand des Instrumentes, so ergibt sich Ep aus der Gleichung:

$$Ep = iW.$$

Das Voltmeter ist also eigentlich nur ein Amperemeter, auf dessen Skala die Multiplikation von i mit w schon ausgeführt ist.

In ähnlicher Weise wie bei Gleichstrom kann man auch bei Wechselstrom die Spannung an einem Widerstande w messen, indem man ein Strommeßinstrument in Abzweigung zu w legt und dieses durch entsprechende Einrichtung seiner Skala zu einem Voltmeter umbildet. Auch die Spannung kann also unter Benutzung der elektrodynamischen und der kalorischen Wirkungen des Stromes gemessen werden. Eicht man ein Elektrodynamometer oder ein Hitzdrahtinstrument als Voltmeter mit Gleichstrom, so mißt es, mit Wechselstrom betrieben,

$$\sqrt{M(Ep_t{}^2)} = w \sqrt{M(i_t{}^2)}.$$

Aus technischen Gründen wird also auch die Spannung durch den effektiven Wert angegeben. Ein auf elektrodynamischer oder kalorischer Grundlage arbeitendes Voltmeter gibt den effektiven Wert der Spannung unabhängig von der Kurvenform an.

Für die Spannungsmessung, insbesondere bei Hochspannung, werden vielfach auch Elektrometer verwandt. Auch diese sind so geschaltet, daß sie die effektiven Werte bestimmen.

Messung der Arbeitsleistung. Die Messung der Arbeitsleistung eines Wechselstromes geschieht meist durch das Elektrodynamometer. Würde man bei dem oben beschriebenen Instrument (Fig. 5) durch die feste und die bewegliche Spule zwei verschiedene Wechselströme J_t und i_t schicken, so würde man offenbar den mittleren Wert des Produktes $J_t i_t$ messen. Bei der Bestimmung der Arbeitsleistung eines Wechselstromes J_t in einem Widerstande w verfährt man nun derartig, daß man (Fig. 9) die feste Spule des Dynamometers vor oder hinter w schaltet, während man die bewegliche mit einem Vorschalt-

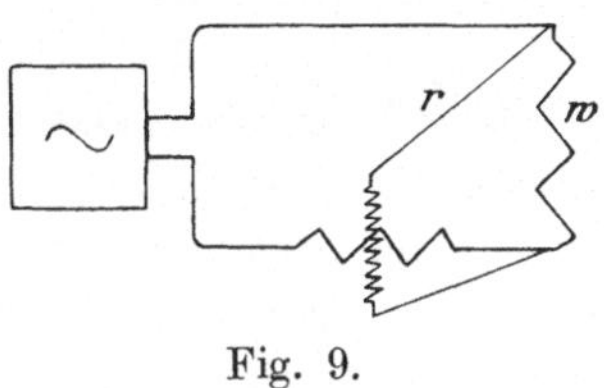

Fig. 9.

widerstand parallel zu w legt. Ist der Gesamtwiderstand dieser Abzweigung r und die Spannung an den Klemmen von w gleich Ep_t, so fließt durch die bewegliche Spule ein Wechselstrom $i_t = \dfrac{Ep_t}{r}$, während in der festen Spule der Strom J_t vorhanden ist. Das Instrument mißt demnach den mittleren Wert des Ausdruckes $\dfrac{Ep_t J_t}{r}$ während einer Periode, also auch den Mittelwert von $Ep_t \cdot J_t$, da r konstant ist.

$Ep_t \cdot J_t$ bedeutet aber nach dem Jouleschen Gesetz die veränderliche sekundliche Arbeit A_t des Wechselstromes. Das Dynamometer, in dieser Ausführung Wattmeter genannt, bestimmt also den einfachen Mittelwert von A_t während einer Sekunde. Durch diesen mittleren Wert wird allgemein die Leistung eines Wechselstromes angegeben.

Wird ein Wattmeter mit Gleichstrom gespeist, so mißt es $\dfrac{Ep J}{r}$. Bei gleichem Ausschlage für Gleich- und Wechselstrom wird also

$$M(Ep_t J_t) = Ep J,$$

d. h. das Instrument kann mit Gleichstrom geeicht werden und gibt dann für Wechselstrom den einfachen Mittelwert der Leistung an, unabhängig von der Kurvenform, da bei der obigen Entwicklung eine Voraussetzung über die Kurvenform nicht gemacht worden ist.

Wir haben in diesem Paragraphen mehrere wichtige Begriffe kennen gelernt, welche im folgenden fortlaufend anzuwenden sind. Es ist daher am Platze, eine durchgehends zu benutzende Bezeichnungsweise dafür zu wählen. Wir werden schreiben

E_t, J_t, A_t für die veränderlichen Werte,

$M(E_t)$, $M(J_t)$, $M(A_t)$ für die einfachen Mittelwerte (bestimmt durch Gl. 1),

$\sqrt{M(E_t^2)}$, $\sqrt{M(J_t^2)}$ für die effektiven Werte (definiert durch Gl. 8) und schließlich

E_{max}, J_{max}, A_{max} für die maximalen Werte.

In Fällen, wo keine Gegenüberstellung dieser Werte zur Erkenntnis ihrer Unterschiede beabsichtigt ist, sondern die elektrischen Größen eines Wechselstromes nach der üblichen Definition angegeben werden, sollen die einfachen Bezeichnungen E und J für die effektiven Werte der EMK und Stromstärke und A für den einfachen Mittelwert der Leistung gewählt werden.

§ 3. Formfaktor und Scheitelfaktor.

Wenn man die elektrischen Größen eines Wechselstromes in der soeben geschilderten Weise mißt, so erhält man dadurch noch keine Kenntnis von dem Verlauf der Kurven, welche die periodischen Veränderungen dieser Größen darstellen. Werden uns z. B. zwei Wechselstrommaschinen geliefert, deren Normalspannung auf 1000 Volt angegeben ist, so wissen wir nur, daß die Wurzel aus dem Mittelwert der Quadrate der veränderlichen Spannung während einer Periode 1000 Volt beträgt, die Gestalt der Spannungskurven dagegen kann bei beiden Maschinen wesentlich verschieden sein.

Theorie und Praxis lehren nun, wie bereits oben gesagt wurde, daß diese Gestalt von ganz wesentlichem Einfluß ist auf das technische Verhalten aller Organe einer Wechselstromanlage. Es ist daher von großer Wichtigkeit, für jede Kurve ein möglichst einfach anzugebendes Charakteristikum zu finden, das gestattet, ihren Wert für die technische Verwendung zu beurteilen, ohne daß man ihren Verlauf in vollem Umfange darzustellen braucht. Bei Kurven mit einfachem Maximum hat man ein solches Kriterium erstens in dem Verhältnis des einfachen Mittelwertes ihrer Ordinaten zum effektiven, dem „Formfaktor", und zweitens in dem Verhältnis des effektiven zum maximalen, dem „Scheitelfaktor". Die praktische Bedeutung dieser Verhältniszahlen können wir natürlich erst dann erkennen, wenn wir die Anwendungen der Wechselströme besprechen. Es ist aber zweckmäßig, diese Grundbegriffe schon jetzt durch Berechnung von Beispielen klarzulegen.

Am wichtigsten ist die Kenntnis der beiden genannten Faktoren für Strom- und Spannungs-Kurven von Sinusform, da man dieser Form heute als der zweckmäßigsten allgemein zustrebt. Nennt man den Maximalwert oder die „Amplitude" eines sinusartig sich verändernden Stroms J_{max}, so ist

$$J_t = J_{max} \sin \alpha$$

und entsprechend Gl. 1 S. 6

$$M(J_t) = \frac{1}{\pi} \int_0^{\pi} J_{max} \sin \alpha \, d\alpha = \frac{2}{\pi} J_{max}. \quad \ldots \quad (1)$$

Der effektive Wert als die Wurzel aus dem Mittelwert von $J_{max}^2 \sin^2 \alpha$ bestimmt sich aus dem Mittelwert von $\sin^2 \alpha$ während einer Periode. Man kann diesen sehr einfach berechnen, indem man außer der Kurve für $\sin^2 \alpha$ auch eine Kurve für $\cos^2 \alpha$ ins Auge faßt. In Fig. 10 sind die beiden Kurven $\sin^2 \alpha$ und $\cos^2 \alpha$ unmittelbar übereinander gezeichnet. Beide Kurven sind der Form nach völlig gleich, nur gegeneinander verschoben, und die Mittelwerte ihrer Ordinaten sind daher von gleicher Größe, also

$$M(\sin^2 \alpha) = M(\cos^2 \alpha).$$

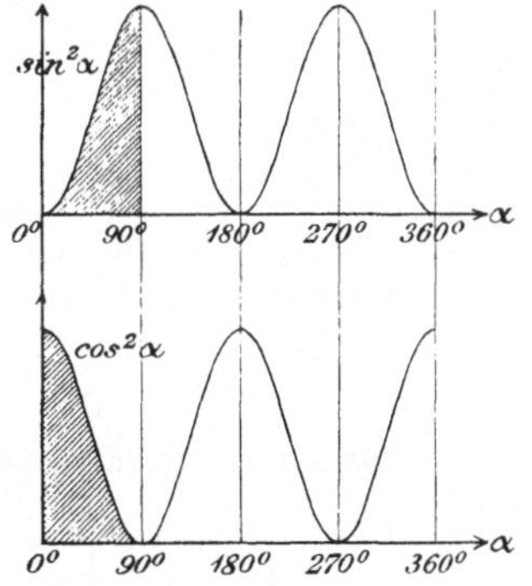

Fig. 10.

Anderseits ist aber $\sin^2 \alpha + \cos^2 \alpha = 1$ für alle zusammengehörigen Werte von $\sin^2 \alpha$ und $\cos^2 \alpha$ und daher also auch für die Mittelwerte, d. h. es ist

$$M(\sin^2 \alpha) + M(\cos^2 \alpha) = 1.$$

Aus beiden Gleichungen ergibt sich aber

$$M(\sin^2 \alpha) = \frac{1}{2}$$

und daher

$$M\left(J_t^2\right) = \frac{J_{max}^2}{2},$$

also

$$\sqrt{M\left(J_t^2\right)} = \frac{J_{max}}{\sqrt{2}} \quad \ldots \ldots \ldots \quad (2)$$

Der Formfaktor wird demnach

$$c = \frac{M\left(J_t\right)}{\sqrt{M\left(J_t^2\right)}} = \frac{2\sqrt{2}}{\pi} = 0,900 \quad \ldots \ldots \quad (3)$$

und der Scheitelfaktor

$$k = \frac{\sqrt{M\left(J_t^2\right)}}{J_{max}} = \frac{1}{\sqrt{2}} = 0,707. \quad \ldots \ldots \quad (4)$$

Die obigen Gleichungen gelten natürlich nicht nur für Stromkurven, sondern für Sinuskurven überhaupt; denn sie bilden rein geometrische Eigenschaften der Sinuskurven unabhängig von der Natur der physikalischen Vorgänge.

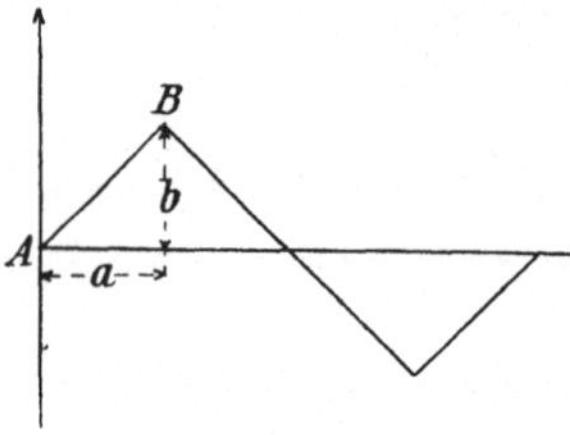

Fig. 11.

Um die Abhängigkeit der Form- und Scheitelfaktoren von der geometrischen Gestalt der Kurven zu erkennen, wollen wir noch einige andere Kurvenformen betrachten: Fig. 11 stellt eine gebrochene gerade Linie dar, deren positiver und negativer Teil symmetrisch sind. Hier genügt es natürlich, die Mittelwerte der Ordinaten für den ansteigenden Teil zu bestimmen. Diese Ordinaten mögen der Gleichung gehorchen:

$$y = \frac{b}{a}\,x.$$

Für y ergibt sich der einfache Mittelwert

$$M\left(y\right) = \frac{1}{a}\int_0^a y\,dx = \frac{1}{a}\cdot\frac{b}{a}\int_0^a x\,dx = \frac{b}{a^2}\left[\frac{x^2}{2}\right]_0^a = \frac{b}{2},$$

ferner der Mittelwert der Quadrate

$$M\left(y^2\right) = \frac{1}{a}\int_0^a y^2\,dx = \frac{1}{a}\cdot\frac{b^2}{a^2}\int_0^a x^2\,dx = \frac{b^2}{a^3}\left[\frac{x^3}{3}\right]_0^a = \frac{b^2}{3}$$

und schließlich der effektive Mittelwert

$$\sqrt{M\left(y^2\right)} = \frac{b}{\sqrt{3}}.$$

Wir finden daher den Formfaktor

$$c = \frac{\sqrt{3}}{2} = 0{,}866$$

und den Scheitelfaktor, da $y_{max} = b$ ist,

$$\frac{\sqrt{M(y^2)}}{y_{max}} = k = \frac{1}{\sqrt{3}} = 0{,}577.$$

Die Buchstaben c und k wollen wir als Bezeichnungen für diese Faktoren im folgenden beibehalten.

Wir berechnen c und k außerdem für die Kurve in Fig. 12. Hier folgt dem geradlinigen Anstieg AB die Strecke BD mit konstanten Ordinaten. Es genügt wiederum, die Strecke ABC zu betrachten, die ein Viertel der gesamten Kurvenlänge für eine Periode umfaßt. Zu diesem Teile der Kurve gehöre die Abszisse a, und es komme davon die Hälfte auf den ansteigenden Teil, die Hälfte auf den konstanten. Dann ist der einfache Mittelwert sämtlicher Ordinaten gleich dem arithmetischen Mittel aus dem Mittelwerten der Ordinaten von AB und BC. Der erstere ist $= \frac{b}{2}$, der zweite $= b$; wir finden daher

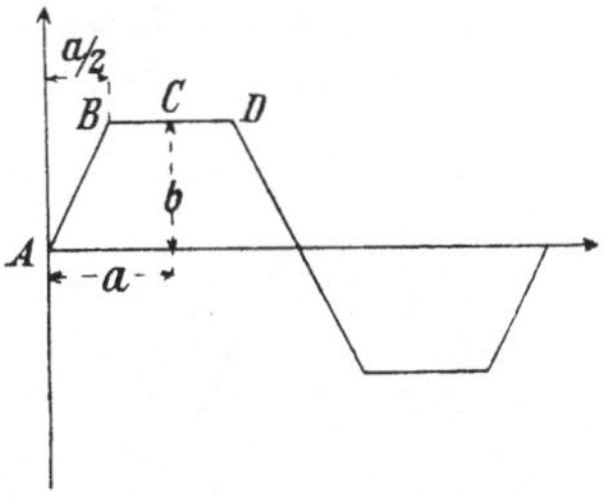

$$M(y) = \frac{\frac{b}{2} + b}{2} = \frac{3}{4}\, b.$$

Fig. 12.

Analog berechnet sich auch $M(y^2)$, der Mittelwert der Quadrate der Ordinaten des ganzen Linienzuges ABC aus den entsprechenden Werten von AB und BC. Da der Wert für AB, wie oben für Fig. 11 bewiesen wurde, $= \frac{b^2}{3}$ und der Wert für $BC = b^2$ ist, so ergibt sich $M(y^2)$ als Mittel aus beiden:

$$M(y^2) = \frac{\frac{b^2}{3} + b^2}{2} = \frac{2}{3}\, b^2,$$

$$\sqrt{M(y^2)} = \sqrt{\frac{2}{3}} \cdot b.$$

Schließlich ist also:

$$c = \frac{3}{8}\, \sqrt{6} = 0{,}919$$

und

$$k = \sqrt{\frac{2}{3}} = 0{,}817.$$

Die beiden obigen Beispiele lehren uns, daß die Verhältnisse c und k ganz wesentlich abhängig sind von der Gestalt der Kurven. Die Abweichung ist bei c allerdings weit geringer (0,919 gegen 0,866) als bei k (0,817 gegen 0,577).

Offenbar werden für Kurven, welche zwischen den beiden oben betrachteten liegen, auch die Werte von c und k zwischen den oben berechneten Werten liegen müssen. In der Praxis treten nun sehr verschiedene Kurvenformen auf. Die beiden als Beispiel gewählten Kurven dürften aber ungefähr die Grenzen wiedergeben, zwischen denen die üblichen Formen zu schwanken pflegen; doch kommen natürlich auch Ausnahmen vor.

Man kann aus den drei bisher berechneten Werten von c und k eine interessante Gesetzmäßigkeit für ihre Abhängigkeit von der Gestalt der Kurven ableiten. Wir stellen zu diesem Zwecke die genommenen Werte noch einmal einander gegenüber. Es ergeben sich (s. auch Fig. 13)

$$\text{für die Kurve in Fig. 11} \quad c = 0{,}866 \quad k = 0{,}577,$$
$$\text{für die Sinuskurve} \quad c = 0{,}900 \quad k = 0{,}707,$$
$$\text{für die Kurve in Fig. 12} \quad c = 0{,}919 \quad k = 0{,}817.$$

Die Betrachtung dieser Resultate lehrt, daß c und k bei der spitzesten Kurve am kleinsten und bei der flachsten am größten sind. In der

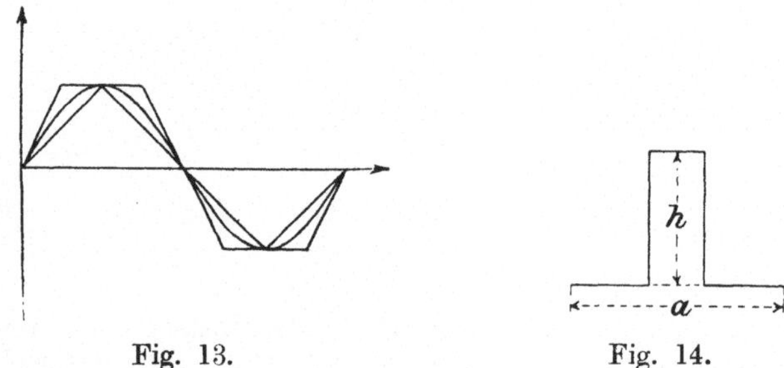

<table>
<tr><td>Fig. 13.</td><td>Fig. 14.</td></tr>
</table>

Tat gilt für alle Kurvenformen mit einfachem Maximum ganz allgemein der Satz, daß c und k um so kleiner werden, je spitzer und um so größer werden, je flacher die Kurven gestaltet sind. Dabei sind unter spitzen Formen ganz allgemein diejenigen zu verstehen, bei denen eine kleine Zahl der Ordinaten die anderen beträchtlich überwiegt, ohne daß eine scharf ausgebildete Spitze vorhanden zu sein braucht.

Der Beweis für diese Tatsache läßt sich ganz allgemein mit einfachen Hilfsmitteln der Mathematik nicht erbringen. Wir wollen daher außer den obigen noch einige andere überzeugende Beispiele durchrechnen.

Betrachten wir als einen extremen Fall z. B. die Kurve (Fig. 14), welche sich über der Abszisse a erhebt und so beschaffen ist, daß nur über dem $n$ten Teile von a meßbare Ordinaten von der Länge h vorhanden sind. Hier ist

$$M(y) = \frac{h}{n}$$

$$M(y^2) = \frac{h^2}{n}$$

$$\sqrt{M\,\overline{y^2}} = \frac{h}{\sqrt{n}}$$

$$\text{also} \quad c = \frac{1}{\sqrt{n}}$$

$$\text{und} \quad k = \frac{1}{\sqrt{n}}.$$

Je kleiner der Teil der Abszisse ist, welcher die höheren Ordinaten trägt, desto kleiner werden c und k.

Man findet z. B. für $n = 1$, $c = 1$ und $k = 1$, für $n = 2$, $c = k = 0{,}707$, für $n = 5$ schon $c = k = 0{,}447$.

Daß c und k um so geringer werden, je spitzer die Kurven sind, zeigt auch Fig. 15 mit den Kurven $A\,1$, $A\,2$, $A\,3$ und $A\,4$. Diese bestehen aus je zwei symmetrischen Teilen, von denen wiederum nur die ansteigenden, die über der Abszisse a liegen, zu betrachten sind. Diese mögen bestimmt sein durch die Gleichungen:

$$\text{Kurve } A\,1 \text{ durch} \quad y = x$$
$$\text{Kurve } A\,2 \text{ durch} \quad y = x^2$$
$$\text{Kurve } A\,3 \text{ durch} \quad y = x^3$$
$$\text{Kurve } A\,4 \text{ durch} \quad y = x^4.$$

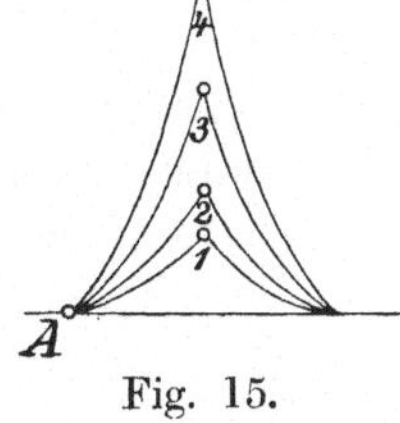

Fig. 15.

Wir betrachten also eine Schar von Exponentialkurven, die allgemein von der Gleichung $y = x^n$ sind, also um so schärfere Spitzen ergeben, je größer n ist. Dafür finden wir:

$$M(y) = \frac{1}{a}\int_0^a y\,dx = \frac{1}{a}\int_0^a x^n\,dx = \frac{a^{n+1}}{(n+1)\cdot a} = \frac{a^n}{n+1},$$

$$M(y^2) = \frac{1}{a}\int_0^a y^2\,dx = \frac{1}{a}\int_0^a x^{2n}\,dx = \frac{a^{2n+1}}{(2n+1)\cdot a} = \frac{a^{2n}}{2n+1},$$

$$\sqrt{M(y^2)} = \frac{a^n}{\sqrt{2n+1}},$$

also

$$c = \frac{\sqrt{2n+1}}{n+1} \quad \text{und} \quad k = \frac{1}{\sqrt{2n+1}}.$$

In der Tat ergeben sich um so kleinere Werte von c und k, je größer n ist, es wird nämlich für $n = 1$, $c = 0{,}865$, $k = 0{,}577$, für $n = 2$, $c = 0{,}745$, $k = 0{,}447$, für $n = 3$, $c = 0{,}660$, $k = 0{,}378$ usf.

II. Grundgesetze.

Erstes Grundgesetz.
(Erweitertes Ohmsches Gesetz.)

§ 4. Aufstellung und Erörterung.

Wickelt man um einen Eisenzylinder (Fig. 16) eine Spule von n Windungen und verbindet man diese mit den Klemmen einer Wechselstrommaschine, so entsteht in der Spule ein Wechsel-

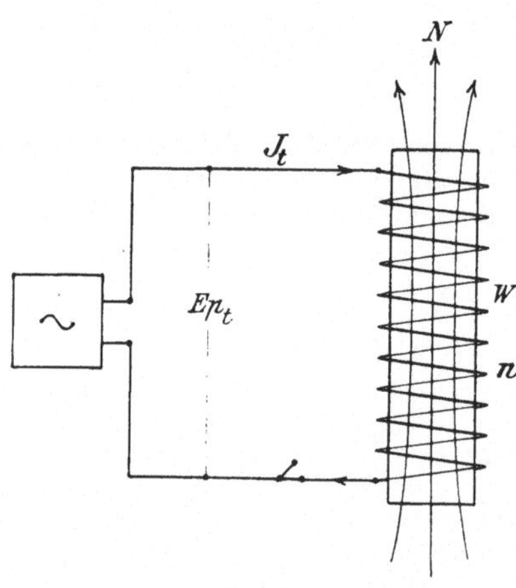

Fig. 16.

strom J_t. Ist w der Widerstand der Spule und Ep_t die Spannung der Maschine, so wird nach dem Ohmschen Gesetze

$$J_t = \frac{Ep_t}{w}.$$

Der Strom J_t erzeugt aber eine Magnetisierung des Eisenzylinders: wir wollen annehmen, er stelle momentan einen Kraftfluß von N_t Kraftlinien im ganzen Querschnitte des Eisens her. Da der entstandene Strom ein Wechsel-

strom ist, so muß sich auch N_t periodisch verändern. Ein magnetisches Feld, dessen Stärke sich wie ein Wechselstrom periodisch verändert, heißt ein Wechselfeld. Es hat die charakteristischen Eigenschaften des Wechselstromes: von Null anfangend nimmt seine Kraftlinienzahl bis zu einem Maximum zu, fällt dann wieder auf Null ab, darauf kehrt sich die Richtung der Kraftlinien um, ihre Zahl steigt in der entgegengesetzten Richtung zu einem Maximum an und geht wieder auf Null herab.

Durch den Kraftfluß dieses Wechselfeldes wird nun in den Windungen der Spule eine EMK induziert, denn die Spule wird von einer veränderlichen Kraftlinienzahl durchsetzt, wie wenn sie sich in einem konstanten feststehenden Magnetfelde drehte. Ist dN die Änderung der Kraftlinienzahl während der Zeit dt, so ist die in jeder Windung der Spule induzierte EMK

$$- \frac{dN}{dt}$$

und die in allen n Windungen erzeugte

$$- n \frac{dN}{dt} \cdot$$

Diese EMK, welche natürlich auch periodisch veränderlich sein muß, addiert sich zu der Spannung Ep_t der Maschine, so daß in der Spule jetzt wirksam ist eine EMK

$$Ep_t - n \frac{dN}{dt} \cdot$$

Diese resultierende elektromotorische Kraft erzeugt den Strom J_t nach der Gleichung:

$$Ep_t - n \frac{dN}{dt} = J_t \cdot w$$

oder

$$Ep_t = J_t \cdot w + n \frac{dN}{dt}, \ \ldots \ldots \ (1)$$

worin $n \frac{dN}{dt}$ zunächst in absoluten elektromagnetischen Einheiten ausgedrückt ist, und um Volt zu ergeben, mit 10^{-8} multipliziert werden muß.

Man kann diese Gleichung betrachten als eine Erweiterung des Ohmschen Gesetzes. Ihr wesentlichster Inhalt ist der, daß zu dem Spannungsverlust $J_t \cdot w$ noch eine elektromotorische Kraft hinzukommt, welche der Strom in der von ihm selbst durchflossenen Spule induziert; man bezeichnet diese daher als die EMK „der Selbstinduktion". Diese induzierte EMK gibt dem Wechselstrom ein ganz anderes Verhalten, als es der Gleichstrom zeigt, denn sie überwiegt bei allen praktischen Verwendungen von Spulen, die um Eisen gewickelt sind, bei weitem die einfache „Ohmsche Spannung" $J_t \cdot w$. Sie erschwert infolgedessen das Verständnis der Wechselstromerscheinungen besonders dem, der gewohnt und geübt ist, mit dem Ohmschen Gesetz für Gleichströme zu rechnen.

Da diese überwiegende EMK der Selbstinduktion bestimmt ist durch die im Eisen erzeugte Kraftlinienzahl, so erkennen wir, daß die Stromstärke bei gegebener Spannung einer Spule oder die Spannung bei gegebener Stromstärke ganz wesentlich abhängig ist von den magnetischen Eigenschaften des Eisens, das der Wechselstrom umfließt.

§ 5. Kurven der Hysterese und Magnetisierungskurven für weiches Eisen.

Die Bedeutung, welche die magnetischen Eigenschaften des Eisens für die Vorgänge in Wechselstromkreisen haben, müssen uns veranlassen, die Gesetze über die Magnetisierung des Eisens durch Wechselstrom näher zu betrachten. Wir wollen zu diesem Zwecke zunächst die Vorgänge in einem geschlossenen bewickelten Eisenring, als dem einfachsten in sich geschlossenen Körper, studieren und annehmen, daß dieser über seinen ganzen Umfang hinweg mit gleichmäßig verteilten Windungen bewickelt sei (Fig. 17).

Stellen wir uns zunächst vor, der Ring bestehe aus Holz oder einem anderen unmagnetischen Material, so wissen wir, daß seine Wicklung elektromagnetische Eigenschaften besitzt, wenn sie vom Strome durchflossen wird; denn, wenn wir das Holz durch Eisen ersetzten, so würde

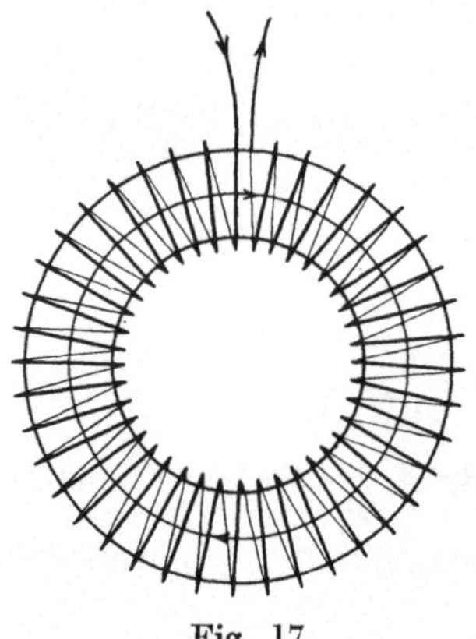

Fig. 17.

das Eisen magnetisiert. Als Maß der magnetisierenden Kraft der Wicklung an irgendeiner Stelle im Innern nimmt man diejenige magnetische Kraft an, die eine einzelne magnetische Masseneinheit an diesem Orte erführe, wenn der Ring in allen seinen übrigen Teilen noch aus unmagnetischem Material bestände. Diese Kraft wird ausgedrückt in Dynen (absoluten mechanischen Krafteinheiten) und soll im folgenden mit $\mathfrak{H}$ bezeichnet werden. Man nennt sie auch die Feldstärke der Wicklung.

Der Wert von $\mathfrak{H}$ ergibt sich, wenn man die magnetische Kraft der Spule an der betreffenden Stelle für jedes Leiterelement der Wicklung berechnet und über deren ganze Länge integriert. Die Integration ergibt:

$$\mathfrak{H} = 0{,}4\,\pi\,\frac{n}{l}\,J, \quad \ldots \ldots \quad (1)$$

wenn n die Windungszahl der Wicklung, l der mittlere Umfang des Ringes in cm und J die Stromstärke in Amp. ist.[1]

Auf Grund der Faradayschen Kraftlinientheorie wird $\mathfrak{H}$ auch in anderer Weise aufgefaßt. Die Faradayschen Kraftlinien, den bekannten Bildern der Eisenfeilspäne auf Magneten entnommen, geben an jeder Stelle die Richtung der magnetischen Kraft an. Um durch sie auch ein Bild von der Stärke des Feldes zu erhalten, hat Faraday vorgeschlagen, die Feldstärke durch die Dichte der Kraftlinien (Zahl derselben pro qcm) auszudrücken. Man setzt jetzt allgemein die Kraftliniendichte dort gleich 1, wo eine fingierte magnetische Masseneinheit die Kraft von einer Dyne erführe.[2] Danach bedeutet das Vorhandensein einer magnetisierenden Kraft von $\mathfrak{H}$ Dynen an einer Stelle im Innern der Ringbewicklung, daß dort $\mathfrak{H}$ Kraftlinien pro qcm einer senkrecht zu den Kraftlinien liegenden Fläche (hier einer Querschnittsfläche) vorhanden sind.

Die Erfahrung lehrt nun, daß die Kraftlinienzahl im Innern des Ringes, wenn man das unmagnetische Material durch Eisen ersetzt, beträchtlich wächst. Man bezeichnet die Kraftliniendichte, die sich im Eisen findet, mit $\mathfrak{B}$ und nennt sie die „magnetische Induktion". Das Verhältnis $\dfrac{\mathfrak{B}}{\mathfrak{H}} = \mu$ wird Permeabilität (Durchlässigkeit) genannt.

Der Wert von $\mathfrak{B}$, der bei verschiedenen magnetisierenden Kräften im Eisen auftritt, hängt ab von dessen chemischer und physikalischer Beschaffenheit. Die Kurve, welche $\mathfrak{B}$ als Funktion von $\mathfrak{H}$ darstellt, muß für jede Eisensorte durch

---

[1] Diese Formel, welche aus der Gleichstromtechnik als bekannt vorausgesetzt wird, soll hier nicht besonders entwickelt werden.

[2] Die Feststellung dieser Übergangszahl ist ganz willkürlich, wie überhaupt der Begriff der Zahl der Kraftlinien nur der Einfachheit der Darstellung zuliebe künstlich konstruiert ist. Bei den Bildern der Eisenfeilspäne z. B. würde die Zahl der Kraftlinien von der Zahl der ausgestreuten Späne und deren Dichte abhängen.

das Experiment besonders bestimmt werden und hat sich mathematisch bisher noch nicht ausdrücken lassen. Sehr zahlreiche, exakte Messungen haben gezeigt, daß sie folgenden Charakter hat:

Wenn man völlig unmagnetisches Eisen mit Gleichstrom magnetisiert und diesen langsam immer mehr verstärkt, so steigt (Fig. 18) mit wechselndem $\mathfrak{H}$ die magnetische Induktion $\mathfrak{B}$ zunächst über einen kurzen Bereich von $\mathfrak{H}$ langsam, dann aber

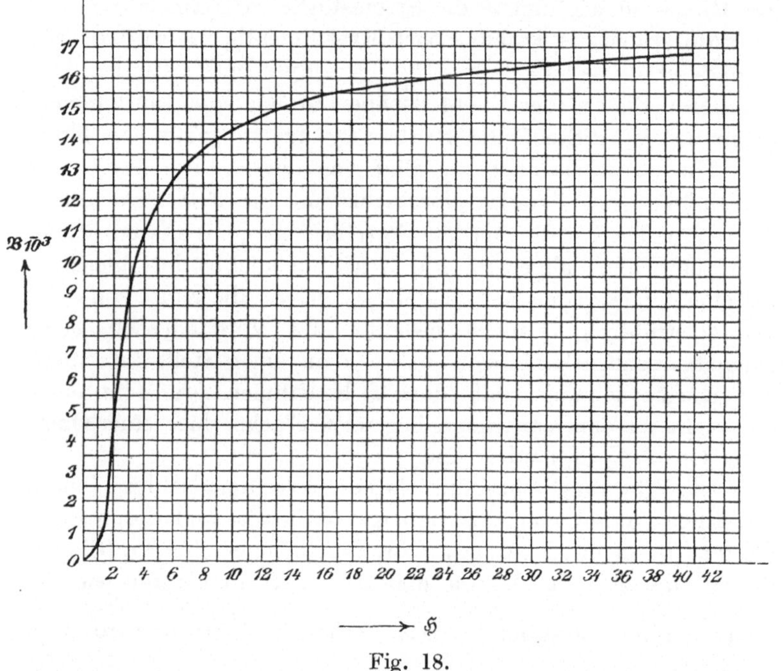

Fig. 18.

schneller an bis zu einem gewissen Punkte, wo die Kurve sich knieförmig umbiegt. Hinter dem Knie hat selbst eine beträchtliche Steigerung von $\mathfrak{H}$ nur noch eine geringe Zunahme von $\mathfrak{B}$ zur Folge. Diese Kurve wird, weil sie von einem völlig unmagnetischen Zustande des Eisens ausgeht, als die jungfräuliche Magnetisierungskurve bezeichnet.

Für die Wechselstromtechnik ist indessen der geschilderte Magnetisierungsvorgang zunächst nur von geringerem Interesse; für diese handelt es sich vielmehr um die Beantwortung der Frage, wie ein periodisch zwischen positiven und negativen

Maximalwerten schwankender Strom Eisen magnetisiert, das er umfließt. Stellt man es sich z. B. zur Aufgabe, die magnetische Induktion $\mathfrak{B}_t$ in einem Eisenring für jeden Augenblick zu bestimmen, wenn die Stromkurve des seine Wicklung durchströmenden Wechselstromes durch Fig. 2 dargestellt ist, so erhält man aus den Werten der Stromstärke durch Gl. 1 zunächst die entsprechenden Werte von $\mathfrak{H}_t$ für jeden Zeitpunkt und kommt sogleich zu dem gewünschten Resultat, wenn $\mathfrak{B}_t$ als Funktion von $\mathfrak{H}_t$ graphisch oder mathematisch gegeben ist.

Bedenkt man, daß $\mathfrak{H}_t$ nach Gl. 1 J_t proportional, die Kurve $\mathfrak{H}_t$ also der Stromkurve Fig. 2 geometrisch ähnlich ist, so erkennt man leicht, daß die periodische Veränderung von J_t auch eine periodische Veränderung von $\mathfrak{B}_t$ zur Folge haben muß. Bei den Betrachtungen dieser periodischen Veränderungen kann man natürlich ebensogut von einem der Maximalwerte, wie von einem der Nullwerte ausgehen.

Fig. 19 und die ihr zugrunde liegende Tabelle 1 geben ein typisches Beispiel für die Veränderungen, die $\mathfrak{B}_t$ im Eisen erleidet, wenn man $\mathfrak{H}_t$ verändert.

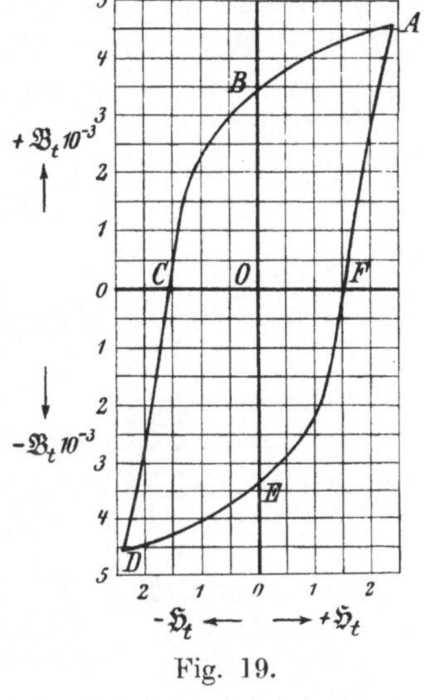

Fig. 19.

Wir wollen die Betrachtung dieser Kurve beginnen im positiven Maximalwert von $\mathfrak{B}$, der gleichzeitig mit dem positiven Maximalwert von $\mathfrak{H}$ auftritt. Wir verfolgen dann die Abnahme von $\mathfrak{H}_t$ über $\mathfrak{H}_t = 0$ bis auf $-\mathfrak{H}_{max}$ und darauf den Anstieg über $\mathfrak{H}_t = 0$ bis $+\mathfrak{H}_{max}$.

Tabelle 1.

$\mathfrak{H}$	$\mathfrak{B}$	$\mathfrak{H}$	$\mathfrak{B}$	$\mathfrak{H}$	$\mathfrak{B}$
2,41	4565	— 0,50	3010	— 1,53	0
2,00	4440	— 0,75	2680	— 1,63	— 540
1,50	4260	— 1,00	2270	— 1,88	— 1420
1,00	4070	— 1,25	1670	— 2,00	— 2590
0,50	3850	— 1,38	1230	— 2,25	— 3850
0,—	3440	— 1,50	1000	— 2,41	— 4565

Wenn (Fig. 19) $\mathfrak{H}$ von $\mathfrak{H}_{max}$ bis auf Null abnimmt, so vermindert sich auch $\mathfrak{B}$, behält aber bei $\mathfrak{H} = 0$ einen beträchtlichen positiven Wert $\mathfrak{B} = 3440 = (\overline{O\,B})$. Um $\mathfrak{B}$ auf Null zu bringen, muß $\mathfrak{H}$ erst einen wesentlichen negativen Wert $\mathfrak{H} = -1{,}53 = (\overline{O\,C})$ erreichen; man bezeichnet die Kraft, welche der Entmagnetisierung des Eisens entgegensteht und dabei zu überwinden ist, als die „Koërzitivkraft des Eisens". Wächst der absolute Wert von $\mathfrak{H}$ weiter im negativen Sinne, so wird auch $\mathfrak{B}$ negativ und steigt nun um so schneller im negativen Sinne an. Wenn man $-\mathfrak{H}_{max}$ erreicht hat, so findet man stets einen Wert $-\mathfrak{B}_{max}$ von gleicher absoluter Größe wie $+\mathfrak{B}_{max}$. Der Rückweg von $-\mathfrak{H}_{max}$ auf $+\mathfrak{H}_{max}$ gibt analoge Veränderungen von $\mathfrak{B}$; bei $\mathfrak{H} = 0$ findet man wieder einen ebenso großen negativen Wert von $\mathfrak{B}$, wie vorher der positive bei $\mathfrak{H} = 0$ war, und bei $+\mathfrak{H}_{max}$ erreicht man wieder den alten Wert $+\mathfrak{B}_{max}$.

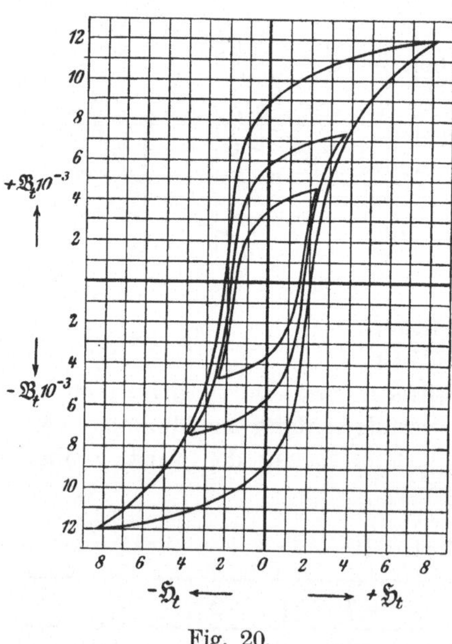

Fig. 20.

Man kann einen solchen Prozeß der Ummagnetisierung des Eisens als einen magnetischen Kreisprozeß bezeichnen. Seine wesentlichste Eigentümlichkeit ist, daß $\mathfrak{B}$ sich nicht proportional $\mathfrak{H}$ verändert, sondern in allen Stadien der Veränderung von $\mathfrak{H}$ von $+\mathfrak{H}_{max}$ bis $-\mathfrak{H}_{max}$ und umgekehrt hinter dieser Veränderung zurückbleibt. Man nennt dieses Verhalten des Eisens nach dem Vorgange von Ewing jetzt allgemein die „Hysteresis" (von $\dot{v}\sigma\tau\epsilon\varrho\dot{\epsilon}\omega$ zurückbleiben).

Eine ähnliche schleifenförmige Hysteresiskurve, wie in Fig. 19, ergibt sich für alle Kreisprozesse zwischen beliebigen Werten $\pm\mathfrak{B}_{max}$. Fig. 20 stellt eine Anzahl von solchen Kurven für dieselbe Eisensorte dar. Jede entspricht einer bestimmten Intensität des Wechselstromes, der unseren Eisenring umfließt. Wir sehen, daß die Kurven mit kleinerem $\mathfrak{B}_{max}$ von denen mit größerem $\mathfrak{B}_{max}$ vollständig eingeschlossen werden. Die Gestalt der Hysteresisschleifen im einzelnen hängt ab von den molekularen Eigenschaften des Eisens und seiner chemischen Zusammensetzung und kann nur durch Messung bestimmt werden. Für die Wechselstromtechnik kommen, wie wir später sehen werden, nur weichstes Schmiedeeisen in Betracht.

Die getrennt gezeichneten Schleifen der Fig. 20 stehen in einem sehr interessanten und leicht erklärlichen Zusammenhang. Verbindet man nämlich die Endwerte $\mathfrak{B}_{max}$ der einzelnen Schleifen untereinander durch eine Kurve, so findet man, daß diese mit der „jungfräulichen Magnetisierungskurve" der Eisensorte zusammenfällt. Diese Tatsache wird übrigens auch bei der Aufnahme jungfräulicher Magnetisierungskurven benutzt. Eine Bestimmung derselben durch einfache Magnetisierung mit langsam zunehmendem Gleichstrom würde stets zu unsicheren Resultaten führen, weil die Magnetisierung ihren endgültigen Wert nur sehr langsam erreicht. Man pflegt deshalb vor der Beobachtung eines jeden Punktes einer Kurve den Gleichstrom wiederholt zu kommutieren. Auf diese Weise stellt sich der endgültige Wert der Magnetisierung mit größerer Sicherheit ein. Bei jeder doppelten Kommutierung aber durchläuft die Magnetisierung eine volle Hysteresisschleife, so daß sich schließlich für den Vorgang der Aufnahme einer jungfräulichen Magnetisierungskurve das Bild der Fig. 20 ergibt. Die jungfräuliche Magnetisierungskurve, die für Gleichstrom den Zusammenhang zwischen $\mathfrak{B}$ und $\mathfrak{H}$ angibt, stellt also für Wechselströme den Zusammenhang zwischen $\mathfrak{B}_{max}$ und $\mathfrak{H}_{max}$ dar.

Man erkennt aus den obigen Betrachtungen, wie umfassend die Kenntnisse der magnetischen Eigenschaften der Eisenmassen eines Wechselstromapparates sein müßten, wenn man seine Wirkungsweise mit völliger Exaktheit vorausberechnen wollte. Wir werden aber später sehen, daß sich aus dem Wesen dieser Verhältnisse heraus Vereinfachungen in der Darstellungs- und Rechnungsweise ableiten lassen, die innerhalb der von der Praxis zu stellenden Grenzen der Genauigkeit liegen.

Erschwerend treten natürlich bei den praktischen Berechnungen die Einflüsse der chemischen und physikalischen Eigenschaften des Eisens auf, welche das magnetische Verhalten zwar nicht generell, aber doch im einzelnen wesentlich verändern können und die experimentelle Prüfung des Eisens vor der Verwendung notwendig machen.

Wir haben uns bis jetzt ausschließlich auf den geschlossenen Eisenring bezogen, weil dessen Gestalt geometrisch am einfachsten ist. Die abgeleiteten Gesetze gelten aber auch für alle andern in sich geschlossenen Eisenformen, selbst dann, wenn die Bewicklung sich nicht über den ganzen Umfang erstreckt. In diesem Falle bedeutet in Gl. 1. n wiederum die gesamte Windungszahl, die überhaupt vorhanden ist und sich gegebenenfalls auf mehrere Spulen verteilt, und l den mittleren Kraftlinienweg im Eisen.

Geschlossene Eisenformen der soeben geschilderten Art bilden z. B. die Transformatoren. Bei den Generatoren und Motoren haben die Kraftlinien aber kurze Luftstrecken zu überbrücken, weil die rotierenden Teile dieser Maschinen gegen die sie umgebenden feststehenden Gehäuse eines Spielraumes bedürfen. Wir wollen die für diese Fälle geltenden Gesetze jetzt an dem früher betrachteten Ring ableiten, indem wir die Voraussetzung einführen, daß er jetzt aufgeschlitzt und die Höhe des Schlitzes δ sei

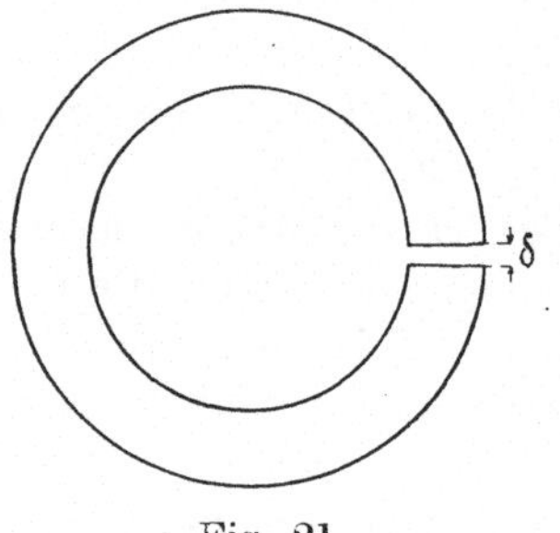

Fig. 21.

(Fig. 21). Die Länge des Kraftlinienweges im Eisen sei l, der Querschnitt des Ringes s.

Solange der Ring noch in sich geschlossen war, war die Kraftlinienzahl

$$N = \mathfrak{B} \cdot s;$$

die Permeabilität

$$\mu = \frac{\mathfrak{B}}{\mathfrak{H}}$$

und außerdem

$$\mathfrak{H} = 0{,}4\,\pi\,\frac{n}{l}\,J,$$

also

$$N = s \cdot \mu\, 0{,}4\,\pi\,\frac{n}{l}\,J,$$

oder auch

$$\left(\frac{1}{\mu} \cdot \frac{l}{s}\right) N = 0,4\,\pi n J. \quad \ldots \ldots \quad (2)$$

Da μ die Durchlässigkeit des Eisens für die Kraftlinien bedeutet, so kann $\dfrac{1}{\mu}$ als der spezifische magnetische Widerstand bezeichnet werden, und daher der Ausdruck $\left(\dfrac{1}{\mu} \cdot \dfrac{l}{s}\right)$ analog dem elektrischen Leitungswiderstand als der gesamte magnetische Widerstand des Eisenringes. Man hat diese Analogie elektrischer und magnetischer Erscheinungen noch erweitert, indem man die gesamte Kraftlinienzahl im Eisen gleich N als „Magnetische Stromstärke" oder „Magnetischen Fluß" bezeichnet hat. Die linke Seite der Gl. 2 hat dann ihre Analogie in dem Produkte wJ, das im Ohmschen Gesetze auftritt, und man nennt darum auch den auf der rechten Seite stehenden Ausdruck, welcher proportional der Amperewindungszahl ist, die „Magnetomotorische Kraft".

Bei der Beurteilung dieser Auffassung müssen wir jedoch bedenken, daß gerade der wesentlichste Inhalt des Ohmschen Gesetzes für elektrische Ströme, nämlich die Konstanz des als Widerstand bezeichneten Verhältnisses $\dfrac{E}{J}$ beim magnetischen Kreise keine Geltung hat, denn μ ist mit $\mathfrak{H}$ variabel.

Wir folgen dieser Auffassung dennoch, weil sie sich praktisch als sehr fruchtbar erwiesen hat. Auf Grund ihrer ergibt sich für den aufgeschnittenen Eisenring in Fig. 21 ohne weiteres das Folgende:

Außer dem magnetischen Widerstande des Eisens ist hier noch derjenige des Luftzwischenraumes zu berücksichtigen. Der des Eisens ist wiederum

$$\frac{1}{\mu} \cdot \frac{l}{s},$$

der der Luft analog

$$\frac{\delta}{s},$$

weil die Permeabilität der Luft als eines unmagnetischen Materials gleich 1 ist. Der gesamte magnetische Widerstand des Kreises ist darum

$$\frac{1}{\mu} \cdot \frac{l}{s} + \frac{\delta}{s}$$

Die Analogie mit dem Ohmschen Gesetze ergibt hiernach die
Gleichung:

$$\underbrace{\left(\frac{1}{\mu}\cdot\frac{l}{s}+\frac{\delta}{s}\right)}_{\substack{\text{magnetischer Widerstd.}}}\underbrace{N}_{} = \underbrace{0,4\,\pi\,n\,J}_{\text{magnetomotor. Kraft}}$$

$$\underbrace{\phantom{\left(\frac{1}{\mu}\cdot\frac{l}{s}+\frac{\delta}{s}\right) N\qquad 0,4\pi nJ}}_{\text{magnetische Stromstärke}}$$

Diese Formel gilt bei kurzen Luftzwischenräumen mit genügender Genauigkeit und wird uns als Grundlage dienen für
die Berechnung der Amperewindungszahl, die auf den Magnet-
schenkeln einer Wechselstrommaschine oder auf dem primären
Ringe eines Motors anzubringen ist.

Die Analogie mit dem Ohmschen Gesetze hört dagegen
auf, wenn in einem magnetischen Kreise ein längerer Luftzwischenraum vorhanden ist. Ein solcher würde z. B. entstehen,
wenn der Ring in Fig. 21 ausein-
andergebogen würde, bis er zu
einem geraden Stabe ausgestreckt
wäre (Fig. 22).

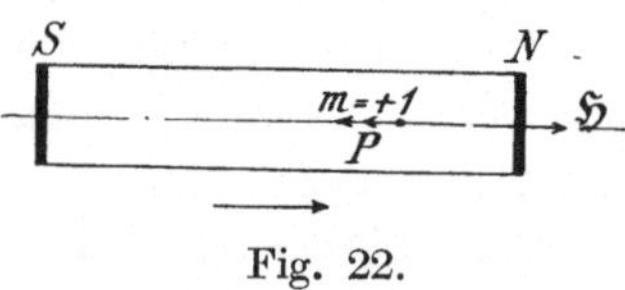

Fig. 22.

Eisen in Stabform kommt in der Starkstromtechnik der Wechselströme heute kaum vor. In früheren Jahren wurde von Swinburne in
England ein Transformator gebaut, der als Igeltransformator bezeichnet
wurde, weil der Eisenkörper aus Drähten bestand, die wie die Stacheln
eines Igels aus den Spulen herausragten (Fig. 36). Dieser Transformator
ist heute vom Markte verschwunden, Verwendung finden offene Eisenformen aber noch bei den Induktionsapparaten der Funkentelegraphie.
Dennoch ist das Studium des Verhaltens offener Eisenformen lehrreich,
wie oft in der Technik das Studium überholter Einrichtungen, weil es
nicht nur einen Einblick in die historische Entwicklung gibt, sondern die
modernen Anordnungen im Lichte anderer Möglichkeiten zu betrachten
gestattet, sie besser verstehen lehrt und für die weitere Entwicklung den
Weg weist. Wir wollen deshalb später auf das Verhalten offener Eisenformen kurz eingehen und zu diesem Zwecke ihre magnetischen Eigenschaften jetzt kurz betrachten.

Wenn ein gerader Eisenstab in ein homogenes magnetisches Feld
gelegt wird, so wird seine Magnetisierung nicht homogen, d. h. $\mathfrak{B}$ ist
überall in seinem Innern verschieden. Diese Ungleichförmigkeit hat
ihren Grund in der Entstehung von magnetischen Polen. Liegt z. B.
(Fig. 22) die Achse des Stabes parallel der Richtung der Kraftlinien des
homogenen Feldes, das in der Figur durch den Pfeil $\mathfrak{H}$ angedeutet ist,
so entsteht im Stabe links ein Südpol, rechts ein Nordpol. Die Kraft,
die diese Pole auf jede magnetische Masseneinheit im Innern des Eisens
ausüben, kommt zu der überall gleich großen Kraft $\mathfrak{B}$ hinzu, die das
magnetische Feld $\mathfrak{H}$ ursprünglich hervorgebracht hatte. So erfährt die

Masse $m = +1$ vom Nordpol eine abstoßende, vom Südpol eine anziehende Kraft. Die Richtung dieser beiden Kräfte, die in Fig. 22 durch die Pfeile P angedeutet wird, ist also den Kräften $\mathfrak{B}$ und $\mathfrak{H}$ entgegengesetzt, d. h. durch das Vorhandensein der beiden Pole wird die Magnetisierung des Eisens verkleinert. Man muß zur Magnetisierung offener Eisenformen deshalb eine weit größere Amperewindungszahl aufwenden als für geschlossene.

§ 6. Das erweiterte Ohmsche Gesetz für eisenlose Spulen.

Ableitung aus dem Grundgesetz für Spulen, die Eisen enthalten.

Das als Gl. 1 (§ 4) abgeleitete Grundgesetz

$$E p_t = J_t w + n \frac{dN}{dt} \quad \ldots \ldots \quad (1)$$

läßt sich nach den Betrachtungen des vorigen Paragraphen auf folgende Form bringen:

Führt man $N = \mathfrak{B} s$ ein, so wird

$$E p_t = J_t w + n s \frac{d\mathfrak{B}}{dt},$$

daher unter Berücksichtigung der Beziehungen zwischen $\mathfrak{B}$ und $\mathfrak{H}$

$$E p_t = J_t w + n s \frac{d\mathfrak{B}}{d\mathfrak{H}} \frac{d\mathfrak{H}}{dt}$$

und schließlich unter Verwendung von Gl. 1 § 5

$$E p_t = J_t w + \left(0{,}4\,\pi \frac{n^2}{l} s \right) \frac{d\mathfrak{B}}{d\mathfrak{H}} \frac{dJ}{dt} \quad \ldots \ldots \quad (2)$$

In allen diesen Gleichungen ist, wie bereits auf S. 21 bemerkt wurde, die EMK der Selbstinduktion in absoluten elektromagnetischen Einheiten ausgedrückt und muß mit 10^{-8} multipliziert werden, wenn man sie in Volt angeben will. Wir lassen diesen Faktor aber in allen Formeln weg, indem wir annehmen, daß alle Größen in einheitlichen Maßen, gleichgültig, ob in absoluten oder technischen Maßen, ausgedrückt sind und benutzen ihn nur bei Zahlenbeispielen, bei denen stets die technischen Einheiten, also Volt für $E p_t$ und Ampere für J_t angewandt werden sollen.

Die Einflüsse, welche die EMK der Selbstinduktion beherrschen, finden sich am klarsten zusammengestellt in Gl. 2.

Man erkennt die Abhängigkeit von drei Faktoren: Der Faktor $0{,}4\,\pi\,\dfrac{n^2}{l}\,s$ gibt die Abhängigkeit von den Konstruktionsdaten von Spule und Eisenkern an, der Faktor $\dfrac{d\mathfrak{B}}{d\mathfrak{H}}$ die Abhängigkeit von den magnetischen Eigenschaften des Eisens, wie sie in der Hysteresekurve zum Ausdruck kommen, der Faktor $\dfrac{dJ}{dt}$ die Abhängigkeit von der Stromstärke. Um die Betrachtungen zunächst noch zu vereinfachen, wollen wir vorläufig den Einfluß des Eisens bei den Vorgängen ausschalten, indem wir annehmen, daß die Spule um ein unmagnetisierbares Material gewickelt sei. In diesem Falle vermag die magnetisierende Kraft $\mathfrak{H}$ keine über ihre eigene Stärke hinausgehende magnetische Kraft $\mathfrak{B}$ zu erzeugen, es wird $\mathfrak{B} = \mathfrak{H}$ und daher

$$\frac{d\mathfrak{B}}{d\mathfrak{H}} = 1\,.$$

In eisenlosen Spulen ist also

$$E p_t = J_t\,w + 0{,}4\,\pi\,\frac{n^2}{l}\,s\,\frac{dJ}{dt}\,. \quad \ldots \quad (3)$$

In dieser Gleichung erscheint als Faktor von $\dfrac{dJ}{dt}$ ein nur von den Konstruktionsdaten der Spule abhängiger, also für unsere Betrachtungen konstanter Koeffizient

$$L = 0{,}4\,\pi\,\frac{n^2}{l}\,s\,, \quad \ldots \ldots \ldots \quad (4)$$

den man als den Koeffizienten der Selbstinduktion bezeichnet. Bei Wechselstrom beeinflussen also die Konstruktionsdaten der Spule die Beziehung zwischen Ep und J in viel verwickelterer Weise als bei Gleichstrom, wo nur der durch Länge, Querschnitt und Material des Drahtes bestimmte Widerstand dafür entscheidend ist.

Bei Einführung von L wird also die EMK der Selbstinduktion ausgedrückt durch $L \cdot \dfrac{dJ}{dt}$. Danach ist L numerisch gleich der EMK, die induziert wird, wenn sich der Strom während einer Sekunde um ein Ampere ändert. Die Einheit von L, also der Koeffizient, der dann vorhanden ist, wenn bei einer sekundlichen Änderung von 1 Ampere 1 Volt induziert wird, heißt das Henry.

Das erste Grundgesetz der Wechselströme nimmt danach für eisenlose Spulen die sehr einfache Form an

$$E p_t = J_t w + L \frac{dJ}{dt} \quad \ldots \ldots \ldots \quad (5)$$

In dieser Form wird es als die Helmholtzsche Gleichung bezeichnet.

Zur Erörterung dieses Grundgesetzes ist es erwünscht, es zunächst einer möglichst einfachen Rechnung zugänglich zu machen. Wir tun dies, indem wir vorläufig voraussetzen, daß J_t sich sinusartig verändere; denn der Sinus ist die mathematisch einfachste periodische Funktion. Später wollen wir diese Einschränkung wieder fallen lassen. Unter der genannten Voraussetzung soll jetzt $E p_t$ bei gegebenem J_t berechnet werden.

Sinusartige Veränderung der elektrischen Größen.

Eine sinusartige Stromkurve

$$J_t = J_{max} \sin \alpha \quad \ldots \ldots \ldots \quad (6)$$

ist in Fig. 23 dargestellt. Sie ist entstanden durch Rotation eines Kreisradius J_{max}, Projezierung desselben in verschiedenen

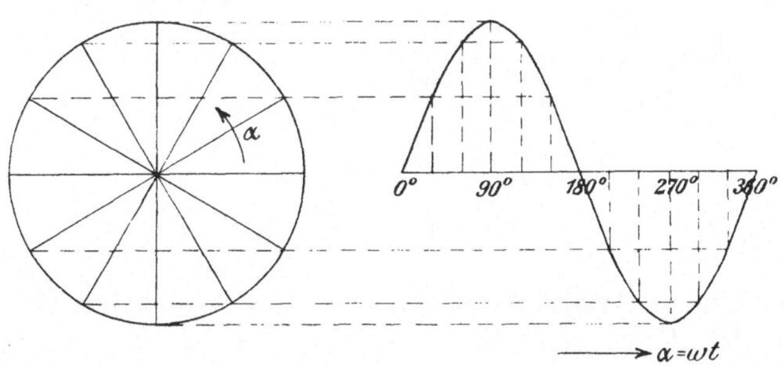

Fig. 23.

Lagen auf eine vertikale Gerade und Auftragung der Projektion als Funktion der zu den verschiedenen Lagen gehörigen Winkel im orthogonalen Koordinatensystem. Gl. 6 stellt J_t als Funktion von α statt als Funktion der Zeit dar. Um J_t als Funktion der Zeit auszudrücken, nehmen wir an, daß J_{max} mit der Winkelgeschwindigkeit ω rotiert und bedenken, daß bei der Rotation um 2π eine Periode des Wechselstromes zurückgelegt wird, und die in Fig. 23 dargestellte Stromkurve darauf eine neue Periode anfängt. Beginnt man die Zählung der Zeit in dem Augenblicke, wo $\alpha = 0$ ist, so wird

$$\alpha = \omega t \quad \ldots \ldots \ldots \quad (7)$$

und der in einer Sekunde, also während ν Perioden zurückgelegte Winkel

$$\omega = 2\pi\nu. \quad \ldots \ldots \ldots \quad (8)$$

Ein sinusartig sich veränderter Strom ist demnach definiert durch den Ausdruck

$$J_t = J_{max}\sin\omega t, \quad \ldots \ldots \ldots \quad (9)$$

wobei ω die in Gl. 8 angegebene Bedeutung hat.

Die Einsetzung dieses Ausdruckes in Gl. 5 ergibt

$$J_t w = w J_{max}\sin(\omega t) \quad \ldots \ldots \ldots \ldots \quad (10)$$

$$L\frac{dJ}{dt} = \omega L J_{max}\cos(\omega t) = \omega L J_{max}\sin\left(\omega t + \frac{\pi}{2}\right). \quad (11)$$

Man kann zunächst graphisch ein Bild gewinnen von dem Verlauf der zu J_t gehörigen Klemmenspannung, wenn man die

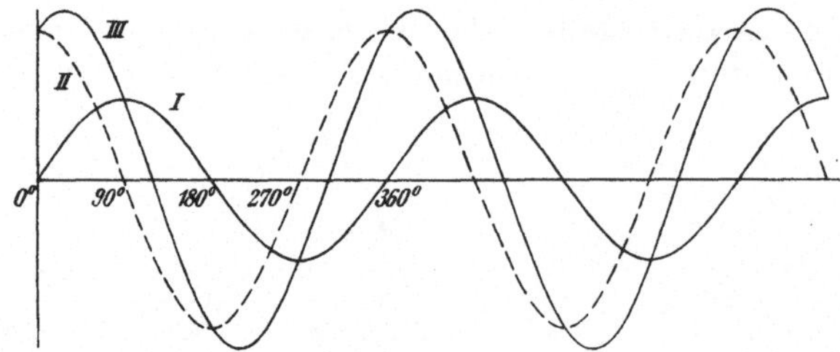

Fig. 24.

beiden obigen Ausdrücke durch Kurven darstellt und die Ordinaten der Kurven addiert. In Fig. 24 ist dies geschehen, Kurve I gibt den Verlauf von J_t, Kurve II den von $L\dfrac{dJ}{dt}$ und Kurve III den Verlauf von Ep_t als Summationskurve.

Fig. 24 gibt einen sehr klaren Einblick in die Vorgänge. Die EMK der Selbstinduktion $L\dfrac{dJ}{dt}$, welche nicht durch den sinusartig verlaufenden Strom J_t, sondern durch den Differentialkoeffizienten von J_t bestimmt ist, wird dargestellt durch eine gegen J_t um 90^0 nach links vorgeschobene Sinuskurve; verlangt doch der Begriff des Differentialkoeffizienten, daß $L\dfrac{dJ}{dt}$ durch 0 geht, wenn J_t den Maximalwert erreicht, auf Null abfällt, wenn J_t zu diesem Maximalwert ansteigt usw. J_t und $L\dfrac{dJ}{dt}$ sind also beim Durchwandern ihrer Kurven in jedem Augenblicke in verschiedener Phase der Bewegung, sie haben eine „Phasenverschiebung" um 90^0 oder eine Viertelperiode, und zwar im Sinne einer Voreilung von $L\dfrac{dJ}{dt}$, da die gleichen Zustände (Maxima, Nullwerte usw.) bei $L\dfrac{dJ}{dt}$ früher eintreten als bei J_t.

Das Auftreten von $L\dfrac{dJ}{dt}$ neben $J_t w$ und die Phasenverschiebung von $L\dfrac{dJ}{dt}$ gegen J_t beeinflussen $E p_t$ in folgender Weise (Fig. 24):

1. $E p_t$ hat ebenfalls eine Voreilung gegen J_t;
2. $E p_t$ ist größer als $J_t w$. Nur darin unterscheiden sich $E p_t$ und J_t nicht, daß
3. $E p_t$ ebenfalls sinusartigen Verlauf hat.

Wir wollen Phasenverschiebung und Größenunterschied von $E p_t$ und $J_t w$ jetzt mathematisch zu bestimmen und den für $E p_t$ sich aus der Figur ergebenden sinusartigen Verlauf mathematisch zu kontrollieren suchen.

Alle drei Aufgaben werden gleichzeitig gelöst, wenn $E p_t$ durch eine einzige Sinusgröße dargestellt wird. Wir setzen zu diesem Zwecke

$$w J_{max} = B \cos \varphi$$

$$\omega L J_{max} = B \sin \varphi,$$

wobei B und φ zwei Hilfsgrößen sind, die sich aus den obigen Gleichungen bestimmen zu

$$B = \sqrt{w^2 + \omega^2 L^2}$$

$$\operatorname{tg} \varphi = \frac{\omega L}{w} \quad \ldots \ldots \ldots \ldots \quad (12)$$

Es ergibt sich dann

$$Ep_t = J_t\,w + \frac{L\,dJ}{dt}$$

$$= B\sin(\omega t)\cos\varphi + B\cos(\omega t)\sin\varphi$$

$$= B\sin(\omega t + \varphi)$$

$$= J_{max}\,\sqrt{w^2 + (\omega^2 L^2)}\,\sin(\omega t + \varphi) \quad \ldots \ldots \quad (13)$$

und, wenn man

$$J_{max}\,\sqrt{w^2 + \omega^2 L^2} = Ep_{max} \quad \ldots \ldots \quad (14)$$

setzt,

$$Ep_t = Ep_{max}\sin(\omega t + \varphi) \quad \ldots \ldots \quad (15)$$

Über die oben graphisch gewonnenen Ergebnisse läßt sich also noch folgendes Nähere aussagen:

1. Die Voreilung von Ep_t gegen J_t beträgt $\varphi = \operatorname{arctg}\dfrac{\omega L}{w}$;

2. Das Verhältnis der maximalen und, wegen der Gleichheit der Scheitelfaktoren, auch der effektiven Werte von Ep_t und J_t ist

$$\frac{Ep}{J} = \sqrt{w^2 + \omega^2 L^2} = w\sqrt{1 + \frac{\omega^2 L^2}{w^2}}\,;\quad \ldots \quad (16)$$

3. Ep_t verläuft in der Tat genau sinusartig.

Der Quotient von Spannung und Stromstärke, mit Volt- und Amperemeter gemessen, stimmt also bei Wechselstrom nicht mehr mit dem Werte des Widerstandes überein. Man bezeichnet diesen Quotienten der Anologie mit dem Ohmschen Gesetz zuliebe als den scheinbaren Widerstand der Spule, während w im Gegensatz dazu der Ohmsche oder der wahre Widerstand genannt wird. Der scheinbare Widerstand — wir wollen ihn w' nennen — ist stets größer als der wahre, für den Unterschied ist nach Gl. 16 derselbe Ausdruck $\dfrac{\omega L}{w}$ maßgebend, der nach Gl. 12 auch die Phasenverschiebung φ bestimmt.

Die durch den scheinbaren Widerstand gegebene Beziehung zwischen Ep und J ist von größtem Interesse, weil sehr oft die Aufgabe vorliegt, bei gegebener Spannung die von einer Spule aufgenommene Stromstärke zu berechnen. Praktisch steht, wie bei Gleichstrom, für die Lieferung von Wechselstrom meist ein Netz von konstanter Spannung zur Verfügung, und man wünscht zu wissen, welchen Strom ein Organ einer Wechselstromanlage,

z. B. eine Spule, beim Anschluß an dieses Netz aufnehmen wird.
Man erkennt aus Gl. 16, daß J um so kleiner und die Phasenverschiebung zwischen Spannung und Strom um so größer wird,
je größer ωL gegen w ist.   In der Tat müssen die von der
Selbstinduktion hervorgerufenen Wirkungen um so kräftiger sein,
je größer der Koeffizient der Selbstinduktion L ist.   Wie die
Gleichung lehrt, kommt es aber nicht auf L allein an, sondern
auf das Verhältnis von L zu der bei Gleichstrom für die Stärke
des Stromes allein entscheidenden Größe w, und nicht nur die
Spule selbst ist durch ihre Konstruktionsdaten bestimmend für
den Strom, den sie aufnimmt, sondern auch die in ω enthaltene
Periodenzahl ν des Wechselstromes, mit der das Netz gespeist
wird. Je größer ν, desto kleiner ist der Strom.   Ein und dieselbe Spule nimmt also, an verschiedene Wechselstromnetze von
gleicher effektiver Spannung angeschlossen, verschiedene Stromstärken auf, wenn die Periodenzahl der Netze verschieden ist.
Nicht nur Gleichstrom und Wechselstrom geben einen Unterschied, sondern auch verschiedene Wechselströme unter sich.
Daß sich die Wirkungen der Selbstinduktion mit der Periodenzahl steigern müssen, erkennt man schon aus dem Grundgesetz
in der ursprünglichsten Form (Gl. 1 S. 21), denn die sekundliche
Änderung der Kraftlinienzahl wird um so größer, je stärker das
hin und her wogende Feld ist, aber auch je schneller sich seine
Stärke verändert.

Ist $Ep_t = Ep_{max} \sin \omega t$ gegeben, so läßt sich daraus J_t berechnen. Mit Hilfe der Gl. 14 und unter Benutzung der Tatsache,
daß die Spannung eine Voreilung φ gegen die Stromstärke, also die
Stromstärke eine Verzögerung φ gegen die Spannung hat, ergibt sich

$$J_t = \frac{Ep_{max}}{\sqrt{w^2 + \omega^2 L^2}} \sin(\omega t - \varphi). \quad \ldots \quad (17)$$

J_t kann bei gegebenem Ep_t natürlich auch unmittelbar aus
Gl. 5 berechnet werden, doch ist dies eine Differentialgleichung,
deren Lösung durch das oben gewählte Verfahren umgangen
werden kann.

Die Lösung der Differentialgleichung ergibt, daß zu dem in Gl. 17
enthaltenen Ausdrucke für J_t noch als Summand eine Exponentialgröße
hinzukommt, deren Exponent negativ und proportional der Zeit ist.
Diese Größe verklingt sehr bald im stationären Betriebe der Starkstromtechnik, spielt aber bei Ein- und Ausschaltvorgängen eine Rolle und ist
für die Funkentelegraphie von größter Bedeutung.

Strom- und Spannungskurven beliebiger Form.

Sehr verwickelt werden die Beziehungen zwischen Spannung und Strom, wenn man die Voraussetzung sinusartiger Veränderung fallen läßt. In Fig. 25 stellt Kurve I einen Strom dar, der sich nach dem Gesetze

$$J_t = 30 \sin (\omega t) + 10 \sin (3 \omega t + 40^0)$$

verändert. Fließt dieser Strom durch eine Spule von $w = 1$ Ohm und $L = \dfrac{0,01}{\pi}$ Henry, so wird bei $\nu = 50$ Perioden $\omega L = 1$ und

$$E p_t = 30 \sin \omega t + 10 \sin (3 \omega t + 40^0) +$$
$$30 \cos \omega t + 30 \cos (3 \omega t + 40^0).$$

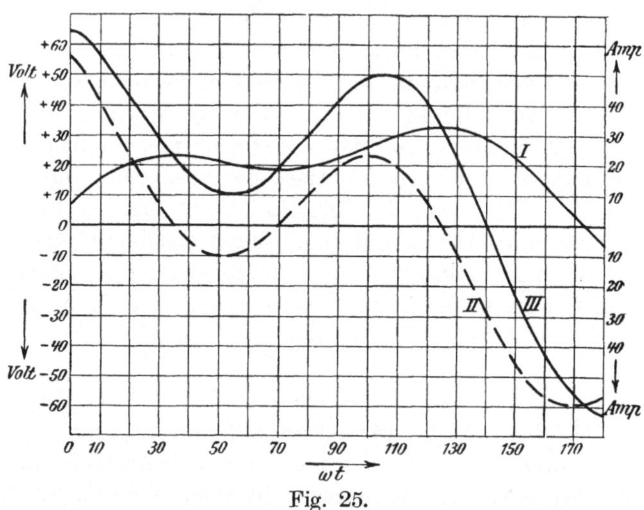

Fig. 25.

Bei diesen Spulendaten gibt Kurve I außer J_t auch $J_t w$ wieder, Kurve II stellt $L \dfrac{dJ}{dt}$, Kurve III $E p_t$ dar. Aus den Kurven ergibt sich

$$\sqrt{M(J_t^2)} = 22{,}36 \text{ Amp.} \qquad \sqrt{M(E p_t^2)} = 37{,}42 \text{ Volt}$$

und hieraus der scheinbare Widerstand

$$w' = \frac{E p}{J} = 1{,}67 \text{ Ohm.}$$

Über die Gültigkeit der **3** auf Seite 36 für sinusartige Kurven zusammengestellten Ergebnisse ist also folgendes zu sagen:

1. $E p_t$ hat auch bei beliebiger Form der Stromkurve eine Voreilung gegen J_t; denn alle charakteristischen Werte, Maximalwerte, Minimalwerte, Nullwerte, treten bei $E p_t$ bei kleineren Größen von ωt auf als bei J_t. Alle Voreilungen sind aber verschieden, so daß ein eindeutiger Begriff der Phasenverschiebung nicht besteht.

2. Da bei $J = 22{,}36$ Amp. auch $Jw = 22{,}36$ Volt wird, ist wiederum $Ep > Jw$. Bemerkenswert ist aber, daß bei sinusartigen Kurven

$$w' = \sqrt{w^2 + \omega^2 L^2} = 1{,}41 \text{ Ohm}$$

würde, während sich im vorliegenden Falle $w' = 1{,}67$ Ohm ergibt.

3. Die Kurve $E p_t$ hat einen andern Verlauf als die Kurve J_t.

Als Schlußergebnis kann also festgestellt werden, wenn man die Spannung als gegeben annimmt: Auch bei Strom- und Spannungskurven beliebiger Gestalt hat in einer eisenlosen Spule die Stromstärke eine Verzögerung gegen die Spannung, und der scheinbare Widerstand ist größer als der wahre. Der Begriff der Phasenverschiebung ist aber nicht mehr eindeutig, weil die Stromkurve eine andere Gestalt annimmt als die Spannungskurve, und die Stromstärke hat bei gegebenem Effektivwert der Spannung einen andern Wert als unter gleichen Verhältnissen bei sinusartiger Veränderung. Die Stromstärke hängt also nicht nur von ωL und w, sondern auch von der Kurvenform ab.

Das Ohmsche Gesetz gewinnt bei Wechselstrom die für Gleichstrom gültige Form natürlich wieder, wenn die Selbstinduktion des durchflossenen Leiters Null ist. Dies ist annähernd der Fall zum Beispiel bei den leuchtenden Fäden der Glühlampen, deren wenige Windungen kein erhebliches Feld erzeugen können. Bei $L = 0$ wird

$$E p_t = J_t w.$$

Der wahre Widerstand wird hier gleich dem scheinbaren, die Phasenverschiebung hört auf, Spannungs- und Stromkurve sind einander geometrisch ähnlich und fallen, im geeigneten Maßstabe gezeichnet, zusammen.

§ 7. Graphische Darstellung durch Vektor-Diagramme.

Von den unendlich vielen möglichen Kurvenformen von Wechselstromgrößen haben, wie bereits früher angegeben wurde, die Sinuskurven für die Technik die größte Wichtigkeit, weil sie das günstigste Verhalten der Wechselstrommaschinen und -apparate ergeben. Für die wissenschaftliche Behandlung der Aufgaben der Wechselstromtechnik ist es von großem Vorteil, daß diese praktisch wichtigsten Kurven auch die theoretisch einfachsten sind.

Aufgaben wie die Addition des Ohmschen Spannungsabfalls und der EMK der Selbstinduktion, die im vorigen Paragraphen behandelt wurden, lassen sich bei Sinuskurven graphisch in noch viel einfacherer Weise lösen als mathematisch. Da solche Aufgaben in mannigfaltigster Gestalt in der Wechselstromtechnik vorkommen, wollen wir sogleich ihre allgemeinste Lösung zu finden suchen.

Wenn ganz allgemein die Aufgabe gestellt wird, die folgende Summe von Sinusgrößen zu bilden:

$$A_1 \sin (\omega t + \varphi_1) + A_2 \sin (\omega t + \varphi_2) + A_3 \sin (\omega t + \varphi_3)$$
$$+ A_4 \sin (\omega t + \varphi_4) + \ldots,$$

so bedeutet dies, daß eine Sinusfunktion

$$A \sin (\omega t + \varphi)$$

gefunden werden soll, die dieser Summe gleich ist. Man braucht zu diesem Zweck nur (Fig. 26) die Amplituden $A_1\, A_2\, A_3\, A_4$ gegen eine gemeinsame, beliebig gelegte Richtlinie OR um $\varphi_1\, \varphi_2\, \varphi_3\, \varphi_4$ geneigt, wie die Kräfte eines Kräftepolygons, in einem Linienzuge aufzuzeichnen, dann gibt die Schlußlinie dieses Polygons, mit einem Pfeile versehen, der den Pfeilen des übrigen Linienzuges entgegengerichtet ist, die Größe von A und ihre Neigung gegen die Richtlinie den Winkel φ. Daß diese Behauptung richtig ist, erkennt man leicht, wenn man zunächst annimmt, daß $A \sin (\omega t + \varphi)$ in der Tat die Summe bilde; dann erhält man durch Auflösung der einzelnen Sinusglieder und Herausziehen der Faktoren $\sin \omega t$ und $\cos \omega t$ die Gleichung

$$\sin \omega t \cdot A \cos \varphi + \cos \omega t \cdot A \sin \varphi$$
$$= \sin \omega t\, (A_1 \cos \varphi_1 + A_2 \cos \varphi_2 + A_3 \cos \varphi_3 + A_4 \cos \varphi_4 + \ldots)$$
$$+ \cos \omega t\, (A_1 \sin \varphi_1 + A_2 \sin \varphi_2 + A_3 \sin \varphi_3 + A_4 \sin \varphi_4 + \ldots).$$

Da diese Gleichung für jede beliebige Zeit t gelten muß, so gilt sie auch für die Augenblicke, wo t so groß wird, daß $\cos \omega t$ oder $\sin \omega t$ Null ist. Aus $\cos \omega t = 0$ ergibt sich die Bedingungsgleichung

$$A \cos \varphi = A_1 \cos \varphi_1 + A_2 \cos \varphi_2 + A_3 \cos \varphi_3 + A_4 \cos \varphi_4 + \ldots$$

und aus $\sin \omega t = 0$ folgt

$$A \sin \varphi = A_1 \sin \varphi_1 + A_2 \sin \varphi_2 + A_3 \sin \varphi_3 + A_4 \sin \varphi_4 + \ldots\ldots$$

Die erste dieser Gleichungen bedeutet, daß die Projektion der Amplitude der resultierenden Sinusfunktion auf die Richtlinie gleich der Summe aus den Projektionen der einzelnen Amplituden sein muß, und die zweite besagt, daß Entsprechendes auch für die Projektionen auf eine Senkrechte zur Richtlinie zu gelten hat. Beide Bedingungen sind, wie man leicht erkennt, durch Fig. 26 erfüllt. Diese Figur stellt also die Summierung richtig dar.

Für alle folgenden Darstellungen dieser Art soll als Regel aufgestellt werden, daß, wie in Fig. 26, als positive Zählrichtung von φ die Richtung entgegen der Uhrzeigerbewegung, also die Links-

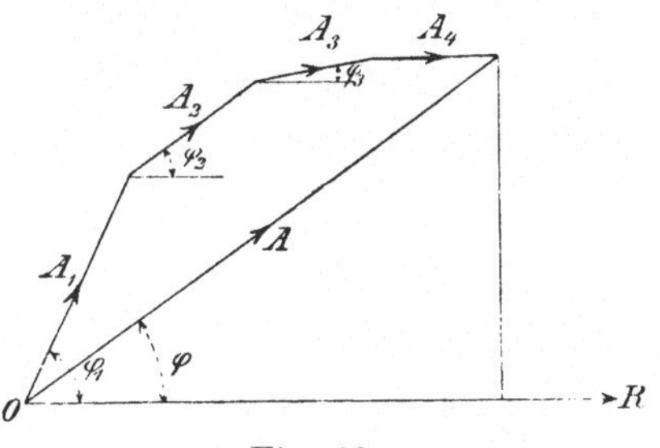

Fig. 26.

drehung, gewählt wird. Negative Werte von φ sind demnach durch Rechtsdrehung der entsprechenden Amplituden gegen die Richtlinie darzustellen. In die Richtlinie selbst fallen natürlich diejenigen Amplituden, zu denen $\varphi = 0$ gehört. Positive Werte von φ bedeuten andererseits Phasenvoreilung gegenüber $\varphi = 0$, denn von einer Funktion $\sin(\omega t + \varphi)$ wird irgendein charakteristischer Wert, wie z. B. der Wert $+1$, früher erreicht, als wenn $\varphi = 0$ wäre: Im ersten Fall tritt dieser Wert ein bei

$$\omega t + \varphi = \frac{\pi}{2}, \quad \text{also bei} \quad \omega t = \frac{\pi}{2} - \varphi, \quad \text{im zweiten Fall bei}$$

$$\omega t = \frac{\pi}{2};$$ im ersten ist also t kleiner als im zweiten. Nach der obigen Wahl der Zählrichtung von φ bedeutet also im folgenden stets:

Linksdrehung Phasenvoreilung,   Rechtsdrehung Phasenverzögerung.

Stellt man die zeitliche Veränderung der verschiedenen Sinusgrößen durch Sinuskurven im orthogonalen Koordinatensystem dar, so muß diejenige Sinusgröße, welche gegenüber einer anderen Voreilung hat, nach Fig. 24 gegenüber der anderen nach links verschoben erscheinen, die, welche Verzögerung hat, also nach rechts, das obige Schema kann daher ergänzt werden zu folgendem:

Linksdrehung oder -Verschiebung　　　　Rechtsdrehung oder -Verschiebung
　　　　Voreilung　　　　　　　　　　　　　　　Verzögerung.

Diese Regeln sollen für alle weiteren graphischen Darstellungen als Richtschnur dienen.

Als Beispiel wollen wir die auf S. 35 und 36 mathematisch ausgeführte Addition von $J_t w$ und $\dfrac{L\,dJ}{dt}$ jetzt graphisch ausführen (Fig. 27). Addiert werden sollen also die durch Gl. 10 und 11 S. 34 gegebenen Ausdrücke. Wir nehmen $J_t w$ als Ausgang der Phasenzählung und legen $J_{max} w$ horizontal als Richtlinie fest. $L\dfrac{dJ}{dt}$ hat gegen $J_t w$ eine Voreilung von $\dfrac{\pi}{2} = 90^0$, ist also senkrecht und nach links gedreht auf $J_{max} w$ zu stellen. Die Schlußlinie ist daher Ep_{max}, und der Winkel, den Ep_{max} mit $J_{max} w$ einschließt, ist die Phasenverschiebung zwischen Spannung und Strom. Wir entnehmen aus der Figur unmittelbar, daß Ep_{max} und $\operatorname{tg}\varphi$ die früher rechnerisch gewonnenen Werte haben (Gl. 12 und 14 S. 35 und 36). Die Benutzung der graphischen Darstellung ist also wesentlich einfacher als die Rechnung.

Die graphische Darstellung läßt sich auch in der Art abändern, daß die zu addierenden Größen nicht

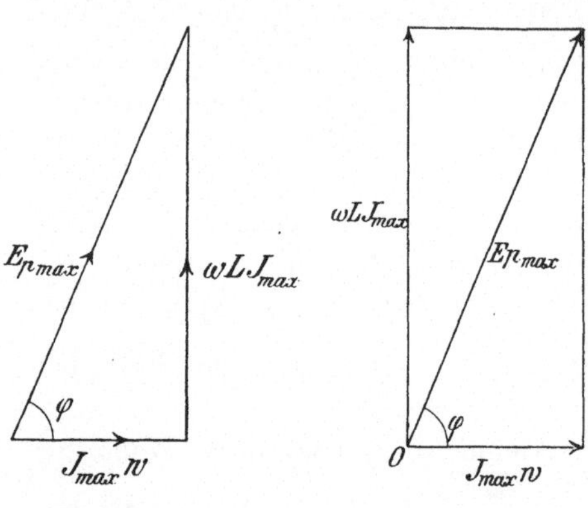

Fig. 27.　　　　　　　　　　　Fig. 28.

in einem Linienzuge aufeinander folgend, sondern wie in Fig. 28 von einem Punkte aus aufgetragen werden. Aus dem Kräftedreieck wird dann ein Parallelogramm der Kräfte, aus dem geschlossenen Diagramm ein offenes, da die gesuchte Größe nicht mehr als die Schlußlinie erscheint. Die offenen Diagramme haben den Nachteil, daß die Beziehungen der Größen nicht so scharf und zwingend hervortreten, weil in ihnen außer den darzustellenden

Größen auch geometrische Konstruktionslinien enthalten sind. Sie haben aber den Vorteil, daß die Phasenverschiebungen in klarerer Weise vor Augen treten als bei geschlossenen Figuren, weil alle Größen in der Darstellung von einem Punkte ausgehen; bei geschlossenen Figuren dagegen müssen die Phasenverschiebungen für solche Größen, die nicht unmittelbar aneinanderstoßen, erst durch parallele Nebenfiguren bestimmt werden. Durch Rotation der offenen Diagramme um den Punkt, von dem alle Amplituden ausgehen, und Projektion auf eine Vertikale zur Richtlinie kann man für jeden Augenblick ein Bild von den momentanen Werten der Wechselstromgrößen gewinnen, wie in Fig. 23 durch die Rotation der Amplitude J_{max}.

In den obigen Diagrammen werden Amplituden und Phasen der elektrischen Größen durch Längen und Lagen von Linien dargestellt. Man nennt solche Linien Vektoren, die Diagramme also Vektordiagramme. Die Amplituden kann man in sämtlichen Diagrammen natürlich durch die Effektivwerte ersetzen, da bei der hier vorausgesetzten sinusartigen Veränderung aller Größen Amplituden und Effektivwerte in einem konstanten Verhältnis ($\sqrt{2}$) stehen.

§ 8. Das erweiterte Ohmsche Gesetz für Spulen, die Eisen enthalten.

Eisenlose Spulen, wie sie bisher betrachtet wurden, kommen in der Starkstromtechnik nur bei Meßinstrumenten vor, alle übrigen Organe einer Wechselstromanlage, Generatoren, Motoren, Transformatoren bestehen dagegen aus bewickelten Eisenkörpern. Als Repräsentantin der letzteren kann man eine um Eisen gewickelte Spule betrachten und den Einfluß des Eisens auf das Verhalten des Wechselstromes an ihr studieren.

Wir haben bereits (S. 31 Gl. 2) die Grundgleichung für eine von Eisen erfüllte Spule aufgestellt:

$$Ep_t = J_t w + \frac{0,4\,\pi n^2 s}{l}\,\frac{d\mathfrak{B}}{d\mathfrak{H}}\,\frac{dJ}{dt} \quad \cdots \quad (1)$$

Der Einfluß des Eisens wird dabei wiedergegeben durch den Faktor $\dfrac{d\mathfrak{B}}{d\mathfrak{H}}$; durch ihn allein unterscheidet sich das Verhalten der um Eisen gewickelten von dem der früher besprochenen eisenlosen Spule. Wir wollen deshalb diesen Faktor näher betrachten.

Seinem Begriff nach ist $\dfrac{d\mathfrak{B}}{d\mathfrak{H}}$ für einen Punkt P der Hysteresekurve die trigonometrische Tangente des Winkels α (Fig. 29), den die geometrische Tangente der Hysteresekurve im Punkt P mit der Abszissenachse einschließt. Wir können also den Verlauf von $\dfrac{d\mathfrak{B}}{d\mathfrak{H}}$ während einer Periode feststellen, wenn wir

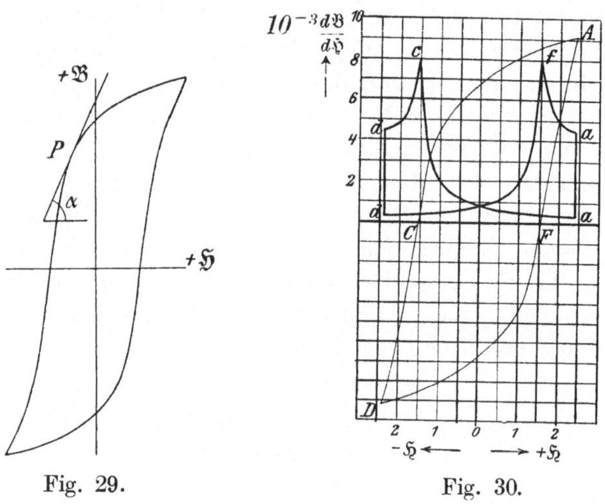

Fig. 29.   Fig. 30.

verfolgen, wie sich die Neigung der Hysteresekurve gegen die Abszissenachse ändert. In Fig. 30 ist der Verlauf von $\dfrac{d\mathfrak{B}}{d\mathfrak{H}}$ durch die stark ausgezogene Kurve dargestellt unter der Annahme, daß die Hysteresekurve entsprechend der schwach ausgezogenen Kurve verläuft. Die mit großen Buchstaben versehenen Punkte der einen Kurve entsprechen dabei den mit kleinen Buchstaben versehenen der andern. Für die Kurve $\dfrac{d\mathfrak{B}}{d\mathfrak{H}}$ ergibt sich danach folgendes:

Wenn die Hysteresekurve von A nach C abfällt, so wächst ihre Neigung immer mehr an bis zu ihrem Wendepunkte C, die Kurve $\dfrac{d\mathfrak{B}}{d\mathfrak{H}}$ steigt dabei von dem unteren Punkte a nach c an. Die Hysteresekurve wächst dann zu ihrem negativen

Maximum, wobei die Neigung aber etwas abnimmt, entsprechend der Strecke cd der Kurve $\dfrac{d\mathfrak{B}}{d\mathfrak{H}}$. In D hat die Hysteresekurve eine Unstätigkeit bei Beginn des Rückganges des Magnetismus, und $\dfrac{d\mathfrak{B}}{d\mathfrak{H}}$ fällt daher plötzlich vom oberen Punkte d zum unteren. Der Strecke DFA der Hysteresekurve entspricht dann in ganz gleicher Weise die Strecke dfa der Kurve $\dfrac{d\mathfrak{B}}{d\mathfrak{H}}$.

Fig. 30 gibt natürlich nur eine Annäherung, denn Unstätigkeiten, wie die gezeichneten, können die Kurven bei der schnellen Ummagnetisierung nicht haben. In Wirklichkeit sind alle Ecken etwas abgerundet; doch tun diese Abweichungen dem allgemeinen Charakter der Kurven keinen Eintrag. Wir können also ganz ungeheure Schwankungen der Werte von $\dfrac{d\mathfrak{B}}{d\mathfrak{H}}$ während einer Periode feststellen, alle Werte sind aber positiv und immer weit größer als 1.

Die Multiplikation der für eisenlose Spulen gefundenen EMK der Selbstinduktion mit den großen und einem ganz andern Gesetze unterworfenen Werten von $\dfrac{d\mathfrak{B}}{d\mathfrak{H}}$ führt zu einer sehr viel größeren und von der Stromstärke noch viel abweichender verlaufenden EMK der Selbstinduktion. Bei Spulen, welche Eisen enthalten, wird also durch die Wirkung des Eisens die zur Erzeugung eines bestimmten Stromes notwendige Spannung noch viel mehr gesteigert, die Spannungskurve von der Stromkurve noch viel abweichender gestaltet als bei eisenlosen Spulen, derart, daß auch zu sinusartigen Stromkurven ganz anders verlaufende Spannungskurven gehören. Umgekehrt findet sich bei gegebener Spannung in einer Spule eine viel kleinere Stromstärke oder ein viel größerer scheinbarer Widerstand, wenn ein Eisenkern in sie eingetaucht wird.

Zur Vertiefung des Verständnisses wollen wir ein Zahlenbeispiel durchrechnen: Ein aus einzelnen Blechen zusammengesetzter Eisenring von einem wahren Eisenquerschnitt $s = 2019$ qmm und einem mittleren Durchmesser von 181 mm sei mit $n = 132$ Windungen von zusammen $w = 0{,}177$ Ohm bewickelt. Durch diese Wickelung werde ein sinusartig verlaufender Wechselstrom von $\nu = 42$ Perioden pro Sekunde geschickt, der eine maximale magnetische Kraft von 2,41 Dynen erzeuge. Welchen Wert hat die Klemmenspannung, wenn die Hysteresekurve des Eisens durch Tabelle 1 (S. 25) gegeben ist?

Wir wählen zur Berechnung von Ep_t die Gleichung (S. 31)

$$Ep_t = J_t w + n s \frac{d\mathfrak{B}}{d\mathfrak{H}} \frac{d\mathfrak{H}}{dt}.$$

Gegeben sind darin durch die Aufgabe unmittelbar w, n, s, l und $\mathfrak{H}_{max}$ und ν, und daher auch

$$\mathfrak{H}_t = \mathfrak{H}_{max} \sin(\omega t) = 2{,}41 \sin(2\pi\, 42 t).$$

Wir berechnen daraus

$$\frac{d\mathfrak{H}}{dt} = 2{,}41 \cdot 2\pi\, 42 \cos(\omega t)$$

und mit Hilfe von Gl. 1 S. 23

$$J_{max} = \frac{\mathfrak{H}_{max}\, l}{0{,}4\pi n} = \frac{2{,}41 \cdot 18{,}1\,\pi}{0{,}4\pi\, 132} = 0{,}826 \text{ Amp.}$$

woraus sich ergibt

$$J_t = 0{,}826 \sin(\omega t)$$

und

$$J = \frac{J_{max}}{\sqrt{2}} = 0{,}584 \text{ Amp.}$$

Setzt man diese Werte ein, so folgt

$$Ep_t = 0{,}1480 \sin(\omega t) + 0{,}01695 \frac{d\mathfrak{B}}{d\mathfrak{H}} \cos(\omega t).$$

Hieraus kann man Ep_t für einen beliebigen Zeitpunkt ωt berechnen, wenn man $\dfrac{d\mathfrak{B}}{d\mathfrak{H}}$ aus der Hysteresekurve für den zu ωt gehörigen Wert von $\mathfrak{H}_t$ entnimmt. In Tabelle 2 sind die mit Hilfe der obigen Formeln berechneten Werte zusammengestellt und in Fig. 31 sind nach dieser Tabelle die Kurven von Ep_t und J_t gezeichnet. Man sieht aus der Figur, wie sehr bei sinusartiger Stromkurve die Spannungskurve von Sinusart abweicht, und aus der Tabelle, wie klein $J_t w$ durchgehends gegen Ep_t ist, wie völlig hier also das für Gleichstrom gültige Ohmsche Gesetz versagt. Näher illustriert sich dies noch durch die folgenden Ergebnisse. Durch Planimetrierung gewinnt man $\sqrt{M(Ep_t^2)} = 30{,}0$ Volt, $M(Ep_t) = 19{,}54$ Volt, also den Formfaktor $c = 0{,}651$, während für Sinuskurven $c = 0{,}900$ ist. Der

Tabelle 2.

ωt	$\mathfrak{H}_t$	$d\mathfrak{B}/d\mathfrak{H}$	$J_t w$	e_t	$E p_t$	J_t
0°	0, —	770	0, —	13,1	13,1	0, —
10°	0,419	1060	0,025	15,4	15,4	0,144
20°	0,824	1530	0,051	24,4	24,4	0,283
30°	1,205	2750	0,077	40,4	40,5	0,413
35°	1,382	4900	0,085	58,1	58,2	0,474
39°13′	1,524	8000	0,094	105,1	105,2	0,523
40°	1,549	7450	0,095	96,8	96,9	0,532
45°	1,704	5460	0,105	65,4	65,5	0,585
50°	1,846	5070	0,113	55,2	55,3	0,633
60°	2,087	4700	0,128	39,9	40,0	0,716
70°	2,265	4550	0,139	26,4	26,5	0,777
80°	2,373	4480	0,146	13,2	13,3	0,814
90°	2,410	$\left\{\begin{matrix}4470\\300\end{matrix}\right\}$	0,148	0, —	0,1	0,827
100°	2,373	300	0,145	— 0,9	— 0,8	0,814
110°	2,205	300	0,139	— 1,7	— 1,6	0,777
120°	2,087	310	0,128	— 2,6	— 2,5	0.716
130°	1,846	350	0,113	— 3,8	— 3,7	0,633
140°	1,549	380	0,095	— 4,9	— 4,8	0,532
150°	1,205	450	0,074	— 6,6	— 6,5	0,413
160°	0,824	510	0,051	— 8,1	— 8,1	0,283
170°	0,419	610	0,025	— 10,2	— 10,2	0,144
180°	0, —	770	0, —	— 13,1	— 13,1	0, —

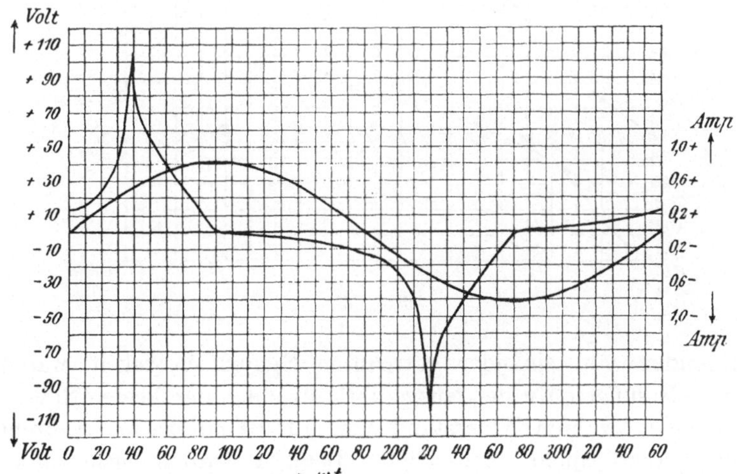

Fig. 31.

scheinbare Widerstand wird $w' = 30 : 0{,}584 = 51{,}4$ Ohm gegen $w = 0{,}17$ Ohm.

Fig. 32 und 33 stellen Spannungs- und Stromkurven dar, die vom Verfasser an einem bewickelten Eisenkörper von der in

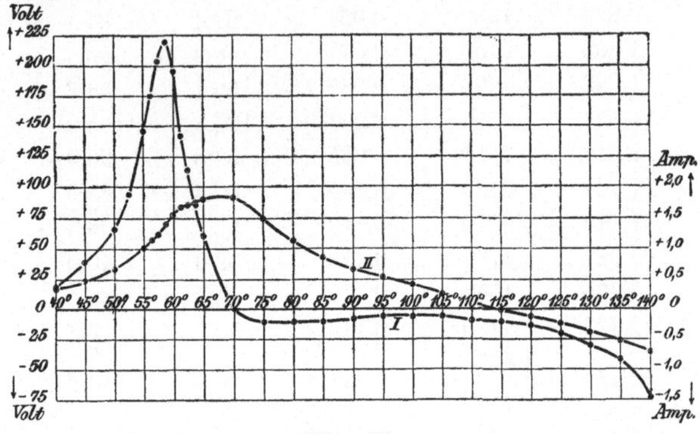

Fig. 32.

Fig. 34 (S. 50) abgebildeten Form gemessen wurden.[1]) Der Eisenkörper bestand aus Blechen, die abwechselnd in der Lage ⊓ und ⊔ aufeinander lagen und mit zwei neben einander

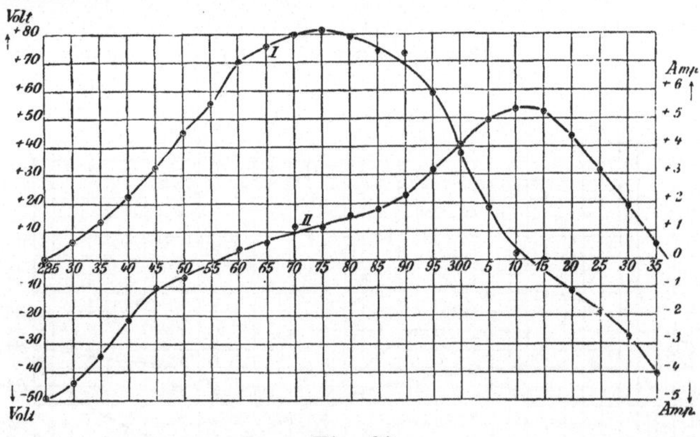

Fig. 33.

liegenden von einander getrennten Spulen bewickelt waren. Die Messungen wurden ausgeführt an einer der beiden Spulen, die einen wahren Widerstand von 0,179 Ohm hatte, während die andere Spule offen blieb. Benutzt wurden nacheinander

---

[1]) Näheres s. ETZ 1895 Heft 31.

zwei Maschinen, welche die durch die Kurven I dargestellten Spannungskurven ergaben; dabei bildeten sich die durch die Kurven II wiedergegebenen Stromkurven. Man erkennt: Wesentliche Abweichung der Gestalt der Kurve Ep_t von J_t, Voreilung von Ep_t gegen J_t, und wenn man $J_t w$ ausrechnet, geringe Größe von $J_t w$ gegen Ep_t.

Im Speziellen zeigt sich ferner in Fig. 32 und 33, daß bei $J_t = J_{max}$ also $\dfrac{dJ}{dt} = 0$ auch $Ep_t = 0$ wird, wie es Gl. 1 bei kleinem $J_t w$ verlangt. Wir sehen ferner bei $Ep_t = Ep_{max}$ in Fig. 33 J_t viel schwächer geneigt verlaufen als in Fig. 32. Da Ep_t fast genau gleich der EMK der Selbstinduktion ist, muß $\dfrac{dJ}{dt}$ bei gleichem Eisen in der Tat bei höherem Ep_{max}, also bei spitzen Kurven größer werden als bei flacheren. Bei der flacheren Spannungskurve in Fig. 33 erscheint J_t unterhalb Ep_{max} geradezu nach unten eingedrückt, während es bei Fig. 32 emporgezogen erscheint. Bei einer sehr spitzen Spannungskurve, wie die in Fig. 32, bei der also die Ordinaten sehr schnell zum Maximum ansteigen und wieder abfallen, verläuft Ep_t während des größten Teils der Periode flach und hat kleine Ordinaten; lang andauernde geringe Werte von Ep_t bedeuten aber auch lang andauernde geringe Werte von $\dfrac{dJ}{dt}$. Die Stromkurve muß daher von ihrem Maximum langsamer abfallen, als wenn die Spannungskurve flacher ist, also länger ihren Maximalwert behält und daher nur während eines kleinen Teiles der Periode geringe Werte von Ep_t und daher auch von $\dfrac{dJ}{dt}$ aufweist. Die Stromkurven werden also bei spitzen Spannungskurven flacher, bei flachen Spannungskurven spitzer, sie sind einander in der Gestalt stets viel ähnlicher als die Spannungskurven. Man erkennt dies auch an den Formfaktoren; diese sind in Fig. 32 und 33

bei den Spannungskurven $c = 0{,}590$ und $c = 0{,}841$,
bei den Stromkurven $k = 0{,}782$ und $k = 0{,}814$.

Weitere Messungsergebnisse, die den in praktischen Fällen auftretenden Unterschied des wahren und scheinbaren Widerstandes dartun sollen, finden sich in Tabelle 3 (S. 50). Diese Messungen wurden vom Verfasser an Transformatoren des Elektrotechnischen Laboratoriums der Technischen Hochschule in Berlin ausgeführt (Fig. 34, 35, 36). Vorwegzunehmen ist hier, daß ein Transformator aus einem mit zwei Wicklungen versehenen Eisenkörper besteht. Benutzt wurde stets nur eine Wicklung, während die andere offen, also elektrisch für den Versuch nicht vorhanden war. Die Tabelle zeigt, wie sehr viel größer in allen Fällen der scheinbare Widerstand als der wahre ist. In demselben Verhältnis wie $\dfrac{w}{w'}$, stehen auch

$$\frac{Jw}{Jw'} = \frac{Jw}{Ep}.$$

Man kann also Jw gegen Ep durchaus vernachlässigen.

Tabelle 3.

	Transformator			
	Fig. 34	Fig. 35	Fig. 36 Niederspannungswicklung	Fig. 36 Hochspannungswicklung
Ep	60,5	100,0	100,0	1014
J	1,474	5,205	14,77	1,473
w	0,179	0,0185	0,03916	5,36
w'	41,0	19,2	6,77	688
$\dfrac{w}{w'}$	0,0044	0,0010	0,0058	0,0078

Nach den obigen Untersuchungen über den Zusammenhang zwischen Ep_t und J_t bleibt noch die praktisch wichtigste Frage zu beantworten, wie man für eine durch ein Wechselstromnetz

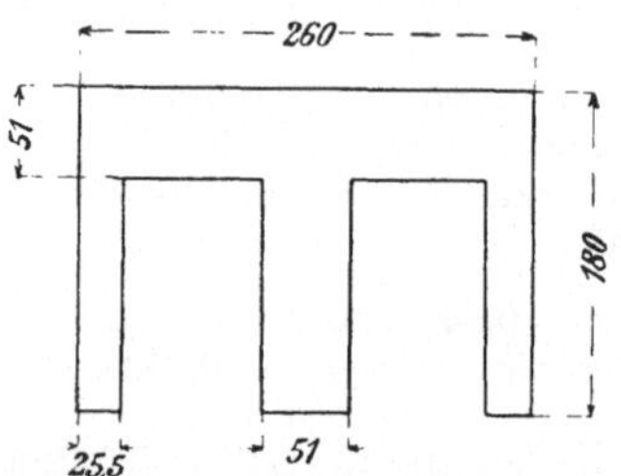
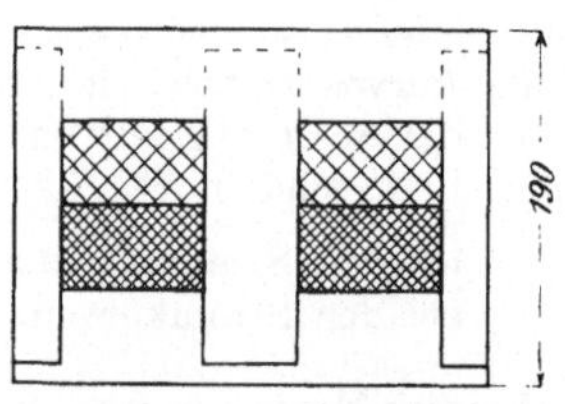

Fig. 34.

gegebene Spannungskurve Ep_t die von einer Spule aufgenommene Stromstärke J_t berechnen kann. Wenn auch für J dabei immer die Kenntnis des Effektivwertes genügt, so ist die strenge Lösung dieser Aufgabe doch außerordentlich verwickelt. Die Grundgleichung

$$Ep_t = J_t w + \frac{0{,}4\,\pi n^2 s}{l}\,\frac{d\mathfrak{B}}{d\mathfrak{H}}\,\frac{dJ}{dt} \quad \ldots \ldots \quad (2)$$

wäre bei gegebenem $E p_t$ für J_t im allgemeinen nicht lösbar, auch wenn $\dfrac{d\mathfrak{B}}{d\mathfrak{H}}$ mathematisch dargestellt werden könnte. Die Lösung ist aber möglich, wenn man $J_t w$ vernachlässigt und die Grundgleichung in der Form schreibt (S. 31)

$$E p_t = n s \, \frac{d\mathfrak{B}}{dt}.$$

In diesem Falle ergibt sich

$$\mathfrak{B}_t = \frac{1}{n s} \int E p_t \, dt. \qquad \ldots \ldots \quad (3)$$

$\mathfrak{B}_t$ kann also durch stückweise vorgenommene Integration der Spannungskurve gewonnen werden, und aus $\mathfrak{B}_t$ läßt sich mit Hilfe

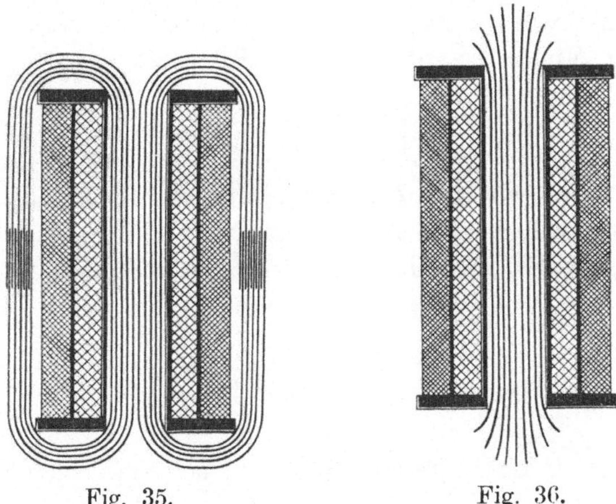

Fig. 35.   Fig. 36.

der Hysteresekurve $\mathfrak{H}_t$ und hieraus J_t feststellen. Für die Praxis ist aber auch dieses Verfahren zu umständlich. Die Praxis braucht ein Verfahren, bei dem die Angabe des Effektivwertes der Spannung und die des Charakters der Spannungskurve durch den Formfaktor zur Berechnung von J genügt, ohne daß auf alle Einzelheiten in der Gestalt der Hysteresekurve Rücksicht zu nehmen ist. Im folgenden soll ein solches Verfahren abgeleitet werden:

In Fig. 37 ist eine Kurve N_t und eine zu ihr gehörige Kurve

$$E p_t = n \, \frac{dN}{dt}$$

dargestellt, der Einfachheit halber ist eine sinusartige Form gewählt worden, wir wollen aber von dieser Form völlig absehen und den durch die obige Gleichung gegebenen Zusammenhang ganz allgemein betrachten. Dieser Zusammenhang ver

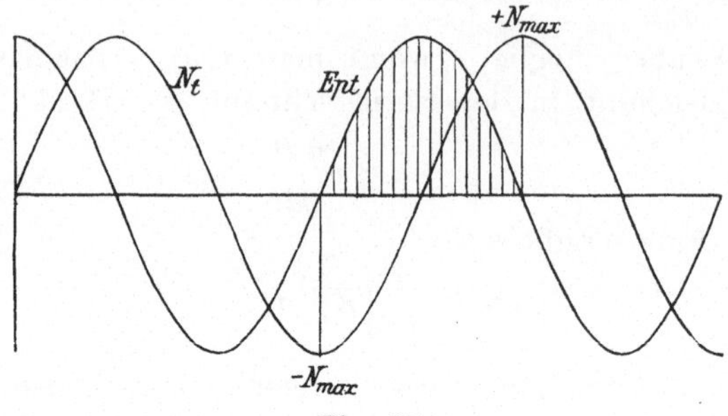

Fig. 37.

langt, daß, wie es die Kurve auch darstellt, bei $+N_{max}$ die Spannung $Ep_t = 0$ wird. In dem Intregale

$$\int dN = \frac{1}{n}\int Ep_t\, dt$$

sind also, wenn wir etwa $Ep_t\, dt$ über die schraffierte halbe Periode integrieren wollen, für N_t die Grenzen $-N_{max}$ und $+N_{max}$ einzusetzen. Es wird dann

$$2\,N_{max} = \frac{1}{n}\int_{0}^{\frac{T}{2}} Ep_t\, dt\,.$$

Dividieren wir das Integral durch $\dfrac{T}{2}$, so ergibt sich nach Gl. 1 S. 6 der einfache Mittelwert der Spannung $M(Ep_t)$, und man erhält daher

$$\frac{4\,N_{max}}{T} = \frac{1}{n}M(Ep_t)$$

oder

$$N_{max} = \frac{M(Ep_t)}{4\,n\nu}\,.$$

Führt man den Formfaktor c ein, um von dem einfachen Mittelwert $M(Ep_t)$ zum Effektivwert Ep überzugehen, so wird

$$N_{max} = \frac{c\,Ep}{4\,n\nu}$$

$$\mathfrak{B}_{max} = \frac{c\,Ep}{4\,n\nu s}$$

und, wenn man Ep im Volt einsetzen und $\mathfrak{B}_{max}$ in absoluten Einheiten erhalten will.

$$\mathfrak{B}_{max} = \frac{cEp}{4\,n\,v\,s}\,10^8.$$

In dieser Gleichung ist, wie oben gewünscht wurde, zunächst $\mathfrak{B}_{max}$ durch den Effektivwert der Netzspannung und den Formfaktor ausgedrückt, aus $\mathfrak{B}_{max}$ aber kann man mit Hilfe der jungfräulichen Magnetisierungskurve, auf der nach S. 27 die Maximalwerte der Hystereseschleife liegen, $\mathfrak{H}_{max}$ und daraus mit Hilfe von Gl. 1 S. 23 J_{max} und schließlich unter Benutzung des Scheitelfaktors k den Effektivwert des Stromes $J = k J_{max}$ berechnen. Die Berechnung der Stromstärke bei gegebener Spannung geschieht also durch folgende Formelreihe

$$\mathfrak{B}_{max} = \frac{cEp}{4\,n\,v\,s}\,10^8 \qquad\qquad \text{I}$$

$$\mathfrak{B}_{max} = f_{(\mathfrak{H}max)} \text{ (Jungfräuliche Magnetisierungskurve)} \qquad \text{II}$$

$$\mathfrak{H}_{max} = 0{,}4\,\pi\,\frac{n}{l}\,J_{max} \qquad\qquad \text{III}$$

$$J = k J_{max} \qquad\qquad \text{IV}$$

auf dem Wege von Ep über $\mathfrak{B}_{max}$, $\mathfrak{H}_{max}$, J_{max}.

Der Zusammenhang zwischen Spannung und Strom ist somit bei Wechselstrom völlig anders als bei Gleichstrom. Während er bei Gleichstrom nur durch den elektrischen Widerstand der Spule gegeben ist, wird er bei Wechselstrom so gut wie ausschließlich durch die magnetischen Eigenschaften des Eisens bestimmt. Wird eine Spule an ein Netz von gegebener Spannung Ep angeschlossen, so muß sich, nach Gl. I, $\mathfrak{B}_{max}$ auf einen ganz bestimmten Wert einstellen, derart, daß durch das Hin- und Herwogen der Magnetisierung zwischen $\pm\mathfrak{B}_{max}$ eine EMK der Selbstinduktion in der Spule induziert wird, die der Klemmenspannung (bis auf den sehr kleinen Ohmschen Spannungsabfall $J_t w$) die Wage hält. Eine gegebene Klemmenspannung zwingt also der Spule die Erzeugung einer bestimmten Magnetisierung auf, und der Strom, der in die Spule einfließt, muß so groß werden, daß er nach Gl. II, III und IV gerade diese Magnetisierung herstellt. Gl. I, welche den Zusammenhang zwischen gegebener Spannung und erzeugtem Magnetismus enthält, und angibt, wie sich der Magnetismus einstellen muß, damit die von ihm induzierte EMK der Spannung die Balance zu halten vermag, ist eine der wichtigsten Gleichungen der Wechselstromtechnik. Wir wollen sie von jetzt an als die Ausbalanzierungs-Gleichung für die Spannung bezeichnen.

Genau kann J mit Hilfe von Gl. I bis IV nicht berechnet werden, selbst dann, wenn die Spannung nach Effektivwert und Kurvenform also durch Ep und c genau gegeben ist; denn in den Gl. II bis IV ist der ganze durch einfache mathematische Formulierung natürlich nicht wegzulöschende verwickelte Zusammenhang zwischen $\mathfrak{B}_t$ und J_t enthalten, der durch die Hysteresekurve gegeben ist. Wenn auch Gl. II die leichter zu gewinnende jungfräuliche Magnetisierungskurve darstellt, so stecken doch in dem Scheitelfaktor k der Gl. IV alle Eigenschaften der Hysteresekurve. Man kann den Scheitelfaktor k für die Stromkurve nur richtig einführen, wenn man ihre Gestalt schon kennt, und zu diesem Zwecke müßte sie eigentlich in der oben an Hand der Gl. 3 angedeuteten verwickelten Weise berechnet werden, wodurch aber die Benutzung von k natürlich überflüssig wird. Das durch Gl. I bis IV dargestellte Verfahren ist nur brauchbar, wenn man für k einfache Annahmen machen kann. Man verzichtet aus diesem Grunde auf Genauigkeit und begnügt sich damit, in dem Sinne sicher zu rechnen, daß der berechnete Strom wohl größer, aber nicht kleiner sein kann als der in Wirklichkeit auftretende. Aus diesem Grunde rechnet man gewöhnlich mit dem für Sinuskurven gültigen Faktor

$$k = 0{,}707\,.$$

Dieser Faktor ist in der Tat eher zu groß als zu klein, denn für die Stromkurven, die zu den sehr verschiedenen Spannungskurven der Fig. 32 und 33 gehören, war $k = 0{,}782$ und $0{,}814$. Wenn kein besonderer Grund vorliegt, die Spannungskurve anders als sinusartig anzunehmen, ist

$$c = 0{,}900$$

zu setzen. Die Berechnung von J und Ep mittels Gl. I bis IV ist durch die obigen Werte von c und k bei gegebener jungfräulicher Magnetisierungskurve II endgültig festgelegt. Bei $c = 0{,}900$ wird die Ausbalancierungsgleichung

$$Ep = 4{,}44\, n\,v\,s\, \mathfrak{B}_{max}\, 10^{-8}\,.$$

Zweites Grundgesetz.
(Arbeitsleistung des Wechselstromes.)

§ 9. Arbeitsleistung in Spulen ohne Eisen.

Die Leistung eines Wechselstromes in einem Widerstande, der in einem betrachteten Augenblicke die Stromstärke J_t und an den Klemmen die Spannung Ep_t hat, ist wie bei Gleichstrom

$$A_t = Ep_t J_t, \quad \ldots \ldots \ldots \quad (1)$$

denn jeder Wechselstrom kann für einen sehr kurzen Augenblick als ein Gleichstrom angesehen werden. Da Ep_t und J_t sich mit der Zeit periodisch verändern, so ändert sich auch A_t periodisch.

Wir betrachten zunächst den einfachen Fall eines selbstinduktionslosen Widerstandes, etwa einer Glühlampenanlage, bei der also

$$Ep_t = J_t w$$

ist. Die Arbeitsleistung ist hierbei

$$A_t = \frac{Ep_t{}^2}{w} = J_t{}^2 w,$$

sie ändert sich also nach dem Quadrate der Spannung und Stromstärke, bei einer Stromkurve von der Gestalt der Fig. 3, also wie in Fig. 6. Der mit einem Wattmeter gemessene Mittelwert von A_t ist daher

$$M(A_t) = \frac{M(Ep_t{}^2)}{w}$$

oder

$$M(A_t) = J_t{}^2 w.$$

Durch Multiplikation der letzten beiden Gleichungen und Radizierung erhält man schließlich

$$M(A_t) = \sqrt{M(Ep_t{}^2)}\,\sqrt{M(J_t{}^2)} = EpJ \quad \ldots \quad (2)$$

unabhängig von dem Verlauf der Spannungs- oder Stromkurve; denn über diese ist keine Voraussetzung gemacht worden. In einem induktionslosen Leiter ist also die mit einem Wattmeter gemessene Leistung eines beliebig verlaufenden Wechselstromes gleich dem Produkte aus der mit Voltmeter und Amperemeter gemessenen Spannung und Stromstärke. Bei der Verschiedenheit der Begriffe des einfachen Mittelwertes, den das Wattmeter angibt, und des Effektivwertes, den Voltmeter und Amperemeter angeben, ist dieses Ergebnis durchaus nicht selbstverständlich. Wir werden sogleich sehen, daß es ungültig wird, sobald die stromdurchflossene Leitung Selbstinduktion besitzt.

Setzen wir in der Grundgleichung 1 von A_t für Ep_t den Wert nach der Helmholtzschen Gleichung (5 S. 33) für eisenlose Spulen ein, so erhalten wir

$$A_t = J_t^2 w + L \frac{dJ}{dt} J_t.$$

Die von der Spule aufgenommene Leistung zerfällt also in zwei Teile: Der eine Teil wird vom Widerstande w verbraucht und setzt sich dort nach dem Jouleschen Gesetz in Wärme um, der andere Teil geht infolge der Selbstinduktion verloren. Wir wollen jetzt beide Teile für sich berechnen und dabei der Einfachheit wegen zunächst wieder die Voraussetzung sinusartiger Veränderung von Spannung und Stromstärke machen.

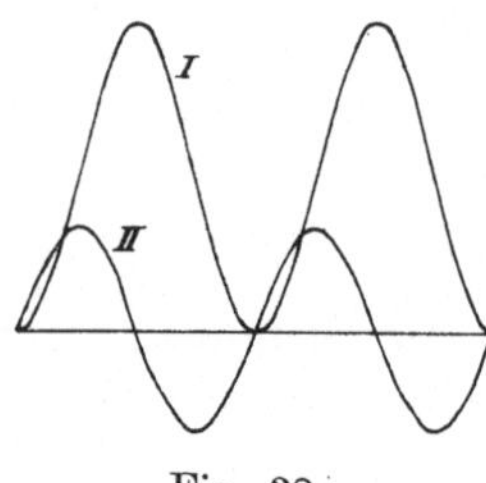

Fig. 38a.

Ändert sich J_t nach dem Gesetze

$$J_t = J_{max} \sin(\omega t),$$

so ändert sich

$$J_t^2 = J_{max}^2 \sin^2(\omega t)$$

nach Kurve I in Fig. 38a (siehe auch Fig. 6). $J_t^2 w$ ist immer positiv, das Kupfer nimmt dauernd eine, wenn auch periodisch sich verändernde Wärmemenge auf, und der Mittelwert der sekundlich in Wärme umgesetzten elektrischen Arbeit ist

$$w M(J_t^2) = w J^2.$$

Die infolge der Selbstinduktion von der Spule verbrauchte Leistung wird

$$L \frac{dJ}{dt} J_t = \omega L J_{max}^2 \sin(\omega t) \cos(\omega t)$$

$$= \tfrac{1}{2} \omega L J_{max}^2 \sin(2\omega t),$$

sie ändert sich demnach sinusartig, aber so, daß sie zwei Perioden während einer Periode des Wechselstromes zurücklegt, also nach jeder Viertelperiode ihr Zeichen umkehrt (Kurve II in Fig. 38a). Die während einer Viertelperiode von der Spule aufgenommene Leistung wird also während der nächsten Viertelperiode wieder an den Stromkreis zurückgegeben. Man kann annehmen, daß das die Spule erfüllende und umgebende Medium, welches der

Sitz des hin und her wogenden magnetischen Kraftfeldes der Spule ist, Zustandsänderungen wie ein vollkommen elastischer Körper erfährt, dessen Teile, aus der Gleichgewichtslage gebracht, um diese dauernd hin und her pendeln, die Schwingungsenergie abwechselnd aufnehmend und wieder abgebend.

Durch die Selbstinduktion in eisenlosen Spulen findet also kein Verbrauch von elektrischer Energie statt. Energie wird nur durch Joulesche Wärme im Kupfer verzehrt, und es ist daher

$$M\,(A_t) = M\,(J_t^2 w)$$

oder

$$A = J^2 w. \qquad \ldots \ldots \ldots \ldots \quad (3)$$

Es liegt in der Natur der Sache, daß dieser zunächst nur für sinusartige Strom- und Spannungskurven bewiesene Satz auch für beliebig sich verändernde Wechselströme in eisenlosen Spulen gilt; denn, solange das Medium, in dem die magnetischen Kräfte wirken, das gleiche bleibt, wird diese Eigenschaft der vollkommenen Elastizität gegenüber den magnetischen Kräften auch beibehalten bleiben. Der strenge Beweis wird in § 14 geliefert werden.

Wichtiger als die Bestimmung von A durch Strom und Widerstand ist die Bestimmung durch Strom und Spannung, da die für den Betrieb zur Verfügung stehende Netzspannung stets die gegebene Ausgangsgröße ist. Um A durch Ep und J auszudrücken, entnehmen wir aus Fig. 27 die Beziehung

$$Ep \cos \varphi = Jw.$$

Setzen wir dies in Gl. 3 ein, so folgt

$$A = Ep\,J \cos \varphi.$$

Dieses wichtige Ergebnis besagt, daß in einer eisenlosen Spule die mit dem Wattmeter gemessene Leistung nicht gleich dem Produkte aus der mit Voltmeter und Amperemeter gemessenen Spannung und Stromstärke ist, sondern daß sie kleiner ist als dieses Produkt und nur dann gleich diesem Produkte wird, wenn $\varphi = 0$ ist, also die Selbstinduktion verschwindet. EpJ ist nicht mehr die Leistung, wie bei Gleichstrom, sondern nur eine „scheinbare" Leistung des Wechselstromes, die „wahre" Leistung des Wechselstromes ist A. Volt- und Amperemeter reichen also zur Messung einer Leistung nicht mehr aus, ein Phasenmesser für die Bestimmung von φ oder ein Wattmeter zur unmittelbaren Messung der Leistung ist dafür unentbehrlich.

Wichtig ist aber im Hinblick auf dieses Ergebnis die Bemerkung, daß der Gültigkeit des Grundgesetzes $A_t = E p_t J_t$, welches den Ausgangspunkt der vorliegenden Betrachtungen bildete, durch das soeben gewonnene Resultat natürlich kein Eintrag getan wird. Da ein Wechselstrom während einer unendlich kurzen Zeit als ein Gleichstrom betrachtet werden kann, so ist die Grundgleichung für die Leistung des Gleichstromes auch für jeden momentanen Wert des Wechselstromes giltig, in dem Sinne natürlich, daß man man sich die im Zeitpunkte t vorhandene Stromstärke und Spannung, dem Begriffe der Leistung als der sekundlichen Arbeit entsprechend, während einer Sekunde bestehend denken muß. $A_t = E p_t J_t$ sollte also genau genommen definiert werden als die Arbeit, die der Wechselstrom leistete, wenn die zur Zeit t vorhandene Spannung und Stromstärke $E p_t$ und J_t eine Sekunde lang anhielte. Auch für den Begriff des momentanen Wertes der Stromstärke, welcher die sekundlich durch einen Leiterquerschnitt fließende Elektrizitätsmenge bedeutet, muß natürlich die Fiktion gemacht werden, daß diese Stromstärke eine Sekunde lang anhielte.

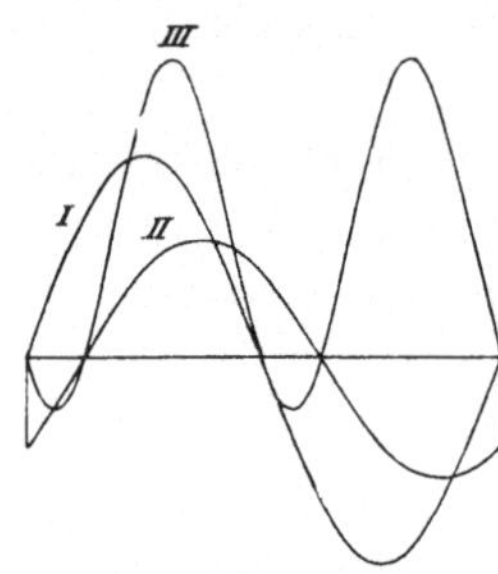

Fig. 38 b.

Die innere Begründung für die zunächst rein mathematisch gefundene Abweichung der wahren Leistung des Wechselstromes von der scheinbaren finden wir in Fig. 38 b. Kurve I stellt darin eine Spannungskurve $E p_t = E p_{max}$ $\sin(\omega t)$ dar. Ist die Stromkurve mit ihr von gleicher Phase, so wird die Leistungskurve eine $\sin^2$-Kurve, sie hat nur positive Werte, und es ist, wie oben festgestellt wurde, $A = E p J$. Bekommt aber die Stromstärke infolge der Selbstinduktion Phasenverzögerung, und rückt die Stromkurve in die Lage der Kurve II, so nimmt die Produktkurve A_t die Gestalt der Kurve III an. Während zweier Abschnitte der Periode haben $E p_t$ und J_t wegen der Phasenverschiebung jetzt verschiedene Vorzeichen, und A_t wird zu diesen Zeiten negativ. Da bei positiver Leistung des Wechselstromes die Spule Effekt aufnimmt, so gibt sie bei negativer Leistung Effekt wieder her. Die elektrische Energie strömt also abwechselnd in die Spule ein und aus ihr wieder in den Stromkreis zurück. Überwiegend ist dabei aber, weil in Kurve III die positiven Ordinaten bei weitem die größeren sind und sich auch über den größeren Teil der Periode erstrecken, die Energieaufnahme der Spule, also die positive Leistung des Wechselstromes; doch wird der Unterschied um so kleiner, je größer die Phasenverschiebung wird. Denkt man sich also eine Spannung Ep und eine Stromstärke J gegeben, so leistet bei Phasengleichheit der Strom nur positive Arbeit nach dem Gesetze $A = EpJ$, verzögert sich dann aber J um φ, ohne daß sich dabei die Effektivwerte Ep und J verändern, so bleibt zwar EpJ bestehen, die positive Leistung des Stromes wird aber kleiner, und neben ihr tritt eine negative auf, die Gesamtleistung nimmt also ab und wird $EpJ\cos\varphi$. Wird $\varphi = 90^0$, so werden die positiven und die negativen Leistungen gleich, $\cos\varphi$ wird Null, und daher wird auch die Gesamtleistung Null. — Die Rückgabe von Energie geschieht, wie wir oben festgestellt haben, durch die Selbstinduktion, die gleich viel Energie aufnimmt und wieder hergibt, während der Widerstand w dauernd Energie verzehrt. Bei $\varphi = 0$ ist nur Widerstand und keine Selbstinduktion vorhanden, die Energie wird also von der Spule vollkommen verschluckt, bei $\varphi = 90^0$ besteht nur Selbstinduktion und kein Widerstand, die Energie wird ganz wieder hergegeben, bei Zwischenwerten von φ endlich wirkt teils der Widerstand und teils die Selbstinduktion, und die Energie wird teilweise verbraucht und teilweise zurückgegeben.

Die Leistungsgleichung

$$A = EpJ\cos\varphi$$

kann man so auffassen, daß nur ein Teil der scheinbaren Leistung des Wechselstromes wahre Arbeitsleistung bedeutet, aber auch so, daß nur ein Teil der Spannung, nämlich der Teil $Ep\cos\varphi$, oder ein Teil der Stromstärke, $J\cos\varphi$, für die Leistung zur Geltung kommt. Bei der modernen Betriebsweise der Wechselstromanlagen mit fest gegebener Spannung und vielen parallel geschalteten Verbrauchern, bei denen $\cos\varphi$ ganz verschieden sein kann, ist es zweckmäßig, Ep als konstanten Faktor für sich zu betrachten und $J\cos\varphi$ als die von jedem Verbraucher zur Arbeitsleistung verwendete Stromstärke anzusehen.

Setzt man

$$A = Ep\,(J\cos\varphi) = EpJ_A,$$

so ist

$$J_A = J\cos\varphi$$

als eine Arbeit leistende Komponente des Stromes aufzufassen, welche, damit die Gleichung

$$A = Ep\,J_A$$

gelten kann, in Phase mit Ep zu denken ist. Nach Fig. 39

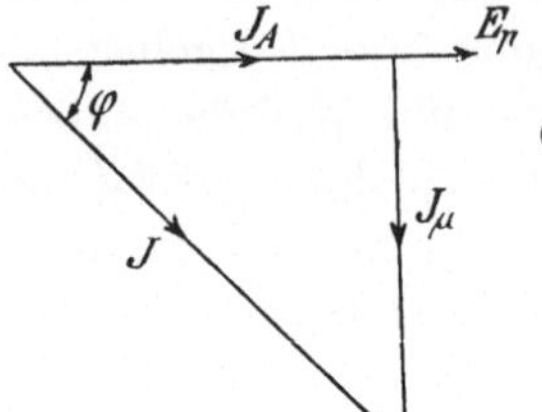

muß diese Komponente durch eine Komponente J_μ ergänzt werden, welche die Größe

$$J_\mu = J \sin \varphi$$

hat, keine Arbeit leistet und 90° Phasenverschiebung gegen J_A besitzt. J_A und J_μ nennt man allgemein, wenn auch sprachlich nicht korrekt, Wattkomponente und wattlose Komponente des Stromes J.

Fig. 39.

Die obige Zerlegung soll natürlich über die physikalische Natur des Stromes nichts aussagen, denn sie teilt den Strom nicht etwa in Arbeit leistende und keine Arbeit leistende elektrische Massen, sie hat ausschließlich praktischen Wert. Dieser Wert liegt im folgenden: Fig. 27 und 39 sind bei gleichem Wert von φ ähnliche Dreiecke, d. h. man kann für ein und dieselbe Spule die Beziehungen zwischen Ep, Jw und ωLJ einerseits und zwischen J, J_A und J_μ andererseits bei geeigneter Wahl der Maßstäbe durch ganz gleiche Figuren darstellen.

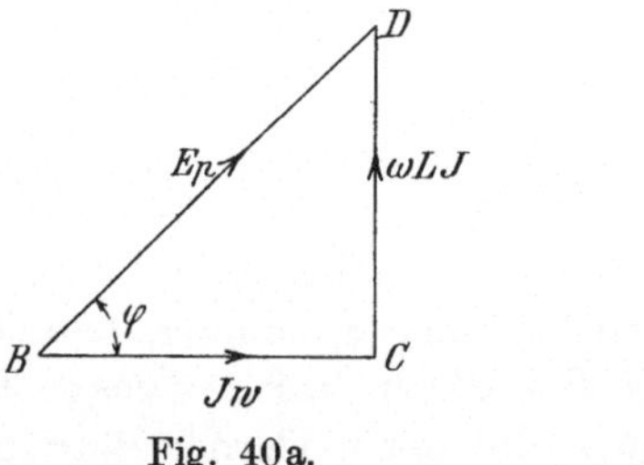

Fig. 40a.

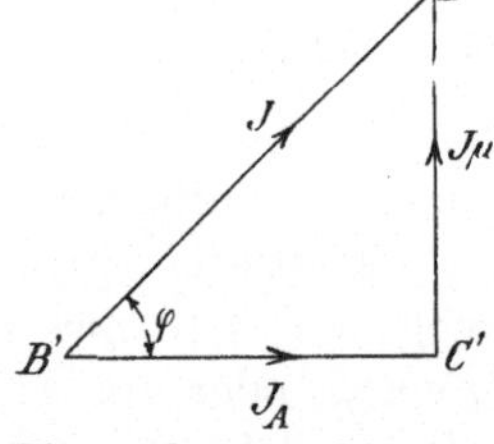

Fig. 40b (umgeklappt).

In Fig. 40a und 40b ist dies geschehen; Fig. 40b zeigt die Fig. 39 um J_A um 180° gedreht (umgeklappt). Nach diesen Figuren läßt sich die Stromstärke in genau derselben Weise in zwei Teile zerlegen wie die Spannung, und es entspricht dabei das J_A dem Jw und das J_μ dem ωLJ. Man kann sich also vorstellen, daß von dem Strome J der Teil J_A mit der Phase der Spannung in die Spule einfließt und die von dem Widerstande w verbrauchte Arbeit leistet, während ein anderer Teil J_μ keine Arbeit leistet, sondern nur Selbstinduktion bildende Kraftlinien erzeugt, die der Spannung bis auf den Ohmschen Spannungsabfall die Wage halten. Im Falle, daß die Spule Eisen enthält, und die Spannung daher durch die EMK der Selbstinduktion fast völlig ausbalanciert wird, hat J_μ den Magnetismus aufrecht zu erhalten, der zur Ausbalancierung der Spannung notwendig ist; J_μ heißt in diesem Falle auch die Magnetisierungskomponente. Wenn die Spule an ein Netz mit konstanter Spannung gelegt wird und die aufgenommene elektrische Arbeit in die mechanische Form umwandelt, wie bei einem Motor, oder in elektrischer Form weitergibt, wie bei einem Transformator, ist J_μ bei allen Belastungen konstant, wie die Spannung, die sie auszubalanzieren hat; J_A dagegen gibt die Arbeit her, die der Transformator oder Motor verbraucht und steigt deshalb mit der Belastung. Das die Magnetisierung aufrecht erhaltende J_μ und das die Arbeit erzeugende J_A zerlegen die Vorgänge in dem arbeitenden Apparate also in der natürlichsten und glücklichsten Weise.

Die Tatsache, daß vom Wechselstrom nur ein Teil zur Arbeitsleistung verwendet wird, bedeutet einen Nachteil dieser Stromart gegenüber dem Gleichstrom; denn obgleich nur J_A zur Arbeitsleistung bei der Verwendung des Wechselstromes ausgenutzt werden kann, muß doch das ganze J in den Generatoren erzeugt, durch die Leitung zur Verbrauchsstelle fortgeleitet und schließlich auch durch die Verbrauchsapparate selbst hindurchgeschickt werden. Da sowohl die Erwärmung aller dieser Teile, wie auch der Spannungsabfall in Generatoren und Leitungen natürlich durch das ganze J bestimmt ist, müssen also sowohl die Generator-, Transformator- und Motorwicklungen, wie auch die Leitungen bei gleicher Spannung und Leistung stärker dimensioniert werden als bei Gleichstrom. Man sucht daher bei allen Verbrauchsapparaten von Wechselstrom J_A möglichst gleich J, d. h. $\cos \varphi$ möglichst gleich 1 zu machen. Der Wert von $\cos \varphi$ hat demnach eine sehr erhebliche Bedeutung und ist ein wichtiges Kriterium für die Güte eines Transformotors oder Motors.

Bei einem Generator kann natürlich ein $\cos \varphi$ als eine Eigenschaft seiner selbst nicht angegeben werden, denn hier ist φ bestimmt durch die an ihn angeschlossene Verbrauchsstelle. Ist ein Generator z. B. für die Speisung von Glühlampen von 220 Volt gebaut und vermag er dabei 220 KW zu leisten, so ist seine normale Stromstärke 1000 Ampere, da der Leistungsfaktor der Glühlampen $= 1$ ist. Soll er dagegen einen Motor speisen, der einen Leistungsfaktor von 0,8 hat, so kann er diesem nur eine Leistung von $220 \times 1000 \times 0,8$ Watt $= 176$ KW zuführen, ohne die Stromstärke, für die seine Wicklung bemessen, zu überschreiten. Entscheidend für die Dimensionierung eines Generators ist also das Produkt aus der Spannung in Volt und der Stromstärke in Ampere, für seine Ausnutzung aber außerdem der Leistungsfaktor des angehängten Verbrauchsapparates.. Man gibt daher bei Generatoren nicht die wahre Leistung an, sondern die scheinbare, und bezeichnet, weil diese als Produkt der Volt und Ampere gewonnen ist, deren Einheit als das „Volt-Ampere" zum Unterschied von der Einheit der wahren Leistung, dem „Watt". Ein Wechselstrom-Generator wird demnach geliefert für eine bestimmte Anzahl Kilo-Volt-Ampere (KVA) bei einer bestimmten Spannung. Die Stromstärke, mit der er beansprucht werden darf, ergibt sich aus diesen beiden Angaben ohne weiteres wie beim Gleichstrom; die wahre Leistung, die man ihm entnehmen kann, gemessen in Kilowatt (KW), hängt aber noch ab von dem Leistungsfaktor des angehängten Verbrauchsapparates. Der $\cos \varphi$ spielt also in der ganzen Wechselstromtechnik eine höchst bedeutungsvolle Rolle.

Von den obigen Ableitungen gilt der Satz $A = J^2 w$, wie bereits oben festgestellt wurde, bei eisenlosen Spulen für alle Spannungs- und Stromkurven; bei der Ableitung des Satzes $A = E p J \cos \varphi$ ist aber sinusartiger Verlauf zur Voraussetzung gemacht worden; denn die Fig. 27, welche dabei herangezogen wurde, gilt nur mit dieser Beschränkung. Da aber aus Fig. 38b hervorgeht, daß ein Abrücken der Kurve J_t von der Kurve $E p_t$ bei konstant gehaltenem $E p$ und J stets eine Verminderung der Leistung zur Folge hat, weil negative Leistungen auftreten, und anderseits früher festgestellt wurde, daß in eisenlosen Spulen infolge der Selbstinduktion bei jeder Form der Spannungs- und Stromkurve eine Phasenverschiebung von J_t gegen $E p_t$ eintritt, so muß auch bei jeder Kurvenform der eisenlosen Spule der Satz gelten

$$A < E p J.$$

Der Faktor, mit dem $E p J$ multipliziert werden muß, um $= A$ zu werden, ist also hier kleiner als 1, er ist aber nicht mehr durch $\cos\varphi$ so eindeutig ausdrückbar, weil φ selbst, wie wir früher (Fig. 25) sahen, keine eindeutige Größe mehr ist. Wir setzen allgemein

$$A = Ep\,J\,F$$

wobei

$$F \leqq 1$$

ist, und nennen F den Leistungsfaktor.

Genau genommen ändert sich bei gegebener Spannungskurve durch die Selbstinduktion nicht nur die Phase, sondern auch die Gestalt der Stromkurve. Eine einfache Verschiebung der gegebenen Kurve findet also nicht statt. Daß aber trotzdem unter allen Umständen $F < 1$ sein muß, wird in § 14 allgemein bewiesen werden.

Nach diesen Feststellungen für eisenlose Spulen bleibt noch die wichtige Aufgabe, den Einfluß des fast stets innerhalb der Spule verwendeten Eisens zu erörtern.

§ 10. Die Arbeitsleistung in Spulen, die Eisen enthalten.
(Arbeit der Hysterese.)

Die allgemeine Grundgleichung für die Arbeitsleistung

$$A_t = Ep_t\,J_t$$

wird, wenn man darin Ep_t nach der für alle Spulen mit und ohne Eisen geltenden Grundgleichung

$$Ep_t = J_t w + n\frac{dN}{dt} = J_t w + e_t$$

einsetzt,

$$A_t = Ep_t J_t = J_t^2 w + n\frac{dN}{dt}J_t = J_t^2 w + e_t J_t \ . \ . \quad (1)$$

Der Mittelwert von A_t wird also

$$A = J^2 w + M(e_t J_t) \ . \ . \ . \ . \ . \ . \quad (2)$$

Die mathematische Beziehung der Momentanwerte, welche eine Gleichung angibt, gilt nicht ohne weiteres auch für die Mittelwerte. Wir gewinnen einen Mittelwert für sich durch Integration der Momentanwerte über eine halbe oder eine ganze Periode und durch Division des Integrales durch die Zeit, über welche sich die Integration erstreckt. Wenn aber mit den in einer Gleichung vorkommenden Größen in dieser Weise verfahren werden soll, muß noch die Bedingung erfüllt sein, daß der zu bestimmende Mittelwert von dem Zeitpunkte unabhängig ist, zu welchem man die Integration beginnt; denn für alle Größen der Gleichung muß natürlich ein und derselbe Zeitpunkt für diesen Beginn gewählt werden, und es muß gleichgültig sein, wie die Phasen der einzelnen Größen zu diesem Zeitpunkte sind. Da zur Bestimmung des einfachen Mittelwertes einer Spannung oder Stromstärke, wie wir auf S. 6 gesehen haben, die Integration immer mit einem Nullwerte beginnen und sich über eine halbe Periode erstrecken muß, so gilt z. B. die Gl. 5 S. 33, wie ein Blick auf die sie darstellende Fig. 24 lehrt, durchaus nicht auch für die Mittelwerte. Für Gl. 1 ist aber die obige Bedingung erfüllt, denn sowohl bei $J_t{}^2$ kann man die Integration zu jedem Zeitpunkt beginnen (S. 10) wie auch bei $E p_t J_t$ und $e_t i_t$; für letztere lehrt es ein Blick auf Kurve III Fig. 38b, welche das Produkt aus zwei in der Phase verschobenen Spannungs- und Stromkurven darstellt.

Gl. 2 besagt, daß von der in die Spule eintretenden Leistung A nur ein Teil, $J^2 w$, im Kupfer verbleibt. Der andere Teil $M(e_t J_t)$ war bei eisenlosen Spulen Null; für Spulen, die Eisen enthalten, müssen wir ihn jetzt näher betrachten.

In

$$e_t J_t = n \frac{dN}{dt} J_t$$

ist N in absoluten elektromagnetischen Einheiten ausgedrückt. Wir drücken daher zunächst auch J_t in diesen Einheiten aus und erhalten dann $e_t J_t$ in Erg. Setzen wir

$$N_t = \mathfrak{B}_t s$$

und nach Gl. 1 S. 23 unter Berücksichtigung der Beziehung: 1 Ampere $= 0{,}1$ absolute Einheiten

$$n J_t = \frac{\mathfrak{H}_t l}{4\pi},$$

so erhalten wir

$$e_t J_t = \frac{s l}{4\pi} \frac{d\mathfrak{B}}{dt} \mathfrak{H}_t.$$

Die Arbeit während einer sehr kleinen Zeit dt wird also

$$e_t J_t \, dt = \frac{s l}{4\pi} \mathfrak{H}_t \, d\mathfrak{B}$$

und während eines beliebigen Teiles der Periode

$$\int e_t J_t \, dt = \frac{s l}{4\pi} \int \mathfrak{H}_t \, d\mathfrak{B},$$

wobei auf beiden Seiten die Grenzen entsprechend einzusetzen sind. Um dies zu tun, bedenken wir, daß der Integrand auf der rechten Seite ein rechteckiges Flächenelement bedeutet, das, z. B. für den Punkt P der Hysteresekurve (Fig. 41) betrachtet, die Abszisse $PQ = \mathfrak{H}_t$ als eine Seite und die unendlich kleine Ordinate $d\mathfrak{B}$ als andere Seite hat. Will man das Integral also über eine ganze Periode ausdehnen, so muß man diese Flächenelemente über die ganze Hysteresekurve hinweg addieren; bei welchem Punkte man dabei beginnt, ist gleichgültig. Bezeichnet man den sich ergebenden Wert des Integrals mit $\mathscr{F}$, so ist also

$$\int_0^T e_t J_t \, dt = \frac{s\,l}{4\,\pi} \cdot \mathscr{F}$$

und

$$M(e_t J_t) = \frac{1}{T} \int_0^T e_t J_t \, dt = \frac{\nu\,(s\,l)}{4\,\pi} \cdot \mathscr{F} \quad . \quad (3)$$

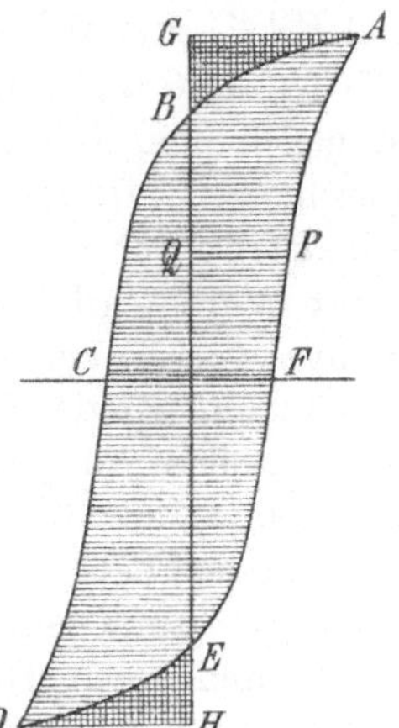

Fig. 41.

Zur Berechnung von $\mathscr{F}$ wollen wir ausgehen vom Punkte A der Hysteresekurve und die Periode einteilen in die vier Viertel AB, BD, DE und EA. Dann gilt folgendes:

1. Viertel: Das Integral ist gleich der Fläche ABG. Das Vorzeichen ist bestimmt dadurch, daß $\mathfrak{H}$ positiv ist und $\mathfrak{B}$ abnimmt, also $d\mathfrak{B}$ negativ ist. Wir finden also die Fläche ABG negativ.

2. Viertel: Das Integral ist gleich der Fläche BDH. $\mathfrak{H}$ ist negativ, $\mathfrak{B}$ nimmt von B nach C im positiven Sinne ab, von C nach D im negativen Sinne zu, daher ist $d\mathfrak{B}$ ebenfalls negativ, die Fläche BDH also positiv.

3. Viertel: Das Integral ist gleich der Fläche DEH. $\mathfrak{H}$ ist negativ, $\mathfrak{B}$ nimmt im negativen Sinne ab oder im positiven Sinne zu, also ist $d\mathfrak{B}$ positiv. Die Fläche DEH ist negativ.

4. Viertel: Das Integral ist gleich der Fläche EAG. $\mathfrak{H}$ ist positiv, $\mathfrak{B}$ nimmt von E bis F im negativen Sinne ab, von F bis A im positiven Sinne zu, $d\mathfrak{B}$ ist also positiv. Die Fläche EAG ist positiv.

Als Ergebnis finden wir also: Die von der EMK der Selbstinduktion e_t geleistete Arbeit wechselt wie bei Spulen, die Eisen enthalten, nach jeder Viertelperiode ihr Zeichen. Die positiven Arbeiten, die bestimmt sind durch die beiden Flächen BDH und EAG, sind aber größer als die negativen Arbeiten, die den Flächen ABG und DEH entsprechen. Die Summe $\mathscr{F}$ aller Flächen ist gleich dem Inhalt der Fläche, die von der Hysteresekurve umschlossen wird. **Die Gesamtarbeit der EMK der Selbstinduktion ist also nicht Null, sondern hat einen positiven Wert und ist proportional dem Flächeninhalt der Hysteresekurve.**

Indem wir der Größe $\mathscr{F}$ in Gl. 3 diese Bedeutung zugrunde legen, wollen wir jetzt $M(e_t J_t)$ näher betrachten: Denken wir uns $M(e_t J_t)$ in Gl. 2 eingesetzt, so finden wir es als positiven Summanden neben $J^2 w$. Die in die Spule einströmende elektrische Leistung zerfällt also in einen Teil, der im Kupfer verbleibt, und einen Teil, der von der EMK der Selbstinduktion verbraucht wird. Dieser zweite Teil ist pro Periode bestimmt durch die Abmessungen des Eisens (s und l) und durch die magnetischen Eigenschaften, die in der Hysteresekurve ($\mathscr{F}$) zum Ausdruck kommen. $M(e_t J_t)$ könnte keinen positiven endlichen Wert annehmen, wenn das Eisen keine Hysterese aufwiese, denn wenn bei der Ummagnetisierung $\mathfrak{B}_t$ nicht hinter $\mathfrak{H}_t$ zurückbliebe, sondern sich proportional $\mathfrak{H}_t$ veränderte, so wäre $\mathscr{F} = 0$. $M(e_t J_t)$ ist also eine infolge der Hysterese zur Ummagnetisierung nötige im Eisen verbleibende Leistung, die sich dort natürlich in Wärme umwandelt und daher für den Stromkreis einen Energieverlust bedeutet. Die Gesamtleistung A, die in die Spule einströmt, setzt sich also nicht nur in den Drähten der Spule, sondern auch im Eisen in Wärme um; der Vorgang ist aber nicht so einfach, daß das Eisen etwa dauernd Energie verzehrte, wie das Kupfer, die aufgenommene Energie wird vielmehr in jeder zweiten Viertelperiode teilweise wieder zurückgegeben, wie wenn die Teilchen des die Spule ausfüllenden Mediums jetzt unvollkommen elastische Schwingungen machten. Wir setzen jetzt der Kürze halber $M(e_t J_t) = \mathfrak{E}_H$ und nennen $\mathfrak{E}_H$ den Effektverlust durch Hysterese. Es wird dann also

$$A = J^2 w + \mathfrak{E}_H$$

und

$$\mathfrak{E}_H = \nu \, \frac{s\,l}{4\,\pi} \, \mathscr{F}. \qquad \ldots \ldots \ldots \quad (4)$$

$\mathfrak{E}_H$ ist von außerordentlicher technischer Wichtigkeit, nicht nur weil es einen Energieverbrauch bedeutet, sondern auch wegen der Umsetzung der verbrauchten Energie in die unerwünschte Form der Wärme, die dazu zwingt, für entsprechende Größe der Abkühlungsfläche zu sorgen. Bei gegebenem v läßt sich $\mathfrak{E}_H$ nur herabdrücken durch Verminderung der Abmessungen (s und l), wobei aber auch die Abkühlungsfläche verkleinert wird und durch Verminderung von $\mathcal{F}$, also durch Herstellung von Eisen mit schlanker Hysteresekurve. Als beste Eisensorte in bezug auf Permeabilität und Hysterese hat sich weiches Schmiedeeisen erwiesen, das denn auch heute ausschließlich für Wechselstromapparate verwendet wird. Nähere Untersuchungen haben gezeigt, daß $\mathcal{F}$ von außerordentlich vielen Faktoren physikalischer und chemischer Natur, und zwar oft in unerwarteter Weise abhängig ist, und daß eine gute Permeabilität durchaus noch keine geringe Hysterese mit sich bringt. Gutes Eisen in beiden Beziehungen herzustellen ist natürlich Aufgabe der Hüttentechnik; die Elektrotechnik hat sich nur mit den Kriterien und den Prüfungsverfahren zu beschäftigen.

Um einen einfachen Maßstab für die Beurteilung des Eisens in bezug auf Hysterese zu finden, bedenken wir, daß $\mathcal{F}$ bei gegebener Eisensorte nur durch $\mathfrak{B}_{max}$ bestimmt ist, denn zwischen $+\mathfrak{B}_{max}$ ist der Verlauf der Hysteresekurve nur von der Natur des Eisens abhängig. Wir können daher $\mathcal{F}$ als eine Funktion von $\mathfrak{B}_{max}$ betrachten oder

$$\frac{\mathcal{F}}{4\,\pi} = f(\mathfrak{B}_{max})$$

setzen. Diese Funktion ist für alle Sorten natürlich verschieden. Steinmetz hat gefunden, daß sie ungefähr dargestellt werden kann durch den Exponentialausdruck

$$\frac{\mathcal{F}}{4\,\pi} = \eta\,\mathfrak{B}_{max}^{1,6}$$

und hat η den Koeffizienten der Hysterese genannt. η hat lange Zeit als Maßstab für die Güte des Eisens in bezug auf Hysterese gedient. Da man aber festgestellt hat, daß bei dem Verhalten mancher Eisensorten erhebliche Abweichungen von der Steinmetzschen Formel vorkommen, so begnügt man sich jetzt mit der Verlustangabe für zwei einzelne magnetische Induktionen und wählt dazu $\mathfrak{B}_{max} = 10000$ cgs und $\mathfrak{B}_{max} = 15000$ cgs. Wir kommen darauf noch im nächsten Paragraphen zurück.

Für die Berechnung von $\mathfrak{E}_H$ bei Maschinen und Apparaten kann man sich gegenüber Gl. 4 noch eine Vereinfachung gestatten. Der einzige Fall nämlich, wo $\mathfrak{B}_{max}$ über einen ganzen Querschnitt konstant ist, ist der Fall eines Eisenringes, dessen Durchmesser groß ist gegenüber den Abmessungen des Querschnittes. Bei einem unrunden Körper weist eine Ecke, z. B. wie in Fig. 42, eine Vergrößerung des Querschnitts und daher eine Verkleinerung von $\mathfrak{B}_{max}$ auf. Nimmt man an, daß die Vergrößerung von s und die Verminderung von $\mathfrak{B}_{max}$ sich für den Wert von $\mathfrak{E}_H$ ungefähr ausgleichen, so darf man für $\mathfrak{E}_H$ einen mittleren Querschnitt

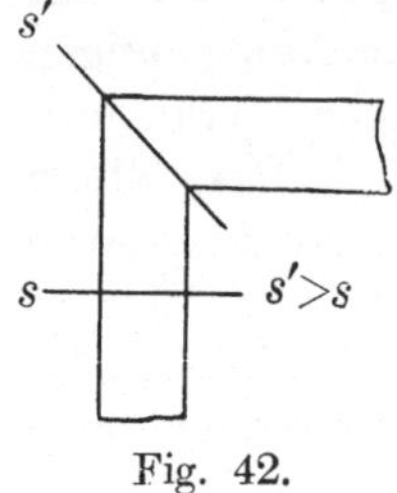

Fig. 42.

s und ein mittleres $\mathfrak{B}_{max}$ als entscheidend annehmen und kann $\mathfrak{E}_H$ berechnen wie für einen Ring, der den gleichen Querschnitt s und mittleren Umfang l hat, wie der wirkliche Eisenkörper. Da aber für den gesamten Ring nach der Guldinschen Regel das Volumen

$$V = s\,l$$

ist, so kann man auch für einen beliebigen Eisenkörper mit Annäherung setzen $\mathfrak{E}_H = V\nu\,\dfrac{\mathscr{F}}{4\,\pi}$ oder, wenn man, um die Abhängigkeit von $\mathfrak{B}_{max}$ durch einen mathematischen Ausdruck ungefähr festzulegen, die Steinmetzsche Formel benutzt, schreiben

$$\mathfrak{E}_H = V\nu\eta\,\mathfrak{B}_{max}^{1,6} \quad\ldots\ldots\ldots\ldots \quad (5)$$

Drückt man V in Kubikzentimeter aus, so findet man für Eisen von Durchschnittsgüte $\eta = 0{,}002$ bei Berechnung von $\mathfrak{E}_H$ in Erg. Um $\mathfrak{E}_H$ in Watt zu erhalten, muß man das Ergebnis also noch mit 10^{-7} multiplizieren. Bezieht man $\mathfrak{E}_H$ auf 1 kg Eisen und 50 Perioden, so findet man für ein Eisengewicht von G kg

$$\mathfrak{E}_H = 1{,}3 \cdot 10^{-6} G\,\mathfrak{B}_{max}^{1,6}\ \text{Watt}\,.$$

Nach diesen Feststellungen wenden wir uns der Frage zu, wie sich die Effektaufnahme einer Spule, die Eisen enthält, durch Spannung und Strom ausdrücken läßt. Kann, so wollen wir uns fragen, A wie bei eisenlosen Spulen auch durch einen Ausdruck

$$A = E\,p\,J\,F \quad\ldots\ldots\ldots\ldots \quad (6)$$

bestimmt werden, wobei $F < 1$ und bei sinusartiger Veränderung $F = \cos\varphi$ ist? Wir werden sehen, daß dies in der Tat selbst bei beliebigem Verlauf der Spannungs- und Stromkurve der Fall ist und daß man den Winkel φ einem Dreieck entnehmen kann, zu dem man aus der Grundgleichung

$$E p_t = J_t w + e_t$$

die effektiven Werte $E p$, $J w$ und e zusammensetzt. In Fig. 43a ist dieses Dreieck dargestellt (DBF) und zu einem rechtwinkligen

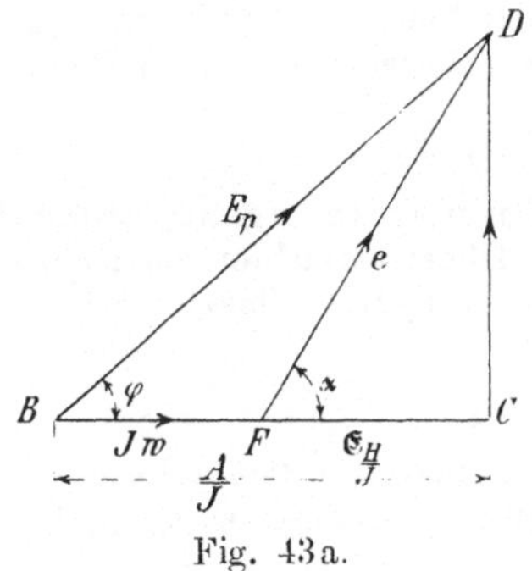

Fig. 43a.

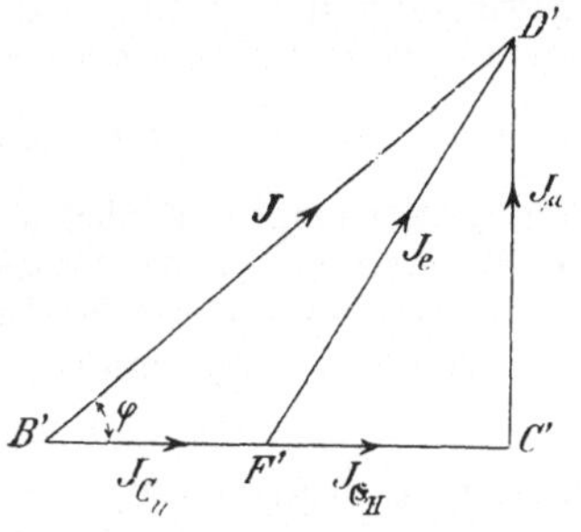

Fig. 43c (umgeklappt).

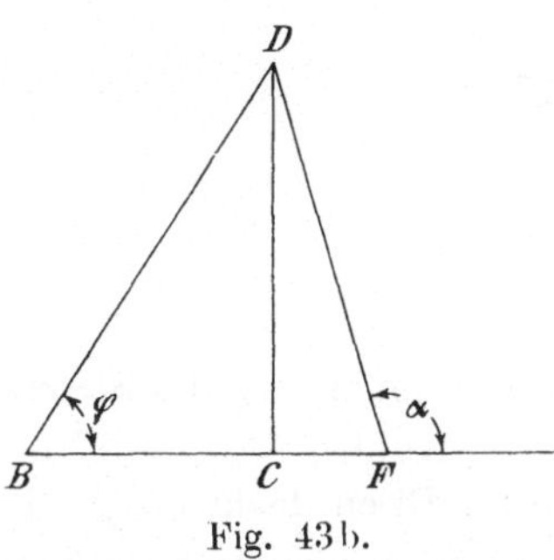

Fig. 43b.

Dreieck DBC ergänzt. Der gesuchte Winkel φ ist gleich DBF.

Beweis: Aus der obigen Grundgleichung ergibt sich

$$E p_t^2 = J_t^2 w^2 + e_t^2 + 2 w e_t J_t$$

und, wenn man die Mittelwerte nimmt,

$$E p^2 = J^2 w^2 + e^2 + 2 w M(e_t J_t).$$

Aus Fig. 43a folgt

$$E p^2 = J^2 w^2 + e^2 + 2 w e J \cos \alpha,$$

also ist

$$\mathfrak{E}_H = M(e_t J_t) = e J \cos \alpha$$

und

$$CF = e \cos \alpha = \frac{\mathfrak{E}_H}{J} \; ;$$

daher wird

$$\cos \varphi = \frac{BC}{Ep} = \frac{J w + \dfrac{\mathfrak{E}_H}{J}}{Ep} = \frac{J^2 w + \mathfrak{E}_H}{Ep J} = \frac{A}{Ep J}.$$

Der Kosinus des Winkels φ hat also in der Tat die Bedeutung des Leistungsfaktors, denn er ergibt

$$A = Ep J \cos \varphi \quad \ldots \ldots \ldots \quad (7)$$

Genau genommen müßte, um diesen Beweis streng gültig zu machen, zunächst bewiesen werden, daß die effektiven Werte Ep, Jw und e sich zu einem Dreieck vereinigen lassen, d. h. daß stets

$$Jw + e > Ep$$

ist. Dieser Beweis wird im § 14 geführt werden.

Aber auch wenn bewiesen ist, daß Ep, Jw und e sich stets zu einem Dreieck zusammensetzen, so könnte dies bei F spitzwinklig statt stumpfwinklig sein (Fig. 43b). In diesem Falle würden die in Fig. 43a angestellten Betrachtungen auch an Fig. 43b gelten bis zu der Gleichung

$$\overline{CF} = e \cos \alpha = \frac{\mathfrak{E}}{J}.$$

Für den jetzt stumpfen Winkel α wäre aber $e \cos \alpha$ negativ, während $\mathfrak{E}$ als ein Arbeitsverbrauch des Eisens, wie früher betrachtet, immer positiv sein muß. α muß also wie in Fig. 43a ein spitzer Winkel sein.

Nach Gl. 7 kann man

$$J \cos \varphi = J_A$$

wieder als Leistungskomponente des Stromes betrachten. Man erhält J_A, wenn man der Fig. 43a geometrisch ähnlich die Fig. 43c zeichnet und $\overline{B'D'} = J$ macht. Dann wird $\overline{B'C'} = J_A$ und, weil in den beiden Figuren

$$\frac{\overline{B'F'}}{\overline{F'C'}} = \frac{\overline{BF}}{\overline{FC}}$$

ist,

$$\frac{\overline{B'F'}}{\overline{F'C'}} = \frac{J^2 w}{\mathfrak{E}}.$$

$\overline{B'F'}$ ist also von der gesamten Leistungskomponente des Stromes derjenige Teil, welcher die Verluste in Kupfer (J_{cu}), $\overline{C'F'}$ derjenige, welcher die Hystereseverluste im Eisen deckt ($J_{\mathfrak{E}_H}$). Die gesamte Wattkomponente wird ergänzt durch die wattlose Komponente $J_\mu = \overline{C'D'}$, welche, entsprechend der gleichen Komponente in Fig. 40b, die zur Ausbalanzierung der Spannung bis auf den Abfall Jw nötige Magnetisierung erzeugt, ohne dabei Arbeit zu leisten. Da aber die Ummagnetisierung des Eisens nach der Hysteresekurve erfolgt und dabei, im Gegensatz zur Ummagnetisierung der Luft (Fig. 40), immer Arbeit aufgewandt werden muß, so kann die genannte wattlose Komponente bei Vorhandensein von Eisen nicht allein existieren; sie tritt stets zusammen auf mit der die Hysteresearbeit deckenden Wattkomponente $\overline{F'C'}$ und vereinigt sich mit dieser zu $\overline{F'D'}$, der Stromkomponente, welche zur Herstellung von e in Fig. 43a, also zur Ausbalanzierung der Spannung bis auf den Abfall Jw aufzuwenden ist. $\overline{F'D'}$, die gesamte Magnetisierungskomponente, ist also derjenige Strom, den wir auf S. 53 (Gl. I—IV) bestimmt haben.

Fig. 43 zeigt die Beziehungen der Größen der Deutlichkeit halber verzerrt, insofern als Jw gegen Ep und $J_{(cu)}$ gegen J viel zu groß gezeichnet sind. Wir haben bereits früher erkannt, daß Jw gegen Ep und daher jetzt auch $J_{(cu)}$ gegen J verschwindend klein ist. Die Betrachtungen über die Arbeitsleistung gestatten, den Fehler, den man begeht, wenn man $e = Ep$ und $J_{cu} = J$ macht, noch genauer zu bestimmen als früher. Aus Fig. 43a ergibt sich

$$e^2 = Ep^2 + J^2 w^2 - 2 Ep Jw \cos \varphi$$
$$= Ep^2 + J^2 w^2 - 2 wA .$$

In Tab. 4 sind einige Messungsergebnisse zusammengestellt, welche die in Tab. 3 angegebenen ergänzen, für die gleichen

Tabelle 4.

	Transformator			
	Fig. 34	Fig. 35	Fig. 36 Niederspannungswicklung	Fig. 36 Hochspannungswicklung
EpJ	89,3	521	1477	1494
A	35,1	273	56,9	88,2
F	0,393	0,525	0,039	0,059
$J^2 w$	0,39	0,50	8,5	11,6
$\dfrac{J^2 w}{A}$	0,0111	0,0018	0,1494	0,1315
Ep^2	3660	10000	10000	1028000
$J^2 w^2$	0,0696	0,00727	0,334	62,46
$2 Aw$	12,59	10,10	4,46	945,6
$2 Aw - J^2 w^2$	12,52	10,09	4,13	883,1
$\dfrac{Ep - e}{Ep} \cdot 100$	0,17 %	0,05 %	0,02 %	0,04 %

Stromstärken gelten und zusammen mit diesen in einer Messungsreihe gewonnen worden sind, bei der gleichzeitig mit Voltmeter, Amperemeter und Wattmeter gearbeitet wurde. Wir finden in Tab. 3 den nach obiger Formel berechneten prozentischen Unterschied von e und Ep stets weit unter $1\,^0/_0$, also durchaus vernachlässigbar. Die wahre Leistung A ist stets erheblich kleiner als die scheinbare, der Leistungsfaktor F also erheblich kleiner als 1. Bei den beiden Transformatoren mit geschlossenen magnetischen

Kreisen (Fig. 34 u. 35) ist J^2w sehr gering gegen A, nur von der Größenordnung von $1^0/_0$ und weniger. Für geschlossene magnetische Kreise kann also mit derselben Berechtigung, mit der

$$e = E\,p$$

gesetzt wird, auch

$$\mathfrak{E}_H = A$$

und

$$J_A = J_{\mathfrak{E}_H} = \frac{\mathfrak{E}_H}{E\,p}$$

gesetzt werden. Wie in Fig. 43a praktisch F auf B fällt, fällt auch in Fig. 43b F' auf B'.

Tabelle 5.

A_t	J_t^2w	$e_t\,J_t$	A_t	J_t^2w	$e_t\,J_t$
0	0	0	10,8	0,119	10,7
2,2	0,004	2,2	0,1	0,122	0
6,9	0,014	6,9	— 0,6	0,119	— 0,7
16,7	0,031	16,7	— 1,2	0,108	— 1,3
32,3	0,040	32,3	— 1,8	0,092	— 1,9
55,0	0,049	55,0	— 2,3	0,072	— 2,4
51,6	0,051	51,5	— 2,5	0,051	— 2,6
38,3	0,061	38,2	— 2,7	0,031	— 2,7
35,0	0,072	34,9	— 2,3	0,014	— 2,3
28,7	0,092	28,6	— 1,4	0,004	— 1,4
20,6	0,108	20,5	0	0	0

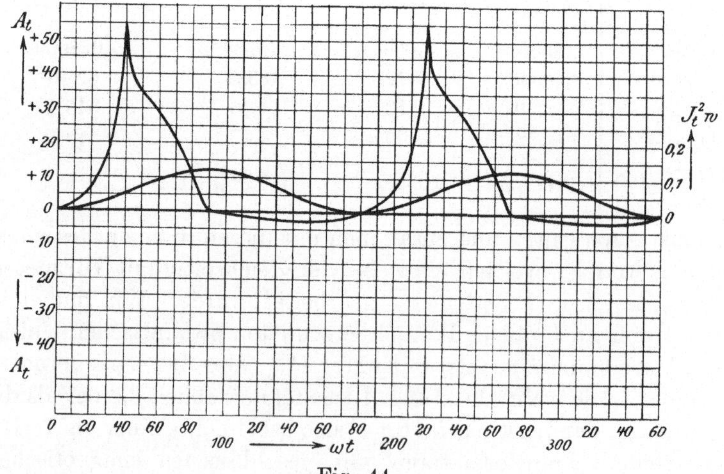

Fig. 44.

Für den zeitlichen Verlauf von A, $J_t^2 w$, e_t, J_t liefern schließlich Tab. 5 und Fig. 44 ein Beispiel. Diese sind aus den Daten der Tab. 2 berechnet und gelten für den bewickelten Eisenring, für den Tab. 2 und Fig. 31 den Spannungs- und Stromverlauf angaben. Man sieht auch hier (unter Berücksichtigung der Maßstäbe), wie klein $J_t^2 w$ gegen A_t bleibt.

§ 11. Arbeit der Wirbelströme.

Außer dem Verlust durch Hysterese tritt in einem von Wechselströmen umflossenen Eisenkern noch ein zweiter Arbeitsverlust auf, welcher in der elektrischen Leitfähigkeit des Eisens seinen Grund hat; auch dieser ist für die Wechselstromtechnik von Wichtigkeit, so daß wir es uns jetzt zur Aufgabe machen wollen, ihn näher zu betrachten.

Um einen konkreten Fall vor Augen zu haben, wollen wir wiederum einen in sich geschlossenen, kompakten bewickelten Eisenring (Fig. 17) als Beispiel nehmen. Wenn dessen Wicklung von Wechselströmen durchflossen wird und dadurch im Eisen ein periodisch veränderliches Kraftfeld entsteht, so induziert dieses offenbar nicht nur in der Wicklung selbst, sondern auch in der Eisenmasse elektromotorische Kräfte. Da das Eisen elektrisch leitfähig ist, so werden also Wechselströme in ihm entstehen. Die Richtung dieser Ströme ist aber offenbar schwierig zu bestimmen, weil in der kompakten Eisenmasse keine feste Bahn dafür vorgeschrieben ist, wie etwa in den Windungen einer Spule. In einem Eisenkörper von verwickelter Gestalt wird der Verlauf der in den verschiedenen Teilen induzierten Ströme sehr kompliziert sein können.

Man bezeichnet solche in größeren Metallmassen induzierten Ströme als Wirbelströme. Um sich ein Bild von ihrem Verlauf zu machen, denkt man sich das ganze System von Strömen in lauter dünne in sich geschlossene Stromfäden zerlegt, für welche dann dieselben Gesetze gelten, wie für geschlossene Windungen. In jedem Stromfaden vom Widerstande w, der vom Strom J durchflossen wird, setzt sich eine elektrische Leistung $J^2 w$ in Wärme um. Die gesamte elektrische Leistung in der ganzen Eisenmasse und die von ihr erzeugte Wärmemenge ist gleich der Summe aus den Einzelwerten für alle Wirbelstromfäden; sie nimmt in Eisenkörpern von größeren Abmessungen erhebliche Werte an, was sich in einer bedeutenden Erwärmung zeigen kann. Die in Wärme umgesetzte elektrische Energie wird natürlich der Energie des Wechselstromes entnommen, der das Eisen umfließt, und bedeutet daher einen Verlust für den Stromkreis. Die Kenntnis der Größe dieses Verlustes und der Mittel für seine Verminderung ist daher für die Wechselstromtechnik von Wichtigkeit.

Eine genaue Bestimmung ist natürlich nur bei genauer Kenntnis der Stärke und Verteilung der Wirbelströme möglich; deren Berechnung macht aber selbst bei einfachster Gestalt des Eisenkörpers schon sehr erhebliche mathematische Schwierigkeiten. Wir beschränken uns deshalb auf eine allgemeine Betrachtung der Faktoren, von denen die Wirbelstromverluste abhängen, auf Feststellung der Mittel, durch die sie herabgedrückt werden können, und auf eine Annäherungsrechnung zur Bestimmung ihrer Größe.

Für die Richtung der Wirbelstromfäden gilt allgemein das Gesetz: Jedes magnetische Kraftlinienbündel induziert Ströme, die in einer Ebene senkrecht zur Kraftlinienrichtung verlaufen. Dies gilt natürlich für alle Fälle, wo Kraftlinien von zeitlich veränderlicher Zahl Metallmassen schneiden. In unserem Eisenring z. B. verlaufen also die Wirbelströme parallel den Windungen der Spule, die um ihn gewickelt ist. Ist der Ringquerschnitt kreisförmig, so bilden die Stromfäden aus Gründen der Symmetrie konzentrische Kreise (Fig. 45); ist er rechteckig, so bilden sie ineinandergelegte Rechtecke (Fig. 46), wahrscheinlich mit abgerundeten Ecken.

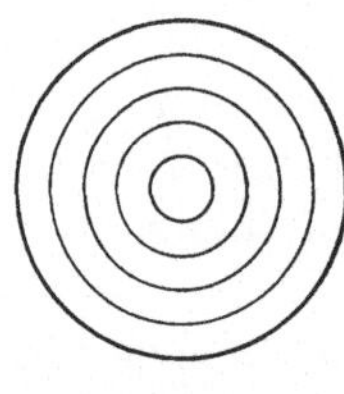

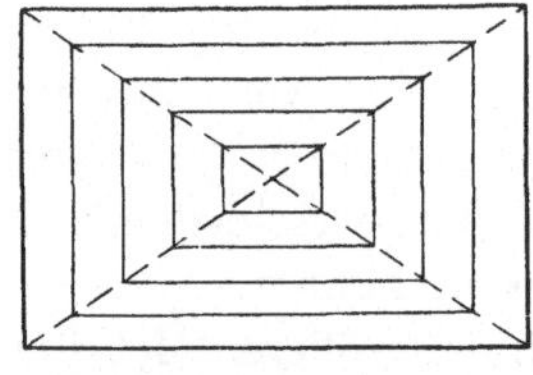

Fig. 45.   Fig. 46.

Nehmen wir an, es sei für einen beliebigen Querschnitt die Gestalt und Verteilung der Stromfäden schon gegeben und greifen wir einen beliebigen Stromfaden heraus, der in dem Augenblick, wo wir ihn betrachten, ein Büschel von N Kraftlinien umschließe, so wird in ihm eine EMK induziert

$$e_t' = -\frac{dN}{dt}.$$

Um von e_t' den Effektivwert zu bestimmen, können wir die Ausbalanzierungsformel (Gl. I S. 53) benutzen, welche den Zusammenhang zwischen $\mathfrak{B}_{max}$ und der EMK $e = Ep$ angibt, die von $\mathfrak{B}_{max}$ induziert wird. Setzen wir in der Ausbalanzierungsformel $e = Ep$ und $n = 1$, weil es sich hier um einen Wirbelstromfaden handelt, so wird

$$e' = \frac{4\nu s' \mathfrak{B}_{max}}{c},$$

wobei s der Eisenquerschnitt ist, den der Stromfaden umschließt, und c, wie in der genannten Gleichung, der Formfaktor der Spannungskurve. Hat der Wirbelstromfaden den Widerstand w, so ergibt sich die von ihm sekundlich verbrauchte Arbeit

$$\frac{e_t'^2}{w} = \frac{16 s'^2}{w} \frac{\nu^2 \mathfrak{B}_{max}^2}{c^2} \quad \ldots \ldots \ldots \quad (1)$$

Wir erkennen bei der Betrachtung dieser Formel, daß der Verlust um so größer ist, je größer s ist. Dazu kommt noch, daß in großen Eisenquerschnitten mehr Stromfäden auftreten als in kleinen, so daß der Effektverlust durch Wirbelströme aus doppeltem Grunde mit dem Querschnitte ansteigt. In der Tat werden kompakte Metallstücke, wenn sie von Wechselströmen umflossen werden, außerordentlich heiß. Aus dem Vorangehenden geht aber auch hervor, daß man diesen Übelstand sehr leicht vermeiden kann, wenn man den Eisenquerschnitt zerteilt. Man setzt heutzutage aus diesem Grunde alle in Wechselstromapparaten zu verwendenden Eisenkerne, welche periodischer Ummagnetisierung unterworfen sind, aus Blechen oder Drähten zusammen, und zwar so, daß die Kraftlinien darin parallel der Oberfläche verlaufen. Die induzierten Wirbelströme verlaufen dann in den senkrecht zur Richtung der Kraftlinien gelegenen Querschnittsebenen der Bleche oder Drähte. Da diese Querschnitte sehr klein sind, so werden die entstandenen Arbeitsverluste nur gering.

Um ein ungefähres Bild zu erhalten, wie die Zerteilung des Eisens den Effektverlust durch Wirbelströme verkleinert, wollen wir einen rechteckigen Querschnitt betrachten und ihn dann durch n parallele Schnitte zerteilt denken. Wir wollen dabei nur einen Stromfaden ins Auge fassen, der längs der Oberfläche verläuft. Fig. 47a stellt den kompakten, Fig. 47b den geteilten Querschnitt dar. Beide sollen nacheinander in dasselbe homogene Wechselstromfeld gelegt und dabei von den Kraftlinien senkrecht geschnitten werden. Dann sind von den in Gl. 1 vorkommenden

Größen $\nu^2 \mathfrak{B}^2_{max}$ und c^2 in beiden Fällen dieselben. Der Ausdruck $\left(\dfrac{s^2}{w}\right)$ gibt also den Maßstab für den Effektverlust. Nehmen wir in beiden Fällen Stromfäden von gleicher Dicke, so ist w be-

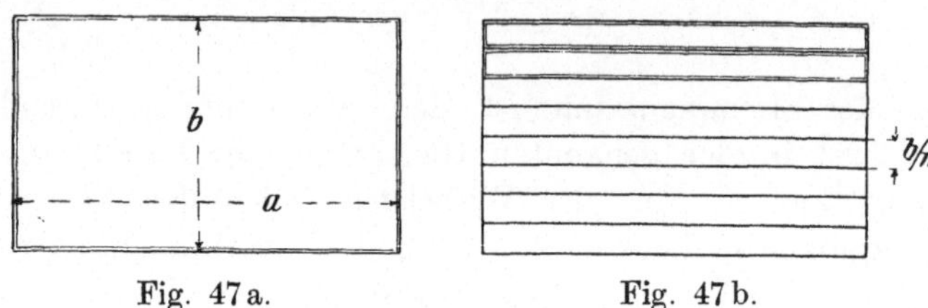

Fig. 47 a.   Fig. 47 b.

stimmt durch die Länge l des Fadens, so daß also der Ausdruck $\left(\dfrac{s^2}{l}\right)$ den Vergleichsmaßstab gibt. Bei dem kompakten Querschnitt ist für einen längs der Oberfläche verlaufenden sehr dünnen Stromfaden $s = a \cdot b$ und $l = 2(a + b)$, also:

$$\frac{s^2}{l} = \frac{a^2 b^2}{2(a + b)} \quad \cdots \cdots \quad (2)$$

Bei dem unterteilten Querschnitte hat jedes der n Bleche, aus denen er besteht, eine Dicke $\dfrac{b}{n}$. Hierfür ist also $s = \dfrac{a \cdot b}{n}$ und $l = 2\left(a + \dfrac{b}{n}\right)$, folglich:

$$\frac{s^2}{l} = \frac{a^2 b^2}{n^2 2\left(a + \dfrac{b}{n}\right)} = \frac{a^2 b^2}{2n(an + b)},$$

und für den ganzen Eisenquerschnitt ist:

$$n \cdot \frac{s^2}{l} = \frac{a^2 b^2}{2(an + b)} \quad \cdots \cdots \quad (3)$$

Vergleicht man die Formeln 2 und 3, so findet man, daß der Effektverlust durch den einen Wirbelstromfaden an der Oberfläche des kompakten Stückes größer ist als der gesamte Verlust durch die Stromfäden an der Oberfläche sämtlicher Bleche des zerteilten Querschnittes, denn in Gl. 3 ist n im Nenner enthalten, während er in Gl. 2 fehlt. Der Unterschied ist um so größer, je größer n ist. Bedenkt man, daß in dem ungeteilten Querschnitt noch viel mehr Fäden Platz haben als in dem geteilten, so wird es klar, daß die Zusammensetzung des Eisens aus einzelnen Blechen eine ganz außerordentliche Verringerung der Wirbelstromverluste zur Folge hat.

Theoretisch wäre es also wünschenswert, daß die einzelnen Bleche so dünn wie möglich hergestellt würden. Praktisch ist der Erfüllung dieser Forderung durch die Kosten des Auswalzens der Bleche und auch durch folgenden Umstand eine Grenze gesetzt: Will man dem Entstehen von starken Wirbelströmen durch Zerteilung des Eisens vorbeugen, so muß man die einzelnen Bleche natürlich voneinander isolieren. Dies geschieht entweder durch dazwischengelegte Papierblättchen oder durch einen Anstrich der Oberflächen, wenn nicht die Oxydschicht schon eine genügende Isolation verbürgt. Auf alle Fälle wird dadurch das Volumen des gesamten Eisenkernes um so mehr vergrößert, je mehr die Dicke der Isolierschichten gegenüber der Blechdicke in Betracht kommt. Infolgedessen muß auch jede Drahtwindung, mit welcher der Eisenkern bewickelt wird, entsprechend länger werden, die ganze Maschine wird also voluminöser, schwerer und teurer. Ein Kompromiß zwischen diesen verschiedenen Forderungen führt zur Benutzung einer Blechstärke von etwa $1/_3$ bis $1/_2$ mm. Der Verband Deutscher Elektrotechniker hat 0,3, 0,5 und 0,8 mm als normale Stärken für Eisenblech angesetzt.

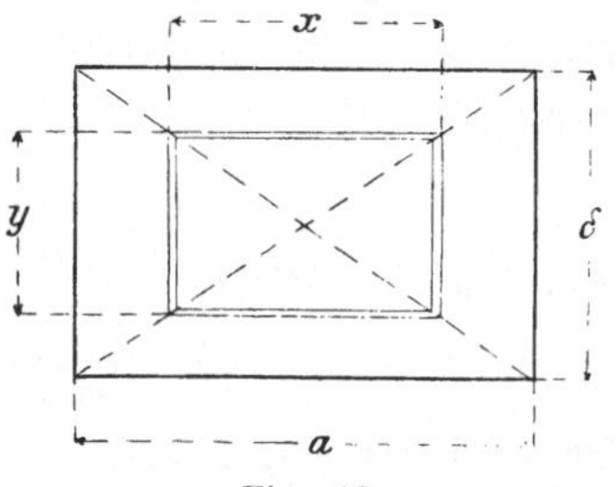

Fig. 48.

Wir können den Gesamtverlust durch Wirbelströme in Blechen von so geringer Stärke annähernd berechnen, wenn wir annehmen, erstens, daß die Fäden rechteckige Gestalt haben, wie der aus den Teilen x und y zusammengesetzte Faden in Fig. 48, zweitens, daß sie einander in der Weise umschließen, daß für jeden Faden

$$\frac{x}{y} = \frac{a}{\delta} \qquad \ldots \ldots \ldots \ldots (4)$$

ist und drittens, daß wir in jedem Faden y gegenüber x vernachlässigen, also das Verhältnis

$$\frac{x}{y} = p \qquad \ldots \ldots \ldots \ldots (5)$$

sehr groß setzen können. Dann sind für den Faden xy der Querschnitt s' und die Länge l' bestimmt durch die Gleichungen

$$s' = xy = y^2 p$$
$$l' = 2(x + y) = 2yp,$$

und die Dicke ist $\dfrac{dy}{2}$. Hat das Blech eine Länge L (in der Zeichnung senkrecht zur Papierebene), so kann man alle längs L hintereinander liegenden gleichen Fäden xy zu einem Bande von der Breite L und der Dicke $\dfrac{dy}{2}$, also vom Querschnitte $L\dfrac{dy}{2}$ vereinigt denken, das daher einen Widerstand hat

$$w' = \varrho\,\frac{2yp}{L\dfrac{dy}{2}} = \frac{4\varrho yp}{Ldy},$$

wenn ϱ den spezifischen Widerstand bedeutet. Der in diesem Wirbelstromfaden auftretende Verlust wird also nach Gl. 1

$$\frac{e'^2}{w'} = \frac{16 s'^2}{w'}\,\frac{v^2 \mathfrak{B}^2_{max}}{c^2} = \frac{4pL}{\varrho}\,y^3 dy\,\frac{v^2 \mathfrak{B}^2_{max}}{c^2}.$$

Der Gesamtverlust durch Wirbelströme wird daher bestimmt durch

$$\int\limits_0^\delta y^3 dy = \frac{\delta^4}{4}$$

und hat den Wert

$$\mathfrak{E}_w = \frac{\delta^4 pL}{\varrho c^2}\,v^2 \mathfrak{B}^2_{max}.$$

Da nach Gl. 4 und 5

$$\delta p = a$$

und daher das Volumen des Eisenbleches

$$V = (\delta p)\,\delta L$$

ist, so wird

$$\mathfrak{E}_w = V\,\frac{\delta^2}{\varrho}\,\frac{v^2 \mathfrak{B}^2_{max}}{c^2}.$$

Diese Formel gibt $\mathfrak{E}_w$ in Erg, wenn man V in Kubikzentimeter, δ in Zentimeter angibt und unter ϱ den Widerstand eines Würfels von 1 ccm in absoluten elektromagnetischen Einheiten versteht. Drückt man δ in Millimeter aus und führt man statt des genannten Wertes von ϱ den Widerstand eines Fadens von

1 m Länge und 1 qmm Querschnitt in Ohm ein, der 10^{-5} mal so groß ist, so erhält man $\mathfrak{E}_w$ durch die Formel

$$\mathfrak{E}_w = V \frac{\delta^2}{\varrho} \frac{v^2 \mathfrak{B}^2_{max}}{c^2} 10^{-7} \text{Erg} .$$

Auf diese allgemeinste Formel, die alle den Effektverlust durch Wirbelströme in Metallblechen bestimmenden Faktoren und ihren Einfluß angibt, kommen wir noch zurück. Betrachten wir jetzt den besonderen Fall der Eisenbleche, setzen wir für Eisen $\varrho = 0,1$ und nehmen wir sinusartig verlaufende Spannungskurven an, für die $c = 0,9$ ist, so erhalten wir bei Blechen von

$$\delta = 0,3 \text{ mm} \qquad \mathfrak{E}_w = V\, 1,1\, v^2\, \mathfrak{B}^2_{max}\, 10^{-7} \text{ Erg}$$

$$\delta = 0,5 \text{ mm} \qquad \mathfrak{E}_w = V\, 3,1\, v^2\, \mathfrak{B}^2_{max}\, 10^{-7} \text{ Erg}$$

oder, wenn wir für die durch δ bestimmten Faktoren, $1,1 \cdot 10^{-7}$ und $3,1 \cdot 10^{-7}$, allgemein ξ setzen,

$$\mathfrak{E}_w = V \xi v^2 \mathfrak{B}^2_{max} \quad\dots\dots\dots \quad (6)$$

Der Gesamtverlust im Eisen, durch Wirbelströme und Hysterese zusammen, ergibt sich also unter Benutzung von Gl. 5 S. 68 zu

$$\mathfrak{E} = \mathfrak{E}_H + \mathfrak{E}_w = V (\eta\, v\, \mathfrak{B}^{1,6}_{max} + \xi v^2 \mathfrak{B}^2_{max})\, 10^{-7} \text{Watt}, \quad . \quad (7)$$

wobei V in Kubikzentimeter auszudrücken, für η etwa 0,002 und für ξ nach obigem im Mittel $2 \cdot 10^{-7}$ zu setzen ist.

Dieser Ausdruck gilt natürlich nur, wenn die Kraftlinien, wie vorausgesetzt wurde, wirklich parallel der Oberfläche der Bleche verlaufen (Fig. 49 a). Biegen sie von dieser Richtung ab, treten sie also aus der Oberfläche aus, so wird der ihnen zur Verfügung stehende Querschnitt, wie in Fig. 49 b durch die gestrichelten Linien angedeutet ist, an der betreffenden Stelle größer,

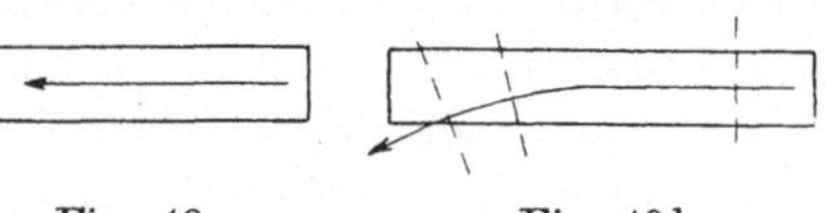

Fig. 49 a. Fig. 49 b.

und damit steigt auch der Verlust durch Wirbelströme über den oben berechneten Wert hinaus an. Die Gefahr einer Abbiegung der Kraftlinien von der Richtung parallel zur Blechoberfläche wäre gering, wenn, wie bei dem oben betrachteten Ringe, der Eisenweg vollständig in sich geschlossen wäre; bei allen praktischen Konstruktionen ist er aber für jede geschlossene

Kraftlinie an mehreren Stellen unterbrochen. Bei Motoren liegt zwischen dem feststehenden und dem rotierenden Teile stets ein Luftzwischenraum, der für die Bewegung den Spielraum bietet, und den die Kraftlinien überbrücken müssen. Bei Transformatoren verlangt die Einfachheit des Zusammenbaues eine

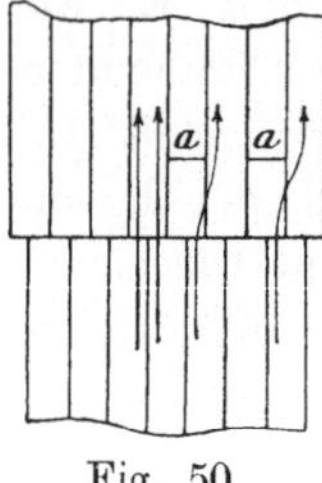

Fig. 50.

Teilung des Eisenkörpers in mehrere Stücke, damit die Spulen vor der Zusammensetzung des Eisenkörpers auf der Drehbank fertig gewickelt werden können. Die Bleche stoßen dann an der Stelle der Zusammensetzung entweder in Stoßfugen zusammen wie in Fig. 50, oder die übereinanderliegenden Blechschichten werden „überlappt" (Fig. 51), so daß die Stoßfuge abwechselnd in verschiedene Lagen kommt. Bei

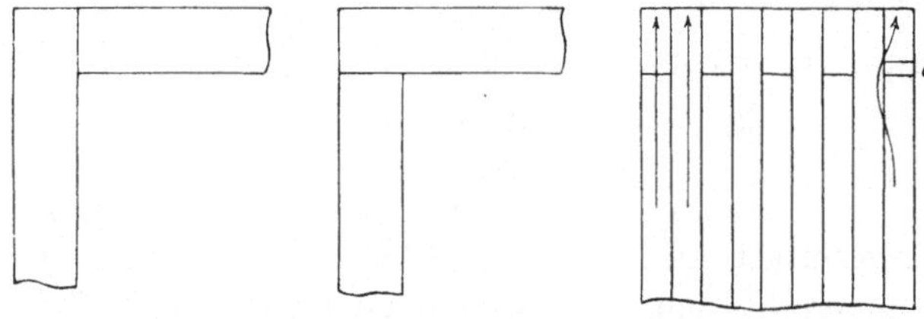

Fig. 51.

beiden Verbindungsarten verliefen die Kraftlinien parallel der Blechoberfläche, wenn die Bleche sich an den Stoßstellen absolut innig berührten, der Abstand der aufeinanderstoßenden Flächen also Null wäre, oder auch, wenn er endliche, aber bei allen Stößen absolut gleiche Größen hätte. Ist er aber bei einigen Blechen größer, etwa wie bei a, so überschreiten die Kraftlinien den großen Luftabstand nicht, sondern treten in die Seitenflächen der Nachbarbleche ein. In der Praxis werden bei einem Stoße wie in Fig. 50, da eine vollkommen glatte Stoßfläche nie zu erreichen ist, stets die herausragenden Bleche die Kraftlinien seitlich aufnehmen und daher heißer werden und bei einer Überlappung wie in Fig. 51 werden die Kraftlinien größerer Abstände ebenfalls scheuen und bei inniger Berührung der benachbarten Bleche einen Übertritt in diese ebenfalls vorziehen. Ein, wenn auch bei sorgfältiger Ausführung geringer, zusätzlicher Verlust ist an solchen Verbindungsstellen daher nie zu vermeiden.

Den Gesamtverlust im Eisen und seine Abhängigkeit von $\mathfrak{B}_{max}$ und ν, wie sie durch Gl. 7 angegeben werden, kann man für jedes Eisen auch durch Messungen leicht bestimmen. Wollen wir diese Messungen z. B. an den früher betrachteten Eisenringen ausführen, so brauchen wir nur bei verschiedenen Spannungen die Effektaufnahmen, Stromstärken und Spannungen mit Wattmeter, Amperemeter und Voltmeter an der Wicklung gleichzeitig zu messen. Da

$$\mathfrak{E} = A - J^2 w$$

und nach der Ausbalanzierungsgleichung

$$\mathfrak{B}_{max} = \frac{cEp}{4n\nu s} 10^8$$

ist, so ergeben sich daraus bei bekannten Konstruktionsdaten (s, n, w) des Ringes und seiner Bewicklung und bei bekannten Eigenschaften des Wechselstromes (c und ν) die zusammengehörigen Werte von $\mathfrak{E}$ und $\mathfrak{B}_{max}$ unmittelbar, und die Kurve $\mathfrak{E} = f(\mathfrak{B}_{max})$ kann für jedes beliebig zu wählende ν gezeichnet werden. Dieses einfache Verfahren ermöglicht es, sowohl den Hütten das von ihnen hergestellte, wie auch den elektrotechnischen Fabriken das von ihnen bezogene Blech auf Eisenverlust ohne vielen Zeitaufwand zu prüfen; es hat deshalb für die Wechselstromtechnik eine sehr große Bedeutung. Die soeben erwähnte Ringform ist freilich für die Prüfung nicht geeignet, weil sie auf der Drehbank nicht bewickelt werden kann; man muß auch hier wieder unterteilte Eisenformen benutzen. Da hierbei aber die Gefahr einer Vergrößerung der Wirbelströme besteht, so können bei der Wahl ungünstiger Verhältnisse erhebliche Fehlschlüsse gezogen werden. Der Verband Deutscher Elektrotechniker hat deshalb auf Anregung von Professor Epstein eine Kommission eingesetzt, die beauftragt wurde, normale Prüfeinrichtungen für den vorliegenden Zweck zu schaffen. Diese Kommission hat einen von Prof. Epstein angegebenen Prüfungsapparat empfohlen[1] und ferner, um die Angabe einer ganzen Kurve für die Beurteilung einer Eisensorte zu vermeiden, die Angabe zweier charakteristischer Zahlen vorgeschlagen, nämlich die Verluste in Watt von 1 kg bei $\mathfrak{B}_{max} = 10000$ und $\mathfrak{B}_{max} = 15000$ cgs und $\nu = 50$. Diese Größen werden die „Verlustziffern" genannt. Mit ihrer Definition

---

[1] ETZ 1900 S. 303 und 1905 S. 403.

und der Festsetzung ihrer Bestimmungsmethode ist die Beurteilung des Eisens in bezug auf seine Hysterese- und Wirbelstromverluste auf eine feste Grundlage gebracht und dadurch die Aufstellung von Lieferungs- und Abnahmebedingungen erheblich vereinfacht.

Die von der Kommission aufgestellten Normalien und Ausführungsbestimmungen für die Prüfung von Eisenblech lauten [1]:

Normalien.

1. Der Gesamtverlust im Eisen ist mittels Leistungsmesser an einer aus mindestens vier Tafeln entnommenen Probe von mindestens 10 kg zu bestimmen, und wird für $\mathfrak{B}_{max} = 10000$ cgs und für $\mathfrak{B}_{max} = 15000$ cgs und Frequenz 50 in Watt für 1 kg und eine Temperatur von 20^0 C angegeben; diese Zahlen, bezogen auf sinusförmigen Verlauf der Spannungskurven, heißen „Verlustziffer“. (Abgekürzte Bezeichnung V_{10} und V_{15}.)

2. Unter „Alterungskoeffizient“ soll die prozentuale Änderung der Verlustziffer für $\mathfrak{B}_{max} = 10000$ cgs nach 600 Stunden erstmaliger Erwärmung auf 100^0 C verstanden werden.

3. Zur Beurteilung der Magnetisierbarkeit des Eisens dient die Angabe der Liniendichte in cgs bei 300 AW/cm und bei einem der Punkte 100, 50 und 25 AW/cm.

4. Als spezifisches Gewicht des Eisens soll bei gewöhnlichen Dynamoblechen 7,7, bei legierten 7,5 angenommen werden.

5. Für die Messung der Verlustziffer dient ein magnetischer Kreis, welcher nur Eisen der zu prüfenden Qualität enthält und der den Ausführungsbestimmungen gemäß zusammengesetzt ist.

6. Als normale Blechstärken gelten 0,3, 0,5 und 0,8 mm; Abweichungen der Blechstärken dürfen an keiner Stelle $\pm 10^0/_0$ der vorgeschriebenen überschreiten. (Dabei ist gemeint, daß es sich um Abweichungen von meßbarer Ausdehnung handelt, nicht um kleine Grübchen oder Wärzchen, wie sie bei der Fabrikation unvermeidlich sind.)

7. In Zweifelfällen gilt die Untersuchung durch die Physikalisch-Technische Reichsanstalt.

---

[1] ETZ 1910, S. 828.

Ausführungsbestimmungen.

a) Zur Ausführung der Messung der Verlustziffer wird der Apparat nach Epstein[1]) benutzt.

b) Die zur Prüfung verwendeten Blechstreifen, 500 mm lang und 30 mm breit, müssen zur Hälfte parallel und zur Hälfte senkrecht zur Walzrichtung mit einem scharfen Werkzeug gratfrei geschnitten werden und dürfen einer Behandlung nicht unterliegen. Für hinreichende Isolation der Streifen gegeneinander durch Papierzwischenlagen ist Sorge zu tragen.

c) Zur Bestimmung der Magnetisierbarkeit dienen ballistische Meßmethoden an Ringen bzw. Streifen, oder der Apparat nach Köpsel. Auch die hierbei verwendeten Blechstreifen müssen zur Hälfte parallel und zur Hälfte senkrecht zur Walzrichtung mit einem scharfen Werkzeug gratfrei geschnitten werden und dürfen einer weiteren Behandlung nicht unterliegen. Die Angaben beziehen sich auf Kommutierungspunkte.

d) Wird eine Untersuchung durch die Physikalisch-Technische Reichsanstalt nach diesen Normalien gewünscht, so ist dies in dem Prüfungsantrag ausdrücklich anzugeben und außerdem, ob das übersandte Dynamoblech als legiertes oder gewöhnliches zu betrachten ist.

Für die Verlustziffer V_{10} ergibt sich aus Gl. 7 bei Benutzung der dort angegebenen Werte für η und ξ $V_{10} = 3,9$. In neuerer Zeit hat man die Wirbelstromverluste durch Vergrößerung des spezifischen elektrischen Widerstands der Eisenbleche zu vermindern versucht und das Eisen zu diesem Zwecke mit chemischen Zusätzen versehen; das neue Material wird als legiertes Blech bezeichnet. Bei einer Analyse dieses Bleches durch Prof. Turner (Journ. Inst. El. Eng. Bd. 38, S. 81) wurden darin $0,03\,^0/_0$ C, $3,40\,^0/_0$ Si, $0,04\,^0/_0$ S, $0,01\,^0/_0$ P, $0,32\,^0/_0$ Mn und als Rest $96,2\,^0/_0$ Fe gefunden. Für die Verlustziffer V_{10} ergaben sich für ein gegebenes Blech von Capito und Klein und für zwei weiche Eisenbleche der Bismarckhütte bei einer im Elektrotechnischen Institut der Technischen Hochschule in Danzig vorgenommenen Untersuchung mittels des Epsteinschen Apparates die in Tab. 6 enthaltenen Werte.

Die gleichzeitig gefundenen Kurven $\mathfrak{E} = f_{(\mathfrak{B}_{max})}$ sind in Fig. 52 dargestellt und dabei mit derselben Numerierung ver-

----

[1]) ETZ 1900, S. 303 und 1905, S. 403.

sehen wie die Eisensorten in der Tabelle. Man sieht, daß die Verluste in dem dünneren weichen Eisenblech erheblich kleiner

Tabelle 6.

	Blechsorte		
	1	2	3
	Weiches Eisen Bismarckhütte	Weiches Eisen Bismarckhütte	Legiertes Blech Capito und Klein
δ in mm	0,5	0,3	0,35
Verlustziffer V_{10} . .	3,09	2,27	1,33
Temperatur	26° C	23° C	17,6° C
$\frac{\mathfrak{E}}{\nu} \cdot 10^4$ pro kg bei $\nu = 25$	484	352	208
$\nu = 40$	518	405	252
$\nu = 50$	618	453	266
$\nu = 60$	656	495	251
J bei $\mathfrak{B}_{max} = 10000$	2,17	1,81	1,49

sind als in dem dickeren, daß sie aber in dem legierten Blech noch viel geringere Werte haben. Außer der Kurve für den Gesamtverlust ist noch die Kurve (4) für den Hystereseverlust der beiden weichen Eisenbleche gezeichnet. Diese fällt fast mit der Kurve der Gesamtverluste des legierten Bleches zusammen; das legierte Blech hat also Verluste, die nur ungefähr ebenso groß sind wie ein weiches Eisenblech ohne Wirbelströme.

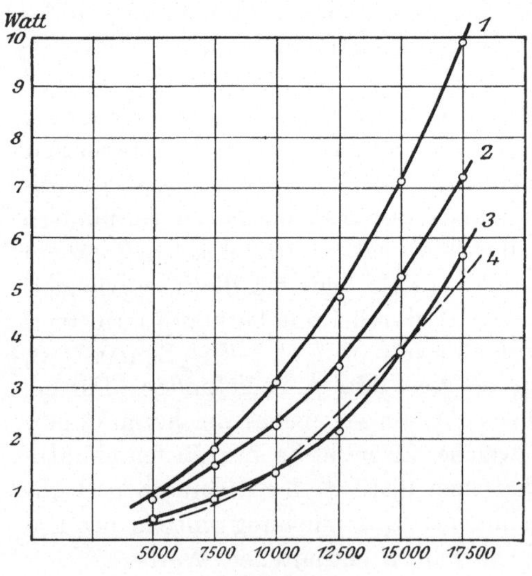

Fig. 52.

Nach der Betrachtung der Vorgänge im Eisen bleibt noch ihre Rückwirkung auf den Strom in der Kupferwicklung zu besprechen. Die Vorgänge im Eisen sind praktisch eigentlich nur soweit von Wichtigkeit, als sie einen Energieverlust und eine Produktion von Wärme bedeuten, die aus dem Eisen wieder abgeführt werden muß, um die Zerstörung der Isolation der darüber angebrachten Wicklung zu vermeiden. Stärken und Phasen der induzierten Wirbelströme sind dagegen von keinem unmittelbaren praktischen Interesse, sie verdienen ein solches aber dadurch, daß sie die Größe und Phase des Stromes beeinflussen, der von der Spule aufgenommen wird. Das Hinzutreten der Leistung $\mathfrak{E}_w$, die von dem Strome in der Spule aufzubringen ist, bedeutet bei fest gegebener Spannung Ep eine Vergrößerung seiner Wattkomponente um den Betrag

$$\frac{\mathfrak{E}_w}{Ep} = J_{\mathfrak{E}_w}.$$

In Fig. 53 ist Fig. 43c wiederholt und dann $C'G' = J_{\mathfrak{E}_w}$ zu $C'B' = J_{cu} + J_{\mathfrak{E}_H}$ hinzuaddiert und dadurch die gesamte Wattkomponente gewonnen. Die Vereinigung mit

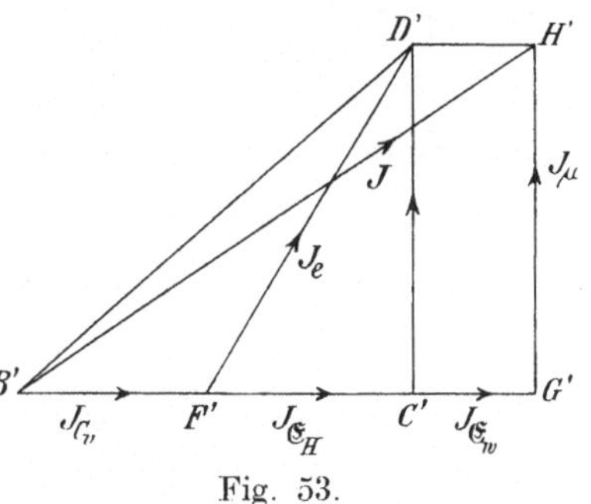

Fig. 53.

dem Magnetisierungsstrome $J_\mu = G'H'$ ergibt dann den Gesamtstrom $B'H' = J$. Wir finden also den Strom in der Spule durch das Auftreten der Wirbelströme im Verhältnis von $B'H' : B'D'$ vergrößert und die Phasenverschiebung gegen die Spannung im Verhältnis der Winkel $D'B'C' : H'B'C'$ verkleinert, also den Leistungsfaktor vergrößert[1]).

Einen tieferen Einblick in die Vorgänge erhält man, wenn man bedenkt, daß jeder Wirbelstromfaden in dem Teile des Querschnittes, den er einschließt, selbst ein System von Kraftlinien erzeugt, wie eine Spule, die um Eisen gewickelt ist. Auch diese (sekundären) Kraftlinien verlaufen parallel der Oberfläche des Bleches und parallel den übrigen (primären) Kraftlinien; es bleibt nur noch zu untersuchen, ob sie den übrigen gleich oder entgegengesetzt gerichtet sind. Wären beide Systeme einander gleich gerichtet, so würden die von den Wirbelströmen erzeugten Kraftlinien das primäre Feld verstärken, dadurch würden die Wirbelströme ebenfalls anwachsen, dies hätte eine weitere Verstärkung des primären Feldes zur Folge und darum auch eine weitere Verstärkung der Wirbelströme usf. Kurz, die Wirbelströme würden ohne Entnahme von Energie aus dem Wechselstromkreise, der das primäre Feld hervorbringt, sich selbst bis ins Unendliche

---

[1]) Bei dieser Darstellung ist vorausgesetzt, daß die Wirbelströme in der Spule einen reinen Wattstrom hervorrufen. Dies gilt um so genauer, je dünner die verwendeten Bleche sind. Exakte Rechnungen darüber sind aber außerordentlich verwickelt.

verstärken, was dem Gesetz von der Erhaltung der Energie widerspricht. Die magnetische Kraft der Wirbelströme muß also der primären entgegenwirken, und zwar um so mehr, je näher der betrachtete Punkt der Mitte des Querschnittes liegt, weil er in der Mitte von der größten Zahl von Stromfäden umschlossen wird (Fig. 45 und 46). Das primäre Feld wird also durch die Wirbelströme geschwächt, und zwar am meisten in der Mitte, und dort um so mehr, je größer der Querschnitt ist.

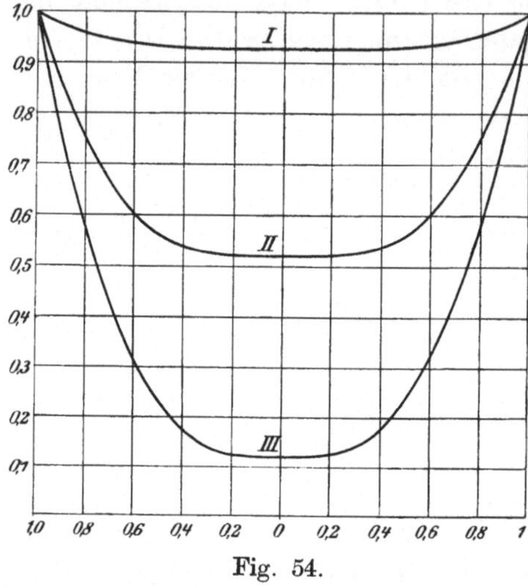

Fig. 54.

Fig. 54 gibt ein Bild von der Kraftlinienverteilung bei drei verschiedenen Blechdicken δ, Kurve I für $\delta = 0,5$ mm, Kurve II für $\delta = 1,0$ mm, Kurve III für $\delta = 2,0$ mm. Die drei Kurven sind von Ewing[1]) unter der Voraussetzung sinusartiger Veränderung von $\mathfrak{B}$ mit $\nu = 100$ Perioden pro Sekunde, einer konstanten Permeabilität von $\mu = 2000$ und einer mittleren Kraftliniendichte $\mathfrak{B}_m = 4000$ ($\mathfrak{B}_m = $ mittlerer Wert sämtlicher Amplituden) nach allgemeinen Formeln von J. J. Thomsen berechnet worden.

Bezeichnen wir mit x den Abstand eines beliebigen Punktes eines Bleches von dessen Mittelebene, mit $\mathfrak{B}_x$ die dort bestehende magnetische Induktion und mit $\mathfrak{B}_o$ die Induktion an der Oberfläche, so stellen die Abszissen der Kurven die Größen $\dfrac{x}{\delta/2}$, die Ordinaten die Größen $\dfrac{\mathfrak{B}_x}{\mathfrak{B}_o}$ dar. Tab. 7 enthält die Zahlenwerte, auf Grund deren die Kurven gezeichnet worden sind.

Tabelle 7.
$\mathfrak{B}_x/\mathfrak{B}_o$.

$x : \delta/2$	$\delta = 2$	$\delta = 1$	$\delta = 0,5$
0	0,120	0,520	0,925
0,2	0,125	0,521	0,925
0,4	0,173	0,538	0,927
0,6	0,316	0,601	0,935
0,8	0,580	0,750	0,956
1,0	1,000	1,000	1,000

Wir erkennen, daß bei Plattendicken von 0,5 mm die Verteilung der Kraftlinien ziemlich gleichmäßig ist; in der Mitte ist $\mathfrak{B}_x$ nur um

---

[1]) ETZ 1892, S. 391.

7,5 % kleiner als an der Außenfläche. Bei einer Plattendicke von 1 mm beträgt dieser Ungleichförmigkeitsgrad schon 48 %, und bei $\delta = 2$ mm hat man in der Mitte des Bleches nur 12 % von der Induktion, die man an der Oberfläche beobachtet. Man bezeichnet diese Eigenschaft der Wirbelströme, das Eindringen der Magnetisierung in das Innere zu verhindern, als die magnetische Schirmwirkung. Die gesamte im Bleche vorhandene Kraftlinienzahl wird dadurch kleiner; sie vermindert sich im Verhältnis der mittleren Kraftliniendichte $\mathfrak{B}_m$, welche durch Planimetrierung der Verteilungskurven der Fig. 54 gewonnen werden kann, zu der Kraftliniendichte $\mathfrak{B}_o$, die ohne Wirbelströme in allen Teilen des Blechquerschnittes bestände. Das Verhältnis $\dfrac{\mathfrak{B}_m}{\mathfrak{B}_o} = p$ kann man bezeichnen als die Raumausnutzung der Bleche; es ist angegeben in Tab. 8.

Tabelle 8.

p	a	δ	$\mathfrak{B}_o/\mathfrak{B}_m$
—	0,504	∞	—
25,0 %	0,500	2,0	4,00
34,1 %	0,512	1,5	2,93
56,4 %	0,564	1,0	1,78
93,2 %	0,466	0,5	1,075
99,6 %	0,249	0,25	1,005

In interessanter Weise kann man die Schirmwirkung auch erläutern durch die in Tab. 8 ebenfalls angegebenen Werte $a = \delta p$ einer „äquivalenten Plattendicke", in der ohne Wirbelströme ebensoviel Kraftlinien vorhanden wären, wie mit Wirbelströmen in der wirklichen Plattendicke δ, und durch das Verhältnis $\dfrac{\mathfrak{B}_o}{\mathfrak{B}_m} = \dfrac{\delta}{a}$ der Kraftliniendichte an der Oberfläche zu der mittleren Kraftlinie im ganzen Querschnitte. $\dfrac{\mathfrak{B}_o}{\mathfrak{B}_m}$ ist gleichzeitig das Verhältnis der Kraftliniendichte, die man ohne Wirbelströme überall im Eisen hätte, zu der, die man im Bleche wegen der Wirbelströme wirklich findet, also bei geringen Sättigungen annähernd auch das Verhältnis der mit und ohne Wirbelströme aufzuwendenden Stromstärke in der Spule. $\dfrac{\mathfrak{B}_o}{\mathfrak{B}_m}$ könnte man daher unmittelbar zu der schon oben (Fig. 53) ausgeführten Berechnung der Vergrößerung der primären Stromstärke benutzen, wenn nicht durch das Abweichen der Kraftlinien von der Parallelität zur Oberfläche der Einfluß der Wirbelströme noch wesentlich weiter gesteigert würde.

§ 12. Berechnung der Stromstärke und Leistung bei gegebener Spannung.

Die vorliegende Aufgabe läßt sich auf Grund des bisher Besprochenen ohne weiteres lösen; wir benutzen diese Gelegenheit, auf das Frühere zurückzublicken und es zusammenzufassen.

Die folgenden Betrachtungen, die unmittelbar auf einen mit einer Spule bewickelten Eisenkörper, eine „Induktionsspule", bezogen werden, gelten ohne weiteres auch für einen „leerlaufenden" Transformator oder Motor, d. h. für einen Betrieb bei dem der sekundäre Kreis stromlos ist.

Von der an die Induktionsspule gelegten Spannung müssen Effektivwert, Periodenzahl und Formfaktor gegeben sein, von der Spule die sämtlichen Konstruktionsdaten. Wir berechnen dann mit Hilfe der Ausbalanzierungsgleichung

$$\mathfrak{B}_{max} = \frac{cEp}{4\,nvs} \cdot 10^8$$

und für sinusartige Spannungskurven

$$\mathfrak{B}_{max} = \frac{Ep}{4{,}44\,nvs} \cdot 10^8.$$

Diese Gleichungen gelten immer, unter der alleinigen Voraussetzung, daß der Ohmsche Spannungsabfall gegenüber der Spannung vernachlässigt werden kann, einer Voraussetzung, die in den oben genannten Fällen stets erfüllt ist. Die Gleichungen bedeuten dann, daß durch Anschluß der Induktionsspule an ein Netz mit der Spannung Ep dem Eisen der Spule eine Magnetisierung $\mathfrak{B}_{max}$ aufgezwungen wird, die unter allen Umständen konstant bleiben muß, solange Ep konstant bleibt. $\mathfrak{B}_{max}$ bildet die Grundlage sowohl für die Berechnung der Effektaufnahme, wie auch der Stromaufnahme der Spule.

Die Effektaufnahme wird

$$A = J^2 w + V\left(v\eta\,\mathfrak{B}_{max}^{1,6} + v^2\xi\,\mathfrak{B}_{max}^2\right),$$

der aufgenommene Effekt geht fast ausschließlich in das Eisen, der Effektverbrauch des Kupfers beträgt bei geschlossenem Eisenkörper nur Teile von $1\,^0/_0$, so daß man setzen kann

$$A = \mathfrak{E} = V\left(v\eta\,\mathfrak{B}_{max}^{1,6} + v^2\xi\,\mathfrak{B}_{max}^2\right).$$

Die gesamte Wattkomponente des Stromes ergibt sich daraus zu

$$J_A = \frac{A}{Ep} = \frac{\mathfrak{E}}{Ep}.$$

Die Stromaufnahme der Spule berechnen wir als die Größe $J = B'H'$ in Fig. 53. Da der Effektverlust im Kupfer und daher auch J_{cu} zu vernachlässigen ist, ist mit genügender

Genauigkeit $J = F'H'$. Für die Berechnung von $J = F'H'$ ergibt sich folgender Weg: Aus der Formel für die Hysterese

$$\mathfrak{E}_H = V \nu \eta \mathfrak{B}^{1,6}_{max}$$

folgt

$$J_{\mathfrak{E}_H} = \frac{\mathfrak{E}_H}{Ep}.$$

Aus den Gleichungen I bis IV auf S. 53 findet man einen Strom J,
der nach den Betrachtungen an Fig. 43c mit dem Strome J_e
in Fig. 53 identisch ist. $J_{\mathfrak{E}_H}$ und J_e ergeben das Dreieck $D'F'C'$,
worin $\overline{C'D'} = J_\mu$. Aus dem Verluste

$$\mathfrak{E}_w = V \nu^2 \xi \mathfrak{B}^2_{max}$$

kann man dann

$$J_{\mathfrak{E}_w} = \frac{\mathfrak{E}_w}{Ep} = C'G'$$

finden und damit auch $F'G'$. Zieht man noch $G'H'$ parallel und
gleich $C'D'$, so ergibt sich $F'H' = J$.

An diesem Verfahren ist es ein sehr erheblicher Mangel,
daß die beiden Verluste $\mathfrak{E}_H$ und $\mathfrak{E}_w$ getrennt in die Berechnung
gezogen werden, obgleich man sie bei der Untersuchung des
Eisens stets zusammen gewinnt. Man kann diese Trennung, wenn
auch auf Kosten der Genauigkeit, vermeiden, indem man von

$$F'G' = J_{\mathfrak{E}_H} + J_{\mathfrak{E}_w} = J_\mathfrak{E} = \frac{A}{Ep}$$

ausgeht, und darauf in G' nicht das erst unter Benutzung von
$\triangle F'C'D'$ berechnete $J_\mu = C'D'$, sondern J_e senkrecht stellt und
mit $J_\mathfrak{E}$ zu J vereinigt. Der berechnete Strom J wird dann zwar
zu groß; bei der auf S. 54 erörterten Unsicherheit des ganzen
Verfahrens ist dies aber das kleinere Übel, die Berechnung eines
zu kleinen Wertes, also eine Unterschätzung des von der Spule
in Wirklichkeit verbrauchten Stromes wäre das schlimmere.

Das zuletzt besprochene Verfahren wird denn auch heutzutage
fast ausschließlich verwendet. Begründet wird es freilich meist
mit der Erklärung, daß J_e unter Benutzung der jungfräulichen
Magnetisierungskurve gewonnen und daher an sich schon ein
wattloser Strom sei. Dies ist aber nicht der Fall, denn wenn
auch nach S. 53 die jungfräuliche Magnetisierungskurve benutzt
wird, um aus $\mathfrak{B}_{max}$ die magnetisierende Kraft $\mathfrak{H}_{max}$ zu bestimmen,
so wird doch in der dabei verwendeten Formelreihe I—IV die
Hysteresekurve herangezogen. Wir nehmen dieses Verfahren,

wenn auch mit anderer Begründung, ebenfalls an und benutzen also zur Berechnung von J die in folgendem zusammengestellten Formeln.

Es ist

$$J = \sqrt{J_A^2 + J_\mu^2} \,, \qquad \ldots \qquad (1)$$

dabei

$$J_A = \frac{J^2 w + \mathfrak{E}}{E p} = \frac{\mathfrak{E}}{E p} \cdot \qquad \ldots \qquad (2)$$

und

$$\mathfrak{E} = V \left(\nu \eta \, \mathfrak{B}_{max}^{1,6} + \nu^2 \beta \, \mathfrak{B}_{max}^2 \right) \quad \ldots \quad (3)$$

J_μ ist zu gewinnen durch die Formeln

$$\mathfrak{B}_{max} = \frac{c E p}{4 \, n \nu s} \, 10^8 \qquad\qquad\qquad \text{I}$$

$$\mathfrak{B}_{wax} = f_{(\mathfrak{H}_{max})} \quad \text{(Jungfräuliche Magnetisierungskurve)} \qquad \text{II}$$

$$\mathfrak{B}_{max} = 0{,}4 \, \pi \, \frac{n}{l} \, J_{\mu_{max}} \qquad\qquad\qquad \text{III}$$

$$J_\mu = k \, J_{max} \cdot \qquad\qquad\qquad\qquad \text{IV}$$

Zahlenbeispiel: Der in Fig. 55 dargestellte Eisenkörper (eines im Elektrotechnischen Laboratorium der Technischen Hochschule zu Berlin befindlichen Transformators) ist mit $n = 130$ Windungen bewickelt, die sekundäre Wicklung soll offen bleiben und daher außer Betracht gelassen werden. Dieser Transformator ist normal mit einer Spannung von $E p = 110$ Volt bei $\nu = 50$ Perioden zu speisen. Es soll die Strom- und Effektaufnahme berechnet werden unter der Voraussetzung, daß die Spannungskurve sinusartig verläuft.

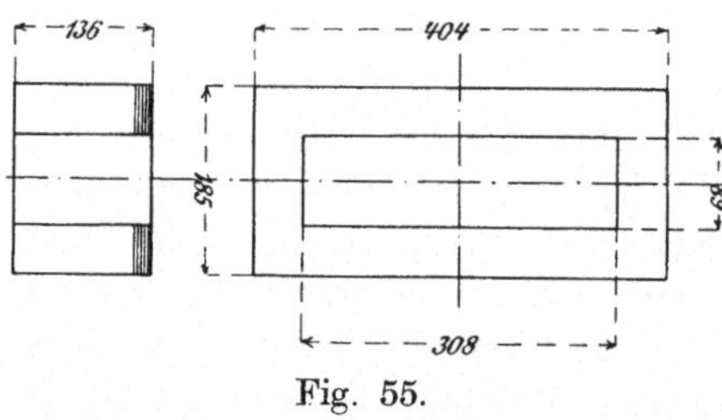

Fig. 55.

Fig. 55 gibt die Außenmasse des Eisenkörpers an. Wir berechnen zunächst die in den Gleichungen vorkommenden Abmessungen s, l, V.

s: Der Eisenquerschnitt ist

$$\frac{18{,}5 - 8{,}9}{2} \, 13{,}6 = 65{,}3 \text{ qcm.}$$

Zu berücksichtigen ist aber, daß die Isolation der Bleche Raum beansprucht. Rechnen wir dafür 10%, so wird der wahre Eisenquerschnitt

$$s = 65,3 \cdot 0,9 = 58,8 \text{ qcm.}$$

l: Die Kraftlinienlänge ist, wenn man den Kraftlinienweg an den Ecken abgerundet denkt,

$$l = 2 \cdot (30,8 + 8,9) + \frac{40,4 - 30,8}{4} \cdot 2\pi = 94,5 \text{ cm.}$$

V: Das Eisenvolumen ist ohne Berücksichtigung der Isolation der Bleche

$$(40,4 \cdot 18,5 - 30,8 \cdot 8,9)\, 13,6 = 6437 \text{ ccm}$$

und mit deren Berücksichtigung

$$V = 6437 \cdot 0,9 = 5793 \text{ ccm.}$$

Die magnetische Beanspruchung des Eisens wird

$$\mathfrak{B}_{max} = \frac{cEp}{4nvs}\, 10^8 = \frac{0,9 \cdot 110}{4 \cdot 130 \cdot 50 \cdot 58,8}\, 10^8 = 6480 \text{ cgs.}$$

Bei der weiteren Berechnung wollen wir zugleich prüfen, wie genau die Ergebnisse werden, wenn man, ohne von den besonderen Eigenschaften des verwendeten Eisens Kenntnis zu haben, allgemeine Angaben über gutes Schmiedeeisen aus Lehr- und Handbüchern entnimmt.

J_A erhalten wir nach Gl. 3 aus

$$\mathfrak{E} = V \cdot (0,002\, v\, \mathfrak{B}_{max}^{1,6} + 2 \cdot 10^{-7}\, v^2 \mathfrak{B}_{max}^2)\, 10^{-7} \text{ Watt}$$
$$= 5793\, (125,5 + 21)\, 10^{-4} \text{ Watt} = 84,9 \text{ Watt} \quad . \quad . \quad (4)$$

zu

$$J_A = \frac{\mathfrak{E}}{Ep} = \frac{84,9}{110} = 0,77 \text{ Amp.}$$

Aus Gl. 4 entnehmen wir nebenbei, daß der Hystereseverlust 86%, der Wirbelstromverlust 14% des Gesamtverlustes beträgt.

Zur Berechnung von J_μ entnehmen wir aus G. S. 27 Fig. 10 (Ankerblech) für $\mathfrak{B}_{max} = 6480$

$$\frac{\mathfrak{H}_{max}}{0,4\pi} = 1,22 \text{ Amp. Wind. für 1 cm}$$

also ist

$$J_{\mu\,max} = \frac{\mathfrak{H}_{max}\, l}{n} = \frac{1,22 \cdot 94,5}{130} = 0,887$$

$$J_\mu = k J_{\mu\,max} = 0,707 \cdot 0,887 = 0,627.$$

Demnach wird

$$J = \sqrt{J_A{}^2 + J_\mu{}^2} = \sqrt{0{,}77^2 + 0{,}627^2} = 0{,}99 \text{ Amp.}$$

Die berechneten Werte wurden an dem Transformator auch gemessen. Wir schließen das Beispiel mit einer Gegenüberstellung:

	berechnet	gemessen	
$A =$	84,9	79,0	Watt
$J =$	0,99	1,05	Amp.

Aus den obigen Entwicklungen können wir entnehmen, daß die Strom- und Effektaufnahme einer um Eisen gewickelten Spule bei gegebenem Effektivwert der Spannung ganz außerordentlich abhängig sind von Periodenzahl und Kurvenform.

Der Einfluß der Periodenzahl: Denken wir uns z. B. eine vorhandene Periodenzahl durch eine halb so große ersetzt, so nimmt $\mathfrak{B}_{max}$ bei constantem Ep nach der Ausbalanzierungsgleichung den doppelten Wert an, ohne daß sich $\nu\mathfrak{B}_{max}$ verändert. Der Verlust durch Wirbelströme bleibt also derselbe, der durch Hysterese verursachte nimmt aber zu, weil der ihn darstellende Ausdruck die Induktion $\mathfrak{B}_{max}$ in einer höheren Potenz enthält als ν. A wird daher, wenn auch nicht sehr viel, größer, und damit nimmt auch J_A zu. Sehr erheblich steigt aber der Strom J_μ, da er das doppelt so große $\mathfrak{B}_{max}$ zu erzeugen hat, und sehr erheblich muß daher auch das aus J_A und J_μ zusammengesetzte J steigen.

Der Einfluß der Kurvenform: Gehen wir von einer sinusartigen Spannungskurve zu einer spitzen, wie z. B. in Fig. 32 über, so verringert sich (S. 18) der Formfaktor c. Nach der Ausbalancierungsgleichung hat dies eine Verkleinerung von $\mathfrak{B}_{max}$ zur Folge. Mit $\mathfrak{B}_{max}$ nimmt aber auch $\mathfrak{E}$ und daher J_A ab. Ferner bedarf es zur Herstellung eines kleineren $\mathfrak{B}_{max}$ auch nur eines geringeren J_μ, um so mehr, als mit c auch k, wenn auch nur in geringerem Maße, abnimmt. A sowohl wie J werden also kleiner, wenn die Kurve spitzer wird, und umgekehrt größer, wenn sie flacher wird.

Tabelle 9.

Generator	ν	Ep_1	J_1	A_1
I	41,8	60,—	2,04	56,—
II	41,7	60,—	2,09	57,—
III	41,7	60,—	2,12	57,6
IV	41,7	60,—	1,50	37,—
IV	27,9	60,—	3,21	43,1

In Tab. 9 sind Messungsergebnisse zusammengestellt über das Verhalten des in Fig. 34 dargestellten Transformators, wenn er nacheinander durch verschiedene Wechselstrom-Generatoren mit $Ep = 60$ Volt gespeist wurde. Dabei hatten die ersten drei Maschinen eine annähernd sinusartige Spannungskurve, die vierte hatte die in Fig. 32 dargestellte spitze Kurve. Wir finden bei $\nu = 41{,}7$ bei der spitzen Spannungskurve erheblich kleinere Werte von J und A. Die vierte Maschine wurde außer bei $\nu = 41{,}7$ auch bei $\nu = 27{,}9$ untersucht; wie zu erwarten, sind J und A bei der geringeren Periodenzahl viel größer als bei der höheren.

§ 13. Parallel- und Reihenschaltung.

Oft liegt in der Wechselstromtechnik die Aufgabe vor, für mehrere parallel an ein Netz von konstanter Spannung angeschlossene Organe einer Anlage aus den einzelnen Strömen den Gesamtstrom oder bei Reihenschaltung aus den Einzelspannungen die Gesamtspannung zu berechnen. In beiden Fällen besteht die Lösung der Aufgabe grundsätzlich in der Addition von Wechselstromgrößen, wofür am einfachsten das durch Fig. 26 dargestellte graphische Verfahren verwendet wird.

Sind z. B. ein Motor und eine Gruppe von Glühlampen parallel geschaltet, so geschieht die Addition der beiden Ströme nach Fig. 56. Als Richtlinie wird bei Parallelschaltung stets die Spannung Ep betrachtet, weil sie allen Anschlüssen an das Netz gemeinsam ist und daher am bequemsten als Ausgang für die Phasenzählung verwendet wird. Der Motorstrom J_M hat, weil der Motor aus einem bewickelten Eisenkörper besteht, stets eine Phasenverzögerung gegen

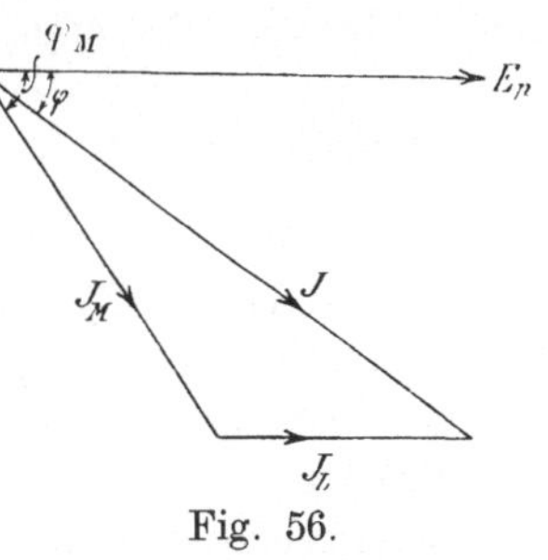

Fig. 56.

die gemeinsame Spannung; ist deren Wert φ_M, so ist also J_M unter φ_M gegen Ep nach rechts geneigt aufzutragen. Der Glühlampenstrom J_L hat keine Phasenverschiebung gegen die Spannung, er ist also parallel zu Ep zu zeichnen. Die Schlußlinie des Diagramms ergibt den Gesamtstrom J mit der Phasenverzögerung φ gegen Ep.

Sind ferner eine Bogenlampe und eine Induktionsspule hintereinander an ein Netz geschaltet, damit die Induktionsspule die Netzspannung auf den normalen Wert der Lampenspannung „abdrosselt", so geschieht die Addition beider Spannungen nach Fig. 57. Hier wird der gemeinsame Strom J als Richtlinie betrachtet. Die Spannung Ep_D der „Drosselspule" hat dann eine Voreilung φ_D gegen diesen Strom, die

Spannung Ep_L der Lampe ist annähernd mit J in Phase. Ep_D ist also um φ_D nach links gegen J geneigt aufzutragen. Ep_L parallel mit J zu zeichnen. Die Schlußlinie Ep ist dann die Gesamtspannung, ihr Neigungswinkel φ die Voreilung dieser Spannung gegen den Strom.

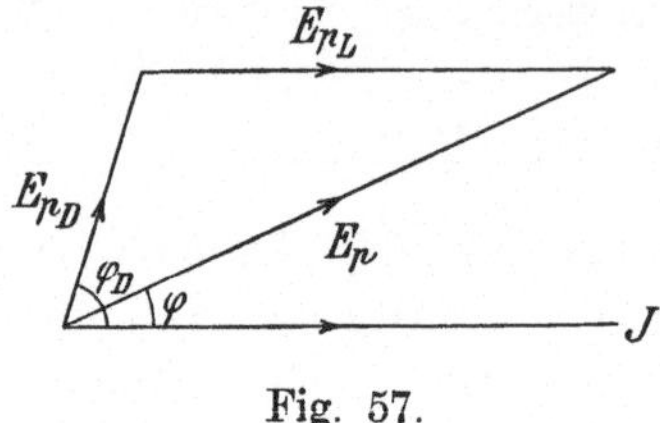

Fig. 57.

Aus Fig. 56 und 57 entnehmen wir die außerordentlich wichtige Tatsache, daß man weder bei Parallelschaltung die Effektivwerte der Stromstärken noch bei Reihenschaltung die Effektivwerte der Spannungen einfach addieren darf, um den Gesamtstrom oder die Gesamtspannung zu erhalten. Bei Phasenverschiebung der Größen gegeneinander ist der Effektivwert der Summe stets kleiner als die Summe der Effektivwerte.

An dieser Stelle mögen noch einige Bemerkungen Platz finden über die Vorzüge und Nachteile von Drosselspulen in Verbindung mit Bogenlampen:

Nach Fig. 57 ist

$$Ep - Ep_L < Ep_D,$$

d. h. man darf die Drosselspule nicht für die Differenz aus der Netzspannung und der Lampenspannung einrichten, denn, wenn sie auch scheinbar nur diese Spannungsdifferenz verzehrt, so verbraucht sie in Wirklichkeit wegen der Phasenverschiebung der elektrischen Größen untereinander doch mehr Spannung. Würde statt der Drosselspule ein induktionsloser Vorschaltwiderstand gewählt, dessen Spannung also gleiche Phase mit der Stromstärke und daher auch mit der Lampenspannung hätte, so wären alle Größen des Diagramms phasengleich, und die an dem Vorschaltwiderstande bestehende Spannung wäre $Ep - Ep_L$, wie bei Gleichstrom-Bogenlampen.

Es könnte danach scheinen, als wäre die Verwendung einer Drosselspule ungünstiger. Dies ist aber nicht der Fall, wie man sogleich erkennt, wenn man aus der Nutzleistung $Ep_L J$ und der in beiden Fällen aufgewendeten Gesamtleistung EpJ bzw. $EpJ \cos\varphi$ die Wirkungsgrade berechnet. Man findet dann

$$\frac{Ep_L J}{EpJ} < \frac{Ep_L J}{EpJ \cos\varphi}.$$

Der Wirkungsgrad ist also bei der Verwendung einer Drosselspule im Verhältnis von 1 : cos φ größer als bei induktionslosen
Vorschaltwiderständen. Der gleichzeitig vorhandene große
scheinbare Widerstand und kleine Leistungsfaktor geben der
Drosselspule die Fähigkeit, gleichzeitig viel Spannung und
wenig Energie zu absorbieren. Die dabei zu erzielende Energieersparnis gibt z. B. die Allgemeine Elektrizitäts-Gesellschaft in
einer Preisliste für ihre Drosselspulen in folgender Weise an:

Bei zwei Bogenlampen für 10 Amp., die an 115 Volt Netzspannung angeschlossen sind, beträgt

a) bei Anwendung eines induktionslosen Vorschaltwider-
standes der Wattverbrauch der Lampen 10 Amp. $\times$ 60
Volt . . . . $= 600$ Watt
der Wattverbrauch im Widerstand 10 Amp. $\times$
55 Volt . . . . $= 550$ „
zusammen 1150 Watt

b) bei Anwendung einer Drosselspule der Wattverbrauch
der Lampen 10 Amp. $\times$ 60 Volt . . . . $= 600$ Watt
der Wattverbrauch der Drosselspule etwa . $= 70$ „
zusammen 670 Watt.

Es wird mithin durch Anwendung der Drosselspule gegenüber dem gewöhnlichen Widerstande eine Energieersparnis von
480 Watt oder etwa $40\,{}^0/_0$ und
dementsprechende Ersparnis der
Betriebskosten erzielt.

Eine Ausführungsskizze der
genannten Drosselspule ist in
Fig. 58 gegeben. Das Einstellen
auf richtige Stromstärke und
Lampenspannung erfolgt durch
Zwischenlegen von mehr oder
minder starken Preßspanschei-
ben zwischen die Stoßfugen der
Eisenkerne. Je stärker diese

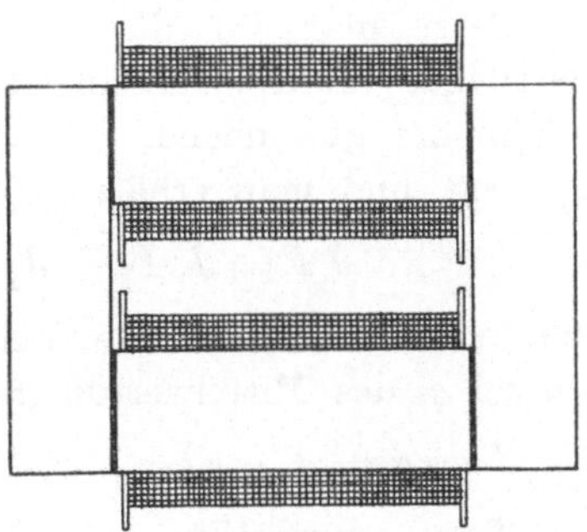

Fig. 58.

Zwischenlagen gewählt werden, um so größer wird der magnetische Widerstand, um so stärker also der Strom und umgekehrt.

Der vorliegende Fall ist einer der wenigen, wo ein kleiner
Leistungsfaktor für den Teil der Anlage, in dem er auftritt, nützlich ist. Es ist der Fall der Reihenschaltung bei

gegebener Stromstärke im Gegensatz zu dem bisher besprochenen Fall der Parallelschaltung bei gegebener Spannung. Für die Zentrale selbst bildet eine Bogenlampe mit Drosselspule wegen des geringen Leistungsfaktors eine ungünstige Belastung. Im Interesse der Zentrale werden daher, wie wir sehen werden, vielfach zur Herabsetzung der Spannung kleine Transformatoren verwendet.

Die bisherigen Betrachtungen über Parallel- und Reihenschaltung gelten wie die Fig. 26, an die sie angeknüpft wurden, nur für sinusartige Veränderungen. Da bei Vorhandensein von Eisen niemals Spannung und Strom gleichzeitig nach dieser Kurvenform verlaufen können, so ist der Fall beliebiger Kurvenform noch zu betrachten. Wir wollen die Aufgabe so fassen, daß wir die Frage zu beantworten suchen, ob für parallel an die Spannung Ep anzulegende Verbrauchsstellen die Angaben der Stromstärken $J_1 J_2 J_3 \ldots$ und der Leistungen $A_1 A_2 A_3 \ldots$, welche für jede einzelne Verbrauchsstelle leicht durch Amperemeter uud Wattmeter gewonnen werden können, zur Berechnnng des Gesamtstromes genügen.

Die Gesamtleistung muß nach dem Gesetze von der Erhaltung der Energie gleich der Summe der Einzelleistungen sein, also

$$A = A_1 + A_2 + A_3 + \ldots \qquad \ldots \ldots (1)$$

Setzt man für diese wahren Leistungen die scheinbaren Leistungen multipliziert mit den Leistungsfaktoren ein, so hebt sich in der gewonnenen Gleichung die gemeinsame Spannung Ep weg, und man erhält

$$J F = J_1 F_1 + J_2 F_2 + J_3 F_3 + \ldots \qquad \ldots \ldots (2)$$

und, wenn man für die Leistungsfaktoren die Kosinus der Winkel φ des Mittelwertdiagramms (Fig. 43a) einsetzt,

$$J \cos \varphi = J_1 \cos \varphi_1 + J_2 \cos \varphi_2 + J_3 \cos \varphi_3 + \ldots \quad . \ (3)$$

Trägt man (Fig. 59) in einem Zuge die Stromstärken $J_1 J_2 J_3 \ldots$ um die entsprechenden Winkel $\varphi_1 \varphi_2 \varphi_3 \ldots$ gegen die horizontal gelegte Spannung geneigt auf, so erfüllt die Schlußlinie J, die mit der Spannungslinie den Winkel φ einschließt, in der Tat die Gl. 3; sie ist aber nicht die einzige Gerade, welche diese Bedingungen erfüllt, denn auch alle von O aus gezogenen gestrichelten Linien werden dieser Bedingung gerecht. Wir erkennen leicht, daß alle diese Linien Stromstärken darstellen, deren Wattkomponenten gleich der Summe der Wattkomponenten der Einzelströme sind, wie Gl. 3 verlangt. Für den resultierenden Strom J muß also noch die richtige wattlose Komponente gefunden werden.

Das Naheliegendste wäre natürlich, die wattlose Komponente des resultierenden Stromes gleich der Summe der wattlosen Komponente der Einzelströme zu setzen, eine Bedingung, welche von der in Fig. 59 mit J bezeichneten Geraden erfüllt

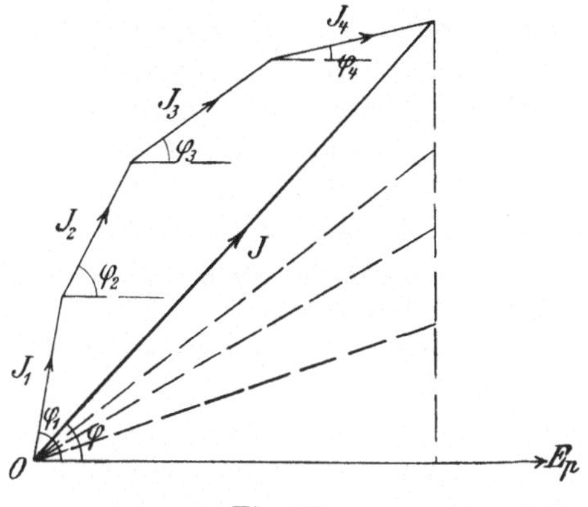

Fig. 59.

wird. Die Art, wie der Begriff der wattlosen Komponente früher (S. 60) definiert wurde, reicht aber nicht aus, die Addition der wattlosen Komponenten in gleicher Weise zu rechtfertigen, wie sie sich oben für die Wattkomponente als richtig ergab. Die näheren Betrachtungen von Kurven beliebiger Gestalt zeigen vielmehr, daß ein entsprechender Satz für die wattlosen Komponenten nicht gilt. Die wattlose Komponente ist ein technischer Hilfsbegriff, der für das Verständnis der Vorgänge in einem Verbrauchsapparat, wie früher gezeigt wurde, nicht ohne Wert ist, dessen Name aber nicht dazu verführen darf, Eigenschaften in den Begriff hineinzulegen, die ohne besonders bewiesen zu sein, über diejenigen Eigenschaften hinausgehen, die zur Begriffs-Definition gedient haben. Da man die wattlosen Komponenten nicht einfach addieren darf, so ist eine genaue Bestimmung des Gesamtstromes im Falle beliebig verlaufender Einzelströme überhaupt nicht ohne weiteres möglich.

Die Gültigkeit der Fig. 26 bleibt auf einige Spezialfälle beschränkt, die der Verfasser in der ETZ 1898, S. 595 untersucht hat. Diese sind:

1. Der Fall, daß die Stromkurven von den Spannungskurven zwar beliebig abweichen, untereinander aber von gleicher Gestalt und Phase sind.

2. Der Fall, daß zwei Stromkurven vorhanden sind, und die eine der beiden beliebige Gestalt und Phase, die andere aber gleiche Gestalt und Phase, wie die Spannungskurve hat.

Im allgemeinsten Falle beliebiger Gestalt aller Kurven kann man sich dadurch helfen, daß man den Gesamtstrom nur angenähert, aber reichlich groß berechnet. Am größten, und bei Phasenverschiebung für alle Fälle zu groß, wird er natürlich, wenn man ohne Berücksichtigung der Phasenverschiebung die Einzelströme einfach addiert, wobei die gebrochene Linie $J_1\,J_2\,J_3\,J_4$ in Fig. 59 zu einer Geraden wird.

Der Beweis für die obengenannten beiden Fälle kann hier in aller Kürze gegeben werden.

1. Fall. Haben die Ströme, welche nach der Gleichung

$$S_{1_t} + J_{2_t} + J_{3_t} + \ldots = J_t$$

den Gesamtstrom J_t bilden, gleiche Gestalt und Phase, so stehen sie in jedem Augenblick in einem konstanten Verhältnis, und man kann daher schreiben

$$J_{1_t} + c_2\,J_{1_t} + c_3\,J_{1_t} + \ldots = J_t$$

oder

$$(1 + c_2 + c_3 + \ldots)\,J_{1_t} = J_t.$$

Daraus folgt auch für die Effektivwerte

$$(1 + c_2 + c_3 + \ldots)\,J_1 = J$$

und

$$J_1 + J_2 + J_3 + \ldots = J.$$

Der Gesamtstrom wird also durch eine einfache Addition der Einzelströme gewonnen. Alle Ströme liegen in einer geraden Linie.

2. Fall. Die Gültigkeit der Fig. 26 für diese Fälle erkennt man auf folgende Weise: Der mit der beliebig verlaufenden Spannung $E\,p_t$ an Gestalt und Phase gleiche Strom fließe in einen an $E\,p_t$ angeschlossenen einfachen induktionslosen Widerstand w, sei also

$$i_t = \frac{E\,p_t}{w} \quad \ldots \quad (4)$$

oder effektiv

$$i = \frac{E\,p}{w}$$

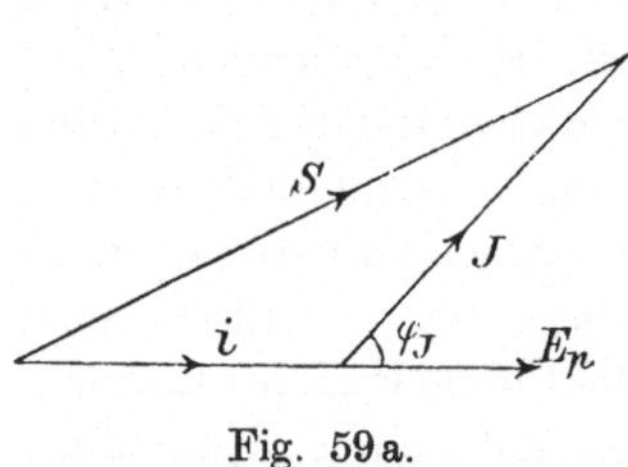

Fig. 59 a.

Der andere Strom J_t von beliebiger anderer Form erzeuge eine Leistung A_t und habe einen Leistungsfaktor $\cos \varphi_J$, so daß

$$A = E\,p\,J\cos\varphi_J$$

ist. Gilt das Diagramm Fig. 26 für die Berechnung des Gesamtstromes, so hat man (Fig. 59 a) i in die Richtung von $E\,p$ zu legen und daran unter φ_J geneigt J anzutragen. Die Schlußlinie muß dann den Gesamtstrom J ergeben. Nach dem Diagramm ist

$$S^2 = J^2 + i^2 + 2\,J\,i\cos\varphi_J. \quad \ldots \ldots (5)$$

Die genaue Rechnung ergibt

$$S_t = J_t + i_t$$

also $\qquad\qquad S_t{}^2 = J_t{}^2 + i_t{}^2 + 2 J_t i_t$

und daher $\qquad\qquad S^2 = J^2 + i^2 + 2 M (J_t i_t). \quad\ldots\ldots\ldots$ (6)

Dabei ist aber unter Berücksichtigung von Gl. 4

$$M (J_t i_t) = \frac{M (J_t E p_t)}{w} = \frac{A}{w} = \frac{E p J \cos \varphi_J}{w} = i J \cos \varphi_J .$$

Gl. 5 und 6 stimmen also überein. Das Diagramm ist demnach richtig.

Der vorliegende Fall hat praktische Bedeutung, wenn Glühlampen zu einem Transformator oder Motor parallel geschaltet sind, oder auch in der Meßtechnik, wenn bei der Untersuchung von Motoren und Transformatoren mit parallel geschalteten induktionslosen Voltmetern und Wattmeter-Nebenschlüssen gearbeitet wird.

§ 14. Aufnahme und mathematische Behandlung von Wechselstromkurven beliebigen Verlaufes.

Da eine Spannungskurve die Größe der Spannung zu allen Zeitpunkten einer Periode darstellt, so ist sie grundsätzlich durch Messungen in der Weise zu gewinnen, daß man die Spannung zu unendlich vielen Zeitpunkten während einer Periode durch ein Voltmeter bestimmt. Praktisch ist diese Bestimmung also zu möglichst vielen über die Periode gleichmäßig verteilten Zeitpunkten auszuführen. Zu diesem Zwecke ist eine Vorrichtung nötig, welche 1. einen Spannungsmesser momentan an die Wechselstromquelle anzuschließen gestattet und 2. es ermöglicht, den Moment des Anschlusses innerhalb der Periode beliebig zu wählen. Eine solche Vorrichtung zeigt schematisch Fig. 60a. Sie besteht in einer auf der Achse der Stromquelle angebrachten, aus Isoliermaterial bestehenden Scheibe *a*, in welche hochkantig und mit der Achse leitend verbunden eine dünne Messingscheibe radial eingesetzt ist. Auf der Scheibe schleift eine feststehende Bürste. Schaltet man diese Vorrichtung, wie in Fig. 60a, in den Voltmeterkreis ein, so wird das Voltmeter nur in dem Augenblick mit der Stromquelle verbunden, wo das in die Scheibe eingesetzte Messingblech die Bürste

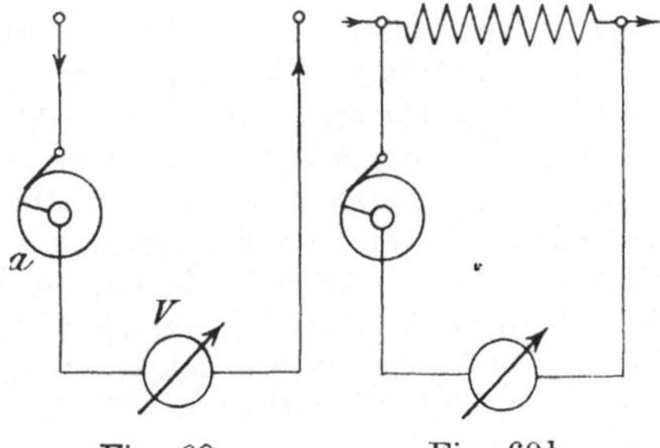

Fig. 60a. Fig. 60b.

berührt, also nur bei einer ganz bestimmten Stellung des Ankers der Wechselstrommaschine gegenüber dem Magnetfeld, nur in einem ganz bestimmten Augenblick der Periode. Dieser Augenblick verändert sich aber mit der Bürsteneinstellung und kann daher beliebig gewählt werden; durch eine genügende Anzahl von Einstellungen kann man eine ganze

Spannungskurve aufnehmen. Schließt man den Meßzweig nicht an die Stromquelle selbst, sondern an einen in den Stromkreis eingeschalteten bekannten Meßwiderstand an (Fig. 60b), so kann man auch den Verlauf einer Stromkurve aufnehmen.

Die geschilderte Kontaktscheibe ist zuerst von Joubert angewandt worden und daher unter dem Namen der Joubertscheibe bekannt. Eine Ausführungsform, wie sie von dem Verfasser für die Aufnahme der Kurven in Fig. 32/33 benutzt wurde, zeigt Fig. 61. a ist die Isolierscheibe, c das darin eingesetzte Kontaktstück, b die Bürste. b wird getragen von einem Halter h, der mit einem Index versehen und auf einem Teilkreise t ver-

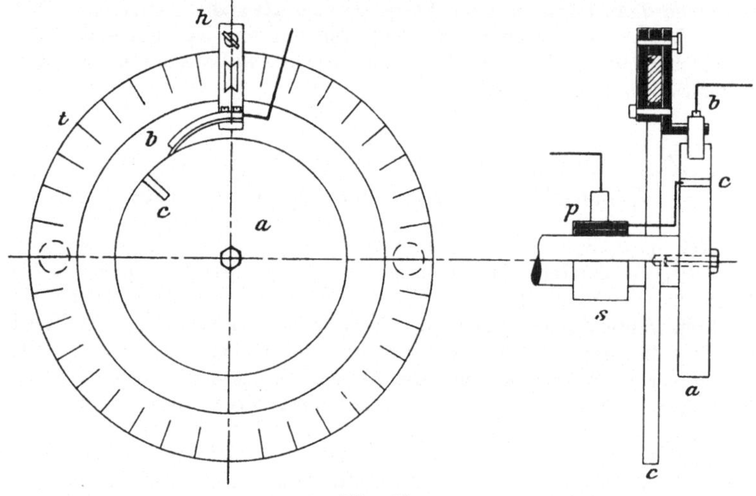

Fig. 61.

schiebbar und einstellbar ist. t ist am Gestell der Stromquelle befestigt. Der aus b in c eintretende Strom wird zu dem Schleifring s und von dort durch die feststehenden Bürsten p weiter geleitet.

Eine Kurve punktweise aufzunehmen ist naturgemäß zeitraubend. Die neuere Instrumententechnik hat deshalb Apparate ausgebildet, welche eine Kurve als Gesamtbild wiedergeben und auch zu photographieren gestatten. Ihre Arbeitsweise beruht auf folgendem Prinzip: Würde der Wechselstrom sich so langsam verändern, daß ein Meßinstrument trotz seiner Trägheit den Veränderungen folgen kann, so wäre die unmittelbare Aufnahme von Wechselstromkurven offenbar außerordentlich einfach. Nach dem gleichen Verfahren sind aber auch Aufnahmen der praktischen Wechselströme von 50 Perioden pro Sekunde möglich, wenn man die Trägheit des Meßinstrumentes in dem Maße vermindert, daß seine Eigenschwingungszahl in demselben Verhältnis zur Periodenzahl des normalen Stromes steht wie vorher zu der des langsamen, und wenn man die Dämpfung so wählt, daß weder störende Eigenschwingungen noch ein Nachkriechen des Instrumentes hinter der Veränderung des Wechselstromes eintritt.

Die Theorie und die erste praktische Ausführung dieser „Oszillographen" sind von Blondel gegeben worden. Der in Deutschland wohl verbreitetste Oszillograph wird von der A.-G. Siemens & Halske gebaut. Bei diesem ist der wirksame Teil eine „Meßschleife", gebildet aus einem sehr schmalen und dünnen Drahtbande, welches zwischen zwei starken Magnetpolen senkrecht zu den Kraftlinien einmal hin- und hergeführt und durch eine Rolle gespannt gehalten wird. Das so entstandene Doppelband ist so angebracht, daß die beiden einzelnen Bänder vor entgegengesetzten Magnetpolen liegen; da sie über die Rolle hinweg auch im entgegengesetzten Sinne durchflossen werden, so erfahren sie also eine Ablenkung im gleichen Sinne entgegen der Torsionskraft des Doppelbandes. Die Eigenschwingungszahl der Meßschleife beträgt dabei etwa 6000 pro Sekunde. Zur Messung der Drehung ist auf den beiden Bändern, sie überbrückend, ein Spiegel angebracht. Wirft man auf den Spiegel senkrecht zu seiner Drehachse einen Lichtstrahl, so dreht sich der reflektierte Strahl mit dem Spiegel bekanntlich um den doppelten Drehwinkel des Spiegels. Läßt man diesen Strahl auf eine mit lichtempfindlichem Papier bedeckte Walze fallen, deren Achse in der Drehebene des Lichtstrahles liegt, so schreibt der Lichtstrahl eine gerade Linie parallel zur Achse; die Endpunkte dieser Geraden bedeuten dabei die Amplituden des Stromes, der Mittelpunkt den Nullwert und der Abstand eines jeden Punktes von diesem Mittelpunkte die gerade herrschende Stromstärke. Dreht man die Trommel dann mit konstanter Geschwindigkeit, so wird aus der Geraden eine Kurve, deren Abszissen proportional der Zeit sind, und deren Ordinaten die Stromstärke angeben; man erhält also eine Stromkurve.

Der Oszillograph ist gewissermaßen ein Mikroskop für das Verhalten der Größen gegenüber der Zeit und bildet deshalb ein außerordentlich wertvolles Forschungsmittel für die Wechselstromtechnik. Die obige Darstellung soll nur das Prinzip seiner Wirkungsweise angeben; seine speziellere Behandlung ist Aufgabe der Meßkunde, die nicht Gegenstand dieses Buches ist. Eine zusammenfassende Behandlung der heutigen Hilfsmittel zur Aufnahme von Wechselstromkurven wird in einem kleinen trefflichen Sonderwerke von E. Orlich[1]) geboten.

Die Kurven der periodischen Veränderung der Wechselstromgrößen geben einen tiefen Einblick in die Arbeitsweise der Maschinen und Apparate, in denen Wechselströme erzeugt oder verwendet werden, und bieten daher eine sehr wertvolle Grundlage für deren weitere Vervollkommnung. Im allgemeinen ergeben sich die aus diesen Kurven zu ziehenden Schlußfolgerungen schon aus der Betrachtung allein. Öfters bringt aber eine mathematische Deutung noch weitere Erkenntnisse. Im folgenden soll die mathematische Darstellung beliebiger Stromkurven einerseits aus diesem Grunde, wesentlich aber auch deshalb kurz besprochen werden, weil die Kenntnis der allgemeinen mathematischen Darstellungsweise der Wechselstromgrößen für die Ableitung aller allgemeinen Sätze über das Verhalten beliebiger Wechselströme nötig ist. In den vorangehenden Paragraphen hat deswegen schon wiederholt auf den vorliegenden

---

[1]) Aufnahme und Analyse von Wechselstromkurven von Professor Dr. Ernst Orlich, Verlag von Friedrich Vieweg & Sohn, Braunschweig.

verwiesen werden müssen. Die dort nicht korrekt zu führenden Beweise sollen im folgenden erbracht werden.

Jede periodische Funktion $y = f_{(x)}$ läßt sich zerlegen in Sinusfunktionen nach der Gleichung

$$y = f_{(x)} = A_1 \sin (x + \alpha_1) + A_2 \sin (2x + \alpha_2) + A_3 \sin (3x + \alpha_3) + \ldots$$
$$= \Sigma A_n \sin (nx + \alpha_n). \ldots \ldots \ldots (1)$$

Die einzelnen Sinuskurven haben dabei verschiedene Amplituden und Phasen. Sie heißen Partialkurven. Der Faktor von x, der oben gleichzeitig auch als Index von A und von α gewählt worden ist, heißt ihre Ordnung; $A_3 \cdot \sin (3x + \alpha_3)$ ist demnach die Partialkurve dritter Ordnung. Die Kurve $A_1 \sin (x + \alpha_1)$ heißt auch die Grundwelle, die anderen heißen Oberwellen.

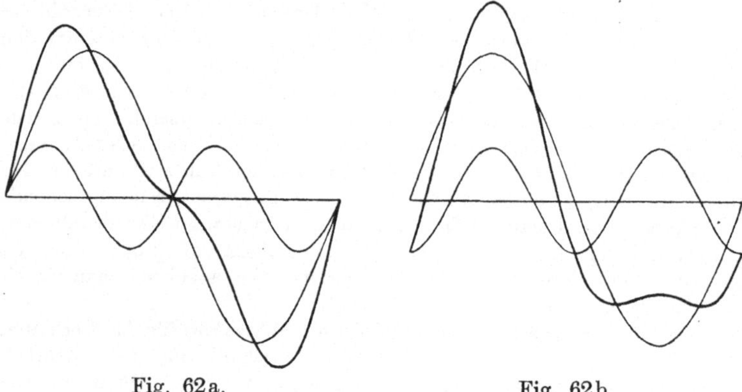

Fig. 62a.   Fig. 62b.

In den Fig. 62 und 63 ist zu einer Grundwelle eine Oberwelle addiert. Die Amplituden der Grund- und der Oberwellen sind in allen Figuren die gleichen, die Phasenverschiebung der Oberwelle gegen die Grundwelle und die Ordnung der Oberwelle ist aber verschieden. Es ist in

Fig. 62a $y = A_1 \sin x + A_2 \sin 2x$
Fig. 62b $y = A_1 \sin x + A_2 \sin (2x - 90^0)$
Fig. 63a $y = A_1 \sin x + A_3 \sin 3x$
Fig. 63b $y = A_1 \sin x + A_3 \sin (3x + 90^0)$.

Ein Blick auf die stärker ausgezogenen Kurven y lehrt, daß das Hinzukommen einer Oberwelle den Charakter der Schwingung schon vollständig verändert, und daß bei gleichen Amplituden der Grund- und der Oberwellen der Charakter der Gesamtwelle nicht nur durch die Ordnung der Oberwellen, sondern auch bei gleicher Ordnung der Oberwellen durch deren Phase auf das erheblichste beeinflußt wird. Die verwickelten Wellenformen, die sich durch die Addition einer einzigen Oberwelle ergeben, überzeugen davon, daß sich auch die verwickeltsten Wellen in sinusartige Partialkurven werden zerlegen lassen.

Ein Blick auf die Fig. 62 und 63 zeigt aber auch schon, daß be den praktisch vorkommenden Wechselstromkurven gewisse Partialkurven,

z. B. diejenigen zweiter Ordnung, ausgeschlossen sind. Jede praktisch vorkommende Wechselstromkurve ist nämlich dadurch, daß die aufeinanderfolgenden Nord- und Südpole, welche die positiven und negativen Ströme induzieren, vollständig gleich gestaltet sind, in dem Sinne symmetrisch, daß die negative Hälfte einer Kurve, um eine halbe Periode der Grundwelle des Wechselstromes verschoben, ein Spiegelbild der positiven bilden muß. Bei den Kurven in Fig. 62 ist dies nicht der Fall, weil die Symmetriebedingung wohl für die Grundwellen, nicht aber für die Oberwellen erfüllt ist. Die Symmetrie in dem genannten Sinne kann offenbar nur dann für die resultierende Schwingung bestehen, wenn sie auch bei sämtlichen Partialkurven besteht. Bei den Partialkurven kann sie aber nur dann vorhanden sein, wie ein Hinblick auf die Fig. 62 und 63 lehrt, wenn diese ungerader

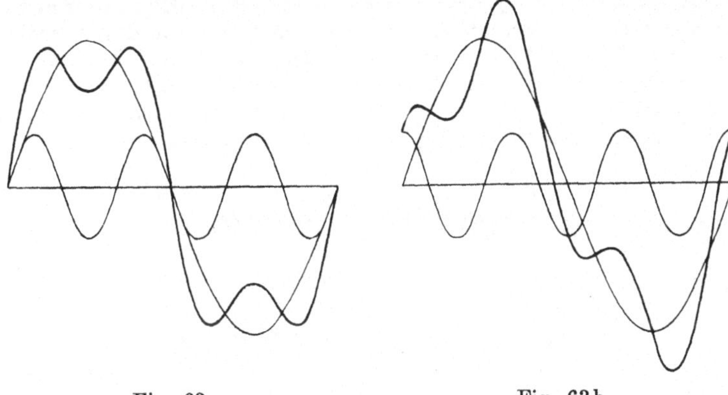

Fig. 63 a.   Fig. 63 b.

Ordnung sind. Bei praktischen Spannungs- und Stromkurven sind also nur Partialkurven ungerader Ordnung möglich. Diese Größen können also immer durch folgenden Ausdruck wiedergegeben werden

$$y = A_1 \sin(x + \alpha_1) + A_3 \sin(3x + \alpha_3) + A_5 \sin(5x + \alpha_5) + \ldots$$

Die durch Gl. 1 dargestellte Reihe ist zuerst von Fourier entwickelt worden und wird deshalb als Fouriersche Reihe bezeichnet. Sie gibt eine mathematische Fassung für alle periodischen Funktionen und erlaubt, deren Eigenschaften streng abzuleiten. Die nachstehenden Ableitungen werden erleichtert durch die Benutzung der folgenden beiden leicht beweisbaren Hilfssätze:

$$\int_0^{2\pi} \sin(mx + \alpha_m) \sin(nx + \beta_n)\, dx = 0, \qquad\qquad \text{I}$$

$$\int_0^{2\pi} \sin(nx + \alpha_n) \sin(nx + \beta_n)\, dx = \pi \cos(\alpha_n - \beta_n). \qquad \text{II}$$

Unter Benutzung dieser Gleichungen entwickeln wir jetzt einige interessante Sätze über Wechselstromkreise.

Berechnung der Amplituden und Phasen der Partial-
kurven.

Gegeben sei eine durch Messung bestimmte Wechselstromkurve $y = f(x)$, welche in Partialkurven A_n, α_n zerlegt werden soll. Aus den Hilfssätzen folgt, daß

$$\int\limits_0^{2\pi} f(x) \sin(nx)\, dx = \pi A_n \cos \alpha_n$$

$$\int\limits_0^{2\pi} f(x) \cos(nx)\, dx = \pi A_n \sin \alpha_n$$

ist, denn ersetzt man $f(x)$ durch die Fouriersche Reihe (Gl. 1), so wird aus jedem der obigen Integrale eine Summe von Integralen, davon werden aber nach Hilfssatz 1 diejenigen Null, welche Glieder der Fourierschen Reihe von anderer Ordnung als n enthalten, und die Glieder n. Ordnung haben nach Hilfssatz 1 die obigen Werte. Die beiden obigen Gleichungen ermöglichen die Berechnung von A_n und α_n, denn setzt man

$$\frac{1}{2\pi} \int\limits_0^{2\pi} f(x) \sin(nx)\, dx = \frac{1}{2} A_n \cos \alpha_n = p$$

$$\frac{1}{2\pi} \int\limits_0^{2\pi} f(x) \cos(nx)\, dx = \frac{1}{2} A_n \sin \alpha_n = q$$

so ist

$$A_n = 2\sqrt{p^2 + q^2} \qquad \operatorname{tg} \alpha_n = \frac{q}{p}$$

p und q sind dabei Integrale, die man ermitteln kann, indem man die zu integrierenden Funktionen zeichnet und planimetriert, oder indem man aus einer genügenden Zahl von Ordinaten das arithmetische Mittel nimmt.

Das obige Berechnungsverfahren ist durch mehrere Autoren noch weiter ausgebaut worden. Zur Erleichterung der Ausführung sind auch mechanische Apparate nach Art der Planimeter für die Zerlegung periodisch verlaufender Kurven in Sinuskurven konstruiert worden, die „harmonischen Analysatoren". Auch experimentelle Methoden für die Analyse sind bekannt und in Verwendung. Von allen diesen Hilfsmitteln gibt das obengenannte Sonderwerk von Orlich eine zusammenfassende Darstellung.

Fig. 64 und 65 geben eine Zerlegung der beiden von dem Verfasser gemessenen Spannungskurven in Fig. 32 und 33. Es ist bei der spitzen Spannungskurve sehr interessant zu sehen, wie sich die Partialkurven mit ihren positiven Teilen unter der Spitze zusammendrängen, um sich zu addieren und die Spitze hervorzubringen, und wie sie sich an den flachen Stellen der Spannungskurven subtrahieren.

ZERLEGUNG DER SPANNUNGSCURVE
DER WECHSLER'SCHEN MASCHINE IN
SINUSCURVEN.

Fig. 64.

ZERLEGUNG
DER SPANNUNGSCURVE
DER GANZ'SCHEN MASCHINE
IN SINUSCURVEN.

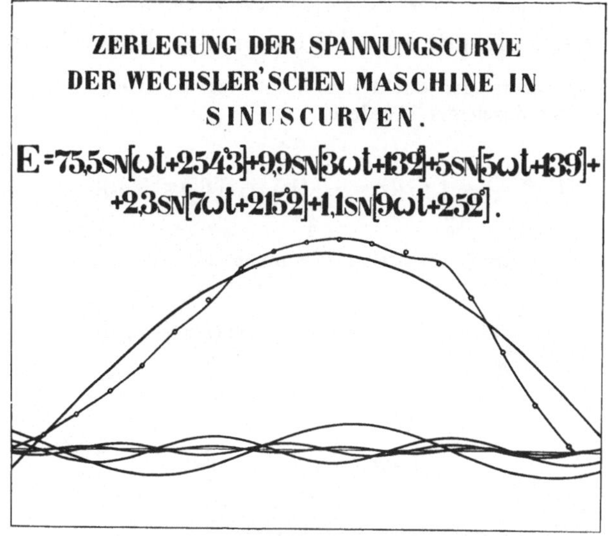

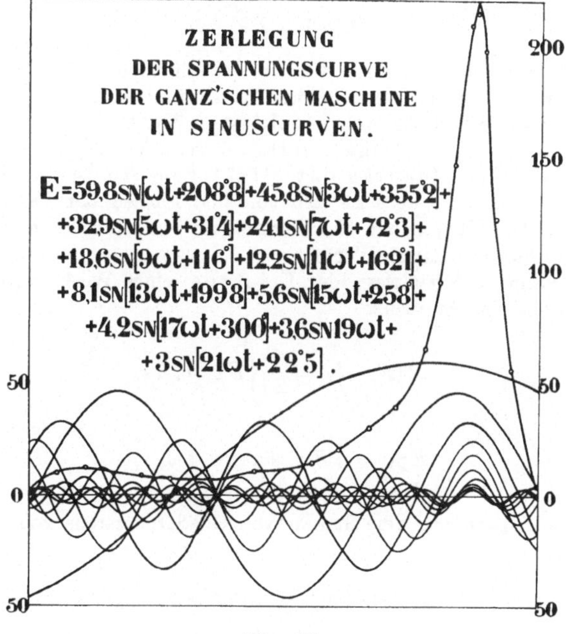

Fig. 65.

Die technischen Wechselstromgrößen ausgedrückt durch Amplituden und Phasen der Partialkurven.

Die Quadrate der effektiven Werte von Spannung und Strom sind bestimmt durch den Ausdruck

$$M(y^2) = \frac{1}{2\pi}\int_0^{2\pi} y^2\, dx = \frac{1}{2\pi}\int_0^{2\pi} [\Sigma A_n \sin(nx + \alpha_n)]^2\, dx.$$

Dieser Ausdruck setzt sich zusammen aus Gliedern von der Form

$$\frac{1}{2\pi}\int_0^{2\pi} 2\, A_m A_n \sin(mx + \alpha_m) \sin(nx + \alpha_n)\, dx$$

und

$$\frac{1}{2\pi}\int_0^{2\pi} A_n^2 \sin^2(nx + \alpha_n)\, dx.$$

Die Glieder der ersten Form werden nach dem ersten Hilfssatz $= 0$, die Glieder der zweiten Form nach dem zweiten Hilfssatz $= \dfrac{A_n^2}{2}$. Daher ist

$$M(y^2) = \Sigma\, \frac{A_n^2}{2}. \qquad\qquad \ldots\ldots\ldots\ldots (2)$$

Da andererseits nach Gl. 2 S. 16 für jede Sinusgröße das Quadrat des effektiven Wertes gleich dem halben Quadrate des maximalen Wertes ist, so ist **das Quadrat des effektiven Wertes einer beliebig verlaufenden Spannungs- oder Stromkurve gleich der Summe aus dem Quadrat der effektiven Werte der Partialkurven.** Der Effektivwert ist also von den Phasen der Partialkurven unabhängig. Die Kurven der vier Figuren 62 und 63 z. B. haben sämtlich die gleichen effektiven Werte.

Der einfache **Mittelwert der Leistung** eines Wechselstromes ist gegeben durch den Ausdruck

$$M(Ep_x J_x) = \frac{1}{2\pi}\int_0^{2\pi} Ep_x\, J_x\, dx,$$

wobei

$$Ep_x = \Sigma\, Ep_n \sin(nx + \alpha_n),$$
$$J_x = \Sigma\, J_n \sin(nx + \beta_n).$$

$M(Ep_x J_x)$ ist also eine Summe von Gliedern erstens von der Form

$$\frac{1}{2\pi}\int_0^{2\pi} Ep_m\, J_n \sin(mx + \alpha_m) \sin(nx + \beta_n)\, dx,$$

die nach dem ersten Hilfssatz Null werden, und zweitens von Gliedern von der Form

$$\frac{1}{2\pi}\int\limits_{2}^{2\pi} E\,p_n\,J_n \sin(n\,x+\alpha_n)\sin(n\,x+\beta_n)\,d\,x,$$

die nach dem zweiten Hilfssatz

$$\tfrac{1}{2}\,E\,p_n\,J_n \cos(\alpha_n-\beta_n)$$

werden. Also ist

$$M(E\,p_x\,J_x) = \Sigma\,\frac{E\,p_n\,J_n}{2}\cos(\alpha_n-\beta_n). \quad\ldots\ldots (3)$$

Die Leistung eines beliebig verlaufenden Wechselstromes ist also gleich der Summe der Leistungen aller Partialströme, wobei zu jedem Strome die Spannung zu rechnen ist, die aufträte, wenn dieser Strom allein vorhanden wäre.

Beziehung zwischen Spannung und Stromstärke, scheinbarer Widerstand.

Verläuft die Stromstärke nach der Gleichung

$$J_t = \Sigma\,J_n \sin(n\,\omega\,t+\alpha_n),$$

so ergibt sich aus

$$E\,p_t = J_t\,w + L\,\frac{dJ}{dt},$$

analog S. 36, daß die Spannung verläuft nach dem Gesetz

$$E\,p_t = \Sigma\,J_n\,\sqrt{w^2 + n^2\,\omega^2\,L^2}\,\sin(n\,\omega\,t+\alpha_n+\varphi_n),$$

wobei

$$\varphi_n = \operatorname{arctg}\frac{n\,\omega\,L}{w}$$

ist. Demnach ist

$$M(E\,p_t{}^2) = \tfrac{1}{2}\,\Sigma\,J_n{}^2\,(w^2 + n^2\,\omega^2\,L^2).$$

Bei einem sinusartig sich verändernden Wechselstrom J_t', von gleicher Stärke, der also die Bedingung erfüllt, daß

$$J_{max}^{'2} = \Sigma\,J_n{}^2,$$

war

$$M(E\,p_t{}^2) = \tfrac{1}{2}\,J_{max}^{'2}\,(w^2 + \omega^2\,L^2).$$

Jede Abweichung von sinusartiger Veränderung bei Spannung und Stromstärke vergrößert demnach bei gleicher Stromstärke und Periodenzahl der Grundwelle die Spannung, steigert also den scheinbaren Widerstand (s. auch das Beispiel S. 38). Diese Steigerung rührt her von dem Auftreten von Wellen höherer Frequenz, von denen schon auf S. 37 nachgewiesen ist, daß sie eine Vergrößerung des scheinbaren Widerstandes zur Folge haben.

Leistung der Selbstinduktion in eisenlosen Spulen.

Setzt man wieder

$$J_t = \Sigma J_n \sin(n\,\omega t + \alpha_n),$$

so ist

$$L\frac{dJ}{dt} = \Sigma n\,\omega\,L\,J_n \sin\left(n\,\omega t + \alpha_n + \frac{\pi}{2}\right).$$

Die Leistung der Selbstinduktion

$$\frac{1}{T}\int_0^T L\,\frac{dJ}{dt}\,J_t,$$

ergibt sich also als die Summe von Gliedern von der Form

$$\frac{\omega L}{T}\int_0^T n\,J_m\,J_n \sin(m\,\omega t + \alpha_m) \sin\left(n\,\omega t + \alpha_n + \frac{\pi}{2}\right) dt$$

und von der Form

$$\frac{\omega L}{T}\int_0^T n\,J_n{}^2 \sin(n\,\omega t + \alpha_n) \sin\left(n\,\omega t + \alpha_n + \frac{\pi}{2}\right) dt.$$

Der erste dieser beiden Ausdrücke ist nach Hilfsintegral 1, der zweite nach Hilfsintegral 2 gleich Null. Die Leistung der Selbstinduktion in eisenlosen Spulen ist also bei allen periodisch verlaufenden Wechselströmen gleich Null. Damit ist die Behauptung auf S. 57 bewiesen.

Der Leistungsfaktor.

Auf S. 63 ist behauptet worden, daß der Leistungsfaktor eisenloser Spulen nie größer als 1 sein kann. Diese Behauptung gilt auch unabhängig von dem Vorhandensein von Eisen: Der einfache Mittelwert der Arbeitsleistung A eines Wechselstromes ist stets kleiner oder gleich dem Produkte aus den effektiven Werten von Spannung und Strom. Beweis:

Aus der behaupteten Beziehung

$$A \leqq E\,p\,J$$

folgt

$$A^2 \leqq E\,p^2\,J^2.$$

Setzt man die Werte nach Gl. 2 und 3 ein, so ergibt sich

$$\{\Sigma\,[E\,p_n\,J_n \cos(\alpha_n - \beta_n)\,]\}^2 \leqq \Sigma\,E\,p_n{}^2\,\Sigma\,J_n{}^2.$$

Da ein Kosinus nie größer als 1 ist, so ist die obige Beziehung um so sicherer bewiesen, wenn

$$\{\Sigma\,E\,p_n\,J_n\}^2 \leqq \Sigma\,E\,p_n{}^2\,\Sigma\,J_n{}^2$$

ist. Da bei der Ausrechnung dieser Produkte die Ausdrücke $E\,p_1{}^2\,J_1{}^2$, $E\,p_3{}^2\,J_3{}^2$, $E\,p_5{}^2\,J_5{}^2$ auf beiden Seiten vorkommen, so kann man von den

übrigen Gliedern immer solche mit gleichen Indizes einander gegenüber-
stellen und beweisen, daß z. B.

$$2\,E\,p_1\,J_1\,E\,p_3\,J_3 \leqq E\,p_1{}^2\,J_3{}^2 + E\,p_3{}^3\,J_1{}^2$$

oder allgemein

$$2\,E\,p_m\,J_m\,E\,p_n\,J_n \leqq E\,p_m{}^2\,J_n{}^2 + E\,p_n{}^2\,J_m{}^2,$$

oder auch

$$2 \leqq \frac{E\,p_m\,J_n}{E\,p_n\,J_m} + \frac{E\,p_n\,J_m}{E\,p_m\,J_n}$$

oder, unter Benutzung einer leicht erkennbaren Substitution, noch
kürzer

$$2 \leqq \frac{a}{b} + \frac{b}{a}$$

ist, wobei a und b positiv sind.

Schreibt man statt dessen

$$1 \leqq \frac{a}{b} + \frac{b}{a} - 1,$$

so erkennt man, daß diese Gleichung immer besteht, gleichgültig, ob
$b > a$ oder $a > b$ ist. Im ersteren Falle kann man z. B. schreiben

$$1 \leqq \frac{a}{b} + \frac{b - a}{a}\,.$$

Diese Beziehung ergibt sich in der Tat als richtig; denn, wollte
man rechts $\frac{a}{b}$ zu eins ergänzen, so müßte man $\frac{b - a}{b}$ hinzuaddieren,
während in Wirklichkeit rechts $\frac{b - a}{a}$ addiert wird, was größer ist. Ist
dagegen $a > b$, so läßt sich Entsprechendes in gleicher Weise ableiten.

$$E\,p \leqq J\,w + e.$$

Diese Behauptung wurde auf S. 69 aufgestellt. Sie ist richtig,
wenn bewiesen werden kann, daß

$$E\,p^2 < J^2\,w^2 + e^2 + 2\,w\,e\,J.$$

Da nach S. 69

$$E\,p^2 = J^2\,w^2 + e^2 + 2\,w\,M\,(e_t\,J_t)$$

ist, so kommt die obige Behauptung darauf hinaus, daß

$$2\,w\,M\,(e_t\,J_t) < 2\,w\,J\,e,$$

also

$$M\,(e_t\,J_t) \leqq e\,J$$

sein soll. Im vorigen Abschnitt über den Leistungsfaktor ist aber ganz
allgemein bewiesen, daß der Mittelwert aus dem Produkt zweier beliebig periodisch verlaufender Größen $<$ das Produkt aus den effektiven
Werten dieser Größen ist. Damit ist auch die vorliegende Behauptung
bewiesen.

III. Wechselstrom-Transformatoren.

§ 15. Grundgleichungen.

Wenn man einen Eisenkern mit zwei voneinander vollständig getrennten Spulen bewickelt — statt wie bisher angenommen wurde mit einer einzigen — und durch die erste einen Wechselstrom schickt, so wird auch in der zweiten von der wechselnden Magnetisierung des Eisens eine wechselnde EMK induziert. Man bezeichnet die erste Spule, welche die Ummagnetisierung bewirkt, als die primäre, die zweite als die sekundäre. Wenn wir zunächst annehmen, daß die sekundäre Spule noch offen ist, daß also kein Strom in ihr entstehen kann, so sind die Vorgänge in der primären Spule so,

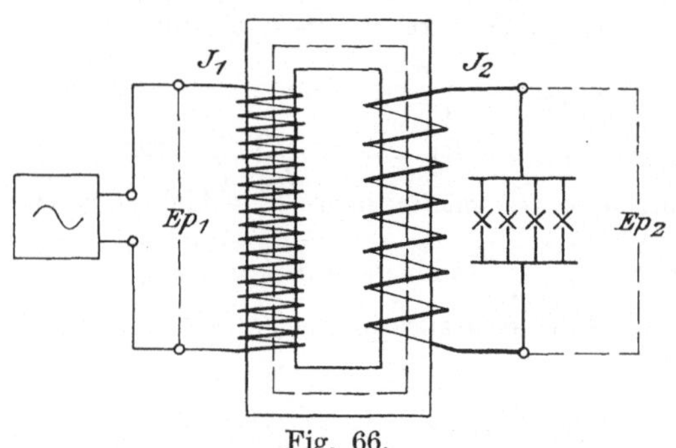

Fig. 66.

als wenn die sekundäre gar nicht vorhanden wäre. Wir können in diesem Falle also auf die primäre Spule die Gesetze des einfachen Wechselstromes anwenden.

Bezeichnen wir (Fig. 66) die Spannung an den primären Klemmen mit Ep_{1_t}, die Windungszahl mit n_1, so gilt in dem genannten Falle wiederum die Grundgleichung (1 S. 21):

$$Ep_{1_t} = J_{1_t} w_1 + n_1 \frac{dN}{dt}.$$

In der sekundären Wicklung, welche ebenfalls von der Kraftlinienzahl N durchströmt wird, wird bei einer Windungszahl n_2 eine EMK induziert von der Größe:

$$e_{2_t} = -n_2 \frac{dN}{dt}.$$

Daher ist bei Vernachlässigung von $J_{1_t} w_1$

$$\frac{e_{2_t}}{E\,p_{1_t}} = \frac{n_2}{n_1}.$$

In der sekundären Spule hat man also eine EMK zur Verfügung, welche ein Vielfaches oder ein beliebig kleiner Teil der primären Klemmenspannung sein kann und zu ihr in dem konstanten Verhältnis der Windungszahlen steht. Man kann mit einem solchen Apparate also die Spannungen eines Wechselstromkreises beliebig transformieren und bezeichnet ihn deshalb als einen „Transformator". Das Verhältnis $\frac{n_2}{n_1}$ heißt das Transformations- oder Übersetzungsverhältnis.

Wenn man die sekundäre Wicklung durch einen Widerstand schließt, so entsteht darin natürlich ein Strom. Der bisher „leerlaufende" Transformator wird jetzt durch Stromentnahme „belastet". Der entnommene Strom kann aber nach dem Gesetze von der Erhaltung der Energie nicht auch den $\frac{n_2}{n_1}$ fachen Wert des Primärstromes besitzen, da sonst bei $n_2 > n_1$ die sekundäre Leistung größer wäre als die primäre. Eine „aufwärts"-gehende Transformation der primären Spannung ist vielmehr von einer „abwärts"gehenden der primären Stromstärke begleitet. Die genaue Beziehung zwischen primärer und sekundärer Stromstärke läßt sich aber nicht so ohne weiteres angeben, weil bei geschlossenem Sekundärstrom der Primärkreis aufhört, ein einfacher Wechselstromkreis zu sein; denn auch der sekundäre Strom erzeugt dann natürlich eine Magnetisierung des Eisens, und diese kommt zu der des Primärstromes hinzu und wirkt auf den Primärstrom zurück. Diese Tatsache bildet mit den oben erörterten zusammen die Grundlage für alle Eigenschaften des belasteten Wechselstrom-Transformators.

Zur Ableitung dieser Eigenschaften wählen wir für alle Größen dieselben Bezeichnungen wie für den einfachen Wechselstromkreis und versehen diejenigen des primären Kreises mit dem Index $_1$, die des sekundären mit dem Index $_2$. Die Kraftlinienzahl, welche der primäre und der sekundäre Strom erzeugen, ist bestimmt durch die Gleichungen

$$N_{1_t} = c\,n_1\,J_{1_t}$$

und

$$N_{2_t} = c\,n_2\,J_{2_t}.$$

Unter der Voraussetzung kleiner Sättigungen kann die Kraftlinienzahl als proportional den Amperewindungen angenommen
werden, von denen sie erzeugt wird, c also konstant gesetzt
werden. Beim Transformatorenbau ist diese Voraussetzung
zulässig, weil man hier zur Verminderung der Hysterese- und
Wirbelstromverluste nur mit geringen magnetischen Sättigungen
arbeitet. Die gesamte Kraftlinienzahl im Eisen ist also

$$N_t = N_{1_t} + N_{2_t} = c\,(n_1 J_{1_t} + n_2 J_{2_t}) \ . \ . \ . \ . \ (1)$$

N_t induziert eine EMK sowohl im primären wie im sekundären Kreise:

$$\text{im primären} \quad -n_1 \frac{dN}{dt} \ . \ . \ . \ . \ . \ (2)$$

$$\text{im sekundären} -n_2 \frac{dN}{dt} \ . \ . \ . \ . \ . \ (3)$$

Im primären Kreise kommt diese EMK zu der von außen gegebenen Klemmenspannung Ep_{1_t} noch hinzu und erzeugt mit
dieser zusammen den Strom J_{1_t}. Es ist also

$$Ep_{1_t} - n_1 \frac{dN}{dt} = J_{1_t} w_1$$

oder

$$Ep_{1_t} = J_{1_t} w_1 + n_1 \frac{dN}{dt} \ . \ . \ . \ . \ . \ (4)$$

Im sekundären Kreise ist die obige EMK die allein wirksame
und erzeugt darin Strom, wenn der sekundäre Kreis durch
Anschluß von Widerstand an die Transformatorwicklungen geschlossen ist. Ist dieser Widerstand induktionslos und vom
Wert w, so ist

$$-n_2 \frac{dN}{dt} = J_{2_t}(w_2 + w) = J_{2_t} w_2 + J_{2_t} w, \ . \ . \ (5)$$

hat er aber einen Selbstinduktions-Koeffizienten L, so kommt

noch die EMK $-L \dfrac{dJ}{dt}$ zu der von N_t erzeugten hinzu, und
es wird

$$-n_2 \frac{dN}{dt} - L \frac{dJ}{dt} = J_{2_t} w_2 + J_{2_t} w$$

oder

$$-n_2 \frac{dN}{dt} = J_{2_t} w_2 + J_{2_t} w + L \frac{dJ_2}{dt}.$$

Im Falle, daß w induktionslos ist, wird die an ihm herrschende Klemmenspannung

$$E p_{2_t} = J_{2_t} w, \quad \ldots \ldots \ldots \quad (6)$$

im anderen Falle wird sie

$$E p_{2_t} = J_{2_t} w + L \frac{d J_2}{dt} \quad \ldots \ldots \ldots \quad (7)$$

Da der Widerstand unmittelbar an die sekundären Klemmen des Transformators angeschlossen ist, so ist $E p_{2_t}$ auch die sekundäre Spannung des Transformators selbst. Man findet daher für die sekundäre Wicklung die Gleichung

$$- n_2 \frac{d N}{dt} = J_{2_t} w_2 + E p_{2_t}. \quad \ldots \ldots \quad (8)$$

Es darf nicht wundernehmen, daß bei der Ableitung dieser Gleichung nur die Selbstinduktion des außen angeschlossenen Widerstandes, nicht aber die der sekundären Wicklung des Transformators selbst berücksichtigt worden ist. Diese Wicklung hat, da sie von Eisen erfüllt ist, selbstverständlich eine erhebliche Selbstinduktion; der eigene magnetische Kraftfluß N_{2_t} der sekundären Spule ist aber in N_t schon enthalten (Gl. 1) und in Gl. 5 schon berücksichtigt. Das gleiche gilt auch für die primäre Spule (Gl. 4). Dadurch, daß der eigene Kraftfluß der primären Spule mit dem der sekundären zu N_t zusammengefaßt ist, nimmt also Gl. 4 für den belasteten Transformator genau die Form der Grundgleichung für den leerlaufenden Transformator und die einfache Induktionsspule an. Der Zusammenhang zwischen der primären Spannung und dem magnetischen Gesamtfluß ist also beim Transformator der gleiche, wie die Beziehung zwischen Spannung und magnetischem Fluß bei der Induktionsspule. Die darauf aufgebaute Theorie, welche zuerst wohl von G. Kapp entwickelt worden ist, vereinfacht die Auffassung der allgemeinen Vorgänge im Transformator ungemein.

Die Gl. 1, 4 und 8 bilden die drei Grundgleichungen des Transformators. Wir stellen sie für die weiteren Betrachtungen noch einmal zusammen:

$$E p_{1_t} = J_{1_t} w_1 + n_1 \frac{d N}{dt} = J_{1_t} w_1 + e_{1_t} \qquad \text{I}$$

$$- n_2 \frac{d N}{dt} = e_{2_t} = J_{2_t} w_2 + E p_{2_t} \qquad \text{II}$$

$$N_t = N_{1_t} + N_{2_t} = c\, n_1 J_{1_t} + c\, n_2 J_{2_t}. \qquad \text{III}$$

Wie in diesen Gleichungen werden der Einfachheit wegen auch im folgenden öfters die beiden Substitutionen gemacht werden:

$$e_{1_t} = + n_1 \frac{dN}{dt} \qquad (9)$$

$$e_{2_t} = - n_2 \frac{dN}{dt} \qquad (10)$$

Hierbei ist nach Formel 2 und 3 e_{2_t} die wirkliche, in der sekundären Spule induzierte EMK, e_{1_t} der negative Wert der in der primären Spule induzierten. Wir wollen für die Folge bei der primären Spule mit e_{1_t} statt mit der wirklich induzierten EMK rechnen, weil Gl. I in der Form

$$E p_{1_t} = J_{1_t} w_1 + e_{1_t},$$

wie wir erkennen werden, für die weitere Betrachtung außerordentlich bequem ist. Wie bei der einfachen Induktionsspule denken wir uns $E p_{1_t}$ durch e_{1_t} bis auf den sehr kleinen Ohmschen Spannungsabfall $J_{1_t} w_1$ „ausbalanciert". $E p_{1_t}$ einerseits und $J_{1_t} w_1$ und e_{1_t} andererseits wirken dabei wie Kräfte an den beiden Armen einer Wage. Nach dem am einen Wagearm gegebenen $E p_{1_t}$ stellte sich am anderen e_{1_t} ein, und e_{1_t} ist dann, wie wir erkennen werden, die für alle weiteren Betrachtungen entscheidende Größe.

Gegenüber der Nützlichkeit dieser Vorstellung soll es nichts verschlagen, wenn e_{1_t} gelegentlich auch kurzer Hand die von dem magnetischen Gesamtfluß induzierte EMK genannt wird, obgleich es eigentlich der negative Wert davon ist. Festzuhalten bleibt aber, daß nach Gl. 9 und 10 e_{1_t} und e_{2_t}, weil sie entgegengesetztes Vorzeichen haben, mit einer Phasenverschiebung von 180° behaftet sind, während die beiden wahren EMKe (Formel 2 und 3), weil von dem gleichen N_t induziert, natürlich die gleiche Phase haben.

§ 16. Allgemeine Betriebseigenschaften des Transformators.

Die Fähigkeit, elektrische Spannungen in einfachster Weise zu transformieren, gibt dem Transformator eine außerordentliche technische Bedeutung, welche in folgendem ihren Grund hat. Die Übertragung einer gegebenen Leistung $A = E p J$ durch eine Leitung vom Widerstande w ist begleitet von einem Spannungsverluste Jw und einem Leistungsverluste J^2w. Die verloren gegangene und die zu übertragende Spannung und Energie stehen also in dem Verhältnis:

$$\frac{Jw}{Ep} = \frac{J^2w}{EpJ} \cdot \quad \ldots \ldots \ldots \quad (1)$$

Diese Werte werden um so kleiner, d. h. eine gegebene elektrische Leistung wird durch eine gegebene Leitung um so wirtschaftlicher übertragen, je höher man die Spannung und je kleiner man daher die Stromstärke wählt. Ist die Aufgabe so gestellt, daß die zu übertragende Leistung und die zulässigen Verluste gegeben sind, so kann man w um so größer wählen, je größer man Ep und je kleiner man J macht. Bei gegebener Entfernung, welche von der Übertragung zu überbrücken ist, bedeutet aber ein größeres w einen kleineren Querschnitt des Leitungsdrahtes, umgekehrt ist also bei gegebenem Querschnitt eine größere Länge zulässig. Die Entfernung, über welche hinweg man elektrische Leistungen wirtschaftlich übertragen kann, wächst daher mit der Spannung, mit der man die Übertragung vornimmt. In der Einfachheit, mit welcher der keine beweglichen Teile enthaltende und daher keiner Wartung bedürfende Transformator hohe Spannungen herzustellen und in die Verbrauchsspannungen zurückzuverwandeln vermag, liegt der Grund für seine große Bedeutung. Die Verwendbarkeit der Wechselströme für die Kraftübertragung auf weite Entfernungen und die Möglichkeit einer solchen Übertragung überhaupt beruht allein auf dieser Eigenschaft des Transformators. Der moderne Transformator erlaubt Spannungen zu erzeugen bis zu etwa 500000 Volt, in praktischer Verwendung sind in ausgeführten Anlagen bereits 100000 Volt und mehr. In Wechselstromgeneratoren unmittelbar hergestellt sind bisher kaum mehr als 30000 Volt, in der Regel werden aber etwa 10000 Volt nicht überschritten. Der Vorteil, welchen der Transformator gewährt, ist also sehr erheblich. Beispielsweise bedeutet eine Verzehnfachung der Spannung bei gleicher Leistung eine Herabsetzung der Stromstärke auf den zehnten Teil und daher nach Gl. 1 eine Verkleinerung der prozentischen Verluste bei gleicher Leitungslänge und -querschnitt auf den 100. Teil; bei gleichen zulässigen Werten der prozentischen Verluste vergrößert sich also die überbrückbare Entfernung bei gleichem Leitungsquerschnitte auf das

Hundertfache. Freilich erhöhen sich auch die Kosten und Schwierigkeiten der Isolation mit wachsender Spannung wesentlich, so daß die richtige Spannung für jeden Fall durch eingehende wirtschaftliche Erwägungen bestimmt werden muß.

Die an die Niederspannungswicklungen angeschlossenen Verbrauchsstellen werden wie in der Gleichstromtechnik in Parallelschaltung betrieben. Bei größerer Zahl der Anschlüsse werden ganze Niederspannungsnetze ausgebildet und unter konstanter Spannung gehalten. Diese Netze werden von einer entsprechenden Zahl von Transformatoren an entsprechenden Stellen parallel gespeist (Fig. 67), oft bildet man auch Hochspannungsnetze aus und speist diese dann entweder unmittelbar durch parallel geschaltete Generatoren oder bei sehr hohen Spannungen durch in der Zentrale aufgestellte Transformatoren.

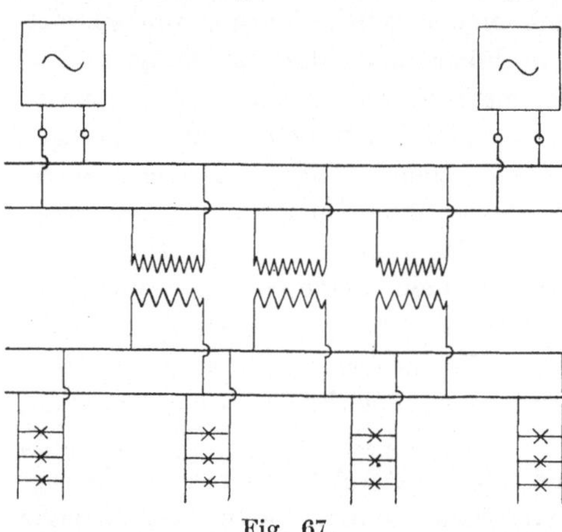

Fig. 67.

Wesentlich für den Betrieb ist es also, daß innerhalb der Transformatoren keine erheblichen und mit den zunehmenden Strömen veränderlichen Spannungsverluste auftreten, welche zu den Verlusten in den Leitungen noch hinzukämen und daher den Wert der Transformatoren illusorisch machen könnten. Der Transformator muß also, primär mit konstanter Spannung betrieben, sekundär auch eine möglichst konstante Spannung abgeben oder umgekehrt, um sekundär eine konstante Spannung zu erzeugen, primär nur einer möglichst geringen Regulierung bedürfen. Wir werden im folgenden eine konstante primäre Spannung als gegeben annehmen und das Verhalten des Transformators unter dieser Betriebsbedingung untersuchen. Dabei gehen wir so vor, daß wir zuerst die Beziehung der primären und sekundären Spannungen, darauf die Beziehung beider Stromstärken, beider Leistungen und schließlich den Wirkungsgrad und den Leistungsfaktor betrachten.

Primäre und sekundäre Spannung.

Aus Grundgleichung I und II (S. 113) ergibt sich, wenn wir $J_1 w_1$ und $J_2 w_2$ vernachlässigen,

$$\frac{E p_{2_t}}{E p_{1_t}} = -\frac{n_2}{n_1}. \qquad\qquad\ldots\ldots (2)$$

Die beiden Spannungen stehen also in jedem Augenblick in dem konstanten Verhältnis der Windungszahlen, die beiden

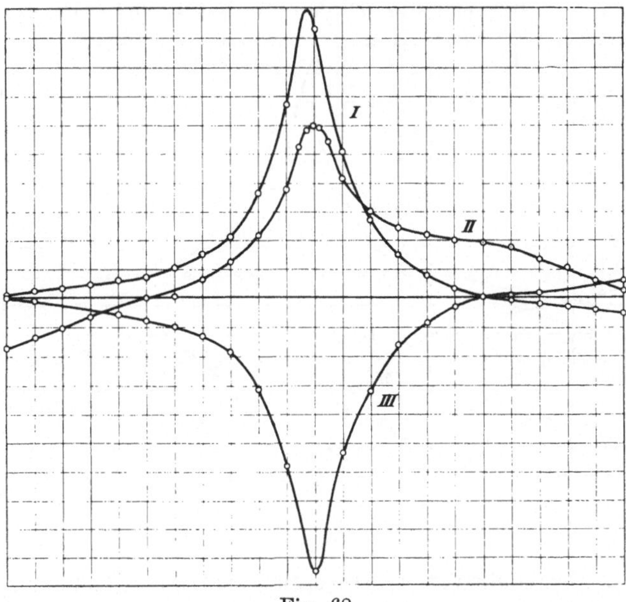

Fig. 68.

Spannungskurven sind einander geometrisch ähnlich, und wegen des negativen Zeichens ist die eine das Spiegelbild der anderen. In den Fig. 68—71 stellen I und III je zwei gleichzeitig gemessene Kurven $E p_{1_t}$ und $E p_{2_t}$ dar. Fig. 68 und 69 gibt das Verhalten des in Fig. 34 dargestellten Transformators bei Belastung und Speisung mit der gleichen Maschine wieder, für welche in Fig. 32 das Verhalten bei Leerlauf abgebildet ist, und Fig. 70 und 71 stehen in dem gleichen Zusammenhange mit Fig. 33. Wir sehen, daß die Messungen in der Tat bei den sehr verschiedenen Spannungskurven und Belastungen den obigen Satz genau bewahrheiten. Eine Änderung der Form der Spannungskurve tritt durch die Transformation nicht ein, wie auch immer die Kurvenform beschaffen sei. Die Transformation bezieht sich nur auf die effektiven Werte.

Das gleiche Ergebnis zeigen auch die Kurven in Fig. 72, 73, 74, welche im Elektrotechnischen Institut der Technischen Hochschule in Danzig an einem Transformator für 250 Volt und 13 Ampere oszillographisch aufgenommen worden sind. Es bedeuten die Kurven in

Fig. 72 Ep_{1_t} und Ep_{2_t} bei Leerlauf,

„   73 Ep_{1_t} und Ep_{2_t} bei $J_2 = 13$ Ampere und $\cos \varphi_2 = 1{,}0$,

„   74 Ep_{1_t} und Ep_{2_t} bei $J_2 = 13$ Ampere und $\cos \varphi_2 = 0{,}8$.

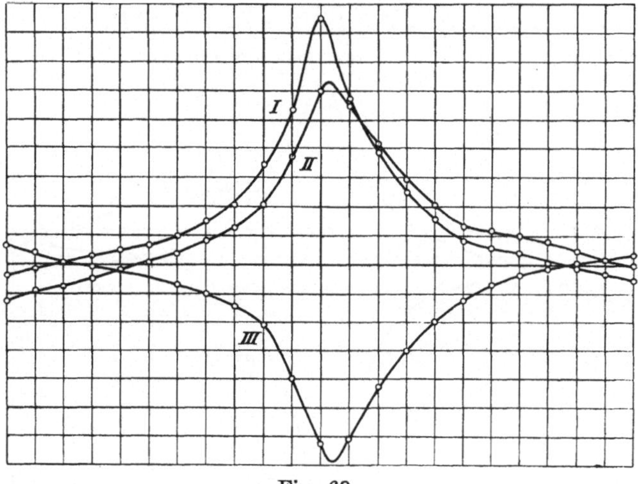

Fig. 69.

Für die effektiven Werte ergibt sich die Gleichung:

$$\frac{\sqrt{M(Ep_2^2)}}{\sqrt{M(Ep_{1_t}^2)}} = \frac{Ep_2}{Ep_1} = \frac{n_2}{n_1}.$$

Dieses Ergebnis ist freilich nur so weit richtig, wie die Vernachlässigung von $J_1 w_1$ und $J_2 w_2$ berechtigt ist. Für die einfache Induktionsspule und daher auch für den leerlaufenden Transformator wurde zwar früher bewiesen (S. 71), daß Jw nur Bruchteile eines Prozentes von Ep beträgt. Bei zunehmender sekundärer Stromentnahme J_2 steigt aber, wie wir später genauer betrachten werden, nach dem Gesetz der Erhaltung der Energie auch die primäre Stromentnahme J_1, aber $J_1 w_1$ und $J_2 w_2$ haben bei guten Transformatoren auch bei voller Be-

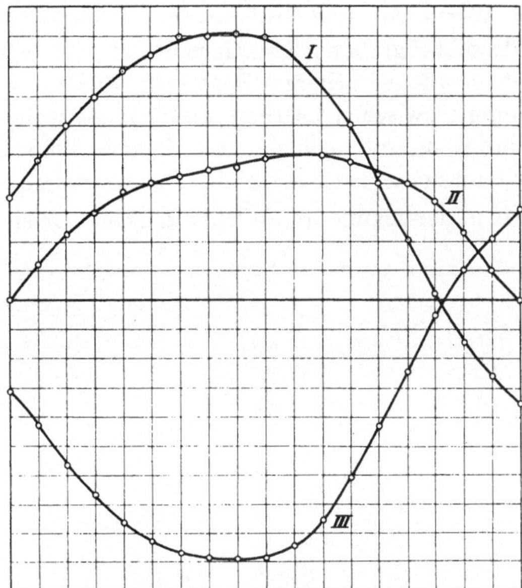

Fig. 70.

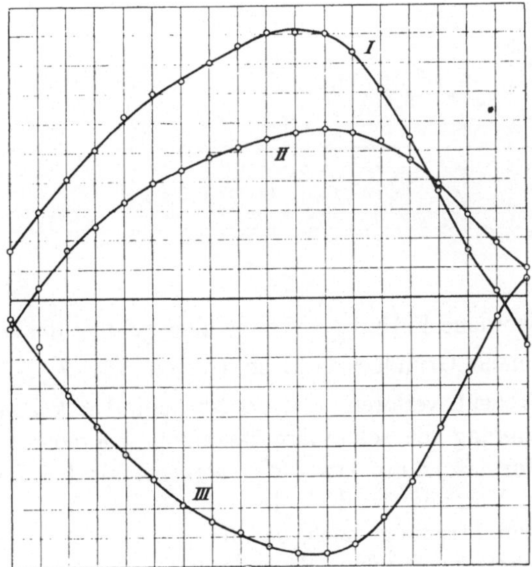

Fig. 71.

lastung nur Werte von der Größenordnung von $1^0/_0$ von Ep_1 und Ep_2 und sind bei größeren Transformatoren sogar noch kleiner. Bei konstant gehaltener primärer Spannung fällt also e_1 nach der Grundgleichung I zwischen Leerlauf und Vollbelastung um etwa $1^0/_0$, und damit nimmt auch der resultierende Fluß N, welcher e_{1_t} induziert, um denselben Betrag ab. Das kleiner gewordene N_t induziert nun in der sekundären Wicklung auch nur eine um $1^0/_0$

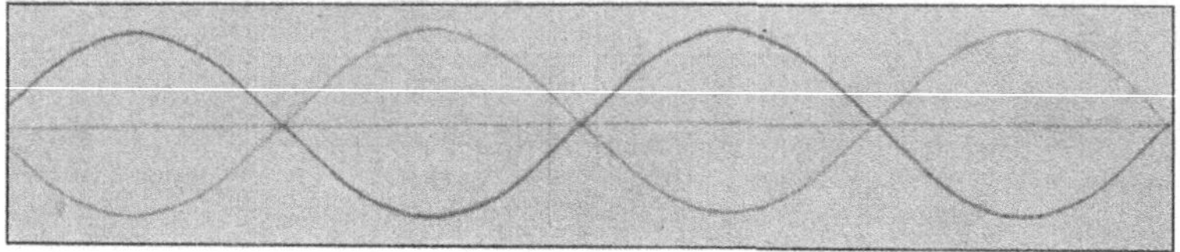

Fig. 72.

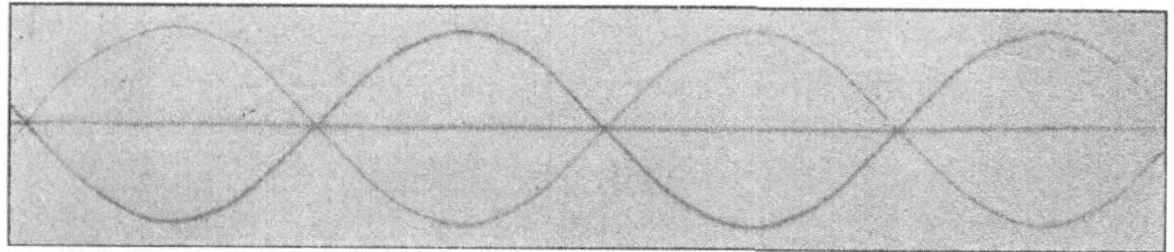

Fig. 73.

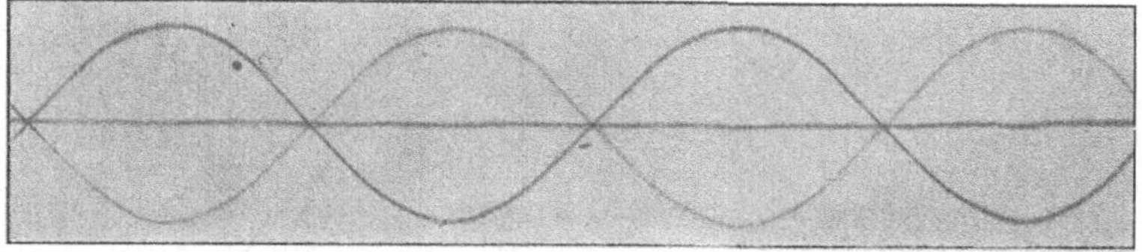

Fig. 74.

kleiner gewordene EMK e_{2_t}. Von e_{2_t} aber geht in der sekundären Wicklung nach Grundgesetz II in Gestalt von $J_{2_t} w_2$ noch ein weiteres Prozent verloren, und so ist denn bei konstanter primärer Spannung die sekundäre Spannung bei voller Belastung des Transformators um etwa $2^0/_0$ geringer als bei Leerlauf.

Dieser Vorgang wird freilich durch die Erscheinung der magnetischen Streuung noch beeinflußt; wir dürfen daher das obige Ergebnis noch nicht als endgültig ansehen und kommen (im § 18) noch einmal darauf zurück.

Primäre und sekundäre Stromstärke.

J_{1_t} und J_{2_t} erzeugen nach Grundgleichung III den Fluß N_t, der nach Grundgleichung I die primäre Spannung bis auf den sehr kleinen Betrag $J_1 w_1$ ausbalanziert. Bei konstantem $E p_1$ ist also auch N annähernd konstant und hat nach der Ausbalanzierungsgleichung den Wert

$$N_{max} = \frac{c E p_1}{4 n_1 \nu}.$$

Dieses Ergebnis scheint mit Grundgleichung III im Widerspruch zu stehen, denn nach dieser Gleichung muß N_{max} zusammen mit J_1 und J_2 bei zunehmender Belastung wachsen. Der scheinbare Widerspruch kann sich nur dadurch lösen, daß J_1 und J_2 zwar gleichzeitig zunehmen, aber dabei solche Phasenverschiebung haben, daß sie sich wohl algebraisch addieren, unter Berücksichtigung ihrer gleichzeitig herrschenden Vorzeichen aber subtrahieren und einander so entgegenwirken, daß die Summe ihrer Amperewindungen immer denselben Wert behält. Am besten wirken J_{1_t} und J_{2_t} einander offenbar entgegen, wenn sie genau 180^0 Phasenverschiebung und gleiche Kurvenform haben, also Spiegelbilder voneinander bilden; denn bei jeder anderen Phasenverschiebung würden sie sich zu gewissen Zeiten addieren. Gleicher Kurvenform und der Phasenverschiebung von 180^0 werden also J_{1_t} und J_{2_t} um so mehr zustreben, je größer beide werden.

Bei kleinen Belastungen freilich ist das Verhalten anders. In den Fig. 32 und 33 zeigen uns die Kurven I und II den Spannungs- und Stromverlauf bei Leerlauf. Den Leerlaufstrom wollen wir von jetzt an mit J_{0_t} bezeichnen. Wir sehen beim Betriebe des Transformators durch beide Maschinen, daß J_{0_t} ganz andere Gestalt als $E p_1$ und große Phasenverschiebung gegen $E p_{1_t}$ hat.

Zwei Grenzzustände der primären Stromstärke stehen einander also gegenüber: Bei Leerlauf die große Verzögerung und die ganz abweichende Gestalt von J_{0_t} gegen $E p_{1_t}$ und bei großen Belastungen die Gleichheit der Form und die Phasenverschiebung um 180^0 von J_{1_t} gegen J_{2_t}. Wie sich der Verlauf von J_{1_t} bei steigender Belastung gestaltet, zeigen die Kurven II in den Fig. 32, 68 und 69 für den Betrieb mit der einen Maschine, in den Fig. 33, 70 und 71 für den Betrieb mit der anderen. Die Diagramme geben das Verhalten des Transformators bei Leerlauf, etwa ein Viertel der normalen Belastung und bei der normalen Leistung wieder. Alle Kurven sind aufgenommen bei induktionsloser Belastung des untersuchten Transformators, also so, daß J_{2_t} und Ep_{2_t} geometrisch ähnlich sind und bei geeignetem Maßstabe in den Figuren zusammenfallen; die Kurven III stellen also mit Ep_{2_t} gleichzeitig auch J_{2_t} dar. Verfolgen wir nun den Verlauf von J_{1_t}, so sehen wir diese Kurven bei Leerlauf (Fig. 32 und 33) noch ganz anders gestaltet als Ep_{1_t} und weit in der Phase gegen Ep_{1_t} zurück, bei steigender Belastung aber durch Änderung von Gestalt und Phase immer mehr mit Ep_{1_t} zusammenfallen und zum Spiegelbilde von J_{2_t} werden. Da Kurve I als Darstellung von Ep_{1_t} bei allen Belastungen ein Spiegelbild von Ep_{2_t} und daher im vorliegenden Falle auch von J_{2_t} ist, so sehen wir J_{1_t} immer mehr an Ep_{1_t} heranrücken und immer mehr die Gestalt von Ep_{1_t} annehmen. Das Heranrücken von J_{1_t} an Ep_{1_t} bedeutet natürlich eine Verkleinerung der Phasenverschiebung und daher ein Ansteigen des Leistungsfaktors. Wird J_{1_t} mit Ep_{1_t} an Gestalt und Phase vollständig gleich, so wird der Leistungsfaktor $= 1$. Bei guten Transformatoren wird dieser Wert bei induktionsloser Vollbelastung in der Tat fast vollständig erreicht und um so mehr, je kleiner der Leerlaufstrom nach Größe und Phasenverschiebung ist, von dem der Vorgang ausgeht. Wäre ein Leerlaufstrom Null möglich, so stellte J_{1_t} sich schon bei den kleinsten Belastungen als Spiegelbild von J_2, bei induktionsloser Belastung daher auf den Leistungsfaktor 1, bei induktiver Belastung aber natürlich auf Kurvenform und Leistungsfaktor des Sekundärstromes ein.

Die obigen Betrachtungen finden sich auch durch die Oszillogramme in den Fig. 75 bis 79 bestätigt, welche zusammen mit den Oszillogrammen in Fig. 72 bis 74 aufgenommen worden sind. Es bedeuten die Kurven in

Fig. 75 Ep_{1_t} und J_{0_t},
  ,, 76 Ep_{1_t} und J_{1_t} bei $J_2 = 13$ Ampere und $\cos \varphi_2 = 1$,
  ,, 77 J_{1_t} und J_{1_t} bei $J_2 = 13$ Ampere und $\cos \varphi_2 = 1$,
  ,, 78 Ep_{1_t} und J_{1_t} bei $J_2 = 13$ Ampere und $\cos \varphi_2 = 0,8$,
  ,, 79 J_{1_t} und J_{2_t} bei $J_2 = 13$ Ampere und $\cos \varphi_2 = 0,8$.

Wir wollen auf der obigen Grundlage jetzt den Zusammenhang der effektiven Werte J_1 und J_2 darzustellen suchen. Für den Bereich, wo J_{1_t} und J_2 Spiegelbilder voneinander sind,

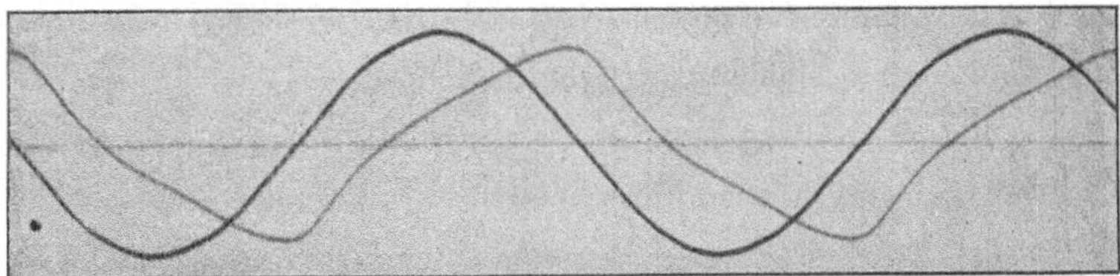

Fig. 75.

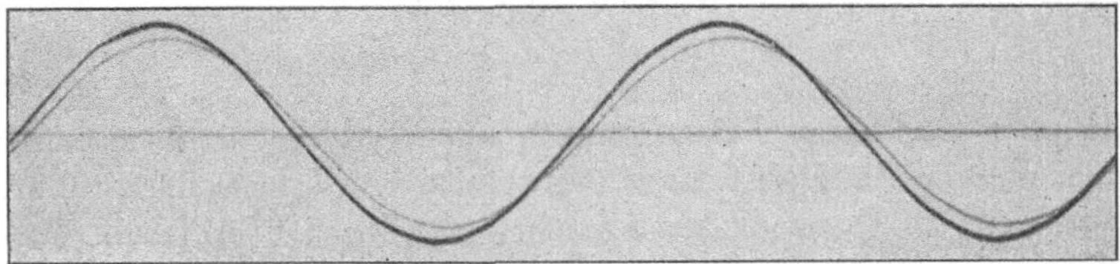

Fig. 76.

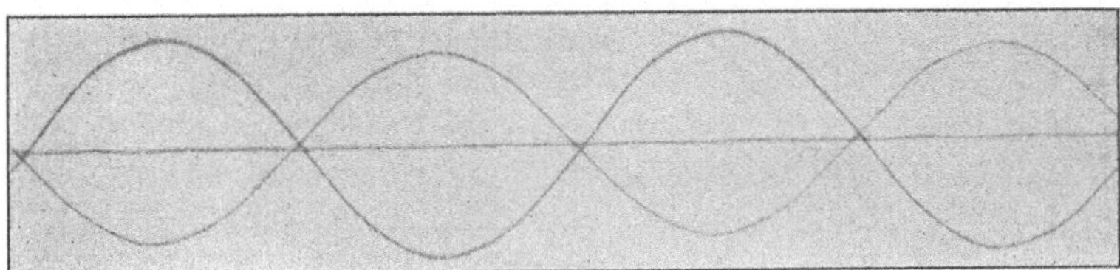

Fig. 77.

Fig. 78.

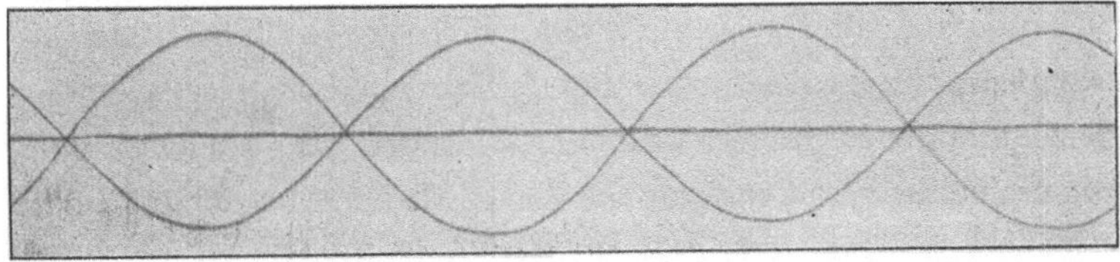

Fig. 79.

treten $J_{1_{max}}$ und $J_{2_{max}}$ gleichzeitig auf und erzeugen zusammen N_{max} nach der Gleichung (Grundgleichung III)

$$N_{max} = c \, (n_1 \, J_{1_{max}} - n_2 \, J_{2_{max}}).$$

Da bei gleichen Kurvenformen auch die Scheitelfaktoren

$$\frac{J_1}{J_{1_{max}}} = \frac{J_2}{J_{2_{max}}} = k$$

einander gleich sind, ist

$$N_{max} = \frac{c}{k} \, (n_1 \, J_1 - n_2 \, J_2).$$

Könnte man diese Betrachtungen auch auf kleine Belastungen bis zum Leerlauf ausdehnen, so müßte bei $J_2 = 0$ der primäre Strom $J_1 = J_0$ nach dem gleichen Gesetz den gleichen Wert N_{max} erzeugen. Es wäre also auch

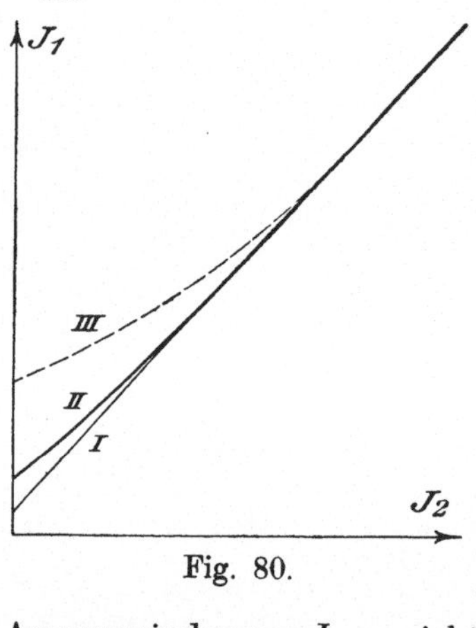

Fig. 80.

$$N_{max} = \frac{c}{k} \, n_1 \, J_0$$

und daher

$$n_1 \, J_0 = n_1 \, J_1 - n_2 \, J_2$$

oder

$$J_1 = J_0 + \frac{n_2}{n_1} \, J_2. \quad . \quad (3)$$

Der Zusammenhang von J_1 und J_2 wäre linear und dargestellt durch Kurve I in Fig. 80.

Da in Wirklichkeit aber bei kleinen Belastungen des Transformators die Amperewindungen $J_{1_t} n_1$ den Amperewindungen $J_{2_t} n_2$ nicht so kräftig entgegenwirken können, solange J_{1_t} noch nicht ein Spiegelbild von J_{2_t} ist, so muß, damit bei ansteigendem J_{2_t} der Gesamtfluß N_t sich nicht verändert, J_{1_t} zunächst größere Werte haben, als oben abgeleitet ist; das Heranrücken von J_{1_t} an $E \, p_{1_t}$ bewirkt dann allein schon ein kräftiges Entgegenwirken gegen J_{2_t}, ohne daß J_{1_t} bei Zunahme von J_{2_t} in dem gleichen Maße zu steigen braucht. J_{1_t} steigt also zunächst langsamer als linear und verläuft wie Kurve II. Die Abweichungen von I und II sind offenbar um so größer, je größer der Wert von J_0 und seine Verzögerung gegen $E \, p_1$ ist; bei sehr großen und stark verschobenen Leerlaufströmen, wie sie bei Motoren auftreten, steigt J_1 etwa nach Kurve III.

Da der Leerlaufstrom einen nutzlosen Verbrauch bedeutet, so ist er so klein wie möglich zu machen. Dies wird erreicht durch Benutzung möglichst gut geschlossener magnetischer Kreise. Bei modernen Transformatoren beträgt der Leerlaufstrom nur wenige Prozent von der Stromstärke bei normaler Belastung.

Von Interesse ist an dieser Stelle eine kurze Betrachtung des Igeltransformators (Fig. 36), der sich in seiner Einrichtung den Induktionsapparaten der Physik anschließt und früher in England mit dem Anspruche auf den Markt gebracht wurde, daß er durch ein geringeres Eisengewicht dem gebräuchlichen Transformator mit geschlossenem Eisenkörper vorzuziehen sei. Nach S. 30 und 31 gebraucht dieser Transformator eine sehr große Amperewindungszahl zur Herstellung seiner Magnetisierung und daher viel Kupfer und viel Leerlaufstrom. Der große Kupferaufwand erhöht den Preis, und der große Leerlaufstrom hat bei der geringen Effektaufnahme des Leerlaufes einen kleinen Leistungsfaktor zur Folge. Wegen dieser Eigenschaften hat sich der Igeltransformator nicht einzubürgern vermocht. Der geschlossene Eisentyp ist heute in der Starkstromtechnik der allein verbreitete.

Primäre und sekundäre Arbeitsleistung. Verluste.

Wir erhalten aus den beiden Grundgleichungen I und II die Gleichungen für die Arbeitsleistung in beiden Kreisen, indem wir Gl. I mit J_{1_t}, Gl. II mit J_{2_t} multiplizieren. Es ergibt sich dabei

$$E p_{1_t} J_{1_t} = J_{1_t}^2 w_1 + n_1 \frac{dN}{dt} J_1$$

und

$$- n_2 \frac{dN}{dt} = J_{2_t}^2 w_2 + E p_{2_t} J_{2_t},$$

also als Gesamtbilanz

$$E p_{1_t} J_{1_t} = J_{1_t}^2 w_1 + J_{2_t}^2 w_2 + (n_1 J_{1_t} + n_2 J_{2_t}) \frac{dN}{dt} + E p_{2_t} J_{2_t}. \quad (4)$$

In den Transformator tritt demnach eine Leistung ein vom Mittelwerte

$$M(E p_{1_t} J_{1_t}) = A_1,$$

entnommen wird aus ihm eine Leistung

$$M(E p_{2_t} J_{2_t}) = A_2,$$

verloren geht im Kupfer im sekundlichen Mittel

$$\text{primär} \quad M(J_{1_t}^2 w_1) = J_1^2 w_1$$

$$\text{sekundär} \quad M(J_{2_t}^2 w_2) = J_2^2 w_2.$$

Das noch nicht erörterte Glied der Gl. 4 bedeutet also einen Verlust im Eisen, der näher zu untersuchen ist. In diesem Gliede ist $n_1 J_{1_t} + n_2 J_{2_t}$ die gesamte Amperewindungszahl für die Magnetisierung des Eisens, welche also die magnetisierende Kraft $\mathfrak{H}_t$ nach demselben Gesetz erzeugt, wie es bei einer einfachen Induktionsspule die Amperewindungszahl $n J_t$ tut. Es ist daher nach S. 64:

$$n_1 J_{1_t} + n_2 J_{2_t} = \frac{\mathfrak{H}_t l}{4 \pi}.$$

Setzt man diesen Ausdruck ein und bedenkt man wieder, daß

$$N_t = \mathfrak{B}_t s,$$

so erhält man

$$\frac{s l}{4 \pi} \frac{d \mathfrak{B}}{d t} \mathfrak{H}_t,$$

einen Ausdruck, der auf S. 64 schon erörtert worden ist. Dort ist gezeigt worden, daß sein mittlerer Wert während einer Sekunde den Effektverlust durch Hysterese

$$\mathfrak{E}_H = \nu \frac{s l}{4 \pi} \mathscr{F}$$

darstellt, wobei $\mathscr{F}$ den Flächeninhalt der Hysteresekurve bedeutet. Auch beim Transformator tritt also ein Verlust durch Hysterese auf, der genau wie bei der einfachen Induktionsspule bestimmt ist durch die Konstruktionsdaten des Eisenkörpers, die Periodenzahl des Wechselstromes, die Magnetisierungsgrenzen und den zwischen diesen Grenzen vor sich gehenden Verlauf der Ummagnetisierungskurve. Wir können daher die früher entwickelten Formeln für den Verlust durch Hysterese ohne weiteres übernehmen, und wenn wir die Verluste durch Wirbelströme einbeziehen, für den Gesamtverlust $\mathfrak{E}$ auch die Gl. 7 S. 79 einsetzen. Es wird daher

$$A_1 = J_1^2 w_1 + J_2^2 w_2 + \mathfrak{E} + A_2 \quad \ldots \ldots \quad (5)$$

und dabei

$$\mathfrak{E} = V \left(\nu \eta \, \mathfrak{B}_{max}^{1,6} + \nu^2 \xi \, \mathfrak{B}_{max}^2 \right) 10^{-7} \text{ Watt}.$$

Bei Leerlauf ($A_2 = 0$ und $J_2 = 0$) ist also wie bei der einfachen Induktionsspule

$$A_0 = J_0^2 w_1 + \mathfrak{E},$$

und da hierbei $J_0^2 w_1$ vernachlässigt werden kann,

$$A_0 \sim \mathfrak{E}.$$

Die Betrachtung der Gl. 7 S. 79 gibt interessante Aufschlüsse über die Verluste. Während diese in den Kupferwicklungen quadratisch mit den Stromstärken, also bei annähernd konstanter Spannung auch annähernd quadratisch mit der abgegebenen Leistung A_2 ansteigen, bleibt $\mathfrak{E}$ bei Speisung des Transformators mit konstanter Spannung konstant und unabhängig von der Belastung; denn $\mathfrak{E}$ ist nur abhängig von $\mathfrak{B}_{max}$, und $\mathfrak{B}_{max}$ bleibt solange unveränderlich, wie die Spannung, die von ihr ausbalanziert wird.

Das gefundene Verhalten von $\mathfrak{E}$ ist für den praktischen Betrieb der Transformatoren von größter Wichtigkeit. Ein Verlust, der schon bei den geringsten Belastungen denselben Wert hat, wie der bei den größten zulässigen, muß offenbar so viel wie möglich herabgedrückt werden, wenn er nicht den Wirkungsgrad bei kleinen Belastungen erheblich schwächen soll. Von besonderer Bedeutung ist dies z. B. für den Lichtbetrieb, welcher durchschnittlich mit kleinen Belastungen und nur kurze Zeit mit der höchsten Belastung arbeitet. In einem Lichtwerk, welches mit einer Durchschnittsbelastung

im Dezember von 32,5 $^0/_0$
im Juli von 6,6 $^0/_0$

des Jahresmaximums arbeitet, würde ein Transformator, der 5 $^0/_0$ der normalen Leistung im Eisen verbraucht, einen Eisenverlust aufweisen, welcher in Prozenten der mittleren Belastung beträgt

$$\text{im Dezember} \quad \frac{5 \cdot 100}{32,5} = 15,4\,^0/_0$$

$$\text{im Juli} \quad \frac{5 \cdot 100}{6,6} = 75,8\,^0/_0.$$

Ähnliche Verhältnisse liegen bei ländlichen Überlandzentralen vor, bei denen die mittlere Belastung im Jahre auch sehr gering ist, und von der abgegebenen Arbeit 40 bis 50 $^0/_0$ in den Transformatoren verloren gehen.

Man hat also allen Grund, diesen Verlust durch Wahl von möglichst gutem Eisen möglichst herabzudrücken. Da aber die Benutzung besonders guter Eisensorten den Preis eines Transformators erhöht, so müssen die Vorteile und Nachteile beider Maßnahmen entsprechend den besonderen Betriebsverhältnissen gegeneinander abgewogen werden.

Die elektrotechnischen Firmen helfen sich in dieser Lage teils dadurch, daß sie spezielle Typen für besonders geringe

Eisenverluste schaffen, die überall da Verwendung finden, wo an Leerlaufsenergie gespart werden soll, also namentlich in Elektrizitätswerken mit hohen Beschaffungskosten für den Strom, teils indem sie je eine besondere Kraft- und Lichttype bauen. Für den vorliegenden Zweck definiert z. B. eine Firma den Lichtbetrieb als einen solchen, bei dem höchstens 2—3 Stunden pro Tag ein Belastungsmaximum stattfindet, während die mittlere Belastung nur etwa 30—40 % der maximalen beträgt, und den Kraftbetrieb als einen, der mit 10 Stunden ununterbrochener maximalen Belastung arbeitet, während der übrigen Zeit aber Leerlauf oder weniger als 20 % Belastung aufweist. Für diese Licht- und Krafttypen werden dieselben Eisenkörper benutzt, wie für den Dauerbetrieb; sie werden aber anders bewickelt und im Kupfer stärker belastet, so daß das gleiche Modell bei Kraftbetrieb für den 1,25fachen, bei Lichtbetrieb für den 1,5fachen Wert der Leistung des normalen Betriebes geliefert werden kann. Die Eisenverluste sind demnach den obigen Anforderungen entsprechend relativ kleiner.

Die Verluste im Transformator bestimmen aber nicht nur die Wirtschaftlichkeit seines Betriebes, sondern, da sie sich in Wärme umsetzen, auch die Grenzen seiner Leistungsfähigkeit überhaupt und sind daher auch aus diesem Grunde möglichst herabzudrücken. Verschiedenheiten der Meinungen über die zulässige Temperaturerhöhung haben früher häufig zu Mißhelligkeiten zwischen den Fabriken und ihren Abnehmern geführt und der gediegenen Fabrikation durch weniger gewissenhaften Wettbewerb Nachteile gebracht. Der Verband Deutscher Elektrotechniker hat aus diesem Grunde die erlaubten Temperaturzunahmen autoritativ festgestellt.[1]

Diese dürfen betragen bei den Isolierungen mit

Baumwolle . . . . 50°
Baumwolle unter Öl und Papier . . . . . 60°
Email, Glimmer, Asbest und deren Präparaten 80°.

Die Temperaturzunahme ist durch Widerstandsmessungen festzustellen, und der Temperatur-Koeffizient dabei zu 0,004 zu

---

[1] Normalien für Bewertung und Prüfung elektrischer Maschinen und Transformatoren, herausgegeben vom Verbande Deutscher Elektrotechniker, Verlag von Julius Springer, Berlin. Diese Maschinen-Normalien werden im folgenden oft zitiert und dabei kurz mit MN bezeichnet werden. Eine Neubearbeitung dieser Normalien ist im Gange. Ein der Jahresversammlung des Verbandes 1912 vorgelegter Entwurf (ETZ 1912 S. 464 und 570) ist aber nicht angenommen worden.

setzen, falls kein anderer bekannt ist. Vorausgesetzt ist bei den obigen Zahlen, daß die Raumtemperatur nicht mehr als 35° beträgt.

Da die Endtemperatur erst nach vielen Stunden, oft erst nach 20 Stunden und mehr erreicht wird, so kann man die Transformatoren bei kürzerer Betriebsdauer stärker beanspruchen (überlasten), ohne daß sie zu warm werden. Die zulässigen Belastungsgrenzen sind eigentlich so mannigfach wie die Betriebe. Um den praktischen Anforderungen einigermaßen gerecht zu werden, unterscheidet der Verband Deutscher Elektrotechniker im Hinblick auf die Erwärmung elektrischer Maschinen zwei Betriebsarten, den kurzzeitigen und den Dauerbetrieb. Da die Transformatoren aber immerhin doch meist dauernd, wenn auch nicht voll belastet eingeschaltet sind, so ist die Erörterung dieser Betriebsarten hier nicht so wichtig, wie bei den Motoren, sie soll deshalb erst bei diesen vorgenommen werden.[1]

Für die Erwärmung bestimmend ist auch die Gestalt des Eisenkörpers und der Wicklungen und die Menge des dabei verwendeten Materials. Bereits auf S. 80 haben wir gesehen, daß man den geschlossenen Eisenkreis aus geraden Stücken zusammensetzt, um vorher die Spulen auf der Drehbank fertigstellen zu können. Die übliche Form des Eisenkörpers ist ein rechteckiger Rahmen (Fig. 81), von dem man zwei parallele Schenkel („Kerne") mit Wicklungen versieht, während die anderen frei bleiben. Um wirtschaftlich und gleichzeitig gegenüber der elektrischen und magnetischen Beanspruchung widerstandsfähig zu sein, muß diese Konstruktion die Bedingung erfüllen, daß einerseits der vom Eisen umschlossene Luftraum („das Fenster") mit Wicklungen bis auf den nötigen Isolationsraum voll ausgefüllt ist, denn sonst wäre überflüssig viel Eisen und ein zu großer Verlust darin

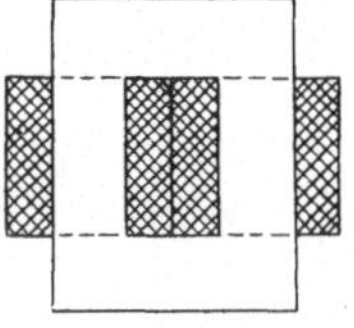

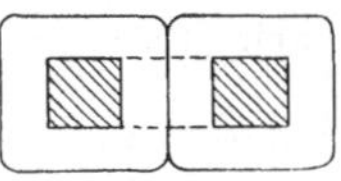

Fig. 81.

---

[1] Die MN behandeln die verschiedenen Maschinenarten zusammen in bezug auf ihre normale Leistung, Überlastung, Isolation usw. Im vorliegenden Werke, wo die Maschinenarten getrennt besprochen werden, sollen, um Wiederholungen zu vermeiden, die MN immer dort zitiert werden, wo sie am wichtigsten sind. Wird die Erörterung an einer Stelle unterlassen, wo sie geringere Bedeutung hätte, so soll an der Stelle, wo die ausführliche Besprechung vorgenommen wird, kurz darauf zurückverwiesen werden.

vorhanden, und daß andererseits die Oberfläche groß genug
ist, die im Transformator entwickelte Wärme abzuführen, ohne
daß er zu heiß wird. Eine kurze Betrachtung möge lehren,
wie die Verluste durch Abänderungen im Aufbau des Transformators beeinflußt werden, und welche Gesichtspunkte daher
für die Gestaltung maßgebend sind:

Eine wesentliche Abänderung erhielten wir, wenn wir die
beiden Wicklungen nicht auf zwei Schenkeln des Rahmens verteilten, sondern auf einem Schenkel übereinander wickelten
(Fig. 82). Das wäre aber, wie man sogleich erkennt, unvorteil-
haft, weil die mittlere Länge der Windungen und daher auch
die Verluste im Kupfer dadurch vergrößert würden, ohne daß

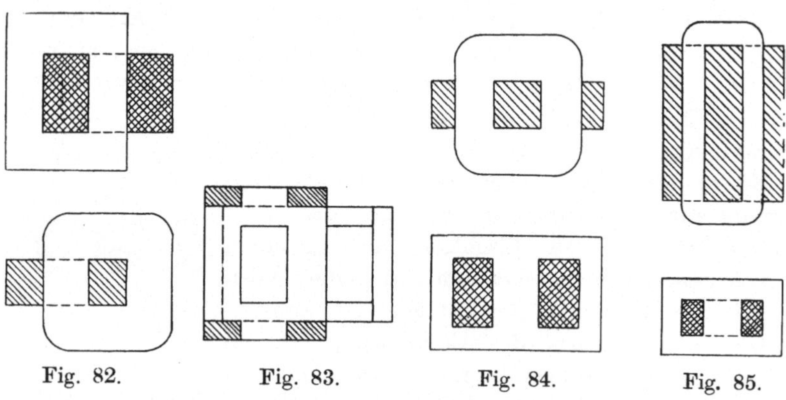

Fig. 82.   Fig. 83.   Fig. 84.   Fig. 85.

sich der Verlust im Eisen verminderte. Eine Verkleinerung des
Eisenverlustes kann man aber erreichen, wenn man die Eisenbleche (Fig. 83) längs der punktiert gezeichneten Linie be-
schneidet und das übrigbleibende Stück nach der anderen Seite
hin symmetrisch ergänzt. Dadurch entsteht der in Fig. 84 gezeichnete Transformator, der dieselbe Windungszahl, ebenso viel
Kupfer aber um die in Fig. 83 schraffierten Stücke weniger Eisen
enthält, als derjenige der Fig. 82. Da man aber im allgemeinen
mehr mit Kupfer als mit Eisen zu sparen hat, so ist es besser,
den Eisenquerschnitt zu vergrößern (Fig. 85), so daß man bei
gegebenem Ep_1 und $\mathfrak{B}_{max}$ mit weniger Windungen auskommt,
und weil dann die Fenster nicht mehr ganz ausgenutzt werden,
die Höhe des Transformators zu verringern. Die Fig. 81 und
85 geben typische Bilder der heutigen Transformatorformen, des
„Kerntransformators", bei dem das Eisen in Form von Kernen

die Spulen ausfüllt, und des „Manteltransformators“, bei dem es die Wicklungen wie einen Mantel einhüllt.

Zur Erhöhung der Leistungsfähigkeit von Transformatoren liegt es nahe, künstliche Kühlmittel zu verwenden. Diese kommen besonders in Frage für größere Typen, wo die ausstrahlende Oberfläche im Verhältnis zu der entwickelten Wärme geringer ist als bei kleinen. Sehr wirksam ist das Einbetten in Öl, welches die Wärme schneller abführt als die Luft und dabei noch den Vorteil bietet, die Isolation zu verbessern und beim Auftreten von Überspannungen die Funkenbildung zu unterdrücken. Der „Öltransformator“ ist heute wohl noch verbreiteter als der einfache „Trockentransformator“. Das Öl muß dabei säure- und wasserfrei sein, weil sonst das Kupfer der Wicklungen angegriffen, die Isolation gestört und das Durchschlagen erleichtert wird, und muß eine hohe Entflammungstemperatur haben; die elektrotechnischen Firmen verlangen daher, daß man mit dem Transformator zugleich das Öl von ihnen beziehe. Da die Transformatoren innerhalb der mit Öl gefüllten eisernen Kästen vollständig geschützt sind, können sie bei geeigneter Anordnung der Leitungsanschlüsse auch im Freien aufgestellt werden, während ein gewöhnlicher Transformator natürlich nur in trockenen Räumen untergebracht werden darf. Zur Verbesserung der Kühlwirkung des Öles werden an dem Hauptölbehälter bei großen Transformatoren öfters noch vertikale Nebengefäße angebracht, die oben und unten mit dem Hauptgefäß durch Röhren verbunden sind. Das im Hauptgefäß warm gewordene Öl steigt dann darin empor, tritt in das Nebengefäß über, wo es gekühlt wird, da sich darin keine Wärmequelle befindet, und sinkt darin nieder, um abgekühlt unten wieder in das Hauptgefäß zurückzutreten. Für große Transformatoren wird auch Kühlung durch außen an den Ölkästen entlang rieselndes Wasser oder durch innen angebrachte wasserdurchströmte Rohre oder durch Preßluft herbeigeführt. In jedem Falle ist natürlich auch zu verlangen, daß die Räume, in denen die Transformatoren aufgestellt werden, selbst gut ventiliert sind.

Wirkungsgrad.

Als Wirkungsgrad η ist zu verstehen das Verhältnis aus der Leistung A_2, die der Transformator hergibt, zur Leistung A_1, die er zu diesem Zwecke aufnimmt, also $\eta = \dfrac{A_2}{A_1}$. Die Beziehung zwischen A_1 und A_2 ist zu entnehmen aus Gl. 5. Vernachlässigen wir zunächst die Verluste im Kupfer, so ergibt sich $A_1 = \mathfrak{E} + A_2$; da $\mathfrak{E}$ konstant, ist also A_1 in linearer Abhängigkeit von A_2 (Kurve I, Fig. 86). Zu den Ordinaten dieser Kurve sind in Wirklichkeit noch die Verluste $J_1^2 w_1 + J_2^2 w_2$ zu addieren, da J_1 und J_2 ungefähr quadratisch mit der Leistung ansteigen, wird also A_1 eine leicht nach oben gekrümmte Kurve (II in Fig. 86).

Der Wirkungsgrad wird, wenn wir zunächst wieder die Kupferverluste vernachlässigen,

$$\eta = \frac{A_2}{\mathfrak{E} + A_2},$$

verläuft also, da $\mathfrak{E} = $ konst., nach einer gleichseitigen Hyperbel, die sich dem Grenzwert 1 (Kurve I in Fig. 87) nähert. Da

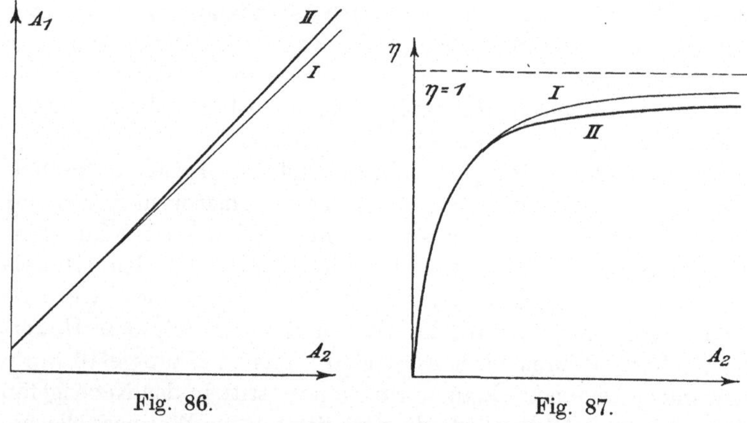

Fig. 86.   Fig. 87.

aber in Wirklichkeit im Nenner noch die Kupferverluste stehen und diese quadratisch mit der Leistung steigen, so liegt die wahre Kurve des Wirkungsgrades (II in Fig. 87) tiefer und weicht von I um so mehr ab, je größer A_2 wird. Infolge der Kupferverluste kann η auch ein Maximum erreichen und dann wieder abnehmen.

Wenn die Verluste bei normaler Belastung gegeben sind, kann man den Wirkungsgrad eines Transformators für jede Leistung und Belastungsart berechnen. Wie nach S. 62 bei Generatoren wird auch bei Transformatoren die normale Leistung nicht in KW ($E p_2 J_2 \cos \varphi_2$), sondern in KVA ($E p_2 J_2$) angegeben, weil die Beanspruchung des Kupfers bei gegebenem $E p_2$

nicht von dem Strom $J_2 \cos \varphi_2$, sondern vom Strom J_2 selbst abhängt. Sind z. B. für einen Transformator von der normalen Leistung $E p_2 J_2$ die Verluste im Eisen und Kupfer, bezogen auf $E p_2 J_2$, gegeben durch die Ausdrücke

$$p = \frac{\mathfrak{E}}{E p_2 J_2} \qquad q = \frac{J_1^2 w_1 + J_2^2 w_2}{E p_2 J_2}$$

und soll der Wirkungsgrad für eine Stromentnahme J_2' bei einem Leistungsfaktor $\cos \varphi_2'$, also für eine Leistung $E p_2 J_2' \cos \varphi_2'$ berechnet werden, so bleibt dabei der Verlust $\mathfrak{E}$ derselbe wie oben für die normale Leistung

$$\mathfrak{E} = E p_2 J_2 p .$$

Der Verlust im Kupfer aber, der sich ungefähr quadratisch mit der Stromstärke verändert, wird

$$J_1'^2 w_1 + J_2'^2 w_2 \sim \left(\frac{E p_2 J_2'}{E p_2 J_2} \right)^2 E p_2 J_2 \, q .$$

Aus Verlust und Nutzleistung aber ergibt sich der Wirkungsgrad unmittelbar.

In Tab. 10 sind die prozentischen Verluste $100\,p$ und $100\,q$ für moderne Transformatoren nach den Angaben der Preislisten einer bedeutenden deutschen Firma zusammengestellt.

Tabelle 10.

Leistung in KVA	$p \times 100$	$q \times 100$	Leistung in KVA	$p \times 100$	$q \times 100$
1	3,60	3,66	150	1,17	0,90
2	2,73	1,97	200	1,06	0,88
5	2,17	1,93	300	0,93	0,70
10	1,88	1,32	350	0,89	0,77
20	1,65	1,11	400	0,86	0,71
30	1,52	1,02	450	0,85	0,75
40	1,49	0,86	500	0,78	0,68
50	1,44	1,04	600	0,77	0,61
60	1,44	0,90	800	0,75	0,59
70	1,28	0,85	900	0,72	0,54
100	1,18	1,01	1000	0,70	0,50

Ein Transformator für 10 KVA hat z. B. bei normaler Belastung im Eisen einen Verlust von $p \cdot 10 = 0{,}188$ KW, im Kupfer

$q \cdot 10 = 0,132$ KW, also einen Gesamtverlust von $0,320$ KW, und bei dem Leistungsfaktor 1 einen Wirkungsgrad von $\eta = 0,968$. Bei einer Belastung mit 3 KVA bei einem Leistungsfaktor von $0,8$, also bei einer Nutzleistung von $2,4$ KW ist unverändert $\mathfrak{E} = 0,188$. Der Verlust im Kupfer dagegen wird $J_1'^2 w_1 + J_2'^2 w_2 = 0,01188$ KW. Die Effektaufnahme ist demnach $2,4 + 0,188 + 0,012$, also der Wirkungsgrad $0,923$.

Leistungsfaktor.

Der sekundäre Leistungsfaktor eines Transformators ist identisch mit dem Leistungsfaktor des daran angeschlossenen Verbrauchsapparates. Der primäre Leistungsfaktor

$$F_1 = \frac{A_1}{E p_1 J_1}$$

wird, wenn man A_1, $E p_1$ und J_1 nach den Gl. 5, 2 und 3 substituiert und $A_2 = F_2 E p_2 J_2$ setzt,

$$F_1 = \frac{\mathfrak{E} + A_2 + J_1^2 w_1 + J_2^2 w_2}{E p_1 J_0 + \dfrac{A_2}{F_2}}.$$

Bei Leerlauf, also $A_2 = 0 = J_2$ und $J_1 = J_0$ ergibt sich hieraus der zu erwartende Sonderwert

$$F_0 = \frac{\mathfrak{E} + J_0^2 w_1}{E p_1 J_0} = \frac{A_0}{E p_1 J_0}.$$

Vernachlässigen wir zunächst $J_1^2 w_1 + J_2^2 w_2$, so wird

$$F_1 = \frac{\mathfrak{E} + A_2}{E p_1 J_0 F_2 + A_2} F_2.$$

Da $\mathfrak{E}$ und $E p_1 J_0$ unabhängig von der Belastung A_2 ist, so ist für einen fest gegebenen Leistungsfaktor F_2 des sekundären Anschlusses das primäre F_1, als Funktion von A_2 betrachtet, eine gleichseitige Hyperbel. Bei $A_2 = \infty$ ist $F_1 = F_2$ der Grenzwert, dem sich die Hyperbel asymptotisch nähert. Bei gleichen Phasenverschiebungen sind J_{1t} und J_{2t} aber Spiegelbilder, wie auf S. 122 nachgewiesen worden ist.

Der Verlauf von F_1 ist in Fig. 88 durch Kurve I dargestellt. Berücksichtigt man noch die Kupferverluste, die im Zähler erscheinen und mit der Leistung quadratisch wachsen, so erkennt

man, daß F_1 schneller steigen muß (Kurve II) als Kurve I.
Wenn auch F_1 selbstverständlich nie größer werden kann als 1.

wie auf S. 108 allgemein bewiesen worden ist, so kann es
dennoch größer werden als F_2.
Durch Vergrößerung der Widerstände der Kupferwicklung hat
man es also in der Hand, den
Leistungsfaktor dem erwünsch-
ten Wert 1 beliebig nahe zu
bringen; man erkennt dies ja
auch, wenn man bedenkt, daß
ein dem Transformator vor-
geschalteter induktionsloser
Widerstand den Leistungsfaktor

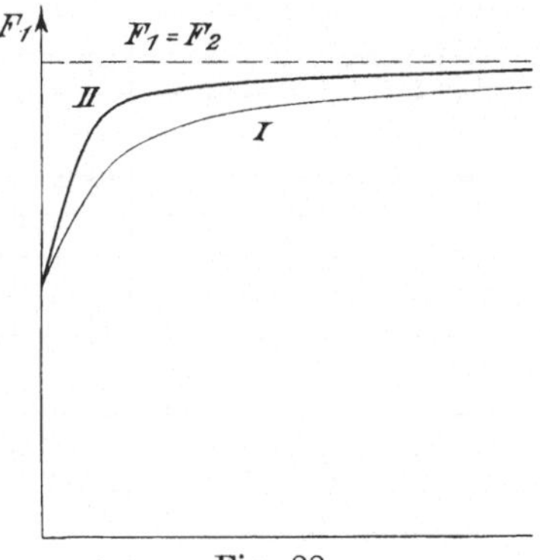

Fig. 88.

des Transformators vergrößern und um so mehr an 1 heran-
bringen muß, je mehr er selbst auf Kosten des Transformators von der Spannung verbraucht. Eine Vergrößerung des
Leistungsfaktors durch eines dieser Mittel geschieht aber natürlich zum Nachteil des Wirkungsgrades. Man darf daher einen
Transformator nicht einseitig nach Leistungsfaktor oder Wirkungsgrad beurteilen, sondern man muß beide zusammen in
Betracht ziehen.

Frequenz.

Die Transformatoren werden gewöhnlich für $v = 50$ Periode hergestellt. Wie sich ihr Verhalten mit der Frequenz verändert, erkennt
man leicht aus den Eigenschaften bei Leerlauf, die den auf S. 92 betrachteten Eigenschaften der Induktionsspule gleich sind. Für diese
ergab sich, daß mit Abnahme von v sowohl A_0 wie auch J_0 zunehmen.
Die Kurven für J_1 und A_1 (Fig. 80 und 86), die wir unabhängig von der
Periodenzahl abgeleitet haben, beginnen dann also mit einer höheren An-
fangsordinate. Strom- und Effektaufnahme, und daher auch die Verluste,
sind demnach auch bei allen Belastungen bei kleinerer Frequenz größer.
Läßt man der Erwärmung wegen eine bestimmte Verlustgröße zu, so ist
also die zulässige Leistung bei kleinerer Frequenz geringer und bei höherer
Frequenz größer. Setzt man bei $v = 50$ die normale Leistung $A_2 = 100$.
so ist bei

$$v = 60 \quad \text{etwa} \quad A_2 = 110 \text{ bis } 115$$
$$v = 45 \quad \text{,,} \quad A_2 = 93 \text{ ,, } 95$$
$$v = 42 \quad \text{,,} \quad A_2' = 90 \text{ ,, } 92$$
$$v = 40 \quad \text{,,} \quad A_2 = 88 \text{ ,, } 90$$
$$v = 25 \quad \text{,,} \quad A_2 = 55 \text{ ,, } 60$$

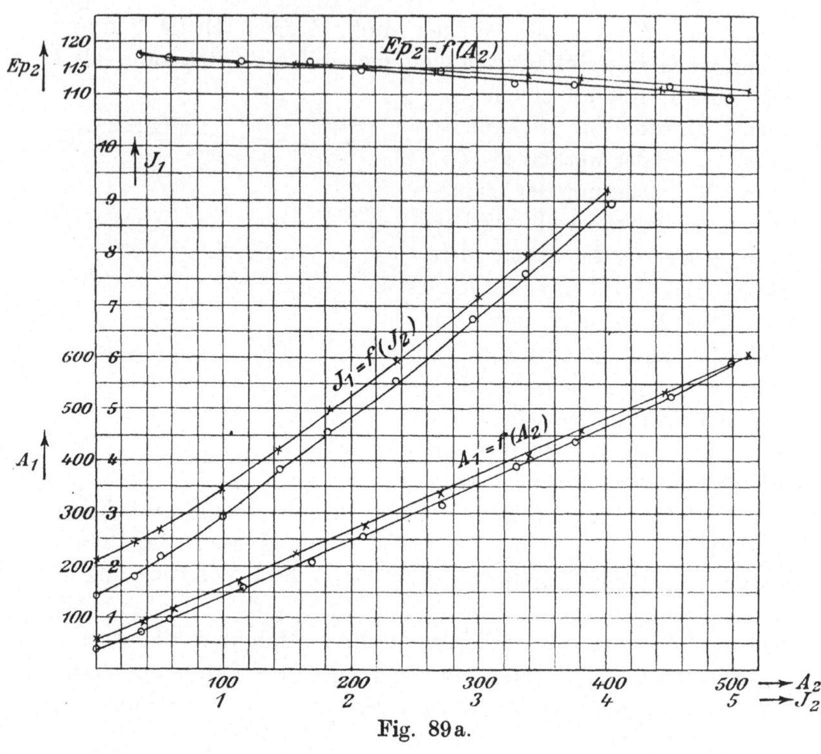

Fig. 89a.

Fig. 89b.

EP_2 = f(A_2)
p_2
120
115
110
J_1
10
9
8
7
6
5
4
3
2
J_1 = f(J_2)
A_1 = f(A_2)
A_1
600
500
400
300
200
100
100
200
300
400
500 → A_2
1
2
3
4
5 → J_2

Fig. 90 a.

1,0
0,9
0,8
0,7
0,6
0,5
0,4
0,3
0,2
0,1
F_1
0,9
0,8
0,7
0,6
0,5
0,4
0,3
0,2
0,1
0,0
η
100
200
300
400
500
→ A_2

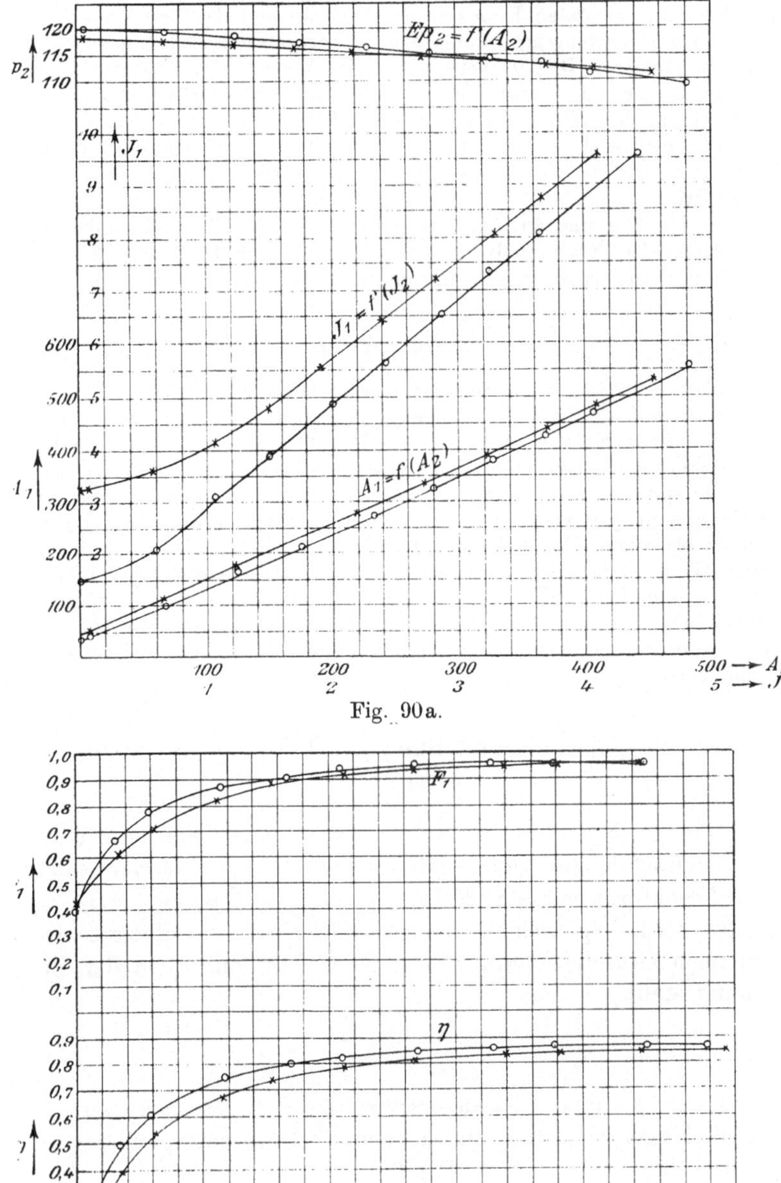

Bei der vorausgesetzten Konstanz der Verluste und der Erwärmung ergibt sich der Wirkungsgrad bei den oben angegebenen Belastungen ohne weiteres. Ist er z. B. 0,97 bei $\nu = 50$, der Verlust also $3^0/_0$ der Nutzleistung, so hat der Verlust bei $\nu = 40$ den Wert $3 : 0,88 = 3,4^0/_0$ der Nutzleistung, der Wirkungsgrad ist also 0,966.

Für gleiche Leistungen und Wirkungsgrade verlangen die Transformatoren also bei kleineren Frequenzen größere Abmessungen und umgekehrt.

In Fig. 89a und 89b sind die Größen J_1, A_1, Ep_2, F_1 und η als Funktionen der Belastung bei $\nu = 41,7$ und 27,9 für den in Fig. 34 dargestellten Transformator nach Messungen des Verfassers dargestellt.

Kurvenform der Wechelströme.

Nach S. 92 weisen spitze Kurven bei gleicher Frequenz ein kleineres J_0 und A_0 auf als flache. Auch bei allen Belastungen sind also J_1 und A_1 bei spitzen Kurven geringer. In Fig. 90a und 90b sind die Belastungskurven für den in Fig. 34 dargestellten Transformator bei Speisung mit einer spitzen Spannungskurve und einer etwa sinusartigen dargestellt. Spitze Spannungskurven scheinen danach günstiger als flache. Es ist aber zu bedenken, daß bei ihnen bei gleichen Effektivwerten die maximalen Werte weit höher sind, und die Isolation daher stärker in Anspruch genommen wird. Bei hohen Spannungen empfiehlt sich also die Verwendung spitzer Kurven trotzdem nicht. Der Anschluß von Motoren macht ihre Verwendung, wie wir sehen werden, aber auch bei geringen Spannungen ungünstig.

§ 17. Graphische Darstellung der Vorgänge im Transformator.

Das in Fig. 43a dargestellte Spannungsdiagramm einer Induktionsspule gilt ohne weiteres auch für den leerlaufenden Transformator, wenn jetzt $\overline{BD} = Ep_1$, $\overline{BF} = J_0 w_1$ und $\overline{FD} = e_1$ gesetzt wird. e_2, welches im sekundären Kreise induziert wird und nach Grundgleichung I und II (S. 113) mit e_1 in der Beziehung steht

$$\frac{e_2}{e_1} = -\frac{n_2}{n_1}, \quad \ldots \ldots \ldots \ldots (1)$$

hat gegen e_1 eine Phasenverschiebung von 180^0, ist also in der Verlängerung von e_1 zu zeichnen, aber mit entgegengesetzter Pfeilrichtung zu versehen (Fig. 91).

Für den belasteten Transformator ist das primäre Spannungsdiagramm ebenfalls ein bei F stumpfwinkliges Dreieck, denn die Grundgleichung (I) hat dafür dieselbe Form wie für den

Leerlauf. Das sekundäre Spannungsdiagramm, welches Grundgleichung II graphisch zum Ausdruck zu bringen hat, hängt
davon ab, ob der Transformator induktionslos oder
induktiv belastet, also

$$Ep_{2t} = J_{2t}w$$

oder

$$Ep_{2t} = J_{2t}w_2 + L\frac{dJ_2}{dt}$$

ist. Im letzteren allgemeinen Falle gilt für den
sekundär angeschlossenen induktiven Widerstand
das in Fig. 27 dargestellte Diagramm, welches dort
für die maximalen Werte gezeichnet und in Fig. 92
für die effektiven Werte Ep_2, J_2w, ωLJ_2 in anderem Maßstabe wiederholt ist. Nach Grundgleichung II ergibt sich ferner e_2 aus Ep_2 durch
Addition von J_2w_2. In Fig. 92 ist daher J_2w_2

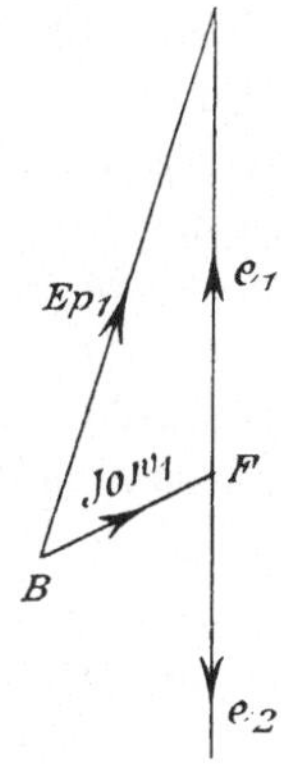

Fig. 91.

in der Verlängerung von J_2w so gezeichnet, daß es mit Ep_2 einen Linienzug mit gleicher Pfeil-
richtung bildet, und e_2
ist daher die Schlußlinie
mit entgegengesetzter

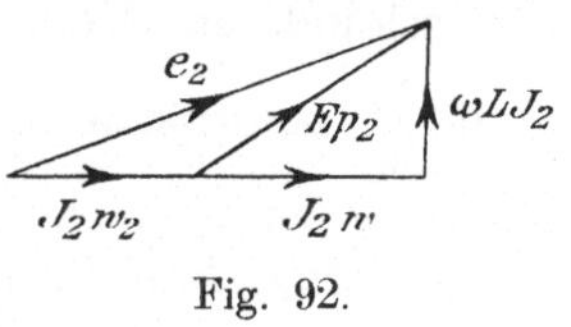

Fig. 92.

Pfeilrichtung. Ist der Belastungswiderstand induktionslos, so fällt Ep_2 mit J_2w zusammen,
und das sekundäre Diagramm ist eine Gerade e_2,
bestehend aus den Teilen J_2w und Ep_2.

Bei der Vereinigung des primären und sekundären Diagrammes zu einem Gesamtdiagramm
ist wiederum zu bedenken, daß nach Gl. 1 e_2 und e_1
unter allen Umständen 180° Phasenverschiebung
haben, also längs einer Geraden, aber mit entgegengesetzter Pfeilrichtung zu zeichnen sind.
Fig. 93 stellt das so gebildete Gesamtdiagramm
des belasteten Transformators dar.

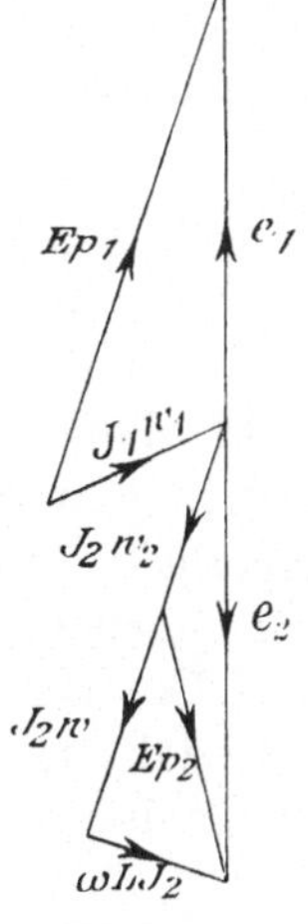

Fig. 93.

Will man aus dem Leerlaufsdiagramm ein Dia-
gramm für irgendeine Belastung entwickeln, um die Änderung der
verschiedenen Größen mit der Belastung zu erkennen, so muß
man zurückgreifen auf Grundgleichung III. Wir wollen dabei
annehmen, daß das Gesamtfeld N_t, also die Summe der pri-

mären und sekundären Amperewindungen konstant sei. Ein konstantes N_t bedeutet konstante induzierte EMKe e_1 und e_2 in beiden Wicklungen und daher nach Grundgleichung I und II bei zunehmender Belastung wachsende Werte von Ep_1 und abnehmende von Ep_2. Dies entspricht zwar nicht dem praktischen Betriebe, ist aber der einzige Weg zu einer einfachen graphischen Darstellung zu kommen. Wenn das Diagramm bei konstantem e_1 und e_2 für verschiedene Belastungen entwickelt ist, so kann man es auf jeden Wert von Ep_1 oder Ep_2, auf den praktischen einreguliert werden soll, durch proportionale Veränderung aller Größen zurückführen.

Bei großen Übersetzungsverhältnissen würden die Spannungsdiagramme für den primären und sekundären Kreis, wenn man sie in gleichem Maßstab zeichnete, sehr verschieden groß werden, und das Gesamtdiagramm würde daher sehr unglückliche Verhältnisse aufweisen. Wir wollen deshalb die Diagramme auf das Übersetzungsverhältnis 1 reduzieren, so daß e_1 und e_2 gleich groß erscheinen, indem wir entweder sämtliche sekundären Größen unverändert lassen und die primären mit $\dfrac{n_2}{n_1}$ multiplizieren, oder umgekehrt. Diese Reduktion ergibt noch einen weiteren Vorteil: Bei Leerlauf, wo der sekundäre Spannungsabfall Null und der primäre außerordentlich klein ist, ist mit Annäherung von kleinen Teilen von einem Prozent $Ep_2 : Ep_1 = n_2 : n_1$. Bei der Reduktion auf das Übersetzungsverhältnis 1 erscheinen also Ep_1 und Ep_2 bei Leerlauf gleich groß, und bei jeder Belastung stellt dann die Längendifferenz beider Größen im Diagramm unmittelbar den Spannungsabfall dar, der bei dieser Belastung innerhalb des Transformators eintritt. Dieser ist aber, wie wir gesehen haben, für den Betrieb von größter Wichtigkeit.

Um Grundgleichung III graphisch darzustellen, bedenken wir, daß sie auch für den Spezialfall des Leerlaufes gilt. Für diesen ist

$$N_t = c\,J_{0t}\,n_1.$$

Wenn, wie oben erörtert, N_t bei allen Belastungen konstant ist, wird also

$$n_1\,J_{1t} + n_2\,J_{2t} = n_1\,J_{0t}.$$

Bei der Darstellung dieser Gleichung durch ein Amperewindungs-Diagramm kann man den Maßstab der Ampere-

windungen selbstverständlich beliebig wählen. Man kommt
am bequemsten zum Ziele, wenn man ihn so einrichtet, daß
primär $J_0 n_1$ und $J_1 n_1$ durch ebenso lange Strecken dargestellt
werden wie im Spannungsdiagramm $J_0 w_1$ und $J_1 w_1$. Geht
man dann (Fig. 94) vom Spannungsdiagramm
für Leerlauf aus und legt man $J_0 n_1$ so, daß es
mit $J_0 w_1$ zusammenfällt, und ebenso wie dieses
durch $\overline{BF}$ dargestellt wird, so erhält man für
irgendeine sekundäre Belastung die Phase für
J_2, indem man, wie in Fig. 93 das sekundäre
Diagramm an e_2 angefügt denkt und die Rich-
tung von $J_2\,(w_2 + w)$ durch die Linie $\overline{FJ_2}$ fest-
legt. Zieht man parallel zu dieser Linie $\overline{BB'}$
$= J_2 n_2$, so ist $\overline{B'F} = J_1 n_1$, denn es ergibt,
mit der eingetragenen Pfeilrichtung versehen,
mit $J_2 n_2$ zusammen in der Tat $J_0 n_1$. Da
aber nach der Wahl des Maßstabes $\overline{B'F}$ gleichzeitig auch $J_1 w_1$ darstellt, so hat man für diese
Belastung in Gestalt der (nicht gezeichneten)
Verbindungslinie $\overline{B'D}$ gleichzeitig auch Ep_1 und
damit das vollständige Primär-Diagramm.
Dieses Verfahren erlaubt also für jede durch ein
Sekundär-Diagramm präzisierte Belastung das
zugehörige primäre Diagramm zu bestimmen.

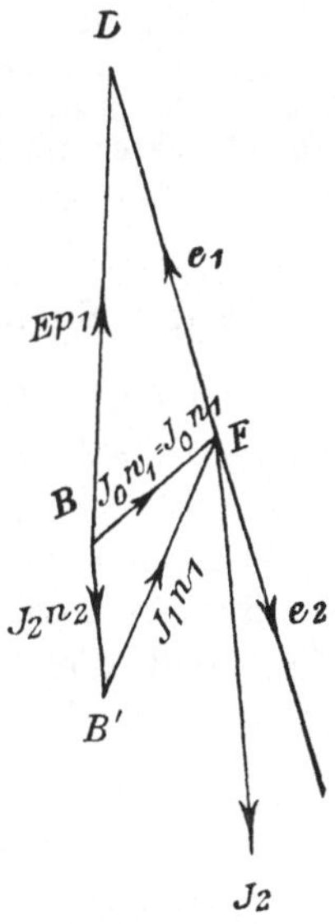

Fig. 94.

Wir bemerken, daß bei zunehmender Belastung, wobei B'
immer mehr von B abrückt, bei festliegendem $\overline{FJ_2}$, also bei
fest gehaltener sekundärer Phasenverschiebung $\measuredangle\ BB'F$ immer
kleiner und im Grenzfalle Null wird, daß $J_1 n_1$ und $J_2 n_2$ sich
also immer mehr der Phasenverschiebung 180^0 nähern. Tragen
wir $J_1 = f(J_2)$ in orthogonalen Koordinaten auf, so finden wir
den Verlauf der Kurven in Fig. 80.

Bei der Indentifizierung des Leerlaufsdiagrammes mit dem Diagramm für die einfache Induktionsspule, welche den Ausgangspunkt
dieser Betrachtungen gebildet hat, ist, genau genommen, nicht bedacht
worden, daß das Diagramm für die Induktionsspule vor der Betrachtung
der Wirbelströme abgeleitet und nur unter Berücksichtigung der Verluste
im Kupfer und der Hystereseverluste des Eisens aufgestellt worden war.
Nimmt man an, es wäre zunächst wirbelstromloses Eisen, also Eisen
mit unendlich großem spezifischen Widerstand benutzt worden, und durch
Verminderung des spezifischen Widerstandes würden nun die Wirbelströme
in ihrer wahren Stärke hergestellt, so würden sie, da sie von den Kraft-

linien des Eisens induziert werden, wirken wie eine sekundäre Strom-
belastung des Transformators. Als Ausgang für die vorliegenden Betrachtungen wäre also eigentlich ein Primärdiagramm für diese fingierte Belastung
zu nehmen. Da dieses aber den Charakter des Leerlaufsdiagrammes bei-
behält und die Wirbelströme bei guten modernen Wechselstromapparaten
auf ein außerordentlich geringes Maß herabgedrückt sind, so weicht das
Leerlaufsdiagramm, welches die Wirbelströme berücksichtigt, auch seiner
Größe nach nur wenig von dem oben benutzten ab. Alle Schlußfolgerungen, die .oben gezogen worden sind, bleiben also, da sie nur durch
den Charakter des Leerlaufsdiagrammes bestimmt sind, von dieser Abweichung ganz unberührt.

§ 18. Magnetische Streuung und Spannungsabfall.

Bei der Ableitung der Betriebseigenschaften des Transformators in § 16 ist angenommen worden, daß die Kraftflüsse
N_{1t} und N_{2t} beider Wicklungen sich zu dem Gesamtflusse N_t
addieren, der beiden Wicklungen gemeinsam ist und sämtliche
Windungen beider durchströmt. Die nähere Betrachtung lehrt
aber, daß diese Annahme nicht ganz genau ist. Die Kraftlinien einer Wicklung durchfließen weder sämtliche Windungen
der erzeugenden Wicklung selbst
noch auch alle Windungen der
andern. Diese Eigenschaft wird
als magnetische Streuung bezeichnet. In Fig. 95a ist eine
Spule im Querschnitt gezeichnet,
und ihr Kraftlinienverlauf schematisch dargestellt; neben ihr ist

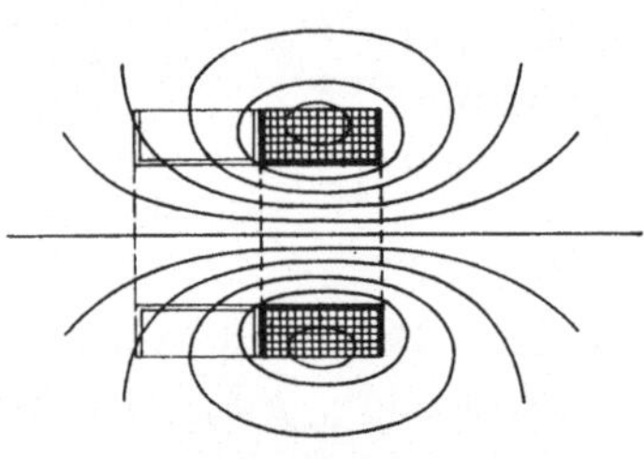

Fig. 95a.

noch eine zweite Spule ohne Kraftlinien in schwächeren Strichen
angedeutet. Beide Spulen sind zunächst über einen unmagnetisier-
baren Kern, etwa über einen Holzkern geschoben gedacht. Wir
sehen, daß die Kraftlinien wohl die Tendenz haben, innerhalb der
Spule parallel der Achse zu fließen, daß sie aber nach außen ab-
biegen, um sich außerhalb zu schließen, und daß die Kraftlinien
der äußeren Windungen die Ebenen der inneren Windungen teilweise überhaupt nicht schneiden. Von den Windungen der zweiten
Spule durchströmen die aus der ersten austretenden, schon aus-
einandergebogenen Kraftlinien vollends nur einen Teil. Wenn
die Spulen nicht über einen Holz- sondern über einen Eisenkern geschoben werden (Fig. 95b), so hält sie das Eisen ver-

möge seiner guten magnetischen Durchlässigkeit mehr zusammen, und dann am besten, wenn der Eisenkörper in sich geschlossen

wird und den Kraftlinien, die bekanntlich immer in sich geschlossen sind, über ihre ganze Länge hinweg einen gut permeablen Weg bietet. Aber auch in diesem Falle treten einige „Streulinien" aus dem Eisenkörper aus und andere, wenn auch nur wenige, ver-

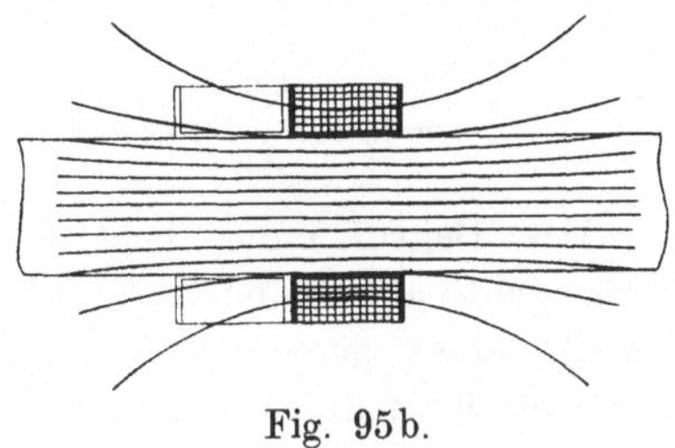

Fig. 95 b.

laufen zwischen dem Eisen und den äußeren Windungen, von denen sie erzeugt werden. Auch beim Vorhandensein von Eisen durchströmen also alle Kraftlinien weder alle Windungen der sie erzeugenden noch der benachbarten Spule; die Zahl der Streulinien ist aber gering, wenn der Eisenkörper den Kraftlinien einen gut geschlossenen magnetischen Kreis bietet.

Bezeichnen wir die Gesamtzahl der Kraftlinien, welche die beiden Spulen überhaupt erzeugen, mit N_{1t} und N_{2t}, so ist die EMK, welche z. B. N_{1t} in der primären Spule induziert, nicht mehr $-n_1 \dfrac{dN_1}{dt}$. Dieser Ausdruck ist vielmehr noch mit einem Faktor < 1 zu multiplizieren, der berücksichtigt, daß die Kraftlinien N_{1t} nicht alle Windungen n_1 schneiden. Dieser Faktor möge Spulenfaktor genannt und im vorliegenden Falle mit f_1 bezeichnet werden. Ein solcher Faktor ist aber bei der Berechnung der EMK, die jeder Kraftfluß in jeder Spule erzeugt, zu berücksichtigen. Bei entsprechender Wahl der Indizes von f ist daher die EMK, welche

$$N_{1t} \text{ in } n_1 \text{ erzeugt } -f_1 n_1 \dfrac{dN_1}{dt}$$

$$N_{1t} \text{ in } n_2 \quad \text{,,} \quad -f_{1,2} n_2 \dfrac{dN_1}{dt}$$

$$N_{2t} \text{ in } n_1 \quad \text{,,} \quad -f_{2,1} n_1 \dfrac{dN_2}{dt}$$

$$N_{2t} \text{ in } n_2 \quad \text{,,} \quad -f_2 n_2 \dfrac{dN_2}{dt}.$$

Die Grundgleichungen I und II werden daher

$$Ep_{1t} = J_{1t}\,w_1 + f_1\,n_1\,\frac{dN_1}{dt} + f_{2,1}\,n_1\,\frac{dN_2}{dt}$$

$$-f_2\,n_2\,\frac{dN_2}{dt} - f_{1,2}\,n_2\,\frac{dN_1}{dt} = J_{2t}\,w_2 + Ep_{2t}.$$

Der Begriff eines beiden Spulen gemeinsamen Gesamtfeldes geht also zunächst verloren. Man kann aber zu dem Begriffe eines gemeinsamen, wenn auch nicht alle überhaupt erzeugten Kraftlinien umfassenden Feldes kommen, wenn man addiert zu

$$\text{Grundgleichung I} \pm f_{1,2}\,n_1\,\frac{dN_1}{dt}$$

$$\text{,,} \qquad \text{II} \pm f_{2,1}\,n_2\,\frac{dN_2}{dt}.$$

Es ist dann

$$Ep_{1t} = J_{1t}\,w_1 + n_1\,\frac{d}{dt}\,(f_{1,2}\,N_{1t} + f_{2,1}\,N_{2t}) + n_1\,(f_1 - f_{1,2})\,\frac{dN_1}{dt}$$

$$-n_2\,\frac{d}{dt}\,(f_{1,2}\,N_{1t} + f_{2,1}\,N_{2t}) = J_{2t}\,w_2 + n_2\,(f_2 - f_{2,1})\,\frac{dN_2}{dt} + Ep_{2t}.$$

In diesen beiden Gleichungen findet man den gemeinsamen Ausdruck

$$f_{1,2}\,N_{1t} + f_{2,1}\,N_{2t} = N_t,$$

welcher an die Stelle von

$$N_{1t} + N_{2t} = N_t$$

in die vor Berücksichtigung der Streuung betrachteten Grundgleichungen eintritt, in denen die Spulenfaktoren noch nicht eingeführt, oder, was dasselbe bedeutet, $= 1$ gesetzt waren. Da das jetzt gewonnene Feld N_t nach den obigen Gleichungen

in den n_1 Windungen der primären Spule die EMK $- n_1\,\dfrac{dN}{dt}$

und in den n_2 Windungen der sekundären die EMK $- n_2\,\dfrac{dN}{dt}$

induziert, so kann es als ein gemeinsames Feld betrachtet werden, welches sowohl alle Windungen der primären wie der sekundären Spule durchschneidet. Außer der EMK dieses Feldes wird aber in beiden Spulen noch je eine EMK induziert, nämlich in

$$\text{der primären} \quad -n_1\,(f_1 - f_{1,2})\,\frac{dN_1}{dt}$$

$$\text{der sekundären} \quad -n_2\,(f_2 - f_{2,1})\,\frac{dN_2}{dt}$$

zwei Größen, welche Null werden, wenn man die Streuung nicht berücksichtigt, also die Spulenfaktoren $=1$ setzt. Diese EMKe werden in jeder von beiden Spulen nur durch deren eigenes Feld erzeugt und repräsentieren eine Wirkung der Streuung, welche in jeder Spule noch zu der Wirkung des gemeinsamen Feldes beider Spulen hinzukommt. Wir setzen

$$(f_1 - f_{1,2})\,N_1 = N_{1s}$$

und

$$(f_2 - f_{2,1})\,N_2 = N_{2s}$$

und bezeichnen N_{1s} und N_{2s} als die jeder Spule allein eigenen Streuflüsse.

Die Grundgleichungen werden demnach schließlich unter Benutzung leicht verständlicher Substitutionen

$$Ep_{1t} = J_{1t}w_1 + n_1\frac{dN}{dt} + n_1\frac{dN_{1s}}{dt}$$

$$= J_{1t}w_1 + e_{1t} + e_{1st} \qquad \text{I}$$

$$-n_2\frac{dN}{dt} = J_{2t}w_2 + n_2\frac{dN_{2s}}{dt} + Ep_{2t}$$

$$e_{2t} = J_{2t}w_2 + e_{2st} + Ep_{2t} \qquad \text{II}$$

e_{1s} und e_{1s} sind dabei, weil sie nur von J_1 bzw. von J_2 hervorgebracht werden, EMKe der Selbstinduktion dieser Spulen, die aber klein sind, weil die Streuflüsse bei gut geschlossenen magnetischen Kreisen nur geringe Werte haben. Da die Streulinien bei ihrer Eigenart aus dem Eisen austretender Kraftlinien größtenteils in Luft verlaufen, so ist J_1w_1 mit e_{1s} und J_2w_2 mit e_{2s} zu je einem Diagramm zu vereinigen (Fig. 96)

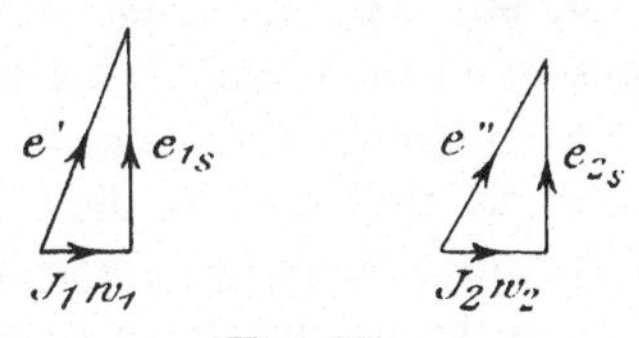

Fig. 96.

wie Jw mit ωLJ in Fig. 27. Die Resultierenden e' und e'' bedeuten Spannungsverluste, die jetzt an Stelle der Ohmschen Spannungsabfälle in den beiden Wicklungen auftreten. Das von außen dem Transformator zugeführte Ep_1 wird jetzt nach der neuen Grundgleichung I bis auf den gesamten primären Spannungsabfall $e'_t = J_{1t} w_1 + e_{1st}$ durch e_1 ausbalanziert, zu dessen Erzeugung sich das gemeinsame Feld N entsprechend einstellt. Das so hervorgerufene N induziert nach der neuen Grundgleichung II in der sekundären Wicklung e_2, von diesem geht e'' insgesamt verloren, und Ep_2 bleibt nach außen verfügbar. e' und e'' sind, wie die beiden Katheten, aus denen sie (in Fig. 96) gebildet werden, dem Strom J_1 bzw. J_2 proportional.

Die vorstehenden Ergebnisse ermöglichen es jetzt, die Transformatordiagramme unter Berücksichtigung der Streuung zu zeichnen. Bei dem primären Diagramm (Fig. 97) ist an das ursprünglich aus Ep_1 (in der Figur gestrichelt gezeichnet), $J_1 w_1$ und e_1 bestehende Diagramm noch e_{1s} anzufügen. Nach Grundgleichung I und Fig. 96 ist e_{1s} dabei senkrecht und nach links gedreht auf $J_1 w_1$ zu stellen und außerdem so zu legen, daß es mit $J_1 w_1$

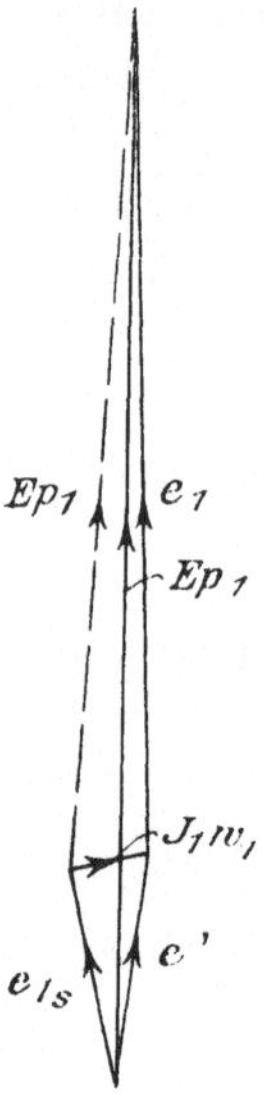

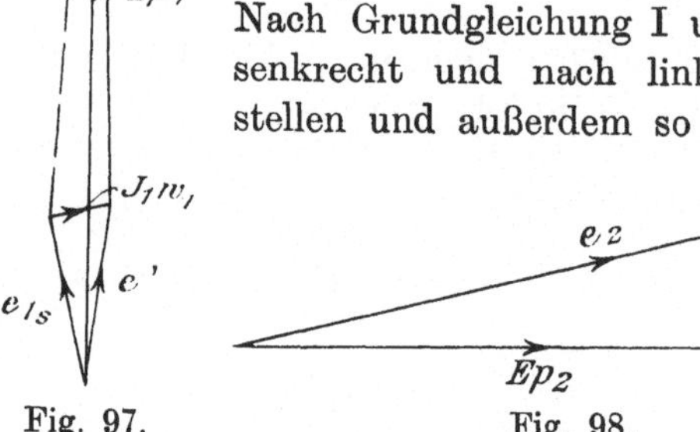

Fig. 97. 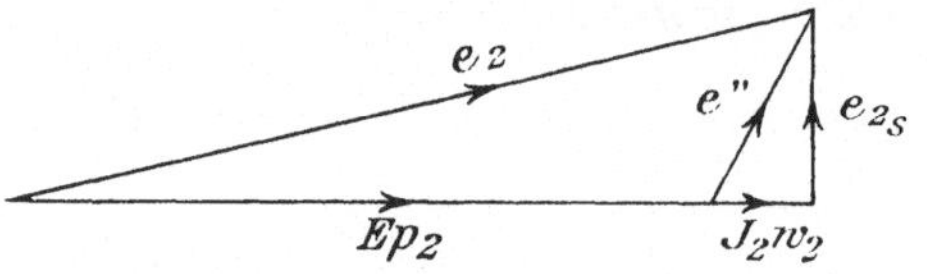　　　　　　　　　Fig. 98.

und e_1 einen mit gleicher Pfeilrichtung versehenen Linienzug bildet. Die Schlußlinie ist dann Ep_1. Bei dem sekundären Diagramm ist nach Grundgleichung II zu dem kleinen Streuungsdreieck (Fig. 96) Ep_2 noch zu addieren. In Fig. 98 ist dies geschehen und dabei induktionslose Belastung angenommen. Ep_2 erscheint also als Verlängerung von $J_2 w_2$, und e_2 bildet die Schlußlinie. Bei induktiver Belastung, wobei Ep_2 gegen J_2 Voreilung hätte, wäre Ep_2 gegen seine jetzige Lage nach links zu drehen, bei Verzögerung von Ep_2 dagegen nach rechts.

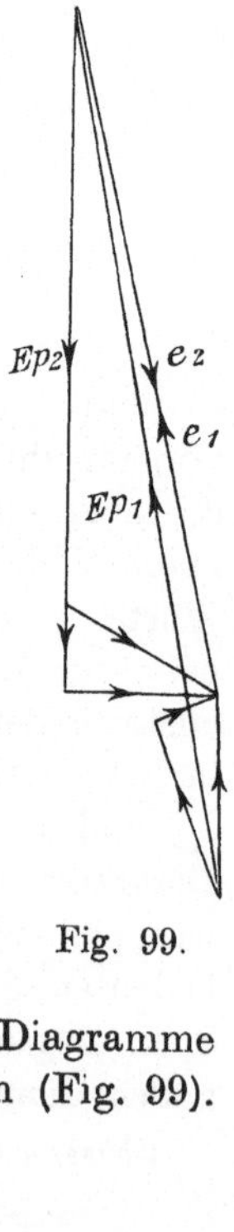

Denken wir uns bei Fig. 97 und 98 die auf S. 140 besprochene Reduktion auf das Übersetzungsverhältnis 1 vorgenommen, so können wir beide Diagramme so aufeinander legen, daß e_1 und e_2 sich decken (Fig. 99).

Fig. 99.

Die durch einen Zirkelschlag zu bestimmende Längendifferenz
von Ep_1 und Ep_2 ergibt dann unmittelbar den Spannungsabfall. Da J_1 und J_2 schon bei kleinen Belastungen in
guten modernen Transformatoren fast
genau 180^0 Phasenverschiebung haben,
so kann man J_1w_1 und J_2w_2 einander
parallel legen, aber so, daß die Pfeilrichtungen entgegengesetzt sind (Fig. 100).
Beide Streuungsdreiecke lassen sich
dann durch die gestrichelten Linien zu
einem Gesamtdreiecke ergänzen, dessen
eine Kathete den gesamten Ohmschen
Spannungsabfall des Transformators
$J_1w_1 + J_2w_2$, dessen andere den gesamten Abfall durch Streuung $e_{1s} + e_{2s}$
und dessen Hypotenuse den totalen,
überhaupt auftretenden Abfall angibt.
Die Seiten dieses Dreiecks sind, wie
diejenigen der beiden Streuungsdreiecke,
proportional der Stromentnahme aus
dem Transformator. Die Form des

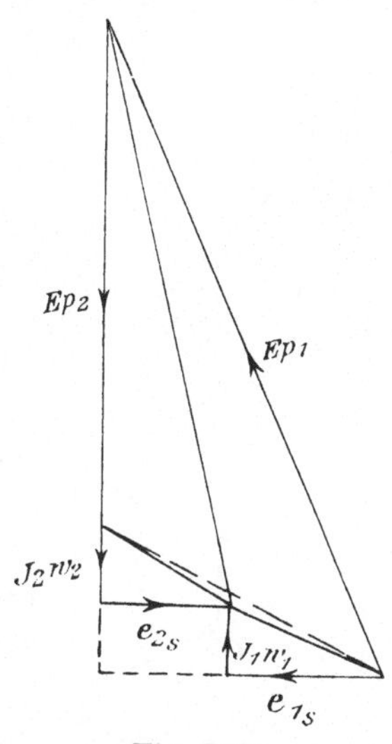

Fig. 100.

Dreiecks, d. h. das Verhältnis der Längen der beiden Katheten
ist bestimmt durch die Bewicklung (w_1 und
w_2) und den magnetischen Aufbau (e_{1s} und
e_{2s}) des Transformators, so daß jeder Transformator ein Dreieck aufweist, das ihm eigen
ist. Dieses pflegt als das charakteristische
Dreieck des Transformators bezeichnet zu
werden.

Wir lösen unter Benutzung dieser Dreiecke in einfachster Weise folgende Aufgaben:
1. Bestimmung von Primärspannung und
Spannungsabfall bei konstant gehaltener Sekundärspannung und veränderlicher induktionsloser Belastung. Gezeichnet wird (Fig. 101)
das charakteristische Dreieck BCD, etwa
für normale Belastung, dabei $BD = J_1w_1$
$+ J_2w_2$, $DC = e_{1s} + e_{2s}$, $OB = Ep_2$ in der
Verlängerung von BD. Dann ist $OC = Ep_1$
bei normaler Belastung, $OC' = Ep_1$ bei hal-

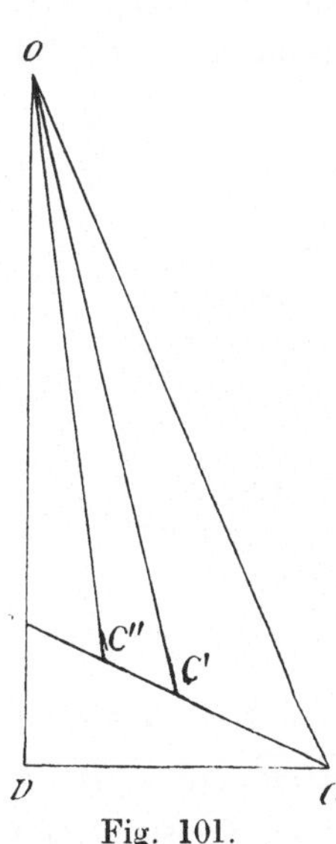

Fig. 101.

10*

ber und $\overline{OC''} = Ep_1$ bei Viertelbelastung, wenn $\overline{BC'} = {}^1/_2\,\overline{BC}$ und $\overline{BC''} = {}^1/_4\,\overline{BC}$. 2. Entsprechende Bestimmung von Ep_2 bei konstant gehaltenem Ep_1. Es ist (Fig. 102) mit $Ep_1 = \overline{OB}$ als

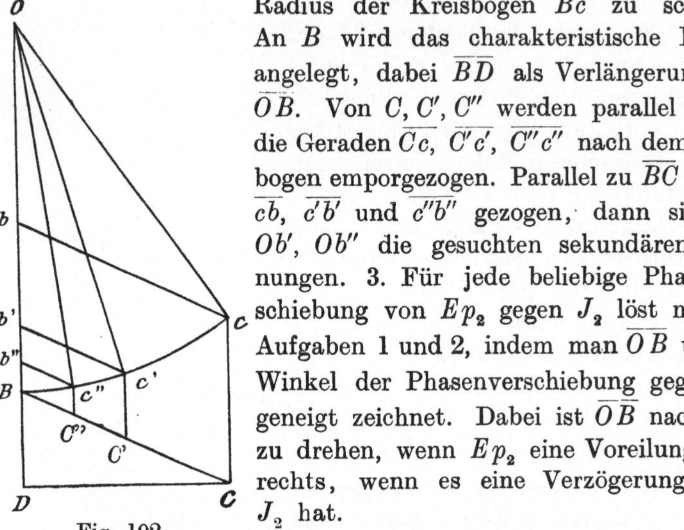

Fig. 102.

Radius der Kreisbogen Bc zu schlagen. An B wird das charakteristische Dreieck angelegt, dabei $\overline{BD}$ als Verlängerung von $\overline{OB}$. Von C, C', C'' werden parallel zu $\overline{OB}$ die Geraden $\overline{Cc}, \overline{C'c'}, \overline{C''c''}$ nach dem Kreisbogen emporgezogen. Parallel zu $\overline{BC}$ werden $\overline{cb}, \overline{c'b'}$ und $\overline{c''b''}$ gezogen, dann sind Ob, Ob', Ob'' die gesuchten sekundären Spannungen. 3. Für jede beliebige Phasenverschiebung von Ep_2 gegen J_2 löst man die Aufgaben 1 und 2, indem man $\overline{OB}$ um den Winkel der Phasenverschiebung gegen $\overline{BL}$ geneigt zeichnet. Dabei ist $\overline{OB}$ nach links zu drehen, wenn Ep_2 eine Voreilung, nach rechts, wenn es eine Verzögerung gegen J_2 hat.

Den Einfluß der Phasenverschiebung φ von Ep_2 gegen J_2 auf den Spannungsabfall überblickt man am besten, wenn man eine Belastung, etwa die volle Belastung, konstant hält und φ_2 z. B. bei konstantem Ep_1 verändert. In Fig. 10.

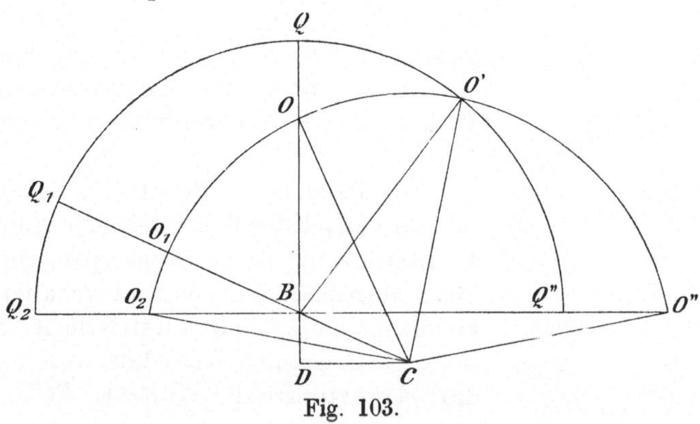

Fig. 103.

bildet $OBCD$ eine verkleinerte Wiederholung von Fig. 101 für Vol belastung, gilt also für Phasengleichheit von $\overline{OB} = Ep_2$ mit J Schlägt man um C mit $\overline{CO} = Ep_1$ als Radius einen Kreisbogen un dreht man Ep_2 um φ_2 nach links, also zur Voreilung gegen J_2, so sind $\overline{O_1B}$, $\overline{O_2B}$ die Werte von Ep_2 bei verschiedenem φ_2. Dreht man Ep_2 nach rechts, so sind $\overline{BO'}$, $\overline{BO''}$ Werte von Ep_2 bei Verzögerung gegen J_2. Den Spannungsabfall selbst kann man durch die Figur ebenfalls darstellen, wenn man um B mit $BQ = Ep_1$ einen Kreisbogen schlägt. Der Abstand beider Kreisbogen längs Ep_2 gemessen, gibt dann den Spannungsabfall an. Wir sehen, daß von induktionsloser Belastung an gerechnet der Abfall $(\overline{OQ})$ mit steigender Induktivität zunimmt, bis er ein Maximum $(\overline{O_1Q_1})$ erreicht, das er annimmt, wenn Ep_2 in der Verlängerung von $\overline{BC}$ liegt, und daß er darauf wieder nachläßt. Bei Voreilung der Stromstärke gegen die Spannung ist der Spannungsabfall kleiner als bei induktiver Belastung; er nimmt bei steigender Voreilung immer mehr ab, wird Null (bei $\overline{O'}$), bei weiter zunehmender Vereilung sogar negativ, d. h. Ep_2 wird größer, als dem Übersetzungsverhältnis des Transformators entspricht.

Dieses Verhalten des Transformators bei konstanter Stromentnahme ist von sehr großer praktischer Wichtigkeit. Von einem guten Transformator ist zu verlangen, daß er weder bei induktiver Belastung einen zu großen Spannungsabfall, noch bei Voreilung der Stromstärke gegen die Spannung eine zu große Spannungssteigerung aufweist. Die Belastung mit induktiven Widerständen bildet, wie wir gesehen haben, den gewöhnlichen Betrieb des Transformators und tritt immer auf, wenn er einen anderen Transformator, und meist wenn er einen Motor speist. Voreilung der Stromstärke gegen die Spannung kann vorhanden sein, wenn lange Kabelleitungen an die Sekundärklemmen des Transformators angeschlossen werden, oder auch, wie später zu besprechen ist, wenn ein übererregter Synchronmotor am Netze hängt. Mit beiden Fällen der Phasenverschiebung ist also praktisch zu rechnen.

Fig. 103 zeigt, daß sich das erörterte Verhalten des Transformators unter allen Umständen aus dem charakteristischen Dreieck im voraus bestimmen läßt, daß aber die Kenntnis des Ohmschen Spannungsabfalles oder des Gesamtabfalles $(\overline{BC})$ allein dafür nicht ausreicht. Die MN schreiben deshalb die Angabe beider Größen vor. In den Preisverzeichnissen der elektrotechnischen Firmen ist freilich bisher nur die Angabe der Spannungsänderung bei induktionsloser Belastung, höchstens noch eine Angabe bei einer induktiven Belastung (Leistungsfaktor 0,8) üblich.

Durch Messung kann man das charakteristische Dreieck an einem fertigen Transformator bestimmen, wenn man ihn sekundär nur durch ein Amperemeter schließt und die primäre Spannung so einstellt, daß er eine gewünschte Stromstärke, etwa die normale, aufnimmt. Da wegen des geringen Widerstandes des Amperemeters mit genügender Annäherung $Ep_2 = 0$ ist, so ist die hierbei gefundene primäre Spannung, die „Kurzschlußspannung", gleich der Hypotenuse $\overline{BC}$ des charakteristischen Dreiecks. Aus den gleichzeitig auftretenden und zu messenden Werten von J_1 und J_2 läßt sich außerdem $\overline{BD} = J_1 w_1 + J_2 w_2$ und damit das charakteristische Dreieck ganz bestimmen. Nach Fig. 103 ist die Kurzschlußspannung $(\overline{BC} = \overline{O_1 Q_1})$ gleichzeitig der größte induktive Spannungsabfall, der im Transformator überhaupt vorkommt.

Ein anderes Verfahren zur Vorausbestimmung des Spannungsabfalles im Transformator ist folgendes: Nach Grundgleichung I und II, erhält man bei $N_t = 0$

$$E p_{1\,t} = J_{1\,t} w_1 + e_{1\,st}$$

und

$$- E p_{2\,t} = J_{2\,t} w_2 + e_{2\,st}.$$

Ep_1 und Ep_2 sind also in diesem Falle die gesamten Spannungsabfälle e' und e'' in den beiden Wicklungen, also die Hypotenusen der beiden Dreiecke in Fig. 96. Wenn man $N_t = 0$ macht und gleichzeitig Ep_1, J_1, Ep_2 und J_2 mißt, so kann man also die EMKe der Streuung in beiden Kreisen getrennt berechnen aus den Gleichungen

$$e_{1\,s}^2 = E p_1^2 - J_1^2 w_1^2$$

$$e_{2\,s}^2 = E p_2^2 - J_2^2 w_2^2$$

und aus $J_1 w_1$, $e_{1\,s}$, $J_2 w_2$ und $e_{2\,s}$ wieder das charakteristische Dreieck bestimmen. Das gemeinsame Feld wird offenbar Null, wenn die Summe der Amperewindungen beider Spulen, welche es erzeugen, Null wird, also wenn

$$J_{1\,t} n_1 + J_{2\,t} n_2 = 0$$

oder

$$J_{2\,t} = - \frac{n_2}{n_1} J_{1\,t}.$$

Bei einem Transformator mit dem Übersetzungsverhältnis $\frac{n_2}{n_1} = 1$ braucht man nur die primäre und die sekundäre Wicklung hintereinander zu schalten und s o von demselben Strom durchfließen zu lassen, daß beide

Wicklungen entgegengesetzte Magnetisierungen erzeugen. Bei anderen Übersetzungsverhältnissen sind besondere Maßnahmen nötig.[1]

Noch wertvoller als die betrachteten Verfahren wäre natürlich ein solches, welches ohne jede Messung der Streuung allein durch Rechnung aus den Abmessungen des Transformators das charakteristische Dreieck zu bestimmen gestattete; denn es würde die Ableitung der Eigenschaften des Transformators allein nach der Konstruktionszeichnung vor dem Bau ermöglichen. Eine Bearbeitung dieser Frage auf streng wissenschaftlicher Grundlage ist bisher nur für Scheibenwicklung und geteilte Endspulen vorgenommen worden.[2]

Von besonderer Wichtigkeit ist die Kenntnis des charakteristischen Dreiecks für die Parallelschaltung von Transformatoren (Fig. 67). Hierbei sollte die gesamte Belastung so auf die einzelnen Transformatoren verteilt werden, daß die Leistung aller in dem gleichen Verhältnis zu ihrer Normalleistung steht. Dazu gehört, daß sie nicht nur für gleiche primäre Spannung und für gleiches Übersetzungsverhältnis bei Leerlauf eingerichtet, sondern auch, daß ihre charakteristischen Dreiecke für volle Belastung kongruent sind. Nimmt man an, daß bei der genannten Belastungsverteilung einer der Transformatoren einen größeren Spannungsabfall hätte als die anderen, so würde er bei dem Parallelarbeiten diesen Abfall nicht erreichen können, denn seine Sekundärspannung müßte denselben Wert wie bei den anderen annehmen, sein Spannungsabfall würde also geringer werden und sein Anteil an der Gesamtleistung abnehmen. Die Erfahrung hat gezeigt, daß ein genügend gutes Parallelarbeiten nur möglich ist, wenn die Kurzschlußspannungen bis auf etwa $10-15^0/_0$ einander gleich sind; ist dies nicht der Fall, so sind bei den Transformatoren, die den geringeren Spannungsabfall haben, Drosselspulen einzubauen. Bei nicht ganz gleichen charakte-

---

[1] Dieses Verfahren ist entwickelt und ausgearbeitet worden von W. Rogowski und K. Simons in einer allgemeineren Arbeit über die Streuung bei Wechselstrom-Transformatoren und Kommutator-Motoren, ETZ 1908, S. 535. Die beiden Verfasser erörtern die Streuung sowohl nach der Kraftlinienvorstellung wie auch nach der Methode der Rechnung mit Koeffizienten der Selbst- und der gegenseitigen Induktion. Bei der Rechnung mit Kraftlinien benutzen sie als die ersten in strenger Weise den Begriff des Spulenfaktors für das vorliegende Problem.

[2] W. Rogowski, Dissertation, Technische Hochschule Danzig und Abdruck in den Forschungsarbeiten des Vereins Deutscher Ingenieure, Heft 71. Rogowski entwickelt aus den Maxwellschen Gleichungen Formeln für die Streuungs-Induktions-Koeffizienten, die er durch Messung nachprüft, und gibt durch Rechnung gewonnene Bilder von Streufeldern.

ristischen Dreiecken ist die Gefahr der Überlastung bei den kleineren Transformatoren natürlich besonders groß; man pflegt deshalb nur solche Transformatoren gemeinsam auf dasselbe Netz arbeiten zu lassen, deren Leistungen sich höchstens wie 1 zu 5 verhalten. Die größte Schwierigkeit bereitet selbstverständlich das Parallelarbeiten von Typen verschiedener Herkunft. Die Firmen, welche Transformatoren zu liefern haben, die mit schon vorhandenen anderen Fabrikaten parallel arbeiten sollen, müssen deshalb Angaben verlangen, welche sie das charakteristische Dreieck der älteren Transformatoren kennen lehren. Dazu wären am besten geeignet die vom V. D. E. vorgeschriebenen Angaben der Kurzschlußspannung und des Ohmschen Spannungsabfalles; die der Kurzschlußspannung allein reicht genau genommen nicht aus. Zur Bestimmung des charakteristischen Dreiecks genügend wäre aber z. B. auch nach Fig. 103 die Kenntnis des Spannungsabfalles bei zwei beliebigen Belastungen, etwa der induktionslosen und einer induktiven Belastung bei einem bestimmten Leistungsfaktor.

Für jeden einzelnen Transformator wie auch für das Parallelarbeiten mehrerer erwünscht ist natürlich die möglichste Herabsetzung des Spannungabfalles. Für die Verminderung des Ohmschen Abfalles ist eine Grenze gesetzt durch den Kupferquerschnitt, und eine Verminderung des Streuverlustes läßt sich durch geeignete Anordnung und Gestaltung der Wicklungen erreichen. Die kleinste Streuung erhält man offenbar, wenn man je eine Windung der einen Wicklung mit einer dem Übersetzungsverhältnisse entsprechenden Anzahl der anderen unmittelbar nebeneinander wickelt, so daß sich primäre und sekundäre Windungen möglichst innig mischen. Diese Anordnung wäre aber teuer in der Herstellung und würde die Gefahr eines Überschlagens von der Hochspannung in die Niederspannung mit sich bringen. Man kommt dieser Anordnung aber nahe, wenn man die Spulen in möglichst flachen Scheiben wickelt, jede Scheibe mit Isolierflanschen versieht und primäre und sekundäre Scheiben abwechselnd aneinander reiht. Aber auch die Ausführung der Wicklung in längeren Zylindern bietet Vorteile, wenn die primären und sekundären Zylinder nicht nebeneinander, sondern koaxial übereinander angebracht werden. Hierbei strömen wenigstens sämtliche Kraftlinien der inneren Spule durch die äußere. Die Spannungsabfälle, welche bei modernen Transformatoren auftreten, liegen etwa zwischen $1\,^0/_0$ und $3\,^0/_0$, sind bei größeren Typen und induktionsloser Belastung aber gelegentlich noch geringer als $1\,^0/_0$, jedoch bei sehr kleinen Typen und besonders bei induktiver Belastung auch etwas größer als $3\,^0/_0$.

Über den Einfluß der Streuung bei verschiedener Schaltung der Spulen einer Scheibenwicklung wurden im Elektrotechnischen Institut der Technischen Hochschule in Danzig Versuche an einem Kerntransformator mit je sechs gleichen Spulen auf jedem Kern ausgeführt. Die Spulen wurden zu je sechs zu einer Wicklung hintereinander geschaltet, und zwar einmal (I) so, daß die aufeinanderfolgenden Spulen abwechselnd zur primären und zur sekundären Wicklung gehörten, und ein anderes Mal (II) so, daß die primären Spulen auf dem einen, die sekundären auf dem anderen Kern vereint waren. Im ersten Falle war also Scheibenwicklung in richtiger Ausführung, im zweiten eine Art von Zylinderwicklung in falscher Ausführung vorhanden, denn die beiden völlig getrennten Wicklungen gaben in dem letzten Falle Gelegenheit zu sehr großen Streuungen. Fig. 104 zeigt das Ergebnis. Die bei großen Streuungen gefundenen Kurven II sind die in allen Fällen weit ungünstigeren. Eine eingehende Erörterung der sehr interessanten Kurven würde zu weit führen.

Zum Ausgleich des Spannungsabfalles in Leitungen oder Transformatoren wird oft die Ausbildung von „Zapfstellen" an den Transformatoren verlangt, um durch Abschaltung einiger primärer und sekundärer Windungen das Übersetzungsverhältnis ändern zu können. Andere Wicklungsanordnungen ermöglichen die gleichzeitige Entnahme zweier oder mehrerer Sekundärspannungen, z. B. 500 Volt für Kraft und 110 Volt für Licht, wobei die kleinere Spannung von einer Abzweigung geliefert wird, oder auch die Speisung eines Dreileitersystems, wobei der Nulleiter an den Mittelpunkt der Niederspannungswicklungen angeschlossen wird.

Zum Schutz der Niederspannungswicklungen gegen die Hochspannung empfiehlt sich in allen Fällen der Einbau von Spannungssicherungen, welche an den Niederspannungsklemmen zwischen diesen und der Erde eingeschaltet werden und durchschlagen, wenn Hochspannung in sie eintritt, also Erdung herbeiführen. Solche Sicherungen können z. B. in zwei Metallplatten bestehen, welche durch eine mit Löchern versehene

Glimmerscheibe getrennt sind. Die Anordnung kann auch so gewählt werden, daß beim Durchschlagen der Sicherung der Transformator vom Netz selbsttätig abgetrennt wird.

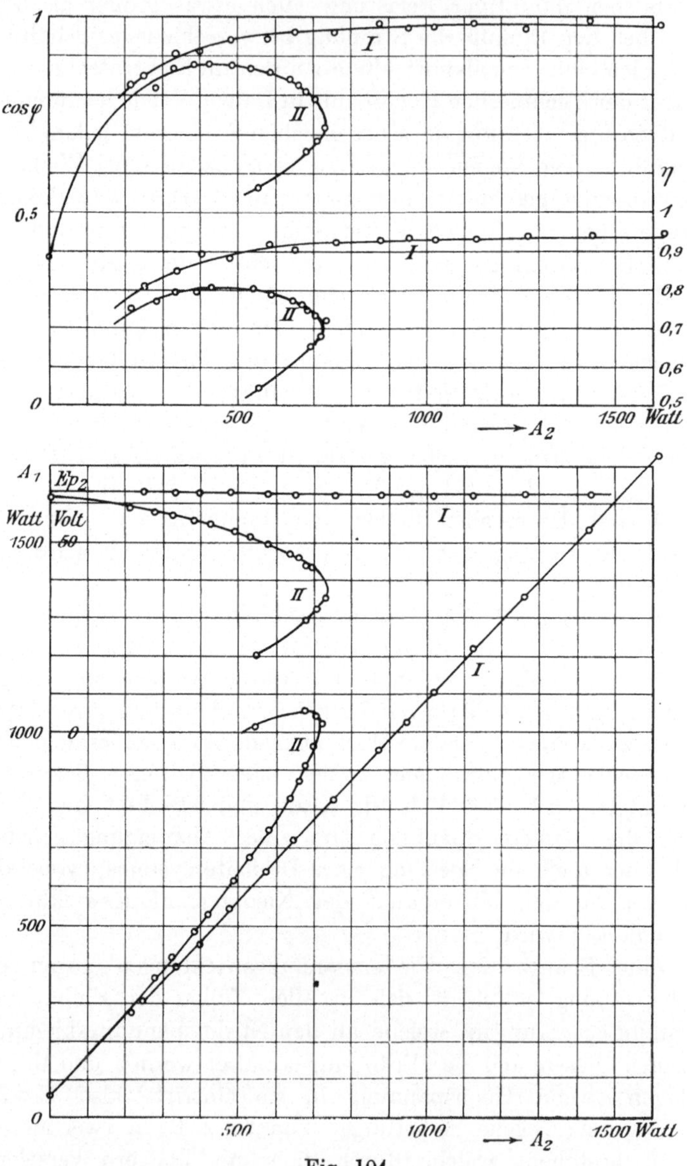

Fig. 104.

§ 19. Der Spartransformator.

Schließt man an ein Netz von gegebener Spannung $E p_1$ eine einfache Induktionsspule (Fig. 105) an, so kann man aus einem beliebigen Teile ihrer Wicklung Strom in eine Abzweigung entnehmen. Die Spannung, welche für die Entnahme zur Verfügung steht, verhält sich dann zur Netzspannung wie die Zahl der Windungen, an welche die Verbrauchsleitungen angeschlossen sind, zu der Zahl der an das Netz angeschlossenen Windungen. Man kann dadurch also die Spannung im beliebigen Verhältnis abwärts transformieren. Auch eine aufwärtsgehende Transformation ist möglich, wenn man umgekehrt nur einen Teil der Windungen an das Netz anschließt, die gesamte Windungszahl aber für die Speisung der Verbrauchsstelle benutzt. Das geschilderte Transformationsverfahren bietet gegenüber der bisher betrachteten Verwendung zweier getrennter Wicklungen den Vorteil der Material- und Energieersparnis. Der so geschaltete Transformator heißt deshalb Spartransformator.

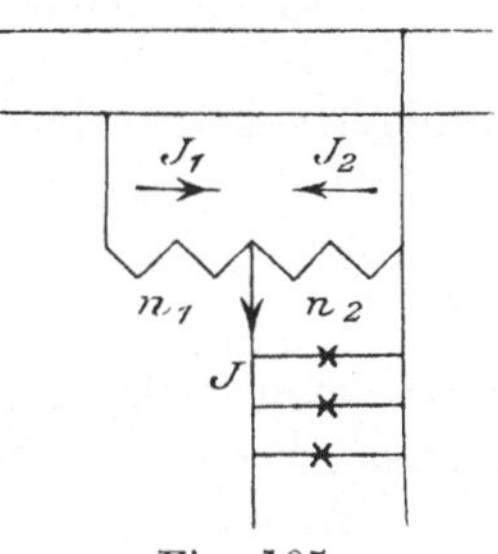

Fig. 105.

Es sei n_2 die Zahl der Windungen, an welche die Verbrauchsstelle angeschlossen ist, $n_1 + n_2$ die Gesamtwindungszahl. Dann ist bei Leerlauf $J_0 (n_1 + n_2)$ die Amperewindungszahl, welche $\mathfrak{B}_{max}$ erzeugt und $E p_1$ ausbalanziert. Wird der Strom J aus der Wicklung entnommen, so darf sich trotzdem $\mathfrak{B}_{max}$ nicht verändern, solange $E p_1$ konstant bleibt. Dies ist nur möglich, wenn der Abnahmestelle von J zwei entgegengesetzte Ströme J_1 und J_2 zufließen, deren Wirkungen sich bis auf die Wirkung des Leerlaufstromes aufheben. Analog Gl. 3 S. 124 ist hier

$$n_1 J_1 - n_2 J_2 = (n_1 + n_2) J_0$$

und bei Vernachlässigung des kleinen Leerlaufstromes

$$J_2 = \frac{n_1}{n_2} J_1 .$$

Wenn also $n_1 > n_2$, so müssen die Windungen n_2 aus dickerem Draht hergestellt werden. Der den Lampen zugeführte Strom ist

$$J = J_1 + J_2 = \frac{n_1 + n_2}{n_2} J_1$$

wie bei einem gewöhnlichen Transformator, bei dem die primäre Windungszahl $n_1 + n_2$, die sekundäre n_2 ist.

An Kupfer sind also im obigen Falle nötig beim

Spartransformator n_1 Windungen für die Stromstärke J_1

n_2 Windungen für die Stromstärke J_2

gewöhnlichen Transformator $n_1 + n_2$ Windungen für die Stromstärke J_1

n_2 Windungen für die Stromstärke

$$J = J_1 + J_2.$$

Denkt man sich, um einen ungefähren Überblick über den Kupferverbrauch zu haben, beim gewöhnlichen Transformator die n_2 Windungen für $J_1 + J_2$ in n_2 Windungen für J_1 und ebenso viele für J_2 zerlegt, so braucht dieser also $2\,n_2$ Windungen für J_1 mehr als der Spartransformator. Läßt man in beiden Transformatoren die gleiche Stromdichte zu, denkt man sich also das verbrauchte Kupfervolumen proportional der Amperewindungszahl, so ergibt sich aus den obigen Ansätzen leicht, daß das ersparte Volumen sich zu dem für den gewöhnlichen Transformator verbrauchten verhält wie das Übersetzungsverhältnis

$$\frac{n_2}{n_1 + n_2}.$$

Da bei gleicher Stromdichte in beliebigen Drähten sich die Energieverluste verhalten wie die Drahtvolumina, so ist die obige Materialersparnis von einer ebenso großen Energieersparnis begleitet. Beide Ersparnisse sind um so größer, je weniger Ep_2 von Ep_1 abweicht. Bei $Ep_2 = Ep_1$ ist das Sparverhältnis $= 1$, d. h. man braucht überhaupt kein Kupfer aufzuwenden, da man Ep_2 unmittelbar aus dem Netz entnehmen kann. Aber auch bei der Übersetzung der Spannung auf die Hälfte werden $50\,^0/_0$ an Material und Energie beim Kupfer gespart.

Die Ersparnis von Kupfer ist aber auch von einer solchen von Eisen begleitet, denn da auf diesem weniger Windungen unterzubringen sind, kann auch sein Volumen verkleinert werden. Bei konstantem $\mathfrak{B}_{max}$ vermindern sich aber damit proportional auch die Verluste.

Die Ersparnis an Material und Energie hört bei großen Übersetzungsverhältnissen auf, lohnend zu sein. Bei Hochspannung verbietet sich die Vereinigung von Hoch- und Niederspannungswicklungen der Gefahr wegen von selbst. Das Verwendungsgebiet des Spartransformators ist deshalb die Speisung einzelner Bogenlampen, wo sonst Drosselspulen benutzt werden, oder das Anlassen von Motoren, wobei das Übersetzungsverhältnis veränderlich gemacht wird. Durch mehrere Anschlüsse läßt sich die Spannung auch in gleiche Teile unterteilen, was bei gleichzeitigem Anschluß mehrerer Lampen in Frage kommt. Die jetzt durch Metallfadenlampen für höhere Spannungen verdrängte Osmiumlampe, die nur etwa für 30 Volt hergestellt werden konnte, wurde so gespeist. Aber auch bei den neueren Metallfadenlampen war dieses Verfahren beim Anschlusse mehrerer Lampen an Netze von 110 bis 220 Volt bisher noch ratsam, bevor es gelungen ist, Lampen mit gezogenen Metalldrähten herzustellen.

§ 20. Meßtransformatoren.

Beim Anschluß an hohe Spannungen ließe sich die Isolierung technischer Meßinstrumente nur unter Aufwand kostspieliger Isolationsmittel aufrecht erhalten, und eine für den Beobachter ungefährliche Aufstellung würde dabei auch sehr viel Platz verlangen. Man schaltet diese Meßinstrumente deshalb heute nicht unmittelbar an Hochspannung an, sondern an die Sekundärwicklung von Transformatoren, deren Primärwicklungen so angeschlossen werden, wie es mit den Instrumenten selbst geschähe, wenn keine Transformatoren benutzt würden. Man unterscheidet demnach Spannungstransformatoren, auch Spannungswandler genannt, deren primäre Wicklungen mit den Klemmen verbunden werden, zwischen denen die Spannung gemessen werden soll, und Stromwandler, deren Hochspannungswicklungen unmittelbar in den Hochspannungskreis eingeschaltet werden. Für den Anschluß von Wattmetern und Zählern sind beide Transformatorarten gleichzeitig nötig. Für starke Leitungen können die Stromwandler auch so eingerichtet werden, daß die primäre Wicklung weggelassen, der geschlossene Eisenkreis geöffnet über den Leiter gelegt und dann wieder geschlossen wird, so daß der Leiter selbst die Primärwicklung vertritt.

Bei allen Meßtransformatoren müssen Hoch- und Niederspannungswicklungen gut voneinander isoliert sein; um jede Gefahr für den Beobachter auszuschließen, ist außerdem noch eine Klemme der Sekundärwicklung zu erden. Die anzuschließenden Meßinstrumente müssen mit den Wandlern zusammen geeicht werden, wenn nicht mit Sicherheit vorausgesetzt werden darf, daß beide ohne weiteres zusammen passen. Um dies zu gewährleisten, sind bei den beiden Typen besondere Bedingungen zu erfüllen.

In Spannungswandlern darf der Abfall nur so gering sein, daß Voltmeter verschiedenen Stromverbrauchs bei gleichem Ep_1 das gleiche Ep_2 zur Messung vorfinden. Da alle Seiten des charakteristischen Dreiecks proportional der Stromstärke sind, so ·darf die Stromstärke also, wenn die Angaben genügend genau sein sollen, bei jedem Transformator einen gewissen Wert nicht überschreiten. Die zulässige Strom- oder auch Leistungsentnahme (in VA) wird deshalb für jeden Transformator angegeben. Von diesem Werte hängt es auch ab, ob man außer dem Voltmeter noch die Spannungsspulen eines Zählers, Relais oder eine Phasenlampe ohne besondere Eichung anschließen darf. Durch Kurvenform und Frequenz wird, wie wir auf S. 136 und 137 gesehen haben, der Spannungsabfall nur wenig beeinflußt. Überhaupt macht eine genaue Spannungsmessung für die praktisch vorkommenden Betriebsmöglichkeiten weniger Schwierigkeiten, als die Strommessung, weil die Spannung bei Wechselstrombetrieben meist konstant oder innerhalb enger Grenzen veränderlich ist und daher nur für einen kleinen Meßbereich große Genauigkeit nötig ist.

Bei Stromwandlern erkennen wir die Beziehung zwischen J_1 und J_2 am besten, indem wir von J_2 ausgehen. Wird z. B. J_2 verdoppelt, so verdoppelt sich das Feld N, von welchem J_2 induziert wird, und auch Ep_{1t}, welchem N die Wage hält. Bliebe Ep_1 konstant, so wäre J_1 aus der Gleichung

$$J_1 = J_0 + \frac{n_2}{n_1} J_2 \quad \ldots \ldots \ldots \quad (1)$$

zu gewinnen. Da aber Ep_1 veränderlich ist, so müßte für jedes Ep_1 eine besondere Kurve J_1 gezeichnet und auf dieser das zu J_2 gehörige J_1 gesucht werden. Dies wäre nicht nötig, wenn $J_0 = 0$ wäre, d. h. wenn der Transformator praktisch keinen Leerlaufstrom hätte, also keine primäre Spannung verbrauchte, mit dem Felde Null arbeitete und die magnetisierende Kraft der primären und sekundären Amperewindungen sich aufhöben. Dann wäre

$$J_1 n_1 = J_2 n_2 \ldots \ldots \ldots \ldots \quad (2)$$

Um diesem Falle nahe zu kommen, verwendet man für Stromwandler besonders gutes Eisen und besonders gut geschlossene magnetische Kreise. Das günstigste Verfahren ist dabei die Benutzung von Eisenkörpern, die in der Richtung der Kraftlinien nicht unterteilt sind, also aus geschlossenen Rahmen ohne Stoßfugen bestehen. Um die beiden Kerne eines solchen geschlossenen Kerntransformators bewickeln zu können, werden sie mit einer durch Längsschnitte geteilten Trommel umkleidet, die in Teilen auf den Kern gebracht und auf der Drehbank in Rotation versetzt wird, wobei sich der Draht auf ihr aufwickelt, während der Eisenkörper selbst festliegt. Durch den endlichen Wert von J_0 treten nach Gl. 1 bei kleinen Belastungen und unnormalen Frequenzen Abweichungen von der Proportionalität zwischen J_1 und J_2 (Gl. 2) auf; der Meßbereich des Stromwandlers muß also stets angegeben werden. Da der Leerlaufstrom proportional $E p_1$ ist, und $E p_1$ mit $E p_2$ in einem konstanten Verhältnis steht, so ist die Größe des zulässigen $E p_2$ beim Stromwandler begrenzt und damit auch die Zahl der in Reihenschaltung anzuschließenden Meßinstrumente. Würde der sekundäre Kreis geöffnet sein, so würde der in der Primärwicklung vorhandene Strom ein kräftiges N_t und damit auch ein großes $E p_1$ erzeugen, das Eisen des Transformators würde also stärker erwärmt, die Isolation der Wickelungen höher beansprucht und die Anlage hätte unter einem größeren Spannungsabfall zu leiden. Beim Abschalten der Instrumente muß die sekundäre Wicklung deshalb kurz geschlossen werden.

Wenn J_0 nicht Null ist, so haben die bei kleinem J_2 auftretenden J_1 nach S. 121 andere Phasenverschiebungen als 180^0 gegen J_2. Eine veränderliche Phasenverschiebung von J_2 gegen J_1 gibt aber einem an den Strom- und den Spannungswandler angeschlossenen Wattmeter oder Zähler einen falschen Leistungsfaktor und hat daher falsche Meßergebnisse zur Folge. Auch um dies zu vermeiden, ist also eine besonders sorgfältige Fabrikation des Stromwandlers nach den erwähnten Gesichtspunkten und vor der Benutzung bei Messungen eine sorgsame Prüfung seiner Verwendbarkeit nötig.

§ 21. Mechanische Kräfte.

Beide Wicklungen des Transformators sind im Kraftflusse N_t mechanischen Kräften ausgesetzt. Diese sind ihrer Größe nach proportional $N_t J_{1t}$ bzw. $N_t J_{2t}$; für ihre Richtung ist bestimmend, daß jede Wicklung von N_t angezogen wird, wenn der von ihr geführte Strom, in der Richtung von N_t gesehen, im Sinne des Uhrzeigers fließt.

Der Strom J_{1t}, der das Feld N_{1t} derart erzeugt, daß man in der Richtung der erzeugten Kraftlinien blickt, wenn man J_{1t} im Sinne des Uhrzeigers fließen sieht, erfährt also eine Anziehung durch N_{1t} und also auch durch $N_t = N_{1t} + N_{2t}$, da N_{2t} zwar entgegen N_{1t} wirkt, aber kleiner ist als dieses.

Für die Richtung der Kraft zwischen J_{2t} und N_t ist die Beziehung bestimmend, daß J_{2t} von N_t induziert wird. Da nach § 1 in der Induktionsgleichung

$$e_t = -n \frac{dN}{dt}$$

das Vorzeichen so gewählt ist, daß eine, in der Richtung der Kraftlinien gesehene, im Sinne des Uhrzeigers verlaufende EMK ein positives Vorzeichen erhält, so bekommt auch ein aus e_t abgeleitetes J_t und damit $N_t J_t$ in diesem Falle ein positives Vorzeichen. Ein positives $N_t J_t$ bedeutet also Anziehung.

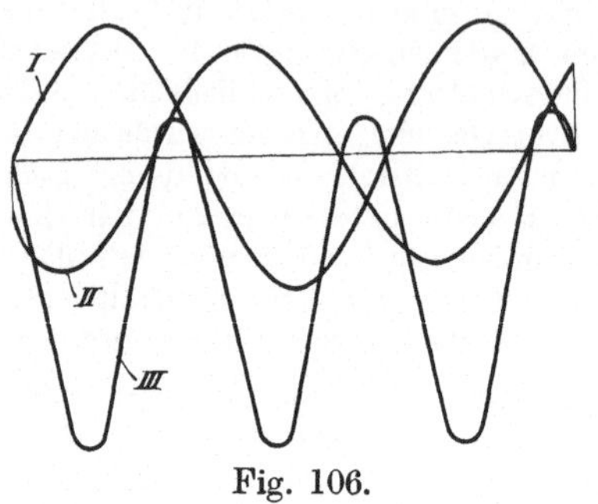

Fig. 106.

Setzt man

$$N_t = N_{max} \sin \omega t$$

so ist

$$e_{2t} = - N_{max} n_2 \omega \cos \omega t.$$

J_{2t} hat aber auch bei induktionsloser Belastung wegen der Streuung eine Phasenverzögerung gegen e_{2t} (Fig. 98), also eine Verzögerung von mehr als 90^0 gegen N_t. In Fig. 106 stellt Kurve I N_t, Kurve II J_{2t} und Kurve III $N_t J_{2t}$ dar. Man sieht deutlich, daß die Ordinaten von N_t und J_{2t} während des größten Teils der Periode entgegengesetzte Zeichen haben, so daß $N_t J_{2t}$ negativ wird und Abstoßung auftritt. In der Tat ist bei einem Verschiebungswinkel α zwischen e_{2t} und J_{2t} der Mittelwert

$$M(N_t J_{2t}) = - \frac{N_{max}}{\sqrt{2}} J_2 \sin \alpha.$$

Der Eisenkern zieht also die Primärwicklung an, so daß ihr Mittelpunkt mit dem des Eisens möglichst zusammenfällt, und stößt die Sekundärwicklung ab. Ist der Eisenkern an beiden Enden offen, so wird die sekundäre Spule bei genügender Größe der induzierten Stromstärke von ihm weggeschleudert. Diese Abstoßung zeigt sich in anderer Form auch, wenn die sekundäre Spule drehbar außerhalb des Eisenkernes im Felde desselben, etwa vor seinem Ende, aufgehängt wird. In diesem Falle stellt sich die Wicklung so ein, daß ihre Ebene von keinen Kraftlinien geschnitten wird. Diese Erscheinung wird z. B. auch für den Betrieb des Repulsionsmotors ausgenutzt, eines einphasigen Kollektormotors, von dem an anderer Stelle gesprochen werden wird.

Wird die sekundäre Transformator-Wicklung plötzlich kurz geschlossen, während die primäre am Netz angeschlossen bleibt, so werden sowohl J_1 wie J_2 momentan außerordentlich groß sein, und damit wachsen die Streufelder an, und das gemeinsame Feld nimmt ab. Wegen der großen Kurzschlußstromstärke treten in diesem Falle also ganz besonders starke Kraftwirkungen in dem genannten Sinne auf. Hat der Transformator wie gewöhnlich einen geschlossenen Eisenkörper, ist er etwa ein Kerntransformator, so werden die Endspulen mit großer Kraft auf der Innenseite des Eisenraumes gegen das Eisengerüst gedrückt und an der Außenseite abgebogen und können völlig deformiert, ja sogar zerstört werden. Bei großen Transformatoren pflegt man daher diese Spulenenden besonders zu versteifen.

IV. Generatoren für ein- und mehrphasigen Wechselstrom.

§ 22. Allgemeine Eigenschaften der Generatoren.

An Fig. 1 ist gezeigt worden, daß in jeder Windung eines Ringankers ein Wechselstrom induziert wird, wenn der Anker eine relative Drehbewegung gegen das Feld eines beliebigen Magnetgestelles ausführt. Man braucht demnach nur die Enden einer solchen Windung an zwei auf der Achse des Ankers sitzende isolierte Schleifringe anzuschließen und kann dann den Wechselstrom aus zwei auf diesen Ringen schleifenden feststehenden Bürsten direkt abnehmen. Da nur eine relative Bewegung zwischen Anker und Feld nötig ist, so genügt es, entweder das Magnetgestell fest aufzustellen und den Anker darin zu drehen oder umgekehrt den Anker fest zu montieren und das Magnetfeld darin rotieren zu lassen. Für die praktische Ausnutzung des Induktionsvorganges wird man natürlich nicht nur eine Windung des Ankers zur Erzeugung von Strom verwerten, sondern die sämtlichen Windungen gleichzeitig benutzen, indem man sie in zweckentsprechender Weise hintereinander schaltet. In Fig. 107 ist eine Wechsel-

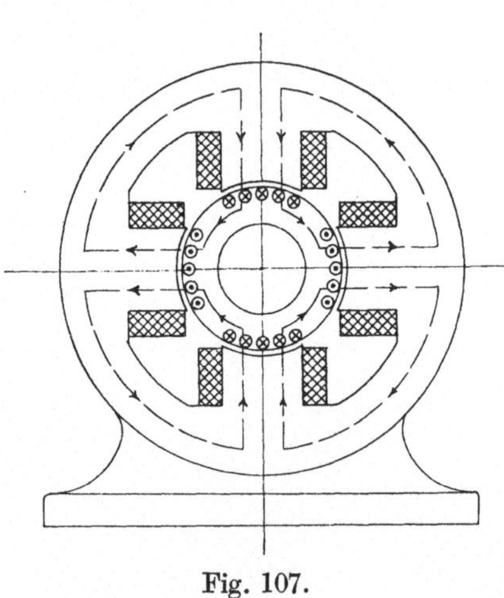

Fig. 107.

strommaschine mit feststehendem Magnetgestell und rotierendem Anker dargestellt, Fig. 108 zeigt eine Maschine mit feststehendem Anker und rotierendem Magnetrad. Geschieht die Erregung der Magnete in beiden Fällen mit Gleichstrom, so erfahren die sich vor einem Nordpole befindenden Windungen eine entgegengesetzte Induktion wie die gerade vor einem Südpole stehenden, sie führen also abwechselnd entgegengesetzte Stromrichtungen. In beiden Figuren ist dies in der bekannten Weise durch in die Drahtquerschnitte eingezeichnete Punkte und Kreuze dargestellt, worunter man sich die Spitzen und ge-

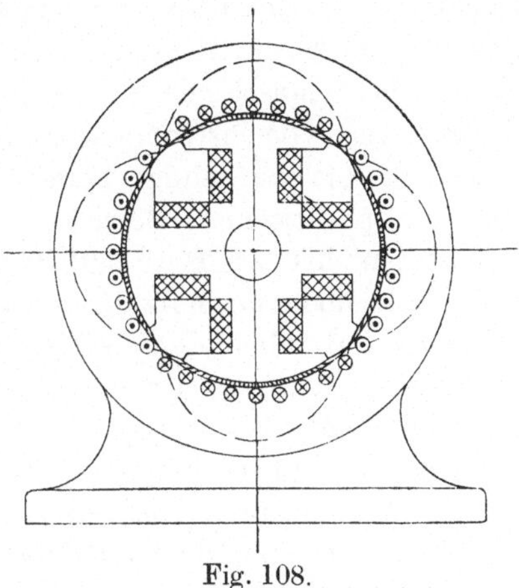

Fig. 108.

fiederten Enden von Pfeilen vorstellt, die im Stromsinne durch die Leitungen fliegen. Damit sich die EMKe in den Drähten addieren, sind die nach hinten vom Strom durchflossenen Drähte hinten mit den nach vorne durchflossenen zu verbinden, und die vorne ankommenden Ströme sind dann wieder in die benachbarte Windungsgruppe nach hinten weiter zu führen. In Fig. 109 sind die geeigneten Verbindungen dargestellt. Wir bezeichnen eine Gruppe nebeneinander liegender im gleichen Sinne durchflossener Drähte dabei als eine Spulenseite. Die Zahl dieser Spulen-

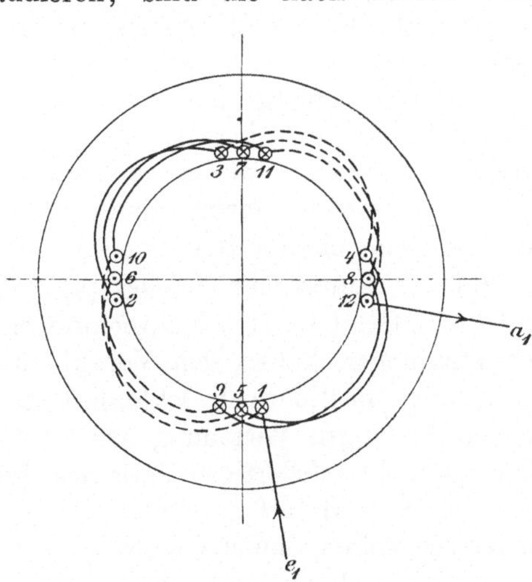

Fig. 109.

seiten ist bei dem einfachen Wechselstromgenerator gleich der Zahl der Pole.

Ein Wechselstromgenerator hat vor einem Gleichstromgenerator den Vorteil, daß er keines Kommutators bedarf, weil der Strom den beweglichen Teilen durch geschlossene Schleifringe entnommen und zugeführt werden kann, und daß deshalb jede Funkenbildung bei ihm vermieden wird. Daher können diese Maschinen für weit höhere Spannungen gebaut werden als Gleichstrommaschinen. Während Gleichstrommaschinen bis auf einige Sonderfälle nur für wenige hundert Volt im praktischen Betriebe sind, werden Wechselstromgeneratoren bis zu etwa 30000 Volt gebaut und sind bis zu 10000 Volt noch normale Preislistentypen. Der Wechselstromgenerator hat aber den Nachteil, daß er einer besonderen Gleichstromquelle zur Erregung bedarf.

Um höhere Spannungen mit einer Wechselstrommaschine erzeugen zu können, empfiehlt es sich, den Anker festzustellen und den Magnetkranz rotieren zu lassen. Man kann dann die hohe Spannung aus feststehenden Klemmen entnehmen, und die Erregerwicklung kann dabei für beliebig niedrige Gleichstromspannungen eingerichtet werden, so daß die Schleifringe, die einzigen einer geringen Wartung bedürfenden Teile, nur Niederspannung zu führen haben. Dieser Typ mit feststehendem Anker ist für Wechselstromgeneratoren der übliche geworden und hat sich auch für Niederspannungsmaschinen eingebürgert.

Die auf der Innenfläche des Ankergehäuses wirksamen Leiter werden in Nuten oder Löcher gebettet, die in die für den Ankereisenkörper verwendeten Bleche eingestanzt

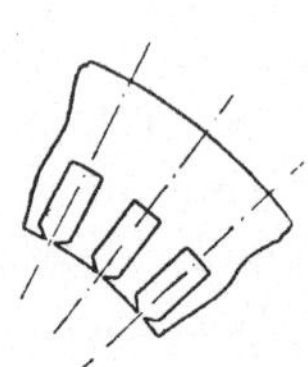

Fig. 110a.

werden. Die vorkommenden Formen sind mannigfaltig, geschlossen oder offen, z. B. wie in Fig. 110a. Nach der Zahl der Nuten oder Löcher pro Pol unterscheidet man Ein- oder Mehrlochwicklungen. Die Einlochwicklungen haben den Vorteil einfacher Herstellung, die Mehrlochwicklungen aber wegen der gleichmäßigen Verteilung der Kraftlinien den eines mehr sinusartigen Verlaufes der EMK und geringeren Geräusches. In offene Nuten werden die Drähte meist in vorher fertiggestellten Spulen („Formspulen") eingelegt, in geschlossene müssen die Drähte oder Stäbe einzeln eingezogen („eingefädelt") werden. Offene Nuten werden daher hauptsächlich bei Hochspannung verwendet, wo es auf gute Isolation besonders ankommt. Die Teile der Spulen, die aus den Stirnflächen des Ankers herausragen und die Leiter der verschiedenen Nuten miteinander verbinden, heißen Spulenköpfe.

Die rotierenden Magnetpole werden von Gußeisen- oder Stahlgußrädern getragen und bestehen selbst entweder aus Stahlgußstücken, in welche lamellierte Polschuhe eingesetzt sind, oder sie sind selbst vollständig lamelliert. Man befestigt sie z. B. dadurch, daß sie entweder unmittelbar in das Gußrad mit Schwalbenschwanz eingeschoben und verkeilt oder mittels Verkeilung in ein Joch eingesetzt werden, das seinerseits von dem Gußrade gefaßt ist. Die Zahl der Pole ist bestimmt durch die verlangte Periodenzahl. Da in jedem Ankerdrahte bei dem Vorbeigange eines Polpaares eine Periode des Wechselstromes induziert wird, so werden in einer Maschine von p Polpaaren während einer Umdrehung p Perioden induziert und bei $\dfrac{u}{60}$ Umdrehungen in der Sekunde

$$\nu = \frac{p\,u}{60} \quad \ldots \ldots \ldots \ldots \ldots (1)$$

Bei langsam laufenden Maschinen kann die Polzahl also sehr groß werden. So ergibt sich z. B. bei $u = 120$ und $\nu = 50\ p = 25$, das sind 50 Pole.

Bei Turbogeneratoren ist wegen der großen Umdrehungszahl von gewöhnlich 1000 bis 3000 in der Minute die Zahl der Pole nur klein. Die Magnetsysteme erhalten bei diesen Maschinen heute keine ausgeprägten Pole, sondern haben Walzenform mit glatter Oberfläche wie die Gleichstromanker. Wie diese sind sie aus Blech oder Scheiben zusammengesetzt und die Wicklungen sind hierin in Nuten gebettet (Fig. 110b). Die Schwierigkeiten liegen hier in der Festigkeit des mechanischen Zusammenbaues, in der Bettung der Wicklungen bei den hohen Umdrehungsgeschwindigkeiten der „Läufer" von 60 bis 80, ja von 120 m/sek und in der Lüftung der

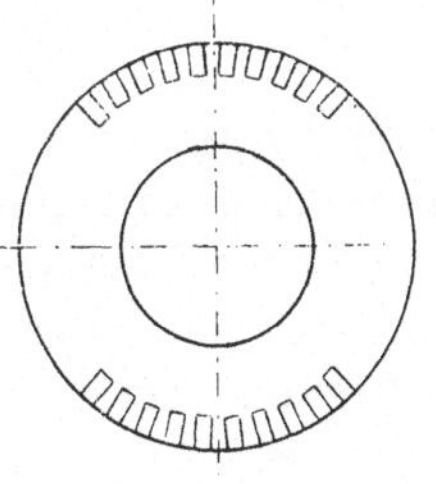

Fig. 110b.

ganzen auf den kleinsten Raum zusammengedrängten Maschine.

Die Erregung geschieht, wenn nicht für andere Zwecke sowieso Gleichstrom vorhanden ist, durch eine besondere Gleichstrommaschine, die „Erregermaschine". Meist benutzt man dazu eine Nebenschlußmaschine, für 65 bis höchstens 220 Volt

Normalspannung mit Nebenschlußregler; der Erregerwicklung der Wechselstrommaschine ist dabei gewöhnlich noch ein zweiter Regulierwiderstand, der „Magnetregler", vorgeschaltet. Werden mehrere Wechselstrommaschinen durch eine gemeinsame Gleichstrommaschine erregt, so muß jede einzelne Wechselstrommaschine einen Magnetregler mit weiterem Regulierbereich haben. Oft werden größere Erregermaschinen verwendet, als für die Herstellung der Erregung nötig ist und werden dann zugleich auch zur Speisung der Zentrale mit Gleichstrom für Licht- und Kraftzwecke unter Verwendung von Akkumulatoren herangezogen.

Mechanisch werden die Erregermaschinen meist in sich selbständig konstruiert, mit der Wechselstrommaschine direkt gekuppelt und je nach der Größe am Lagerschild befestigt, auf einen am Hauptlagerbock oder an der Grundplatte angegossenen Lagerbock gesetzt, oder neben die Maschine gestellt. Eine interessante Konstruktion für kleinere Maschinen (bis zu etwa 100 KVA) ist ein Einbau der Erregermaschine innerhalb des einen Lagerschildes, so daß dieses gleichzeitig als Joch für die Erregermaschine ausgebildet ist. Der Gleichstromanker sitzt dann unmittelbar auf der Welle des Magnetrades. Bemerkenswert sind auch die von Heyland angegebenen compoundierten Maschinen. Bei diesen wird ein Teil des erzeugten Wechselstromes durch einen Kommutator gleich gerichtet und zur Erregung und Compoundierung in die Magnetwicklung geleitet.

Für viele Zwecke ist es erwünscht, aus einem Wechselstrom-Generator mehrere Wechselströme verschiedener Phasen entnehmen zu können. Bringt man auf dem Anker einer gewöhnlichen Wechselstrommaschine (Fig. 108) statt je einer Spulenseite m voneinander vollständig getrennte Spulenseiten von den m-ten Teile der Breite an und schaltet man jedes der m Systeme in derselben Weise wie bei dem einfachen Wechselstrom-Generator, so liefert der Anker m Wechselströme. Da jetzt m Spulenseiten gleichzeitig vor einem Pole liegen und der induzierte Wechselstrom in jeder Spulenseite bei dem Vorübergange eines Poles eine halbe Periode zurücklegt, so haben die m Wechselströme Phasenverschiebungen von je dem m-ten Teile einer halben Periode oder vom $2\,m$-ten Teile einer Periode. Man bezeichnet diesen Generator wegen der verschiedenen Phasen seiner Wechselströme als m-phasig, die Wicklungen selbst und ihre Anschlüsse auch kurz als die „Phasen" der Maschine. Am gebräuchlichsten ist die Verwendung von Zweiphasen- und Dreiphasen-Maschinen. Die Ströme, die diese liefern, sind in den Ankerwicklungen also um eine Viertel- bzw. eine Sechstelperiode gegeneinander verschoben, wie die Vektoren in den Fig. 111a und 111b.

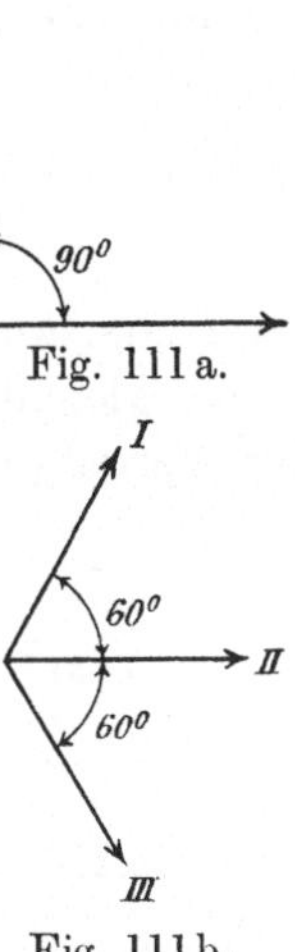

Fig. 111 a.

Fig. 111 b.

Bei mehrphasigen Maschinen nehmen die längs des Ankerumfanges aufeinander folgenden Nuten oder Nutengruppen abwechselnd die Drähte der verschiedenen Phasen auf; es folgen also ringsherum die Spulenköpfe der verschiedenen Phasen abwechselnd aufeinander. Da zwischen zwei aufeinanderfolgenden Nutengruppen einer Phase immer die der anderen Phase liegen, so kreuzen sich die Spulenköpfe an den Stirnflächen (Fig. 112). Bei den am häufigsten verwendeten Dreiphasen-Maschinen werden die Spulenköpfe dabei meist in zwei Ebenen geführt.

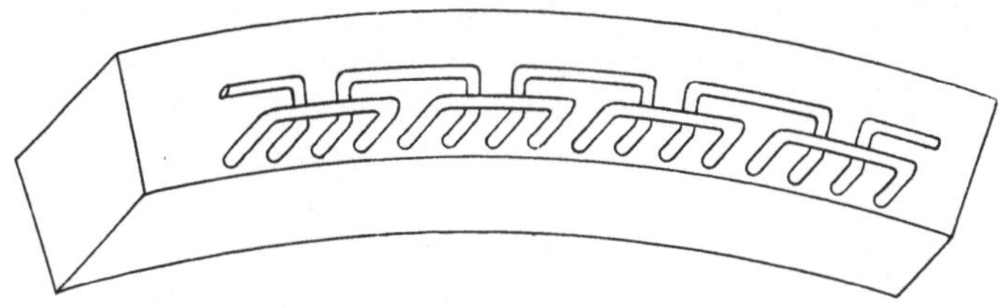

Fig. 112.

§ 23. Die elektromotorische Kraft.

Nach der ausführlichen Darstellung im Buche über Gleichstrommotoren (G. S. 56) hat die EMK, die in einer Ankerwindung durch die den Anker außen an der Mantelfläche umgebenden Pole induziert wird, ihren Sitz nur in den äußeren axialen Ankerleitern, die radialen und die inneren axialen sind unwirksam. Bei einer Wechselstrommaschine mit feststehendem Anker und rotierenden Innenpolen erfahren aus demselben Grunde ebenfalls nur die axialen Leiter eine Induktion; hier sind es aber die inneren axialen Leiter, die unmittelbar vor den Polen liegen und daher die allein wirksamen sind.

Ist l die Länge eines dieser Leiter oder die Länge des Ankers selbst, g die relative Geschwindigkeit dieses Ankerleiters gegenüber den Polen in Zentimetern, $\mathfrak{B}_r$ die radiale magnetische Feldintensität an der Stelle des Leiters in einem betrachteten Augenblick, so ist die in dem Leiter induzierte EMK (G. S. 59, Gl. 29)

$$e_t' = \mathfrak{B}_r\,lg. \quad\ldots\ldots\ldots\ (1)$$

Da l eine konstante Konstruktionsgröße des Ankers ist, so ist e_t' bei gleichförmiger Drehung nur abhängig von $\mathfrak{B}_r$, d. h. von der Verteilung der radialen Komponenten des Magnetfeldes.

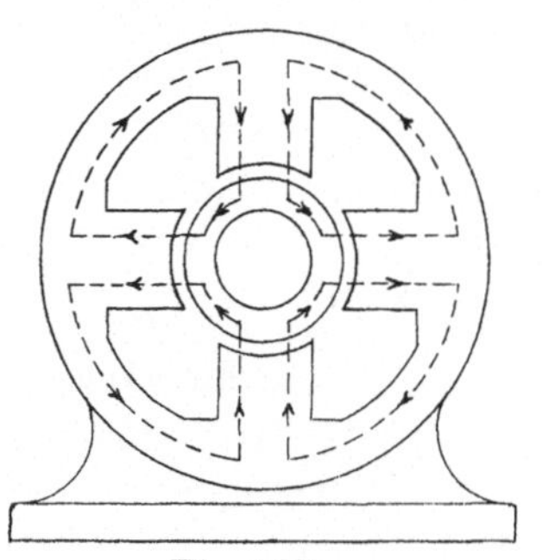

Fig. 113.

Bei einem Magnetgestell von beliebiger Polzahl, bei dem Nordpole und Südpole abwechselnd aufeinander folgen, treten abwechselnd Kraftlinien in den Anker ein und wieder aus. Die magnetische Intensität ist am größten in der Mitte der Pole und ist Null in den in der Mitte zwischen zwei Polen gelegenen neutralen Achsen. Trägt man die Größe der radialen Kräfte radial von der Ankerperipherie nach außen auf und verbindet die Endpunkte durch Kurven, so erhält man ein sehr übersichtliches Bild von der magnetischen Kraftverteilung. Für ein 4-poliges Magnetgestell (Fig. 113) wird diese Verteilung z. B. wie in der Fig. 114[1]).

Wegen der Proportionalität der in jeder Windung induzierten EMK e_t' mit $\mathfrak{B}_r$ gibt die Kurve für die Verteilung der radialen magnetischen Kraft gleichzeitig auch ein Bild von der Veränderung von e_t' mit der Lage der Windung im magne-

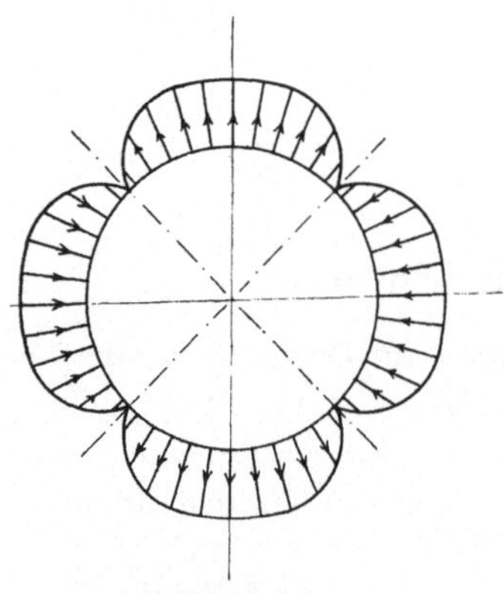

Fig. 114.

tischen Felde. Faßt man irgendeinen wirksamen Leiter des

Ankers ins Auge, und denkt man sich bei feststehendem Anker das Magnetfeld oder seine Verteilungskurve daran vorübereilen, so ändert sich die in diesem Drahte induzierte EMK gerade so wie die radialen Ordinaten der Verteilungskurve, sie wechselt also periodisch ihre Richtung und Größe.

Noch deutlicher lassen sich die geschilderten Vorgänge offenbar darstellen, wenn man die Peripherie des Ankers abwickelt. Die bisher radial gezeichneten Ordinaten für die Kurve der magnetischen Kraft stehen dann vertikal auf der Abwicklungslinie, die zur Abszisse wird, und die Richtung der magnetischen Kraft kann durch positive und negative Ordinaten unterschieden werden. In Fig. 115 ist diese Abwicklung vorgenommen. Um dabei von dem Werte des Ankerdurchmessers unabhängig zu werden, ist es zweckmäßiger, nicht den

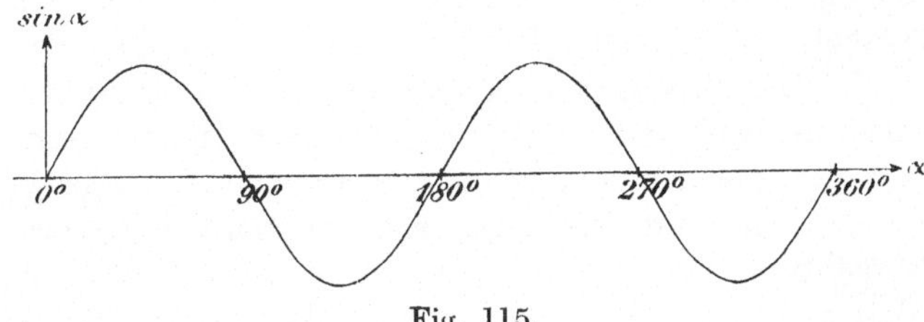

Fig. 115.

abgewickelten Ankerumfang selbst, sondern die dazu gehörigen Zentriwinkel als Abzissen zu betrachten. So stellt dann also die Kurve in Fig. 115 schließlich 1. die räumliche Verteilung der radialen Komponenten der magnetischen Kraft als Funktion der Zentriwinkel des Ankers und 2. die zeitliche Veränderung dieser Kraft und der EMK in jeder Ankerwindung dar, unter Benutzung eines Punktes als Ausgang, wo $\mathfrak{B}_r$ und e_t' gleich Null sind.

Für die Rechnungen über das Verhalten von Wechselstrom-Generatoren, ist es erwünscht, von vornherein eine Annahme über die Art der Verteilung der magnetischen Kraft um den Anker, d. h. über die Gestalt der Kurve $\mathfrak{B}_r$ zu machen. Es entspricht den praktischen Verhältnissen mit genügender Genauigkeit, wenn für diese Kurve die Sinusform vorausgesetzt wird. Wenn nur zwei Magnetpole vorhanden sind, so ist dann $\mathfrak{B}_r = \mathfrak{B}_{max} \sin \alpha$. Zwischen $\alpha = 0°$ und $\alpha = 180°$ ist nach dieser Formel $\mathfrak{B}_r$ positiv, zwischen $\alpha = 180°$ und $\alpha = 360°$ dagegen negativ; der einen Hälfte des Ankers gehört also in der Tat ein Nordpol, der anderen dagegen ein Südpol an. Für ein vierpoliges Magnetfeld (Fig. 114) gilt der Ausdruck $\mathfrak{B}_r = \mathfrak{B}_{max} \sin 2\alpha$; hier ist $\mathfrak{B}_r$ positiv zwischen 0^0 und 90^0 und zwischen 180^0 und 270^0, negativ zwischen 90^0 und 180^0 und zwischen 270^0 und 360^0; ein Ankerviertel wird also von einem Nordpol, das nächste von einem Südpol, das dritte von einem Nordpol und das vierte wieder von einem Südpol umfaßt, ganz wie es der Anordnung vierpoliger Magnetgestelle (Fig. 113) entspricht.

Analog mit dem Vorangehenden ergibt sich schließlich für ein Magnetsystem mit p Polpaaren oder $2\,p$ Polen, wie man leicht erkennt,

$$\mathfrak{B}_r = \mathfrak{B}_{max} \sin p\alpha. \qquad \ldots \ldots \ldots (2)$$

Man bezeichnet den peripherischen Abstand zweier aufeinander folgender gleichnamiger Magnetpole und den dem gleichen Zentriwinkel angehörigen Teil des Ankerumfanges als eine „Teilung". Ein 4-poliges Magnetgestell und sein Anker zerfallen also in zwei Teilungen, in denen sich magnetisch und elektrisch die gleichen Vorgänge wiederholen. In jeder Ankerteilung wird eine einfache Sinuswelle der EMK induziert. Bei der Betrachtung der Vorgänge ist es daher oft zweckmäßig, nicht den ganzen Umfang, sondern die Teilung in 360^0 einzuteilen, diese Grade sollen dann als elektrische oder magnetische Grade bezeichnet werden.

Die Wechselstromtechnik hat ein sehr erhebliches Interesse daran, sinusartige Spannungskurven zu erreichen. Die Abweichungen durch Oberwellen bringen nicht nur für die Maschinen und Motoren selbst, sondern auch für die Fortleitung des Stromes schwere Nachteile mit sich. Für die Maschinen liegen diese Nachteile in einer Herabsetzung des Wirkungsgrades bei den Generatoren und Motoren und in einer Erschwerung des Parallelbetriebes bei den Generatoren; für die Fortleitung liegen sie in der Unmöglichkeit, die Anlagen zu erden ohne schwere Störungen der die Erde als Rückleitungen benutzenden Telephonleitungen herbeizuführen, und in der Schwierigkeit, in Kabelnetzen Resonanzerscheinungen zu vermeiden, die Überspannungen hervorrufen. Die Mittel zur Unterdrückung der Oberwellen liegen in der Benutzung geschlossener Nuten und größerer Nutenzahlen pro Pol, in einer Nutenstellung schräg zur Achse und in exentrischer Abrundung oder Schrägstellung der Polschuhe. Die Verwendung größerer Nutenzahlen pro Pol macht aber um so mehr Schwierigkeiten, je höher die zu verwendende Spannung ist, weil hierbei der Raumbedarf der Isolation größer wird. Bei geeigneter Verwendung der genannten Mittel kann man aber immerhin heute eine sinusartig verlaufende Spannung mit genügender Genauigkeit erreichen, wenn diese auch durch die Ankerrückwirkung bei größeren Belastungen störend beeinflußt wird. Am günstigsten liegen die Verhältnisse bei Turbogeneratoren wegen der geringen Polzahl und großen Teilung, die eine größere Nutenzahl pro Pol gestattet und wegen der glatten Oberfläche des Ankers und des keine Polvorsprünge besitzenden Magnetsystems, das alle Feldverzerrungen vermeidet.

Aus der EMK e_t' in einem Ankerleiter ergibt sich, so scheint es zunächst, für die ganze Ankerwicklung, wenn sie aus n Leitern besteht, eine EMK

$$e_t = n\,e_t'.$$

Diese Berechnungsweise wäre indes nur richtig, wenn alle Windungen gleichzeitig dieselbe Induktion e_t' erführen, doch ist dies nicht der Fall, da die einzelnen Ankerwindungen infolge ihrer verschiedenen Lage gegenüber den Magnetpolen zu derselben Zeit ganz verschiedenen radialen magnetischen Kräften ausgesetzt sind.

In Fig. 116 ist dies für eine Spulenseite in der Abwicklung dargestellt. Um die gesamte EMK richtig auszurechnen, genügt es, eine Spulenseite als Ausgang zu nehmen und deren EMK mit der Zahl der Spulenseiten zu multiplizieren, denn alle Spulenseiten einer Maschine stehen den Polen in jedem Augenblicke in gleicher Weise gegenüber (Fig. 107 und 108) und erfahren daher alle stets die gleiche Gesamtinduktion.

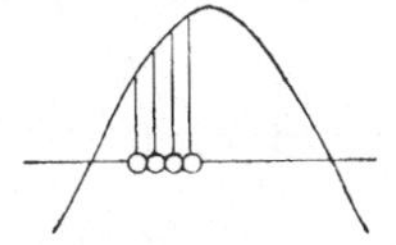

Fig. 116 a.

Die EMK einer Spulenseite erhalten wir für irgendeine Lage, indem wir die EMK e_t' ihrer einzelnen Drähte nach Gl. 1 ausrechnen und addieren. Einfacher wird die Rechnung, wenn wir den gemeinsamen Faktor lg aus dem Summationsausdrucke herausziehen und nur die Werte von $\mathfrak{B}_r$ (Fig. 116a) zusammenzählen. Da aber die Summe von $\mathfrak{B}_r$ gleichbedeutend ist mit dem arithmetischen Mittel $M(\mathfrak{B}_r)$ von $\mathfrak{B}_r$, multipliziert mit der Zahl z der Werte von $\mathfrak{B}_r$, aus denen das Mittel genommen ist, so erhält man schließlich die EMK einer Spulenseite

$$= M(\mathfrak{B}_r) \cdot z\,lg.$$

Hieraus folgt die gesamte EMK e_t des Ankers, wenn man nach der obigen Bemerkung über das gleiche Verhalten aller Spulenseiten noch mit der Zahl derselben multipliziert oder, was auf dasselbe hinauskommt, z durch n ersetzt. Es wird also

$$e_t = M(\mathfrak{B}_r) \cdot n\,lg.$$

Um $M(\mathfrak{B}_r)$ für eine Spulenseite zu berechnen, betrachten wir die Verteilung von $\mathfrak{B}_r$ über eine Teilung hinweg, also längs einer einfachen Sinuswelle (Fig. 116b) und schreiben deren Gleichung

$$\mathfrak{B}_r = \mathfrak{B}_{max} \sin \alpha.$$

Wir denken uns eine Spulenseite von bestimmter Breite b mit gleichförmiger Geschwindigkeit durch diese Sinuswelle hindurch

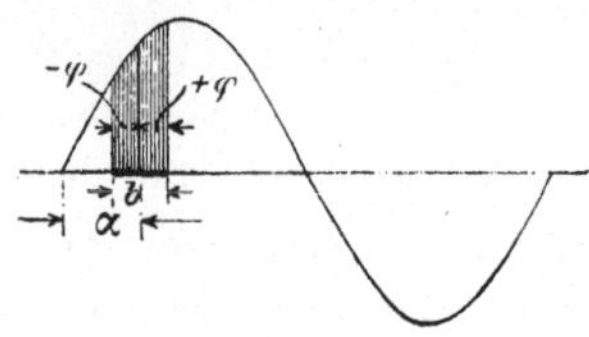

Fig. 116b.

bewegt und rechnen für jede Stellung den mittleren Wert aller Ordinaten aus, die gerade über b liegen. In einem Augenblicke, den wir betrachten, möge die Mitte der Spulenseite über α, Anfang und Ende über $\alpha - \varphi$ und $\alpha + \varphi$ gelegen sein. Der mittlere Wert von $\mathfrak{B}_r$ ist dann gleich dem Inhalte der über $b = 2\varphi$ gelegenen schraffierten Fläche F, dividiert durch b oder 2φ. Da nun

$$F = \mathfrak{B}_{max} \int_{\alpha-\varphi}^{\alpha+\varphi} \sin \alpha \, d\alpha = \mathfrak{B}_{max} \left[\cos(\alpha - \varphi) - \cos(\alpha + \varphi) \right]$$
$$= 2\mathfrak{B}_{max} \sin \alpha \cdot \sin \varphi$$

ist, so wird

$$M(\mathfrak{B}_r) = \frac{F}{2\varphi} = \mathfrak{B}_{max} \sin \alpha \cdot \frac{\sin \varphi}{\varphi} = \mathfrak{B}_r \frac{\sin \varphi}{\varphi},$$

wobei $\mathfrak{B}_r$ jetzt die an der Stelle α, also in der Mitte der Spulenseite herrschende magnetische Induktion ist. Die im ganzen Anker induzierte EMK ist danach schließlich

$$e_t = \mathfrak{B}_r \, l \, g \, n \, \frac{\sin \varphi}{\varphi} \quad \ldots \ldots \ldots (3)$$

Die Induktion im Anker geschieht demnach so, als ob die soeben besprochene Korrektur nicht anzubringen wäre und das Feld nicht die Stärke $\mathfrak{B}_r$, sondern die geringere Stärke $\mathfrak{B}_r \cdot \dfrac{\sin \varphi}{\varphi}$ hätte. Im übrigen ist dieses scheinbare Feld

$$\mathfrak{B}_r' = \mathfrak{B}_r \cdot \frac{\sin \varphi}{\varphi}$$

sinusartig verteilt, wie das wahre, denn

$$\frac{\sin \varphi}{\varphi} = f \quad \ldots \ldots \ldots \ldots (4)$$

ist ein konstanter, nur durch die Breite der Spulenseite bestimmter Faktor. Wir bezeichnen ihn als den „Spulenfaktor".

Es ist von Interesse und Wert, f für einige Spulenbreiten auszurechnen.

Einphasenwicklung: Denken wir uns wie in Fig. 108 den Anker ganz voll bewickelt, so daß jede Spulenseite ein volles Viertel des Ankerumfangs einnimmt, so wird b gleich der Hälfte der Teilung, also

$$b = 180^0 = 2\varphi, \qquad \varphi = 90^0 \text{ und } f = \frac{\sin\varphi}{\varphi} = \frac{2}{\pi} = 0{,}637.$$

Hat dagegen b nur $^2/_3$ der soeben genannten Größe, etwa wie in Fig. 107, so wird

$$b = 120^0 = 2\varphi, \qquad \varphi = 60^0 \text{ und } f = \frac{\sin\varphi}{\varphi} = \frac{1}{2}\sqrt{3} \cdot \frac{3}{\pi} = 0{,}827.$$

Zweiphasenwicklung: Hierbei hat b die Breite von einer Hälfte der halben Teilung. Es wird also

$$b = 90^0 = 2\varphi, \qquad \varphi = 45^0 \text{ und } f = \frac{\sin\varphi}{\varphi} = \frac{\sqrt{2} \cdot 4}{2\pi} = 0{,}900.$$

Dreiphasenwicklung: Da hier 3 Spulenseiten eine halbe Teilung einnehmen, ist

$$b = 60^0 = 2\varphi, \qquad \varphi = 30^0 \text{ und } f = \frac{\sin\varphi}{\varphi} = \frac{1}{2} \cdot \frac{6}{\pi} = 0{,}955.$$

Unter Einsetzung von f erhalten wir schließlich für die momentane, mit der Zeit veränderliche EMK der Ankerwicklung pro Phase nach Gl. 3

$$e_t = \mathfrak{B}_r \, l g n_1 f, \quad \ldots \ldots \ldots \quad (5)$$

wenn wir die Ankerdrahtzahl pro Phase mit n_1 bezeichnen.

$n_1 f$ kann danach auch als eine korrigierte oder scheinbare Windungszahl aufgefaßt werden, mit der die EMK eines Ankerdrahtes multipliziert werden muß, um die der ganzen Wicklung zu ergeben. Da f nach den obigen Zahlenbeispielen um so kleiner ist, je größer die Spulenbreiten werden, so erhält man bei breiten Spulen relativ weniger EMK und daher auch weniger Leistung. Es hätte keinen großen Wert, bei dem Einphasenanker in Fig. 107 auch noch die freigebliebenen Ankerstellen zu bewickeln, wenn dadurch auch die gesamte Ankerwindungszahl etwa im Verhältnis von $3:2 = 1{,}5$ vergrößert würde; denn man erhöhte damit den Widerstand im gleichen Verhältnisse, die EMK aber nur im Verhältnis von $1{,}5 \cdot 0{,}637 : 0{,}827 = 1{,}15$. Eine geringe Zunahme an Leistung müßte also mit vielem Materialaufwand und mit dem Nachteile einer wesentlichen Erhöhung des Ankerwiderstandes erkauft werden. Die Mehrphasenanker, die schmälere Spulenseiten haben, sind also gegenüber dem Einphasenanker in bezug auf die Materialausnutzung im Vorteil. Wir werden diese Frage später noch näher erörtern.

Aus Gl. 5 ergibt sich der effektive Wert

$$e = f l g n_1 \sqrt{M(\mathfrak{B}_r{}^2)}$$

oder weil wegen der sinusartigen Verteilung der magnetischen Kraft

$$\sqrt{M(\mathfrak{B}_r{}^2)} = \frac{\mathfrak{B}_{max}}{\sqrt{2}}$$

ist

$$e = f l g n_1 \frac{\mathfrak{B}_{max}}{\sqrt{2}} \quad \ldots \ldots \ldots \quad (6)$$

Zweckmäßiger ist es, die magnetische Kraft der Pole hierbei nicht durch das Maximum der radialen Feldintensität $\mathfrak{B}_{max}$, sondern durch die gesamte Kraftlinienzahl N auszudrücken, die ein Pol ausstrahlt. N ergibt sich aus $\mathfrak{B}_{max}$ leicht an der Hand der Kurve für die Verteilung der magnetischen Kraft (Fig. 114). $\mathfrak{B}_r$ bedeutet nämlich nach der bekannten Definition der magnetischen Kraftliniendichte (G. S. 15) außer der radialen Intensität an irgendeiner Stelle auch die am gleichen Orte vorhandene radiale Kraftlinienzahl pro qcm Ankeroberfläche. Denkt man sich also von dieser Fläche einen schmalen Streifen parallel zur Ankerachse herausgeschnitten, dessen Breitseite sich über den sehr kleinen Zentriwinkel $d\alpha$ erstreckt, so ist die Breite dieses Streifens $r\,d\alpha$, seine Länge l, also seine Fläche $l r\,d\alpha$ und die in ihn eintretende Kraftlinienzahl

$$dN = \mathfrak{B}_r l r\,d\alpha.$$

Da ein ganzer Pol den Zentriwinkel $\dfrac{2\pi}{2p} = \dfrac{\pi}{p}$ umfaßt, so ist

die von ihm in den Anker eintretende gesamte Kraftlinienzahl

$$N = \int_{\alpha=0}^{\alpha=\pi/p} \mathfrak{B}_r l r\,d\alpha$$

Hieraus folgt, da $\mathfrak{B}_r$ nach dem Gesetze

$$\mathfrak{B}_r = \mathfrak{B}_{max} \sin p\alpha$$

um den Anker verteilt ist,

$$N = \mathfrak{B}_{max}\, lr \int\limits_{\alpha=0}^{\alpha=\pi/p} \sin p\alpha\, d\alpha = \frac{\mathfrak{B}_{max}\, lr}{p} \int\limits_{p\alpha=0}^{p\alpha=\pi} \sin(p\alpha)\, d(p\alpha) = \frac{2\,\mathfrak{B}_{max}\, lr}{p}. \quad (7)$$

Setzt man den sich hieraus ergebenden Wert von $\mathfrak{B}_{max}$ in Gl. 6 ein, so erhält man

$$e = flg\, n_1\, \frac{pN}{2\sqrt{2}\, rl}.$$

Da die absolute Umfangsgeschwindigkeit des Drehfeldes $g = 2r\pi\nu$

ist, wenn $\dfrac{u}{60}$ für die sekundliche Tourenzahl gesetzt wird, so ergibt sich

$$e = 2{,}22\, f N\, p n_1\, \frac{u}{60}$$

und unter Berücksichtigung von Gl. 1, S. 165

$$e = 2{,}22\, f N\, n_1\, \nu \quad \dots \dots \quad (8)$$

Diese Formeln ergeben e in absoluten Einheiten, weil N in absoluten Einheiten ausgedrückt ist und die übrigen Größen unbenannte Zahlen sind. Man erhält e in Volt, wenn man die obigen Werte mit 10^{-8} multipliziert.

Die Erregerstromstärke J_e, die zur Herstellung einer bestimmten EMK aufzuwenden ist, wird also gegeben durch den Zusammenhang zwischen N und J_e, d. i. die Magnetisierungskurve des Generators. Diese Kurve resultiert, wie bei Gleichstrommaschinen, aus den magnetischen Eigenschaften der Feldmagnete, des Ankers und der zwischen beiden liegenden Luftstrecke und hat den Charakter der Kurve Oe in Fig. 120b. Man nennt sie auch die magnetische Charakteristik des Wechselstromgenerators. Da N und e einander proportional sind, so wird häufig auch der Zusammenhang zwischen e und J_e als die magnetische Charakteristik bezeichnet, treffender ist aber dafür die Bezeichnung Leerlaufcharakteristik, weil man unter Charakteristik schlechthin nach dem Vorgange der Theorie der Gleichstrommaschinen das Verhalten der EMK oder Spannung zu verstehen pflegt und dieses durch die genannte Kurve für die leerlaufende Maschine angegeben ist. Die Leerlaufcharakteristik läßt sich an einer fertigen Maschine experimentell in einfacher Weise aufnehmen.

Für die Leistungsfähigksit des Ein- und des Dreiphasengenerators ergibt sich folgender Vergleich: Wir nehmen an, daß die 3 Wicklungen eines Dreiphasengenerators einmal getrennt auf 3 Wechselstromkreise arbeiten, ein anderes Mal nach Fig. 108 in Einphasenschaltung hintereinander geschaltet sind, und daß den Ankerwicklungen bei gleicher magnetischer Erregung ein gleich starker Wechselstrom entnommen wird. Dann ist bei Einphasenstrom

$$A_I = e_I J$$

und bei Dreiphasenstrom

$$A_{III} = 3\,e_{III} J.$$

Ist die Leiterzahl jeder Phase n_1, so ist die Gesamtzahl der hintereinander geschalteten Ankerdrähte bei der Einphasenmaschine $3\,n_1$ und daher

$$e_I = 2{,}22 f_1 N p\,(3\,n_1)\,\frac{u}{60},$$

$$e_{III} = 2{,}22 f_3 N p\,n_1\,\frac{u}{60}.$$

Da nach S. 173 $\quad f_1 = \frac{2}{\pi}\quad$ und $\quad f_3 = \frac{3}{\pi},$ so ergibt sich

$$A_{III} = \frac{3}{2} A_I.$$

Bei gleichem Aufwand und gleicher Beanspruchung von Kupfer und Eisen leistet die Dreiphasenmaschine also erheblich mehr als die Einphasenmaschine. Man kann daher bei Dreiphasenströmen für die gleiche Leistung kleinere Maschinenmodelle benutzen.

Bei konstanter Tourenzahl und bei gegebenen Konstruktionsdaten p, n_1, f ist e bei allen einphasigen und mehrphasigen Wechselstrommaschinen nur durch N, d. h. durch die Erregung gegeben. Will man also mit einem möglichst geringen Aufwande an Amperewindungen auskommen, so hat man die Maschinen so zu berechnen, daß N nur wenig über der schärfsten Krümmung der magnetischen Charakteristik liegt. Infolge der Ankerrückwirkung, die im nächsten Paragraphen besprochen werden soll, kommen allerdings noch andere Rücksichten zur Geltung.

§ 24. Spannungsabfälle.

Außer dem Ohmschen Spannungsabfalle Jw tritt im Anker eines Wechselstrom-Generators durch die von dem Wechselstrome erzeugten Kraftlinien noch ein Spannungsabfall auf. Diese Kraftlinien verlaufen teils ausschließlich im Anker (Streulinien), teils treten sie in die Magnetschenkel über und schließen sich durch deren Joche. Wir betrachten diese beiden Arten jetzt gesondert.

Die Streulinien umkreisen die Nuten und die darin vorhandenen Ankerleiter, durch deren Stromfluß sie hervorgebracht werden (Fig. 117), und auch die Spulenköpfe. Sie erzeugen also eine EMK der Selbstinduktion e_s, die sich mit dem Ohmschen Spannungsabfalle zu dem Gesamtabfalle vereinigt wie in Fig. 96. Für diesen gilt also das gleiche wie beim Transformator. Um ihn möglichst herabzusetzen,

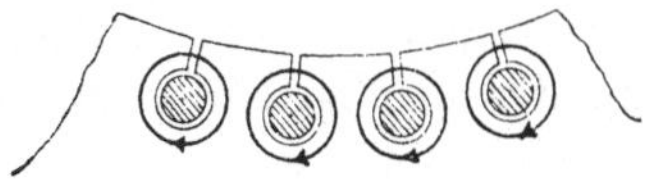

Fig. 117.

unterbindet man den Kraftlinien den Weg durch Benutzung von Nuten, die ganz offen oder nur durch einen schmalen Eisensteg geschlossen sind (Fig. 110a). Die schmalen Stege werden oft noch aufgesägt (halbgeschlossene Nuten). Die ganz offenen Nuten haben außer dem Vorteil einer Verminderung der Streuung auch den des leichteren Einbringens der Wickelung bei guter Isolation (Hochspannung); sie haben aber den Nachteil, daß durch die Zähne des Ankers das Magnetfeld „zerhackt‟ und dadurch die Herstellung sinusartiger Spannungskurven erschwert wird und daß in den Magnetpolen Wirbelströme entstehen, und die Pole daher lamelliert werden müssen.

Die Ankerrückwirkung betrachten wir an Fig. 107. Die darin dargestellte Wechselstrommaschine muß nach rechts rotieren, um EMKe von der dargestellten Richtung zu induzieren[1]). Da die Spulenseiten gerade vor der Mitte der Magnetpole stehen, haben die EMKe ihren Maximalwert. Um zu erkennen, welches Feld die Ankerströme bilden, können wir uns eine Hälfte jeder Spulenseite mit der zugewendeten Hälfte der benachbarten

---

[1]) Maßgebend ist die bekannte Fingerregel: Man streckt von der rechten Hand den Mittelfinger in die Richtung der magnetischen Kraft, den Zeigefinger in die Richtung der Bewegung des Ankers gegen die Magnetpole, so gibt der auf beide senkrecht gestellte Daumen die Richtung der induzierten EMK an.

Spulenseite zu einer Spule vereinigt denken, erhalten also im ganzen vier Spulen, deren Achsen unter 45° gegen die Horizontale und Vertikale geneigt sind. Die Spulen suchen also vor allem längs dieser Achsen Kraftlinien zu erzeugen; da die letzteren aber einen außerordentlich langen Luftweg zu überschreiten hätten, bis sie in das Joch der Maschine gelangten, so können sie nur in außerordentlich geringer Zahl entstehen. Das Feld des Ankers kann also nur vernachlässigbar klein sein.

Wenn Stromstärke und EMK gleiche Phase haben, so stellt Fig. 107 auch den Augenblick dar, wo der Ankerstrom die höchste Stärke besitzt. Bei Phasenverzögerung der Stromstärke gegenüber der EMK dagegen tritt dieser Augenblick erst ein, wenn der Anker sich schon weiter nach rechts gedreht hat. In Fig. 118 ist der Fall dargestellt, wo der Anker von der in Fig. 107 gezeichneten Stellung aus eine Achtelumdrehung zurückgelegt hat. Wir wollen annehmen, daß die Verzögerung der Stromstärke gegenüber der Spannung so groß sei, daß der Maximalwert der Stromstärke erst in dieser neuen Ankerlage auftrete. Da bei einem 4-poligen Generator eine halbe Umdrehung eine ganze Periode des Wechselstromes bedeutet, so beträgt die Verzögerung der Stromstärke gegenüber der Spannung in diesem Falle also eine Viertelperiode. Bei der neuen Ankerlage nun wird das Feld des Ankers, wie sogleich gezeigt werden wird, größer als früher.

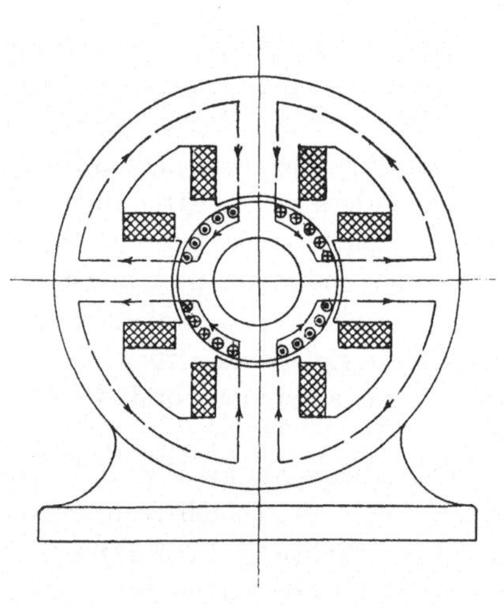

Fig. 118.

Die Achsen der Spulen, zu denen man die Spulenseiten in Fig. 118 kombinieren kann, liegen horizontal und vertikal. Betrachtet man z. B. die vor dem oberen Pole gelegene Spule, so erkennt man, daß sie, von unten gesehen, im Sinne des Uhrzeigers vom Strome durchflossen wird. Ihre Kraftlinien gehen also vertikal von unten nach oben, also den in der Figur eingezeichneten Kraftlinien der äußeren Magnetpole entgegen. Im vorliegenden Falle aber haben die Kraftlinien des Ankers im Gegensatz zu Fig. 107 einen sehr günstigen Weg zu durchlaufen; sie gelangen aus dem Anker über die schmale Luftbrücke direkt in einen Magnetschenkel und strömen dann durch das Joch zum benachbarten Schenkel und wieder durch den kurzen Luftzwischenraum zum Anker zurück, überall den in der Figur gezeichneten Kraftlinien der äußeren Pole entgegen; sie verlaufen also fast ausschließlich im Eisen. Infolge der großen Permeabilität dieses Weges wird jede Ankerspule jetzt ein weit kräftigeres Feld erzeugen als in Fig. 107, und das Feld der äußeren Pole muß jetzt durch das Ankerfeld beträchtlich verkleinert werden[1]).

Das Ergebnis dieser Betrachtung ist also, daß ein Ankerstrom, der bei Phasengleichheit mit der EMK so gut wie gar keine Ankerrückwirkung hervorbringt, bei einer Verzögerung der Stromstärke eine beträchtliche Verkleinerung des Magnetfeldes der äußeren, induzierenden Pole zur Folge hat, die mit der Verzögerung wächst, bis diese eine Viertelperiode beträgt. Eine ganz analoge Betrachtung würde lehren, daß umgekehrt eine Voreilung der Stromstärke ein Ankerfeld zur Folge hätte, das im Sinne der äußeren magnetischen Kräfte wirkte, das Feld der Pole also verstärkte. In der Tat würde z. B. eine Voreilung des Stromes um eine Viertelperiode vor der Spannung eine Verschiebung um eine halbe Periode gegenüber dem in Fig. 118 gezeichneten Zustand bedeuten, so daß die Stromrichtung im Anker gerade umgekehrt zu zeichnen wäre wie dort.

Bezeichnen wir die Phasenverschiebung zwischen e_t und J_t mit α, so ist also die Kraftlinienzahl, die der Anker in die Magnetpole einschickt, proportional J_{max} und in der Weise von α abhängig, daß konst. J_{max} bei Phasengleichheit den Wert Null hat, bei Voreilung von J_t gegen e_t zur Kraftlinienzahl der Pole zu addieren, bei Verzögerung zu subtrahieren ist und in den beiden letzteren Fällen bei einer Verschiebung von einer Viertelperiode seinen Maximalwert hat. Diese Bedingung erfüllt der mathematische Ausdruck konst. $J_{max} \sin \alpha$, wenn α bei Voreilung von J positiv gerechnet wird. Zur Überwindung der Ankerrückwirkung

---

[1]) Die Ankerwindungen wirken in Fig. 118 genau so wie die Gegenwindungen, in Fig. 107 wie Querwindungen der Gleichstromanker (G. S. 120).

ist also durch die Magnetpole ein Feld — konst. J_{max} sin α zu erzeugen. Das so entstandene Gesamtfeld induziert dann die EMK, die unter Überwindung der drei Spannungsabfälle die Klemmenspannung herstellt. Dies ist die eigentliche EMK des Generators; sie läßt sich für jede Belastung feststellen, wenn man, ohne die Erregung und die Tourenzahl zu ändern, den Ankerstrom unterbricht und die Klemmenspannung des offenen Ankers mißt. Für sie soll fortan die Bezeichnung e benutzt werden.

In Fig. 119 stellt $\triangle BDC$ das charakteristische Dreieck des Generators ohne Berücksichtigung der Ankerrückwirkung dar. Ist $\overline{OB} = E_p$ die Klemmenspannung nach Größe und Phase, so ist $\overline{OC}$ die unkorrigierte EMK (vgl. Fig. 101). Ist $\overline{CF} = $ konst. J_{max} der Korrekturbetrag wegen der Ankerrückwirkung bei $\alpha = 90°$, so ist bei $\overline{CG} \perp \overline{OC}$

$$\overline{GF} = \overline{CF} \sin (FCG) = \text{konst.} \, J_{max} \sin \alpha$$

der Korrekturabzug bei dem vorhandenen α. Da mit großer Annäherung $\overline{OG} = \overline{OC}$, so ist $\overline{OF}$ die wegen der Ankerrückwirkung korrigierte, durch entsprechende Erregung der Feldmagnete wirklich zu induzierende EMK. Analog den Vorgängen bei Gleichstrommaschinen (G. S. 121) kann $\overline{CG}$ herrührend gedacht werden von einer Querkomponente des Ankerfeldes, $\overline{GF}$ von einer Gegenkomponente. Man berücksichtigt alle beide, wenn man die Seite e_s des charakteristischen Dreiecks, die den Einfluß der Streuung darstellt, um den Betrag $\overline{CF}$ verlängert,

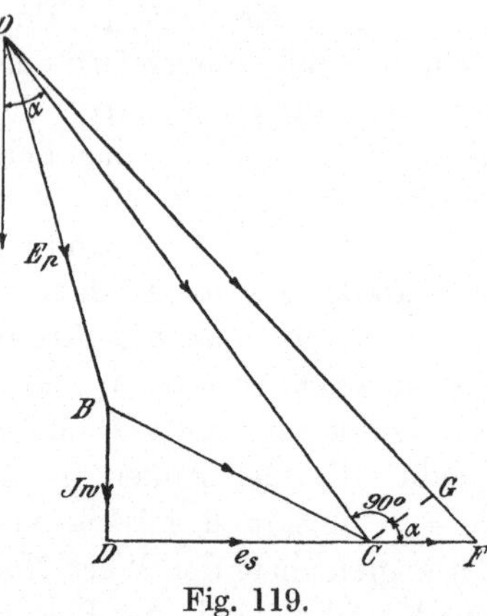

Fig. 119.

der den Einfluß der Ankerrückwirkung wiedergibt und mit e_r bezeichnet werden soll; dadurch wird also $\triangle BDF$ das charakteristische Dreieck. Die Hypothenuse dieses Dreiecks ist die EMK bei $E_p = 0$ kann also durch einen Kurzschlußversuch bestimmt werden. Man braucht dabei nur die Erregung so zu wählen, daß der Strom im kurzgeschlossenen Anker gleich dem normalen Strom ist, für den man das charakteristische Dreieck bestimmen will. Öffnet man dann den Ankerkreis, so ist bei gleicher Erregung und

Tourenzahl die EMK dieselbe geblieben, da sie nur von diesen beiden Größen abhängt, und kann jetzt als Klemmenspannung des geöffneten Ankers unmittelbar gemessen werden. Bestimmt man im Kurzschlußkreise gleichzeitig J, so ist auch Jw zu berechnen, und damit das charakteristische Dreieck gegeben.

Da das Spannungsdiagramm des Generators jetzt dasselbe ist, wie das des Transformators, so gilt die für den Transformator abgeleitete Abhängigkeit der Klemmenspannung von Belastung und Phasenverschiebung also auch für den Generator. Induktive Belastung vergrößert den Spannungsabfall, Voreilung der Stromstärke gegen die Spannung vermindert ihn und kann sogar die EMK über die Spannung hinaus erhöhen.

Die Erregerstromstärke J_e, die schließlich aufzuwenden ist, die Nutzspannung E_p im Generator zu erzeugen, ergibt sich nach Bestimmung von e durch Fig. 119 aus der Gleichung

$$e = 2{,}22\,f N n_1 \nu$$

und der magnetischen Charakteristik der Maschine (Kurve Oe Fig. 120b). Da diese den Charakter einer Magnetisierungskurve hat, so sind e und J_e einander nicht proportional. Dies muß bei genauer Betrachtung der Ankerrückwirkung berücksichtigt werden. Ebenso wenig wie e und J_e sind nämlich, genau genommen, e_r und J einander proportional, denn die vom Ankerstrome J erzeugten, die Ankerrückwirkung e_r hervorrufenden Kraftlinien durchlaufen denselben Weg (Anker, Luft und Magnete) wie die Kraftlinien, welche von J_e erzeugt werden. Man kann also die Ankerrückwirkung genauer nur unter Benutzung der magnetischen Charakteristik der Maschine berücksichtigen. e_s dagegen ist J angenähert proportional, weil die Streulinien ausschließlich in Luft und in dem schwach gesättigten Ankereisen verlaufen.

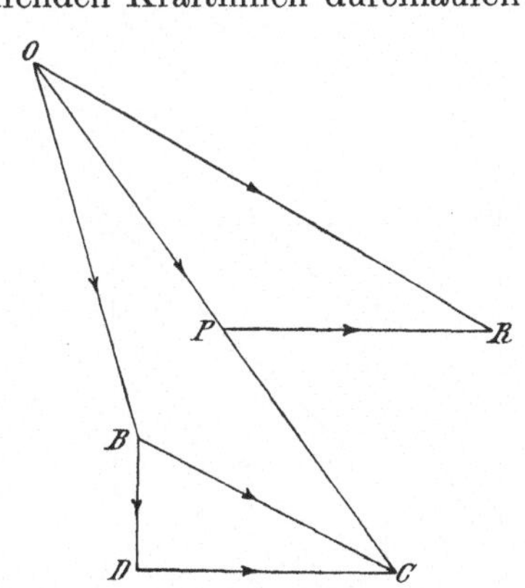

Um die Ankerrückwirkung richtig zu berücksichtigen, zeichnen wir nach Fig. 119 zunächst das Diagramm $OBDC$ (Fig. 120a), suchen in der magnetischen Charakteristik die zu EMK $\overline{OC}$ gehörige Erregerstromstärke auf und tragen diese als Strecke $\overline{OP}$ ein, an $\overline{OP}$ ist dann die Erreger-

Fig. 120a.

stromstärke $\overline{PR}$ anzutragen, die unter Berücksichtigung der magnetischen Charakteristik die die Ankerrückwirkung bildenden Kraftlinien des Ankers auszugleichen hat, und $\overline{OR}$ wird schließlich der endgültig notwendig werdende Erregerstrom. Zu bemerken bleibt aber, daß, wenn es sich nur um die Betrachtung der EMK e, nicht der Erregerstromstärke handelt, Fig. 119 selbstverständlich ihre Gültigkeit behält.

Für die praktische Vorausberechnung der für verschiedene Belastungsarten und -größen nötigen Erregungen genügt demnach die an Hand von Fig. 119 geschilderte Anwendung des charakteristischen Dreiecks nicht, wenn die magnetische Charakteristik von einer Geraden abweicht, also höhere Sättigungen des Eisens benutzt werden. Man kann aber, wie sogleich gezeigt werden soll, auch in diesem Falle die Vorausberechnung vornehmen, wenn man außer der Leerlaufcharakteristik auch die Kurzschlußcharakteristik und außerdem e_s für verschiedene Ankerstromstärken mißt.

Man versteht unter Kurzschlußcharakteristik den Zusammenhang zwischen der Erregerstromstärke J_e und der Stromstärke J_k, die die Maschine bei kurzgeschlossenem Anker und normaler Umdrehungszahl aufweist. Diese Kurve läßt sich in experimentell einfacher Weise aufnehmen. Da bei Kurzschluß $E_p = 0$ ist, so fällt in Fig. 119 O mit B zusammen, und das Spannungsdiagramm wird $BDCF$. Vernachlässigt man auch das immer sehr kleine Jw, so fällt B auf D und man erhält als Kurzschlußdiagramm eine einfach gerade Linie DCF, d. h. e_s und e_r addieren sich einfach algebraisch zur EMK e, die durch die Erregung

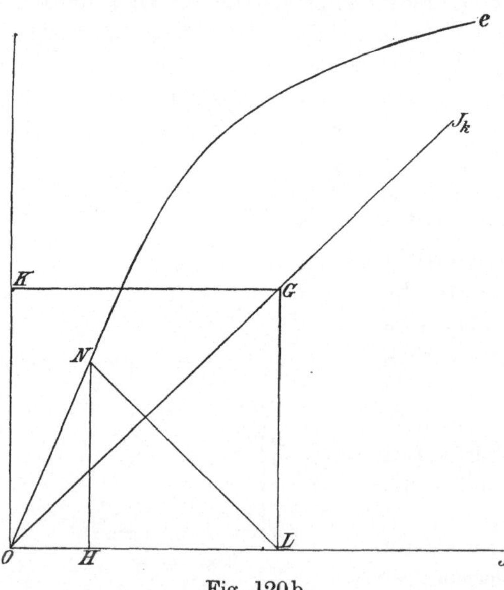

der Magnetschenkel herzustellen ist.

In Fig. 120 b ist die Leerlaufscharakteristik Oe und die Kurzschlußcharakteristik OJ_k eingetragen. In der Kurve J_k ist $\overline{KO} = \overline{GL}$ der normale Nutztrom J der Maschine, $\overline{OL}$ die dazugehörige Erregerstromstärke. Wäre die EMK $e_s = \overline{HN}$ bekannt, die bei diesem Maschinenstrom J auftritt, so wäre $\overline{OH}$ der Anteil der Erregerstromstärke, der e_s erzeugt, $\overline{HL}$ also derjenige, der e_r induziert, und $\overline{OL}$ die

Fig. 120 b.

gesamte Erregung, die $e_s + e_r = e$ bei Kurzschluß hervorruft. $\overline{HN}$ entspricht also $\overline{DC}$, und $\overline{HL}$ entspricht $\overline{PR}$ in Fig. 120 a. Man kann also die Erregung für alle Belastungen oder auch die Spannungsabfälle bei gegebener Erregung bestimmen, wenn nur e_s bekannt ist.

e_s, das von den nur im Anker verlaufenden Kraftlinien hervorgerufen wird, bestimmt man gewöhnlich, indem man das Magnetkreuz

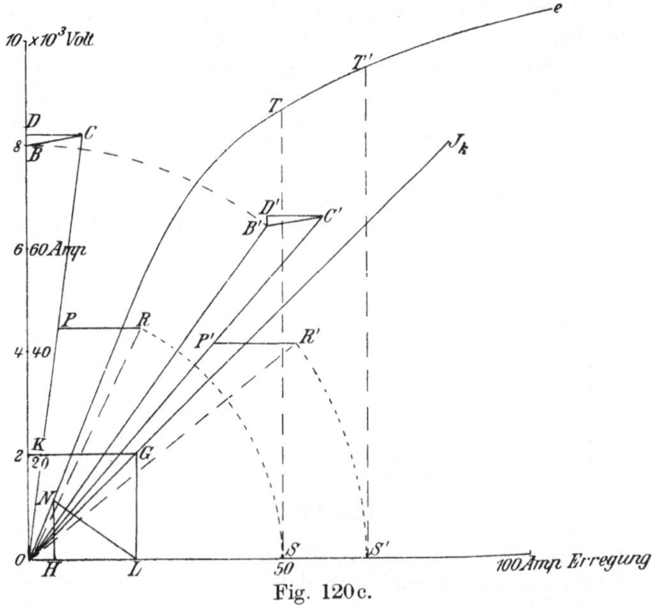

Fig. 120c.

aus dem Anker entfernt und für verschiedene, dem Anker von einer anderen Stromquelle zugeführte Stromstärken die Ankerspannung mißt, die dann bis auf den Ohmschen Spannungsabfall gleich e_s ist.

Als Beispiel für diese Methode möge eine Maschine betrachtet werden, die von den Siemens-Schuckertwerken für eine Überland-

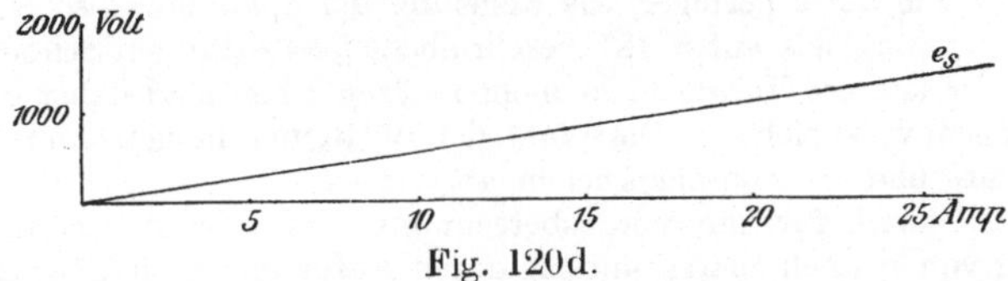

Fig. 120d.

zentrale geliefert und von dem Verfasser untersucht worden ist. In Fig. 120c sind die experimentell gefundenen Kurven, Leerlaufcharakteristik und Kurzschlußcharakteristik als Funktionen von J_e aufgetragen, und in Fig. 120d ist e_s als Funktion von J dargestellt. Die Maschine ist für 8000 Volt und 20,2 Amp. bestimmt und hat einen Ankerwiderstand von 3,458 Ohm. Aus $\overline{OK} = 20{,}2$ ist $\overline{OL}$ mit Hilfe der Kurve J_k gewonnen. Aus Fig. 120d ist für $J = 20{,}2$ Amp. $e_s = 1140$ Volt bestimmt und in Fig. 120c als $\overline{HN}$ eingetragen. In Fig. 120c ist dann nach Fig. 120a das Diagramm für die genannte Spannung und Stromstärke bei $\cos \varphi = 1$ und bei $\cos \varphi = 0,8$ gezeichnet. Für $\cos \varphi = 1$ ist $\overline{OB} = E_p = 8000$ Volt, $\overline{BD} = 20,2 \cdot 3,458 = 69,85$ Volt, $\overline{DC} = \overline{HN}$ gemacht und daraus $\overline{OC}$ gewonnen. Für $\overline{OC}$ ergibt sich aus der Leerlaufcharakteristik der Erregerstrom $\overline{OP}$. Hieran ist angetragen $\overline{PR} = \overline{HL}$, und es ergibt sich $\overline{OR} = J_c$ die beim Ankerstrom von 20,2 Amp. notwendige Erregerstromstärke. Darauf wird $\overline{OS} = \overline{OR}$ auf der Abzisse abgetragen und dafür die zu induzierende EMK $e = \overline{ST}$ gewonnen. Die für $\cos \varphi = 0,8$ gültige Figur ist analog der soeben betrachteten gezeichnet, als Bezeichnungen sind die gleichen Buchstaben gewählt, aber mit je einem Index versehen. Ergänzt man Fig. 120c für verschiedene andere Wechselstromstärken, so findet man für den Zusammenhang zwischen J und J_c die in Fig. 120e dargestellten Kurven. Man sieht deutlich, wie erheblich größer bei gleicher

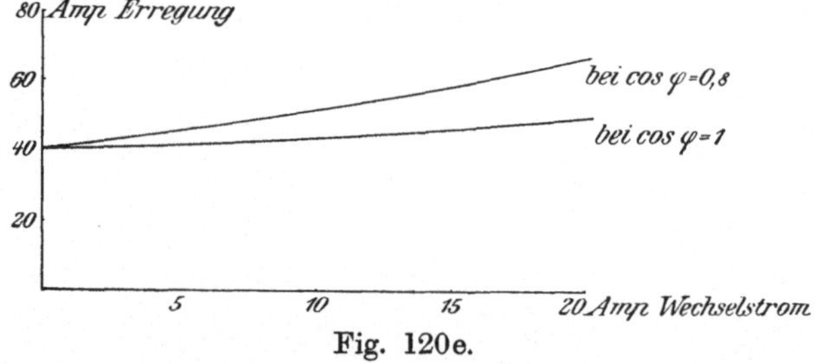

Fig. 120e.

Stromentnahme aus dem Generator die Erregung bei $\cos \varphi = 0,8$ sein muß als bei $\cos \varphi = 1$. Man erkennt auch, daß bei induktiver Überlastung noch weit stärkere Erregungen nötig wären, weil nach Fig. 120c dabei schon ziemlich hohe magnetische Sättigungen auftreten.

Die Verwendung hoher Sättigungen hat zwar den Nachteil, daß eine große Anzahl Amperewindungen zur Magnetisierung aufzuwenden ist und die Maschine daher größer, schwerer und teurer wird und einen schlechteren Wirkungsgrad erhält. Die Ankerrückwirkung wird dabei aber nach Fig. 120c geringer, die Regelung der Spannung also einfacher. Bei Verwendung des auf S. 187 beschriebenen selbsttätigen Schnellreglers kommt der letztere Vorteil nicht mehr in Frage; hier sind daher geringere Sättigungen vorzuziehen. Die Wahl der Sättigung hängt demnach von Betriebsart und Betriebsansprüchen ab.

Man kann für die Vorausberechnung des Spannungsabfalles die Messung von e_s auch sparen und sie durch Aufnahme einer Charakteristik bei normaler Stromstärke der Maschine und rein induktiver Belastung ersetzen, wobei das Magnetgestell im Anker verbleibt (Fig. 120f). Für rein induktive Belastung ist in Fig. 119 $\overline{OB} = E_p$, um B nach links zu drehen bis $\overline{OB} \perp \overline{BD}$. Vernachlässigt man wiederum Jw, so bilden also bei rein induktiver Belastung E_p, e_s und e_r eine Gerade, deren Gesamtlänge e darstellt. Bei $E_p = 0$ wird in diesem Falle $e_s + e_r = e$, d. h. e_s und e_r bilden zusammen eine Gerade, deren Gesamtlänge e ist wie bei der Kurzschlußcharakteristik. Bei gleicher Ankerstromstärke, also

gleichen e_s und e_r, muß demnach auch e und die dazugehörige Erregerstromstärke in beiden Fällen den gleichen Wert haben. Die Charakteristik für rein induktive Belastung muß also durch L (Fig. 120b)
hindurchgehen. Sie muß ferner (Fig. 120c) in der Richtung $\overline{LN}$ gemessen immer den gleichen Abstand von der Leerlaufcharakteristik
haben, da bei gegebener Ankerstromstärke zu jedem E_p die gleichen
e_s und e_r zu addieren sind, also dasselbe Dreieck LHN in gleicher Lage
zwischen den beiden Kurven liegt. Ist in Fig. 120f $\overline{U'L'}$ gleich dem

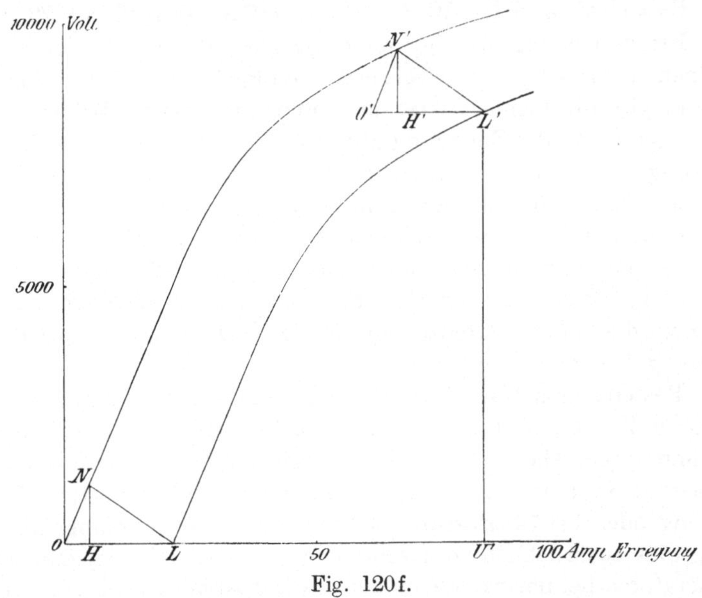

Fig. 120f.

normalen E_p, so erkennt man, daß man e_s und e_r auch ohne Kenntnis
des $\triangle O'N'L'$ gewinnen kann, wenn man nur $\overline{O'L'} = \overline{OL}$ kennt. Letzteres
ist aber durch den Schnitt der Kurve für $\cos\varphi = 0$ mit der Abzisse
gegeben. Man braucht nur $\overline{O'N'}$ parallel dem geradlinigen Anfang der
Leerlaufcharakteristik an $\overline{O'L'}$ anzutragen, wodurch man N' als Schnitt-
punkt mit der e-Kurve und schließlich H' gewinnt. $\overline{N'H'}$ und $\overline{H'L'}$
sind dann in der gleichen Weise für die weiteren Schlußfolgerungen zu
benutzen wie früher $\overline{NH}$ und $\overline{HL}$ in Fig. 120b.

Die MN definieren als „Spannungsänderung" eines Generators diejenige, die eintritt, wenn man bei normaler Klemmenspannung den höchsten auf dem Leistungsschild[1]) verzeichneten
Ankerstrom abschaltet, ohne Tourenzahl und Erregerstrom zu
ändern. Bei Maschinen, die nur für induktionslose Belastung

---

[1]) Über die Angaben auf dem Leistungsschild s. S. 188.

bestimmt sind, genügt die Angabe der Spannungsänderung für diese. Bei Maschinen für induktive Belastung ist außer der Spannungsänderung für induktionslose Belastung noch die Spannungsänderung anzugeben bei einer induktiven Belastung, deren Leistungsfaktor 0,8 ist. Die Angabe für einen anderen Leistungsfaktor ist außerdem zulässig.

Bei modernen Maschinen beträgt die Spannnungsänderung bei $F = 1$ etwa 5 bis $10\,^0/_0$, bei $F = 0,8$ etwa 12 bis $20\,^0/_0$. Die Erregerleistung beträgt dabei je nach der Größe der Maschinen 1 bis $4\,^0/_0$ der Wechselstromnutzleistung; der größere Betrag gilt für kleinere Maschinen und umgekehrt. Bei Turbogeneratoren ist der Spannungsabfall größer, weil die Ankerrückwirkung wegen des günstigeren magnetischen Aufbaues stärker ist. Mit Rücksicht auf den Einfluß des Leistungsfaktors auf den Spannungsabfall in den Maschinen und auch in den Fernleitungen hat der Verband in den Anschlußbedingungen für Motoren an öffentliche Elektrizitätswerke für die Leistungsfaktoren der Motoren die unteren Grenzen festgesetzt. Diese werden bei den Motoren besprochen werden.

Bestellt man Maschinen für eine bestimmte Leistung ohne weiteren Zusatz, so hat man zu erwarten, daß sie die normale Spannung hergeben, wenn diese Leistung bei induktionsloser Belastung auftritt. Soll die Spannung auch bei induktiver Belastung oder bei Überlastung sichergestellt sein, so empfiehlt es sich, dies ausdrücklich vorzuschreiben. Die MN fordern, daß die Generatoren bei normaler Tourenzahl die Spannung noch bei einer Überlastung bis zu $15\,^0/_0$ auf dem normalen Werte halten können, wobei der Leistungsfaktor nicht unter dem auf dem Schilde verzeichneten Wert anzunehmen ist. Von der bei Überlastung notwendigen Erregerleistung werden bei normaler Belastung bei $F = 1$ nur etwa 60 bis $70\,^0/_0$, bei $F = 0,8$ 90 bis $95\,^0/_0$ verbraucht.

Zur Vereinheitlichung hat der Verband für Generatoren folgende Spannungen als normale vorgeschrieben: 115, 230, 525, 1050, 2100, 3150, 5250 Volt. Auch für Transformatoren sollen diese als normale Abgabe-(Sekundär-)Spannungen gelten, mit der Maßgabe, daß sie von den Transformatoren hergegeben werden, wenn diese leerlaufend mit der auf dem Leistungsschilde angegebenen Primärspannung gespeist werden.

Sehr wertvolle selbsttätig wirkende Apparate zur Regelung der Spannung von Generatoren besitzt die Technik jetzt in den

„Schnellreglern". Diese arbeiten in der Weise, daß sie unter dem Einfluß der zu regelnden Wechselspannung einen die Erregerstromstärke regelnden Widerstand abwechselnd ganz ein- und ausschalten und die Ein- und Ausschaltdauer dabei so einrichten, daß eine mittlere Erregung von der verlangten Größe hergestellt wird; die Ausschaltung des Widerstandes geschieht hierbei durch Kurzschluß. Da die für diese Vorgänge nötigen Kontakte in andauernder Tätigkeit sind und in schneller Folge geöffnet und geschlossen werden, so müssen sie durch besondere Maßnahmen vor zu schneller Abnutzung geschützt, und die unausbleibliche Abnutzung muß möglichst unschädlich gemacht werden. Man regelt aus diesem Grunde nicht den Erregerstrom des Wechselstromgenerators selbst, sondern den kleineren Erregerstrom der Erregermaschine, verwendet dazu ein Zwischenrelais, das durch einen noch kleineren Strom gesteuert wird, und macht die in diesem Stromkreise wirksamen Hauptkontakte leicht auswechselbar. Da bei diesen Schnellreglern eine der beiden Grenzerregungen größer ist als die wirksame mittlere, so müssen die Erregermaschinen für eine größere Leistung gebaut werden als bei Betrieben ohne Schnellregler. Bei parallel arbeitenden Generatoren ist nur ein einziger Schnellregler zu benutzen.

Wird durch einen plötzlichen Kurzschluß $Ep = 0$ gemacht, so steigt J sehr stark an. Dabei treten dieselben Kraftwirkungen auf, wie im § 21 für Transformatoren geschildert wurden. Das Ankereisen sucht die induzierten Spulen abzuschleudern und deformiert oder zerstört dabei deren herausragende Teile. Bei Drehstrom wirken die Spulenköpfe der drei Phasen ebenfalls aufeinander abstoßend, weil jede Spule in jedem Augenblick den entgegengesetzten Strom führt, wie die beiden Nachbarspulen (siehe Fig. 130). Die dabei auftretenden Kraftwirkungen sind bei größeren Maschinen ganz gewaltig und zwingen dazu, die Spulenköpfe zu versteifen. Weitere Wirkungen treten bei Kurzschluß dadurch auf, daß der plötzlich ansteigende Ankerstrom durch Ankerrückwirkung das Feld der äußeren Magnetpole zu schwächen sucht und dabei einen Strom in der Erregerwicklung induziert, der in dieser Wicklung selbst oder in der daran angeschlossenen Erregermaschine Durchschläge hervorrufen kann.

Von Bedeutung ist der Kurzschlußstrom auch für die in den Maschinenstromkreis eingeschalteten automatischen Schalter, insbesondere für die Ölschalter bei Hochspannungsanlagen, denn diese müssen während des Kurzschlusses die volle Kurzschlußstromstärke aushalten und sogleich nach der Unterbrechung die volle Betriebsspannung ertragen. Sie müssen also für so viele KVA eingerichtet sein, wie sich aus dem Produkt der normalen Betriebsspannung und der Kurzschlußstromstärke ergeben. Der Verband hat in seinen „Vorläufigen Richtlinien für die Konstruktionen und Prüfung von Hochspannungsapparaten" festgesetzt, daß dabei in Ermangelung genauer Kenntnisse die Kurzschlußstromstärke eines Generators zum dreifachen Werte der normalen Betriebsstromstärke veranschlagt werden soll. Zu berücksichtigen ist hierbei natürlich, daß eine Abzweigleitung, die nur einen Teil der Zentralenleistung normal weiterleitet, bei Kurzschluß einen erheblichen Teil der gesamten Kurzschlußleistung der Zentrale zur Verfügung hat; über die Berücksichtigung dieser Tatsache sind ebenfalls Bestimmungen getroffen worden. Von Wichtigkeit ist die Kurzschlußstromstärke auch bei Erdungen. Wird eine Maschine über eine Erdung kurzgeschlossen, so ist die Spannung, die die Erdleitung gegen Erde aufweist, gegeben durch das Produkt aus dem Widerstand der Erdung und der gesamten Kurzschlußstromstärke.

§ 25. Leistung und Wirkungsgrad.

Die MN verlangen, daß die Leistung eines Wechselstromgenerators in KVA auf einem an der Maschine angebrachten Leistungsschild angegeben wird, mit Hinzufügen des geringsten zulässigen Leistungsfaktors. Außerdem sind auf dem Schilde anzugeben die normalen Werte von u oder v, Ep und J; bei Generatoren mit veränderlicher Spannung wird die Angabe der zusammengehörigen Werte von Ep und J auf dem Leistungsschilde nicht verlangt; sie sind aber in den Lieferbedingungen zu vermerken.

Der Bedarf an Antriebsleistung eines Generators in PS ist natürlich nicht durch die scheinbare Leistung in KVA, sondern durch die wahre Leistung in KW bestimmt und daraus unter Benutzung des Wirkungsgrades zu berechnen. Da der Verlust in der Ankerwicklung durch J gegeben ist, die Leistung aber bei gegebenem Ep durch JF bestimmt wird, so ist der Verlust bei kleinem F relativ groß, der Wirkungsgrad also kleiner als bei $F = 1$. Man kann demnach den Bedarf an Antriebsleistung nur berechnen, wenn man den Wirkungsgrad für die vorhandene Belastung und den dabei herrschenden Leistungsfaktor kennt. Es genügt nicht, die für eine bestimmte Leistung bei $F = 1$ bekannte Antriebsleistung für eine gleiche scheinbare Leistung, aber ein kleineres F, einfach durch Multiplikation mit diesem F zu bestimmen. Einige Wirkungsgrade moderner Dreiphasenmaschinen sind in Tab. 11 zusammengestellt.

Tabelle 11

über Wirkungsgrad und Kraftbedarf von Drehstromgeneratoren.

Leistung in KVA	$\cos \varphi =$	Wirkungsgrad Belastung			
		$^1/_1$	$^3/_4$	$^1/_2$	$^1/_4$
50	1,0	91,0	89,6	86,3	79,0
	0,8	88,2	86,6	83,4	74,7
100	1,0	92,3	91,0	88,0	81,0
	0,8	89,8	88,4	85,0	76,0
500	1,0	94,0	92,6	90,3	83,0
	0,8	92,0	90,7	87,7	79,0
2000	1,0	95,0	94,0	92,0	85,0
	0,8	93,5	92,5	89,7	82,0

Diese Wirkungsgrade gelten einschließlich der Verluste in den Lagern. Bei langsam laufenden Maschinen, die gewöhnlich für direkte Kupplung oder gemeinsame Welle mit der Antriebsmaschine und ohne Lager bestellt werden, sind die Wirkungsgrade um einige Prozent höher.

Die Belastbarkeit eines Generators ist begrenzt durch seine Erwärmung. Für die Temperaturerhöhung der Wicklungen gelten wieder die bei den Transformatoren angegebenen Zahlen (S. 128). Für das Eisen, in welches die Wicklungen eingebaut sind, gelten dieselben Temperaturgrenzen wie für die Wicklungen. Die Lager dürfen eine Übertemperatur von 50^0 annehmen. Zur scharfen Definition des Wirkungsgrades bei den Maschinen, die nicht als selbständiges Ganzes gebaut sind, sondern Lager von anderen Maschinen mit benutzen, wie Dampfdynamos mit gemeinsamer Welle beider Maschinen, ist anzugeben, welche Lagerverluste in den Wirkungsgrad eingeschlossen sind. Da aber auch dann noch Meinungsverschiedenheiten über die Messung dieses Wirkungsgrades bestehen können, so sind in den MN verschiedene Meßmethoden (im ganzen acht) ausgearbeitet und für die verschiedenen Verhältnisse empfohlen. Sachgemäß ist es also, bei der Angabe eines Wirkungsgrades sogleich auch die Meßmethode mitzuteilen, durch die er bestimmt worden ist.

Um praktischen Betriebsverhältnissen gerecht zu werden, geben die MN auch Vorschriften über die Überanstrengbarkeit der Generatoren. Diese müssen im Betriebe ertragen: 1. mechanisch 5 Minuten lang eine Tourenerhöhung um $15\,^0/_0$ unerregt und voll erregt, 2. elektrisch 5 Minuten lang eine um $30^0/_0$ erhöhte Spannung, wobei diese durch eine Tourenerhöhung um $15\,^0/_0$ hergestellt werden kann, 3. mechanisch und elektrisch bei normaler Tourenzahl eine halbe Stunde eine Überlastung von $25\,^0/_0$, wobei vorausgesetzt wird, daß die Anfangstemperatur so niedrig war, daß keine zu hohe Erwärmung eintritt. Für die Isolationsprüfung in der Fabrik sind besondere Vorschriften in den MN festgesetzt.

Leistungen und Wirkungsgrade, die für Dreiphasengeneratoren gegeben sind, gelten meist unverändert auch für Zweiphasenmaschinen des gleichen Modells. Für Einphasengeneratoren ist auf S. 176 berechnet worden, daß sie bei gleicher elektrischer und mechanischer Beanspruchung des Konstruktionsmaterials nur $^2/_3$ der Leistung von Dreiphasengeneratoren hergeben können. Da bei kleineren Leistungen die mechanischen Verluste geringer werden, so ändert sich diese Zahl praktisch etwas zugunsten der Einphasengeneratoren um; man kann mit etwa $^3/_4$, statt mit $^2/_3$ rechnen. Für den Wirkungsgrad wird von Fabrikationsfirmen angegeben, daß er bei Einphasengeneratoren bei normaler Belastung und $F = 1$ so viel beträgt, wie bei Dreiphasengeneratoren gleichen Modells bei $^3/_4$ der normalen Belastung und $F = 1$ oder auch bei normaler Belastung und $F = 0,8$.

Die Frequenz, für die die Einphasen- und Mehrphasengeneratoren „preislistenmäßig" hergestellt werden, ist in Deutschland heute allgemein 50. Für kleinere und größere Frequenzen etwa zwischen den Grenzen 40 und 60 ändern sich die Leistungen der für 50 bestimmten Maschinen proportional der Frequenz um.

V. Mehrphasenströme und Drehfelder.

§ 26. Die Wirkung magnetischer Drehfelder auf kurz-geschlossene Anker.

Die Eigenschaft des Gleichstrommotors, eines Kommutators zu bedürfen, der der Funkenbildung ausgesetzt ist und auch mechanisch den empfindlichsten Teil der Maschine bildet, hat den Wunsch rege gemacht, Motoren zu konstruieren, bei denen der Ankerstrom nicht von außen zugeführt, sondern durch Induktion erzeugt wird. Mit der Stromzuführung von außen fallen, so ist der Gedanke, auch die Zuführungsorgane am Anker weg, und nur die feststehenden Feldmagnete bedürfen zu ihrer Erregung noch einer Stromzufuhr, die aber durch feststehende Klemmen ohne jede Funkenbildung bewerkstelligt werden kann.

Um den Begriff des kommutatorlosen Ankers schärfer zu fixieren, denken wir uns von dem Anker eines Gleichstrommotors (G. S. 46 Fig. 21) den Kommutator abgenommen und die vorher an zwei benachbarte Segmente angeschlossenen Enden einer Ankerwindung nach entsprechender Verkürzung direkt miteinander verbunden, so daß schließlich lauter einzelne, von einander getrennte und in sich kurz geschlossene Windungen entstehen, wie in Fig. 121 dargestellt ist. Wir bezeichnen einen solchen Anker als einen Kurzschlußanker.

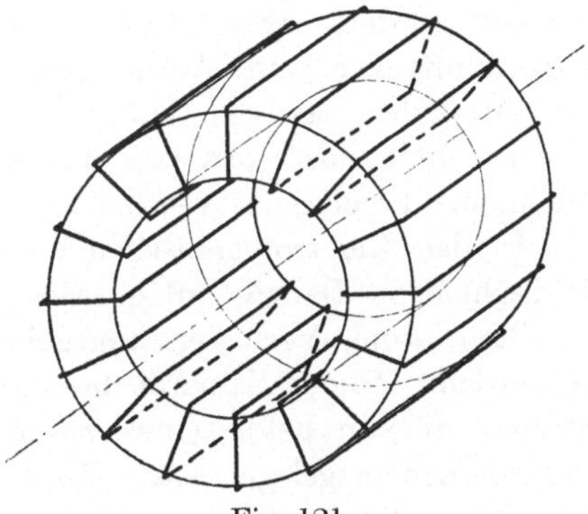

Fig. 121.

Kann dieser Anker, so lautet die im Sinne des oben ausgesprochenen Gedankens aufzuwerfende Frage, wenn er sich im feststehenden Magnetfelde dreht, durch Induktion allein weiter getrieben werden? — Wir werden sogleich sehen, daß dies nicht der Fall ist.

In einem feststehenden Magnetfelde rotierend, erfährt dieser Anker Induktion wie der Anker einer Dynamomaschine. Die Zugkraft, welche seine stromdurchflossenen Windungen dadurch ausüben, wirkt nicht im Sinne, sondern entgegengesetzt der vorhandenen Drehung, denn wirkte sie in gleicher Richtung, so würde durch sie die Drehung beschleunigt werden, damit stiegen aber auch die induzierte EMK und der Strom, hiermit weiter das Drehmoment, eine neue Beschleunigung träte ein, kurz der Anker würde durch ein leises Andrehen von selbst auf unendlich große Geschwindigkeiten kommen und unendlich große Stromstärken in sich erzeugen, was nach dem Gesetz von der Erhaltung der Energie nicht möglich ist. Das Drehmoment des induzierten Stromes wirkt vielmehr dem antreibenden Moment entgegen: in der Tat, denn diese entgegenwirkende elektromagnetische Zugkraft ist es gerade, die beim Antrieb einer Dynamo zu überwinden ist und einen der elektrischen Arbeitsleistung des Stromes äquivalenten mechanischen Arbeitsaufwand fordert. So würde also der künstlich angedrehte Kurzschlußanker beim Aufhören der antreibenden Kraft nicht nur durch den passiven Widerstand der mechanischen Reibung, sondern auch durch das von den induzierten Strömen gebildete Drehmoment gebremst werden.

In den Elektrotechnischen Vorlesungen an der Technischen Hochschule zu Danzig pflegt dies durch den in Fig. 122 dargestellten, vom Verfasser angegebenen Apparat demonstriert zu werden. Dieser Apparat besteht aus einer drehbaren Eisenscheibe, die im Felde eines zweipoligen, ebenfalls drehbaren Elektromagnets gelegen ist. Beide Körper sind auf besondere Achsen gesetzt und können durch Kurbeln beliebig gegeneinander gedreht oder verstellt werden. Jede Achse trägt ferner einen Stellring mit eingebohrter Vertiefung, in die ein Stift zum Festklemmen der Achse eingedrückt werden kann. Die Eisenscheibe ist mit mehreren in sich geschlossenen flachen Spulen bedeckt, die, voneinander völlig getrennt, diametral über die Scheibe gewickelt sind und mit dieser zusammen einen Kurzschlußanker bilden. Für die Stromzufuhr zu dem Elektromagnet sind auf dessen Achse rechts zwei voneinander isolierte geschlossene messingne Schleifringe aufgesetzt und mit den Enden der Wicklung verbunden; auf diesen Ringen schleifen feststehende Bürsten, die den Strom zu- und wieder abführen.

Wenn man bei diesem Apparat die Achse des Elektromagnets festklemmt, die bewickelte Scheibe mit der Hand andreht und den Elektromagnet dabei noch nicht erregt, so läuft die Scheibe nach Zurückziehung der Hand zunächst noch weiter, bis sie infolge der mechanischen Reibung langsam anhält. Wenn man

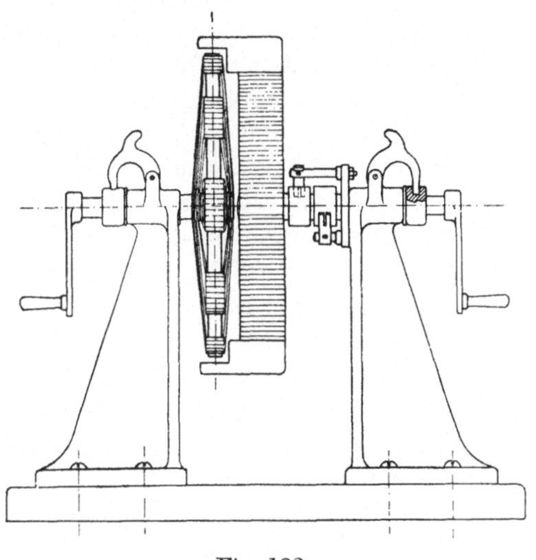

Fig. 122.

aber den Elektromagnet während des Auslaufens erregt, so steht die Scheibe plötzlich und mit einem Ruck still. Ein durch Induktion kontinuierlich betriebener Motor ist also auf diese Weise nicht herstellbar.

Dennoch gelingt es auf Grund folgender Überlegungen und Experimente, allein durch Induktion auf einen Kurzschlußanker Zugkräfte zu übertragen, die ihn dauernd zu drehen und dabei beliebige Kräfte zu überwinden imstande sind. Wenn man nämlich bei dem oben geschilderten Versuche die Achse des Elektromagnets nicht ganz festklemmt, so daß dieser in dem Augenblick, wo er erregt wird, den Anker nicht ganz festzuhalten vermag, so wird er von dem Anker ein Stückchen mitgerissen, denn nach dem Gesetze von der Gleichheit der Wirkung und Gegenwirkung übt der bewegte Körper auf den feststehenden dieselbe Zugkraft aus, mit der der feststehende den bewegten zurückzuhalten sucht. Wird der Elektromagnet überhaupt nicht festgehalten, so muß er von dem gedrehten Anker aus demselben Grunde dauernd mitgenommen werden;

die beiden Achsen sind dann durch elektromagnetische Induktion aneinander gekuppelt. Der Versuch bestätigt diese Überlegung vollkommen: Ob man den Anker nach rechts oder links dreht, der Elektromagnet folgt ihm in gleicher Richtung nach.

Genau die entsprechende Erscheinung kann man beobachten, wenn man umgekehrt den Anker festklemmt und den Elektromagnet rotieren läßt. Die elektromagnetischen Vorgänge sind hierbei genau dieselben, weil die Art der Relativbewegung zwischen Magnet und Anker die gleiche ist. Magnet und Anker sind daher wieder elektromagnetisch gekuppelt; der stillstehende Anker sucht den gedrehten Feldmagnet zu bremsen und dreht sich ihm nach, wenn er ihn nicht bremsen kann. Der Versuch bestätigt auch diese Schlußfolgerung: Der Anker folgt dem gedrehten Magnet in jeder Richtung nach.

Bei der zuletzt geschilderten Betriebsweise bildet der in Fig. 122 dargestellte Apparat in der Tat die Lösung des Problems, einen Kurzschlußanker allein durch elektromagnetische Induktion in Bewegung zu setzen. Die bewegende Ursache ist dabei das Magnetfeld des rotierenden Elektromagnets, d. i., wie man sich auszudrücken pflegt, ein „magnetisches Drehfeld". Allerdings bildet diese Vorrichtung keinen Motor im eigentlichen Sinne, der aus sich selbst heraus Bewegung erzeugte, sondern nur eine Übertragungsvorrichtung für eine vorhandene Bewegung, eine „elektromagnetische Induktionskupplung". Trotzdem ist es von großem Interesse und Wert, die Gesetze für den Antrieb des Ankers durch das Drehfeld näher zu betrachten, da später gezeigt werden wird, daß es möglich ist, durch feststehende, von besonderen Stromarten umflossene Magnetringe, solche Drehfelder zu erzeugen, also auf Grund der geschilderten Erscheinung wirkliche Motoren zu konstruieren. Aus diesem Grunde soll die Wirkungsweise des Drehfeldes im folgenden näher studiert werden.

Über den Vorgang der Arbeitsübertragung von der Elektromagnetachse auf die Ankerachse läßt sich sogleich folgendes aussagen:

Erstens: Das Drehmoment, mit dem die Magnetwelle betrieben wird, überträgt sich ganz und ohne elektrischen oder magnetischen Verlust auf die Ankerwelle, denn die elektromagnetische Zugkraft, die die Übertragung bewirkt, entsteht durch Wechselwirkung zwischen Magnetpolen und Ankerströmen und wirkt auf

Magnet und Anker mit gleicher Stärke. Um zu erkennen, daß Gleichheit der Kräfte im vorliegenden Falle auch Gleichheit der Drehmomente zur Folge hat, kann man sich die gesamte Kraft, mit der die Magnetpole auf den Anker wirken, zerlegt denken in einzelne Kräfte, die je ein Punkt eines Poles auf je einen Punkt des Ankers ausübt. Ist P (Fig. 123) eine beliebige von diesen Einzelkräften, so sind die beiden Drehmomente in der Tat beide gleich Pa. Was für die einzelnen Kräfte gilt, muß aber auch für die Gesamtkraft Gültigkeit haben.

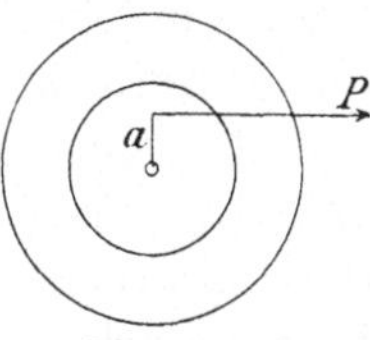

Fig. 123.

Zweitens: Die Geschwindigkeit beider Wellen muß verschieden sein, denn bei gleicher Geschwindigkeit wäre keine relative Bewegung zwischen Magnetpolen und Anker vorhanden, der induzierte Strom und infolgedessen auch die elektromagnetische Zugkraft wären daher gleich Null. Ein Fall genau gleicher Drehzahl wäre nur denkbar bei absolutem, idealem Leerlauf des Ankers ohne passive Widerstände. Würde eine völlig leerlaufende Ankerwelle plötzlich durch einen aufgeworfenen Riemen belastet, so müßte ihre Drehzahl sogleich nachlassen und geringer werden als die der Magnetpole, bis durch die relative Bewegung zwischen Magnet und Anker der für die Herstellung der verlangten Zugkraft notwendige Strom im Anker induziert würde.

Bezeichnet man die Winkelgeschwindigkeit der Magnetpole mit ω_1, die des Ankers mit ω_2 und das gemeinsame Drehmoment mit D, so ist also die zum Antrieb der Magnetpole aufgewendete Arbeitsleistung

$$A = D\omega_1$$

und diejenige, die der rotierende Anker leistet

$$A_2 = D\omega_2,$$

wobei $\omega_2 < \omega_1$ ist. Die Differenz von A und A_2 bedeutet einen Verlust an Arbeit, der sein Äquivalent offenbar nur in derjenigen Arbeit haben kann, die zur Erhaltung des Stromes in der Ankerwicklung oder zum Durchtrieb der elektrischen Massen durch die Ankerwindungen sekundlich aufzuwenden ist. Dieser Arbeitsaufwand zeigt sich in einer Erwärmung der durchflossenen Drähte und beträgt für einen Draht vom Widerstande w Ohm bei einer Stromstärke von J Amp. $J^2 w$ Watt.

Wird der Verlust in der ganzen Ankerwicklung mit Q bezeichnet so ist also

$$Q = A - A_2 \quad \text{oder} \quad A = Q + A_2.$$

Nach der letzten dieser beiden Gleichungen bedeutet A nicht nur die von den Magnetpolen geleistete, sondern auch die gesamte auf den Anker übertragene Arbeit als die Summe aus derjenigen, die in seiner Drahtwicklung verloren geht und der, die er als mechanische Arbeit weitergibt, die letztere natürlich einschließlich der nicht nutzbar zu machenden Reibungsarbeit in den Lagern usw. Die vorliegende elektromagnetische Induktionskupplung arbeitet also in voller Analogie mit einer schlüpfenden magnetischen Reibungskupplung Der elektromagnetischen Induktion im einen Falle entsprich die direkte Berührung der reibenden Flächen im anderen, in beiden wird die volle Zugkraft der einen Fläche auf die andere übertragen. Der Arbeitsverlust liegt hier wie da nur an de Tourendifferenz der beiden Wellen und findet sich als Wärme an den Stellen wieder, die die Übertragung der Bewegung vermitteln.

Der Ausdruck „Schlüpfung" für die Differenz $\omega_1 - \omega_2$ is auch in der Theorie der Drehfeldmotoren gebräuchlich. De Bruch

$$\frac{\omega_1 - \omega_2}{\omega_1}$$

heißt das „Schlüpfungsverhältnis", er ist für die Theorie von besonderem Interesse, denn es ist nach den obigen Gleichungen

$$\frac{\omega_1 - \omega_2}{\omega_1} = \frac{Q}{A};$$

d. h. der Verlust im Anker verhält sich zur gesamten auf der Anker übertragenen Arbeit wie der Tourennachlaß des Ankers zur Tourenzahl des Drehfeldes, oder das Schlüpfungsverhältnis ausgedrückt in Prozenten, gibt direkt den prozentischen Wer des Verlustes im Anker als Teil der ganzen dem Anker zugeführten Arbeit an.

Für das Drehmoment ergibt sich aus

der Wert

$$Q = A - A_2 = D\,\omega_1 - D\,\omega_2$$

$$D = \frac{Q}{\omega_1 - \omega_2} \quad . \quad . \quad . \quad . \quad . \quad . \quad . \quad (1$$

Es ist hervorzuheben, daß alle diese Beziehungen ohne irgendwelche spezielle Annahme über die Konfiguration des Magnetfeldes oder über die Art der Ankerwicklung Gültigkeit haben. Sie leiten sich allein her aus dem Gesetz von der Erhaltung der Energie.

§ 27. Berechnung des Drehmomentes und Vergleich mit Gleichstrommotoren.

Jede Windung des Kurzschlußankers erfährt eine Zugkraft nur an ihrem äußeren axialen Leiter. Diese ist nach G. S. 43, Gl. 19 bei einem Leiter von der Länge l, der vom Strom J_t durchflossen wird und sich an einer Stelle befindet, wo die radiale magnetische Kraft $\mathfrak{B}_r$ besteht

$$Z_t = \mathfrak{B}_r J_t l \quad\ldots\ldots\ldots (1)$$

und wirkt in tangentialer Richtung. Ist r der äußere Ankerradius, so wird das Drehmoment

$$D_{1t} = Z_t r = \mathfrak{B}_r J_t l r \quad\ldots\ldots (2)$$

J_t ergibt sich aus der EMK e_t', die bei der Drehung in der Windung induziert wird und nach Gl. 1 S. 168 den Wert hat

$$e_t' = \mathfrak{B}_r l g \quad\ldots\ldots\ldots (3)$$

zu

$$J_t = \frac{\mathfrak{B}_r l g}{w} \quad\ldots\ldots\ldots (4)$$

wenn w der Widerstand der Windung ist. Bei sinusartiger Verteilung ist der effektive Wert

$$J = \frac{\mathfrak{B}_{max} l g}{\sqrt{2} \, w} \quad\ldots\ldots\ldots (5)$$

Drückt man die relative Umfangsgeschwindigkeit g durch die relative Winkelgeschwindigkeit $\omega_1 - \omega_2$ aus, so wird

$$g = r(\omega_1 - \omega_2) \quad\ldots\ldots\ldots (6)$$

und unter Benutzung von Gl. 7 S. 175 erhält man

$$J = \frac{N p (\omega_1 - \omega_2)}{w 2 \sqrt{2}} \quad\ldots\ldots (7)$$

Den mittleren Wert von D_{1t} findet man aus Gl. 2, wenn man J_t nach Gl. 4 einsetzt, zu

$$D_1 = M(D_{1t}) = \frac{l^2 g r}{w} M(\mathfrak{B}_r{}^2) = \frac{l^2 g r}{w} \frac{\mathfrak{B}^2{}_{max}}{2}. \quad . \quad (7a)$$

Unter Benutzung von Gl. 6 und 7 S. 174 und 175 ergibt sich hieraus das gesamte Drehmoment auf alle n Windungen des Ankers

$$D = n D_1 = \frac{N^2 p^2 n}{8 w} (\omega_1 - \omega_2) \quad . \quad . \quad . \quad . \quad (8)$$

und unter Benutzung von Gl. 7

$$D = \frac{N n J p}{2 \sqrt{2}} \quad . \quad . \quad . \quad . \quad . \quad . \quad . \quad (9)$$

Gl. 7 und Gl. 9 geben zusammen das deutlichste Bild von den elektrischen Vorgängen und der Bildung mechanischer Zugkraft im Kurzschlußanker. Nach Gl. 7 steigt die Stromstärke, die im Anker induziert wird, bei gegebener Polstärke N proportional mit der Schlüpfung; nach Gl. 9 steigt das Drehmoment seinerseits proportional mit dieser Stromstärke oder, anders gesprochen: Je mehr Zugkraft der Anker infolge der ihm angehängten Belastung zu entwickeln hat, einen desto größeren Strom muß er sich selbst verschaffen und desto mehr muß er, um die nötige elektrische Induktion zu erfahren, mit seiner Geschwindigkeit hinter der des Drehfeldes zurückbleiben. Läuft er absolut leer, d. h. hat er gar keine Zugkraft zu entwickeln, so bedarf er eines Stromes nicht, er läuft dann mit dem Drehfelde völlig synchron, d. h. mit gleicher Geschwindigkeit ohne Relativbewegung.

Dieses Verhalten der Drehfeld-Motoren steht in völliger Analogie mit dem Verhalten von Gleichstrom-Motoren. Nach G. S. 58 gelten für einen Gleichstrommotor mit konstantem Magnetfeld, wenn sein Anker einen Gesamtwiderstand w hat, und er mit einer Spannung E_p gespeist und dabei von einem Strome J durchflossen wird, die Gleichungen:

$$\text{I. } E_p = J w + e \qquad \text{II. } e = N n v \qquad \text{III. } D = \frac{N n J}{2 \pi}.$$

Gl. III gibt die Stromstärke an, die der Anker aufnimmt, wenn er eine bestimmte Zugkraft oder ein bestimmtes Drehmoment L herzustellen hat. Nach Gl. I bildet sich dabei von selbst eine solche elektromotorische Gegenkraft aus, daß diese die Spannung E_p bis auf den kleinen Spannungsabfall Jw „ausbalanziert". Gl. II endlich gibt die sekundliche Drehzahl v an, auf die der Anker sich einlaufen muß, um diese Gegenkraft zu erzeugen.

Auch für einen Gleichstrommotor läßt sich der Begriff der Schlüpfung konstruieren, wenn man von derjenigen Tourenzahl ausgeht, die der Anker bei absolutem Leerlauf ($D = 0$, $J = 0$) annimmt. Bezeichnet man die dabei auftretende Tourenzahl mit v_0 und die elektromotorische Gegenkraft mit e_0, so ist

$$\text{I}_0 \quad E_p = e_0 \qquad \text{II}_0 \quad e_0 = N n v_0 \qquad \text{III}_0 \quad D = 0.$$

Bei absolutem Leerlauf stellt sich also die Tourenzahl v_0 so ein, daß die elektromotorische Gegenkraft die Spannung vollständig ausgleicht. v_0 ist die höchste Tourenzahl, die der Anker annehmen kann. Der Tourennachlaß $v_0 - v$ zwischen Leerlauf und irgendeiner Belastung kann ebenfalls als Schlüpfung aufgefaßt werden.

Wie beim Drehfeldmotor, so steht auch beim Gleichstrommotor die Schlüpfung mit der Bilanz der Arbeiten im Anker in engstem Zusammenhang. Multipliziert man Gl. I auf beiden Seiten mit J, so erhält man für irgendeine Belastung

$$E_p J = J^2 w + e J,$$

d. h. der ganze vom Anker aufgenommene Effekt $A = E_p J$ zerfällt in einen Verlust $Q = J^2 w$ im Anker und in eine elektrische Nutzleistung $A_2 = e J$, die in mechanische umgesetzt wird. Demgemäß ist

$$\frac{Q}{A} = \frac{(E_p - e) J}{E_p J} = \frac{E_p - e}{E_p}.$$

Ersetzt man hierin e nach Gl. II und E_p nach Gl. I_0 und II_0, so erhält man

$$\frac{Q}{A} = \frac{v_0 - v}{v_0};$$

d. h. im Anker geht von der totalen Effektzufuhr prozentisch gerade so viel verloren, wie der Anker schlüpft — genau so, wie beim Drehfeldmotor.

Sehr interessant ist auch der Vergleich der Drehmomente. Beim Gleichstrommotor ist unter J in Gl. I und III der gesamte, dem Anker zugeführte Strom vor der Verzweigung in die einzelnen Ankerspulen verstanden. Drückt man das Drehmoment nicht dadurch, sondern durch den Strom aus, den jede einzelne Ankerwindung führt, und bezeichnet man diesen mit i, so ist (nach einer Gleichung G. S. 50)

$$D = N\,i\,\frac{n}{2\,\pi}\,2p.$$

Diese Gleichung kann zum unmittelbaren Vergleiche beider Motortypen dienen. Setzt man, wie beim Drehfeldmotor, auch beim Gleichstrommotor den Strom in jeder Windung J, so ist also beim Gleichstrommotor

$$D_g = \frac{N\,n\,J\,p}{\pi}$$

und beim Drehfeldmotor

$$D_d = \frac{N\,n\,J\,p}{2\sqrt{2}}\,.$$

Hierbei sind zur deutlichen Unterscheidung die Indices g und d der Bezeichnung des Drehmomentes zugefügt. Der gleiche Bau beider Formeln beweist, daß die Wirkungsweise beider Ankerarten innerlich genau dieselbe ist: Immer ist die Zugkraft der Polstärke und der Stromstärke im Anker proportional. Der absolute Wert beider Drehmomente ist aber verschieden. Man erhält bei gleichem N, n, J und p

$$\frac{D_d}{D_g} = \frac{\pi}{2\sqrt{2}} = 1{,}11,$$

beim Drehfeldanker also ein um $11^0/_0$ größeres Drehmoment als beim Gleichstromanker. Die Gleichheit der beiden Werte N und p bedeutet Gleichheit der Magnetgestelle. Nimmt man außer gleicher Drahtzahl n auf dem Anker auch gleiche Drahtdimensionen oder gleichen Widerstand w der einzelnen Windungen an, so wird bei gleichem J auch der Verlust $Q = n\,J^2\,w$ bei beiden Ankertypen derselbe.

    Ergebnis: Der Drehfeldmotor entwickelt bei gleicher Konstruktion und Dimensionierung des Ankers und Magnetgestells und bei gleichen Verlusten im Anker eine wesentlich höhere Zugkraft, oder er weist bei gleicher Zugkraft wesentlich geringere Verluste im Anker auf.

§ 28.　Die Erzeugung eines Drehfeldes durch feststehende Wechselfelder.

Es ist oben schon darauf hingewiesen worden, daß der im vorigen Abschnitte besprochene Drehfeldmotor kein Motor im eigentlichen Sinne ist, sondern eine Kupplung, die Bewegung nur überträgt, nicht aber selbst erzeugt. Die Kupplung wird erst dann zu einem wirklichen Motor, wenn es gelingt, das Drehfeld durch feststehende Elektromagnete zu bilden, eine Aufgabe, die — so paradox sie zunächst auch klingt — doch mit einfachen Mitteln lösbar ist. Selbstverständlich ist dabei zur Magnetisierung der Elektromagnete ein solches Quantum elektrischer Energie aufzuwenden, wie zuzüglich aller Verluste an mechanischer Arbeit vom Anker zu leisten ist, denn die vom Anker produzierte Arbeit muß in einem Arbeitsaufwande bei der Erzeugung des rotierenden Feldes ihr Äquivalent finden.

Die heute in der Elektrotechnik benutzte Methode zur Herstellung von Drehfeldern besteht darin, daß man mehrere feststehende Wechselfelder miteinander vereinigt. Gebräuchlich ist dabei die Verwendung von zwei und drei Feldern in folgender Weise:

Zweiphasenmotoren: Es sei gegeben (Fig. 124) ein horizontales und ein vertikales Wechselfeld von der Stärke

$$\mathfrak{B}_t^{\,I} = \mathfrak{B}_{max} \cos \omega t \quad \ldots \ldots \ldots \quad (1)$$

und

$$\mathfrak{B}_t^{\,II} = \mathfrak{B}_{max} \sin \omega t \quad \ldots \ldots \ldots \quad (2)$$

Dann bilden die beiden Felder zusammen ein Gesamtfeld von der Stärke

$$\mathfrak{B}_t = \sqrt{\mathfrak{B}_t^{\,I\,2} + \mathfrak{B}_t^{\,II\,2}} = \mathfrak{B}_{max}$$

und einem Neigungswinkel α gegen die Horizontale derart, daß

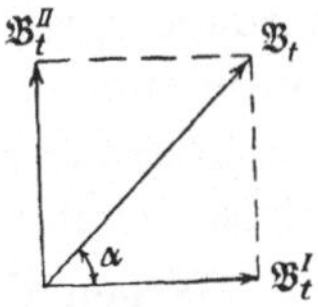

$$\operatorname{tg} \alpha = \frac{\mathfrak{B}_t^{\,II}}{\mathfrak{B}_t^{\,I}} = \operatorname{tg} \omega t.$$

Fig. 124.

Das Gesamtfeld ist also konstant gleich dem Maximalwert der beiden feststehenden Wechselfelder, und sein Neigungswinkel gegen die Horizontale ist proportional der Zeit, d. h. es dreht sich mit einer konstanten Winkelgeschwindigkeit in der Richtung eines steigenden Winkels α, also links herum, derart, daß während einer Periode der Winkel $\omega T = 2\pi\nu T = 2\pi$, also eine Umdrehung zurückgelegt wird.

Man erkennt die Hauptlagen auch, wenn man $\mathfrak{B}_t$ und α für besonders einfache Fälle bestimmt. Am Anfang, bei $t = 0$, ist $\mathfrak{B}_t^{II} = 0$, also $\mathfrak{B}_t = \mathfrak{B}_t^{I} = \mathfrak{B}_{max}$; das Gesamtfeld ist gleich dem Maximalwerte des Feldes I und liegt wie dieses horizontal, dabei von links nach rechts wirkend. Bei $\omega_t = \dfrac{\pi}{2}$, also nach einer Viertelperiode ist $\mathfrak{B}_t^{I} = 0$, also $\mathfrak{B}_t = \mathfrak{B}_t^{II} = \mathfrak{B}_{max}$; das Gesamtfeld ist gleich dem Maximalwerte des Feldes II und wirkt wie dieses vertikal von unten nach oben. Es hat also während einer Viertelperiode eine Vierteldrehung zurückgelegt und ist dabei von der Lage des Feldes $\mathfrak{B}_t^{I} = \mathfrak{B}_{max}\cos\omega t = \mathfrak{B}_{max}\sin\left(\omega t + \dfrac{\pi}{2}\right)$, das in der Phase voraus ist, gewandert nach der Lage des Feldes $\mathfrak{B}_t^{II} = \mathfrak{B}_{max}\sin\omega t$, das dagegen um eine Viertelperiode zurück ist und daher erst später denselben Wert annimmt, wie Feld I. Man erkennt daraus, daß, wenn man umgekehrt dem Felde I eine Verzögerung gegen II gibt, etwa indem man

$$\mathfrak{B}_t^{I} = \mathfrak{B}_{max}\sin\left(\omega t - \dfrac{\pi}{2}\right) = -\mathfrak{B}_{max}\cos\omega t$$ macht, die Drehung

des resultierenden Feldes von II nach I, also rechts herumgehen wird, wie auch eine spezielle Rechnung in obiger Weise bestätigt. Eine Umkehr der Drehrichtung des resultierenden Feldes ist also durch eine Umkehr des Feldes I oder auch des Feldes II, d. h. durch Vertauschung der Zuleitungen des Wechselstromes hervorzurufen, der das zu kommutierende Feld erzeugt. Eine Umsteuerung des dem Felde nachfolgenden Kurzschlußankers ist also in der einfachsten Weise möglich.

Wegen der Verwendung zweier phasenverschobener Felder zur Erzeugung des Drehfeldes nennt man den auf diesem Prinzip beruhenden Drehfeldmotor einen Zweiphasenmotor. Ist die Phasenverschiebung beider Felder nicht genau 90°, oder sind beide einander nicht genau gleich, so entsteht kein konstantes und gleichförmig rotierendes resultierendes Feld, sondern ein Drehfeld, das bei der Rotation seine Stärke und Geschwindigkeit verändert, aber doch von der Lage des in der

Phase voreilenden nach der des verzögerten hinläuft. Während
ein konstantes Drehfeld bei absolut synchronem Leerlauf im
Anker keinen Strom induziert, ruft das bei seiner Drehung
sich verändernde Feld darin EMKe und Ströme hervor wie ein
feststehendes Wechselfeld in einer feststehenden Spule. Auch
bei synchronem Leerlauf verbraucht also der Anker jetzt
Energie, das pulsierende Drehfeld ist also erheblich ungünstiger
als das konstante. Wir werden weiter unten noch andere Faktoren kennen lernen, die das Drahtfeld veränderlich machen
können.

Dreiphasenmotoren: Wie aus
zwei feststehenden Wechselfeldern, die
um 90⁰ räumlich und zeitlich gegeneinander verschoben sind, kann man auch
aus drei um 120⁰ räumlich und zeitlich
verschobenen Wechselfeldern (Fig. 125)
ein Drehfeld erzeugen. Sind diese

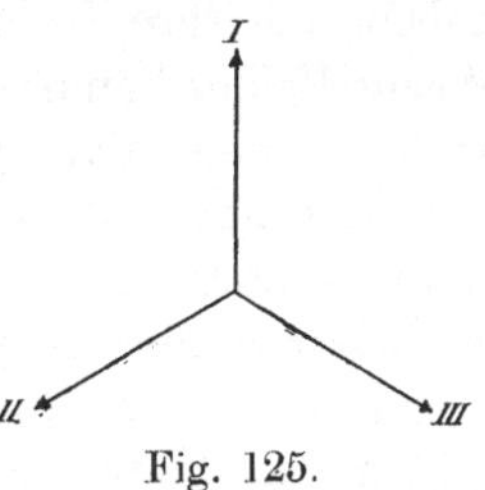
Fig. 125.

$$\mathfrak{B}_t^{I} = \mathfrak{B}_{max} \sin \omega t \ldots \ldots \ldots \ldots (3)$$
$$\mathfrak{B}_t^{II} = \mathfrak{B}_{max} \sin (\omega t + 120^0) \ldots \ldots (4)$$
$$\mathfrak{B}_t^{III} = \mathfrak{B}_{max} (\sin \omega t + 240^0) \ldots \ldots (5)$$

und bildet man die Komponenten $X_t\, Y_t$ dieser Kräfte nach
einer horizontalen und einer vertikalen Achse, so ergibt sich
nach den Gesetzen der Mechanik

$$X_t = {}^3/_2\, \mathfrak{B}_{max} \sin \omega t$$
$$Y_t = {}^3/_2\, \mathfrak{B}_{max} \cos \omega t.$$

Der Fall des Dreiphasenmotors ist damit auf den des Zwei-
phasenmotors zurückgeführt. Während wir aus den zwei
Feldern mit den Maximalwerten $\mathfrak{B}_{max}$ ein resultierendes Feld
von der konstanten Stärke $\mathfrak{B}_{max}$ erhalten, ergibt sich jetzt aus
den drei Feldern ein resultierendes von der Stärke ${}^3/_2\, \mathfrak{B}_{max}$.
Dieses Feld rotiert ebenfalls gleichförmig während einer Periode
der Wechselfelder einmal herum, und zwar wiederum von der
Richtung des in der Phase voraneilenden nach dem in der
Phase zurückbleibenden, im vorliegenden Falle von III über II
nach I, also nach rechts. Vertauschte man die Phasen zweier
Felder, etwa von II und III, so ginge der Drehsinn von II
über III nach I, also entgegengesetzt. Die Vertauschung der
Zuleitungen zu zwei von den drei Wicklungen, die die drei

Felder erzeugen, bildet also auch bei den Dreiphasenmotoren
ein sehr einfaches Verfahren der Umsteuerung.

An die Fig. 124 und 125 knüpfen wir noch die wichtige Be-
merkung, daß sie die Felder $\mathfrak{B}_t{}^I$, $\mathfrak{B}_t{}^{II}$, $\mathfrak{B}_t{}^{III}$ nicht in einem Zustande darstellen, der in irgendeinem Augenblick wirklich besteht,
sondern Felder bedeuten, die zunächst sämtlich als positiv und
gleich groß, z. B. als die positiven Maximalwerte, angenommen
sind, und deren wahre Größen und Richtungen sich erst ergeben
aus den Ausdrücken (Gl. 1, 2 bzw. 3, 4, 5), die wir für sie einzusetzen
haben, um ihre Größe und Richtung zu bestimmen. Sind die
Wechselfelder homogen, d. h. innerhalb eines betrachteten Raumes
so beschaffen, daß jedes von ihnen überall konstante Stärke
und Richtung hat, so sind auch die Drehfelder innerhalb dieses
Raumes homogen, denn das für einen Punkt Abgeleitete gilt
in diesem Falle für jeden Punkt dieses Feldes.

Die obigen für homogene Felder vorgenommenen Entwicklungen gelten zunächst nur für 2-polige Motoren. Für
das Studium mehrpoliger muß man ausgehen von der Betrachtung der radialen Komponenten. In welcher Art sich
diese zunächst bei einem homogenen Felde um den Anker verteilen, erkennen wir aus Fig. 126. In dieser ist ein Punkt des
Ankerumfanges dargestellt, der am Ende
eines gegen die Horizontale um α geneigten
Radius liegt und der magnetischen Kraft $\mathfrak{B}$
eines vertikalen homogenen Feldes aus-
gesetzt ist. Zerlegt man an dieser Stelle $\mathfrak{B}$
in der gezeichneten Weise in eine tangen-
tiale und eine radiale Komponente, so erkennt man leicht, daß die radiale die Größe

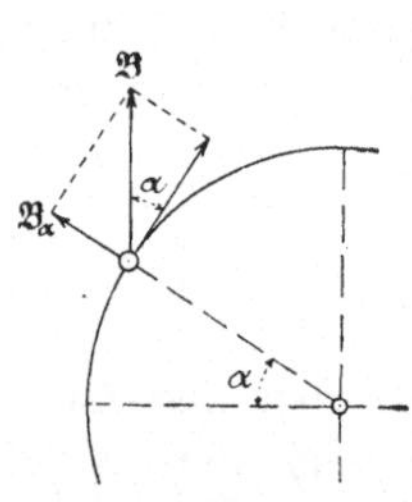

Fig. 126.

$\mathfrak{B}_\alpha = \mathfrak{B} \sin \alpha$ hat. In der Horizontalen (bei
$\alpha = 0$) ist nach dieser Gleichung $\mathfrak{B}_\alpha = 0$,
die allein vorhandene vertikale Kraft ist hier rein tangential.
In der Vertikalen ($\alpha = 90^{\,0}$) hat $\mathfrak{B}_\alpha$ den Maximalwert, da die
vorhandene Kraft rein radial ist. In allen Zwischenpunkten
endlich verteilen sich die radialen magnetischen Kräfte sinusartig.

Bei mehrpoligen Motoren hat sich die sinusartige Ver-
teilungkurve längs des Umfanges so oft zu wiederholen, wie
Polpaare vorhanden sind, wie in Fig. 115 auch für das
Feld eines Wechselstromgenerators dargestellt ist. Unter einer

Teilung versteht man auch hier, wie in der Theorie der Wechselstromgeneratoren, den Teil des Umfanges, der ein Polpaar umfaßt. Wie bei Motoren mit einem Polpaar zwei oder drei phasenverschobene Felder, die um den vierten oder den dritten Teil des ganzen Umfanges gegeneinander verschoben sind, zusammen ein Drehfeld erzeugen, das während einer Periode einmal um den Umfang herum wandert, so geben bei $2p$-poligen Motoren zwei oder drei Felder von einer räumlichen Verschiebung von einer Viertel-, bzw. einer Drittelteilung ein Drehfeld, das während einer Periode um eine Teilung, also um den p. Teil des Umfanges weiter rückt, demnach während einer Periode $\dfrac{1}{p}$ Umdrehungen und während einer Sekunde $\dfrac{\nu}{p}$ Umdrehungen macht.

Um dies näher zu verstehen, betrachten wir zunächst Fig. 115. Diese stellt die Abwicklung eines 4-poligen Magnetfeldes $\mathfrak{B}_\alpha = \mathfrak{B}_{max} \sin 2\,\alpha$ dar, wie es z. B. von dem 4-poligen Magnetgestell in Fig. 107 und 108 erzeugt wird, wenn man durch dessen Erregerwicklung Gleichstrom schickt. Wird der Gleichstrom durch einen Wechselstrom ersetzt, so ändern sich alle Ordinaten der Feldkurve entsprechend dem Wechselstrom in gleicher Weise periodisch so, daß ihr Verhältnis stets dasselbe bleibt, und es genügt daher zur Charakterisierung des Feldes, die zeitliche Veränderung der Kraft in einem Punkte des Magnetfeldes heranzuziehen. Wir wollen dies an Fig. 127 näher erörtern.

Die Verteilungskurve in Fig. 127 A möge den höchsten Wert des Feldes darstellen, der im Laufe der zeitlichen Veränderung erreicht wird. In diesem Zustande hat das Feld eine positive Amplitude $a_I = \mathfrak{B}_{max}$, gelegen vor der Mitte eines der Pole der Fig. 107. Wenn wir die zeitliche Veränderung der magnetischen Kraft in diesem Punkte mathematisch oder graphisch darstellen, so können wir daraus für jeden Zeitpunkt die ganze Verteilungskurve gewinnen, indem wir alle übrigen Ordinaten in demselben Verhältnis verändern wie a_I.

Von a_I soll nun angenommen werden, daß es cosinusartig mit der Zeit variiere. Dies läßt sich graphisch zum Ausdruck bringen, wenn man a_I darstellt als die Vertikalprojektion eines Vektors von der Länge $\mathfrak{B}_{max}$, der mit gleichförmiger Geschwindigkeit rotiert und im Anfang, wo a_I seinen positiven Maximalwert hat, vertikal nach oben gerichtet ist. Ist ω die Winkelgeschwindigkeit der Rotation dieses Vektors, so ist $\omega\,t$ der Winkel, den er nach der Zeit t mit der nach oben gerichteten Vertikalen einschließt, und die Projektion auf diese Vertikale wird

$$a_I = \mathfrak{B}_{max} \cos \omega\,t. \qquad\qquad\qquad (6)$$

In Fig. 127 B bis 127 E sind links die verschiedenen Stellungen des Vektors dargestellt, jede um 45^0 gegen die andere vorgerückt. Rechts davon sieht man, übereinanderliegend die Projektionen a_I des Vektors, d. h. die zu verschiedenen Zeiten vorhandenen Werte der Amplituden des

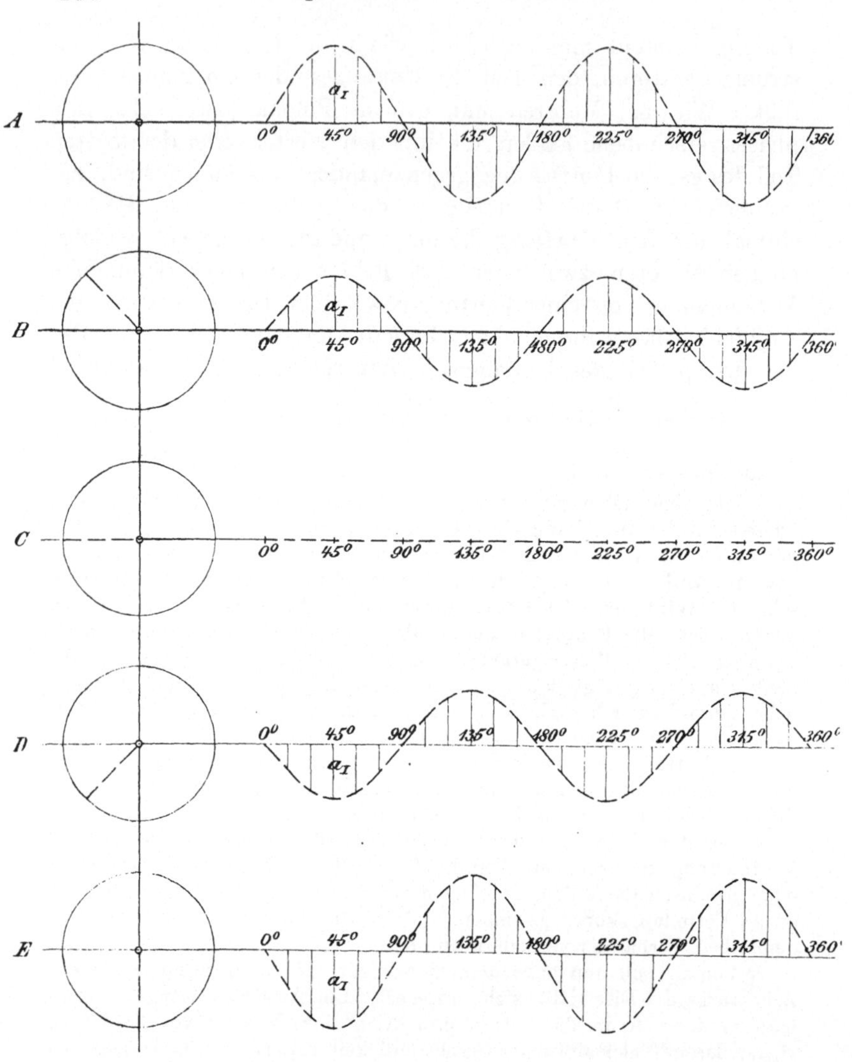

Fig. 127.

Magnetfeldes aufgetragen. An a_I als Amplitude sind die Sinuskurven
für die räumliche Verteilung angeschlossen, indem alle Ordinaten über-
einanderliegender Punkte der verschiedenen Figuren immer in demselben
Verhältnis verändert wurden wie a_I. Diese Sinuskurven stellen also die
zeitlich aufeinanderfolgenden Zustände des Wechselfeldes dar. Das Gesetz
für die räumliche Verteilung der magnetischen Kraft ist demnach für
jeden Zeitpunkt

$$\mathfrak{B}_\alpha = a_I \sin 2\,\alpha$$

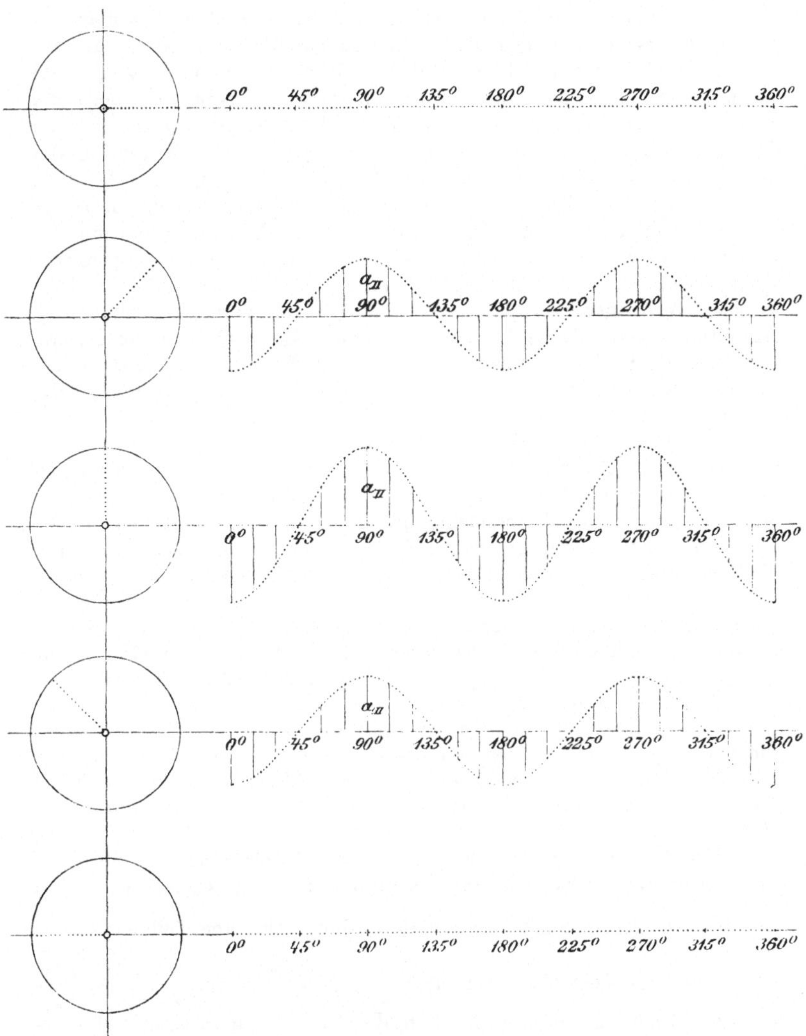

Fig. 128.

und unter Berücksichtigung der zeitlichen Veränderung von a_I (Gl. 6)

$$\mathfrak{B}_{\alpha,\,t} = \mathfrak{B}_{max} \sin 2\,\alpha \cdot \cos \omega\, t$$

oder für ein Feld mit p Polpaaren

$$\mathfrak{B}_{\alpha,\,t} = \mathfrak{B}_{max} \sin p\,\alpha \cos \omega\, t \quad . \quad . \quad . \quad . \quad . \quad . \quad (7)$$

Die Bezeichnung $\mathfrak{B}_{\alpha,\,t}$ für diesen allgemeinsten Ausdruck ist gewählt worden, um die gleichzeitige Abhängigkeit der Feldstärke von der räumlichen Lage (α) des betrachteten Punktes und von dem Zeitpunkte der Betrachtung (t) anzudeuten.

Bei einem mehrpoligen Wechselfelde wie das obige hat man also zu unterscheiden zwischen den momentanen Maximalwerten, die das ganze Wechselfeld im Laufe seiner zeitlichen Veränderung zweimal während einer Periode gleichzeitig mit den positiven und negativen Maximalwerten des magnetisierenden Wechselstromes erreicht und zwischen den Maximalwerten der Feldstärke, die zu jeder Zeit an so vielen Punkten des Feldes vorhanden sind, wie das Feld Pole besitzt, und die in der Mitte dieser Pole liegen. Die erstere Art wird dargestellt durch die ganzen Verteilungskurven in Fig. 127 A und Fig. 127 E, sie besteht in jedem Augenblicke, wo der rotierende Vektor nach oben oder nach unten vertikal steht. Die zweite Art ist in allen Verteilungskurven der Fig. 127 A bis 127 E viermal vorhanden, da jede dieser sinusartigen Verteilungskurven vier Amplituden hat. Im folgenden sollen die Maximalwerte der ersteren Art stets als die **Höchstwerte des ganzen Feldes** bezeichnet werden, die der zweiten Art aber als die **Amplituden irgendeines der variablen Zustände.**

Mehrpolige Wechselfelder wie das betrachtete lassen sich wie die homogenen 2-poligen wiederum zu Drehfeldern vereinigen, wenn man ihnen eine entsprechende räumliche und zeitliche Phasenverschiebung gibt. Die räumliche Verschiebung hat dabei dieselbe zu bleiben wie bei den homogenen Feldern; der ganze Kreisumfang ist aber zu ersetzen durch die Polteilung. Bei den Zweiphasenmotoren vereinigen wir also zwei gleich starke feststehende Wechselfelder von einer räumlichen Verschiebung von einer Viertelteilung und einer zeitlichen von einer Viertelperiode, bei den Dreiphasenmotoren drei gleich starke feststehende Wechselfelder mit Verschiebungen von je einer Drittelteilung und einer Drittelperiode.

Unter gleicher Stärke versteht man hier natürlich die Erfüllung der Bedingung, daß die Kurven für die räumliche Verteilung der magnetischen Kraft im Zustande des Höchstwertes der Felder kongruent sind. Räumlich verschoben sind gleich starke Felder, wenn die geometrisch kongruenten Kurven nicht wirklich aufeinander liegen, sondern gegen einander versetzt sind.

Fig. 129 und 130 stellen gleich starke Wechselfelder im Zustande ihres Höchstwertes dar, die um den vierten beziehungsweise dritten Teil der Teilung gegeneinander verschoben sind. Da eine Teilung $\tau = \dfrac{2\pi}{p}$ ist, so sind die Verschiebungen also $\dfrac{\tau}{4} = \dfrac{\pi}{2p} = \dfrac{90^0}{p}$ und $\dfrac{\tau}{3} = \dfrac{2\pi}{3p} = \dfrac{120^0}{p}$. Ist die Gleichung der gestrichelten Kurven in den genannten Figuren $\mathfrak{B}_\alpha^I = a \sin p\alpha$, so sind die Gleichungen der Felder also

in Fig. 129
$$\mathfrak{B}_\alpha^I = a \sin p\alpha \quad \ldots \ldots \ldots \quad (8)$$

$$\mathfrak{B}_\alpha^{II} = a \sin p\left(\alpha - \frac{90^0}{p}\right) = -a \cos p\alpha. \quad (9)$$

in Fig. 130
$$\mathfrak{B}_\alpha^I = a \sin p\alpha \ldots \ldots \ldots \quad (10)$$

$$\mathfrak{B}_\alpha^{II} = a \sin (p\alpha - 120^0) \quad \ldots \ldots \quad (11)$$

$$\mathfrak{B}_\alpha^{III} = a \sin (p\alpha - 240^0) \quad \ldots \ldots \quad (12)$$

Die zeitliche Verschiebung, die diese Felder noch gegeneinander
haben müssen, um ein Drehfeld zu bilden, drückt sich dadurch aus, daß
die Vektoren, durch deren Rotation die zeitliche Veränderung früher
bestimmt wurde, bei den verschiedenen Feldern nicht gleichzeitig horizontale oder sonst gleiche Lage einnehmen. Die zeitliche Veränderung der

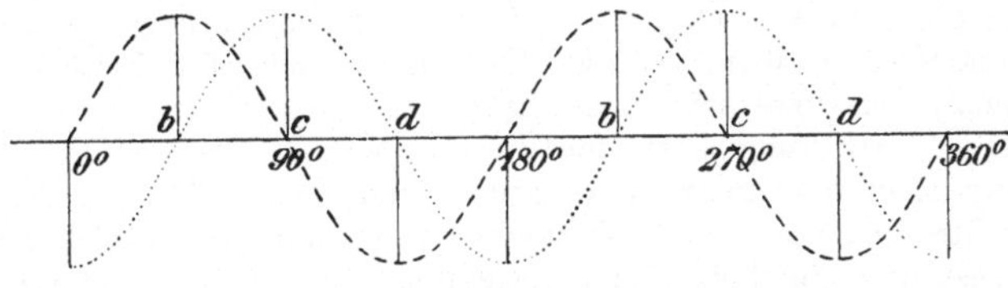

Fig. 129.

gestrichelten Kurve I der Fig. 129 ist in Fig. 127 schon dargestellt und
besprochen. Fig. 128 gibt nun die zeitliche Veränderung der punktierten
Kurve II der Fig. 129 wieder unter der Voraussetzung, daß sie außer der
räumlichen Verschiebung von einer Viertelteilung jetzt auch die zeitliche
von einer Viertelperiode gegen Kurve I hat, was dadurch zum Ausdruck
kommt, daß sich der Vektor zwar mit gleicher Geschwindigkeit nach
links dreht, aber hinter dem Vektor in Fig. 127 um 90° zurückbleibt.

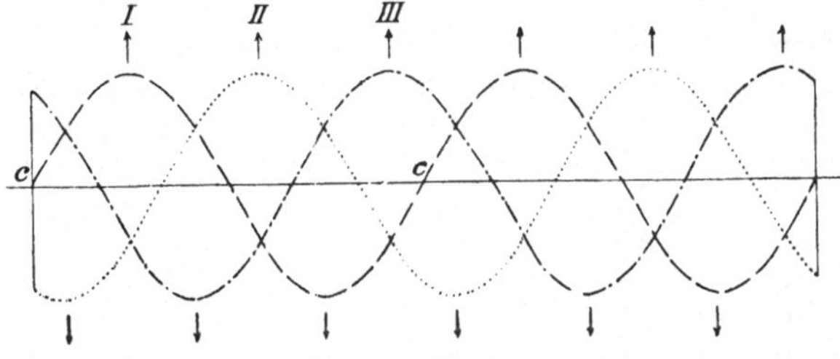

Fig. 130.

Rechts von den sich drehenden Vektoren finden wir auch in Fig. 128,
wie in Fig. 127, Sinuskurven gezeichnet, die die zeitlich aufeinanderfolgenden Zustände des Wechselfeldes II darstellen. Die übereinanderliegenden Amplituden a_{II} haben wieder die Länge der vertikalen Projektion der Vektoren. Der horizontalen Anfangslage des Vektors zufolge
beginnen sie mit dem Werte Null und gehen über den positiven Höchstwert auf Null zurück, um dann — was nicht mehr gezeichnet ist —
negativ zu werden. Die Gleichungen beider Amplituden sind

$$a_I = \mathfrak{B}_{max} \cos \omega t$$

und
$$a_{II} = \mathfrak{B}_{max} \cos (\omega t - 90°).$$

Setzt man diese Werte statt a in die Gl. 8 und 9 ein, so erhält man

$$\mathfrak{B}^I_{\alpha,\,t} = \mathfrak{B}_{max} \sin p\alpha \cos \omega t \quad \ldots \ldots \quad (13)$$

$$\mathfrak{B}^{II}_{\alpha,\,t} = - \mathfrak{B}_{max} \cos p\alpha \sin \omega t \quad \ldots \ldots \quad (14)$$

Die Feldkurven der Fig. 127 und 128 lassen sich nun zu einem Drehfelde vereinigen, wenn wir sie für jeden Zeitpunkt in demselben Koordinatensystem zeichnen und die Ordinaten einfach algebraisch addieren. Diese Zusammenlegung beider Kurvenreihen ist in Fig. 131 erfolgt; die gestrichelte Kurve ist dabei aus Fig. 127, die punktierte aus Fig. 128 direkt übernommen. Wo nur eine Kurve vorhanden ist, die Ordinaten der anderen also Null sind (Fig. 131 A, C, E) bildet die vorhandene die Kurve des Gesamtfeldes allein; wo zwei Kurven bestehen (Fig. 131 B u. D), ist die Summationskurve stark gezeichnet.

Die Betrachtung lehrt, daß die Kurven des Gesamtfeldes in allen fünf Unterfiguren geometrisch kongruent sind und von Figur zu Figur um gleiche Strecken von links nach rechts weiterrücken, was eine Rotation mit konstanter Geschwindigkeit bedeutet. Während der dargestellten halben Periode bewegt sich das Gesamtfeld um eine halbe Teilung, allgemein also um den $2p$ ten Teil des Umfanges.

Die vorangehenden Ergebnisse findet man auch unter Benutzung der mathematischen Ausdrücke für die beiden Felder (Gl. 13 und 14). Addiert man $\mathfrak{B}^{I}_{\alpha,\,t}$ und $\mathfrak{B}^{II}_{\alpha,\,t}$, so erhält man für das Gesamtfeld

$$\mathfrak{B}_{\alpha,\,t} = \mathfrak{B}^{I}_{\alpha,\,t} + \mathfrak{B}^{II}_{\alpha,\,t} = \mathfrak{B}_{max}\,(\sin p\alpha \cos \omega t - \cos p\alpha \sin \omega t)$$

$$= \mathfrak{B}_{max} \sin (p\alpha - \omega t) \quad . \quad . \quad . \quad . \quad . \quad . \quad . \quad . \quad . \quad . \quad (15)$$

Diese Gleichung stellt in der Tat ein Drehfeld mit allen bisher betrachteten Eigenschaften dar, wie die folgende Diskussion ergibt.

Denkt man sich t konstant, d. h. betrachtet man für irgendeinen Zeitpunkt $\mathfrak{B}_{\alpha,t}$ als Funktion von α allein, so sieht man, daß $\mathfrak{B}_{\alpha,t}$ sich mit α sinusartig verändert, daß also in jedem Augenblick die Verteilung des resultierenden Magnetfeldes um den Anker sinusartig ist. Denkt man sich dann umgekehrt α konstant und t veränderlich, d. h. betrachtet man an irgendeiner Stelle des Ankers die Veränderung der radialen magnetischen Kraft mit der Zeit, so findet man auch diese Veränderung sinusartig. Wie groß man dabei auch α wählt, d. h. welche Stelle man auch betrachtet, der Maximalwert der Feldstärke ist immer $\mathfrak{B}_{max}$; die Zeiten t, zu denen die Maximalwerte erreicht werden, sind aber verschieden, denn zu jedem Werte α gehört ein bestimmter Wert von t, zu welchem

$$\sin (p\alpha - \omega t) = 1$$

ist.

Aus dieser Gleichung ergibt sich für den Maximalwert folgender Zusammenhang zwischen α und t. Es ist

$$p\alpha - \omega t = \frac{\pi}{2}$$

oder

$$p\alpha = \frac{\pi}{2} + \omega t,$$

d. h. für $t = 0$ ist $p\alpha = \frac{\pi}{2}$, und von diesem Zeitpunkte ausgehend nimmt α proportional der Zeit t zu, der Maximalwert des resultierenden

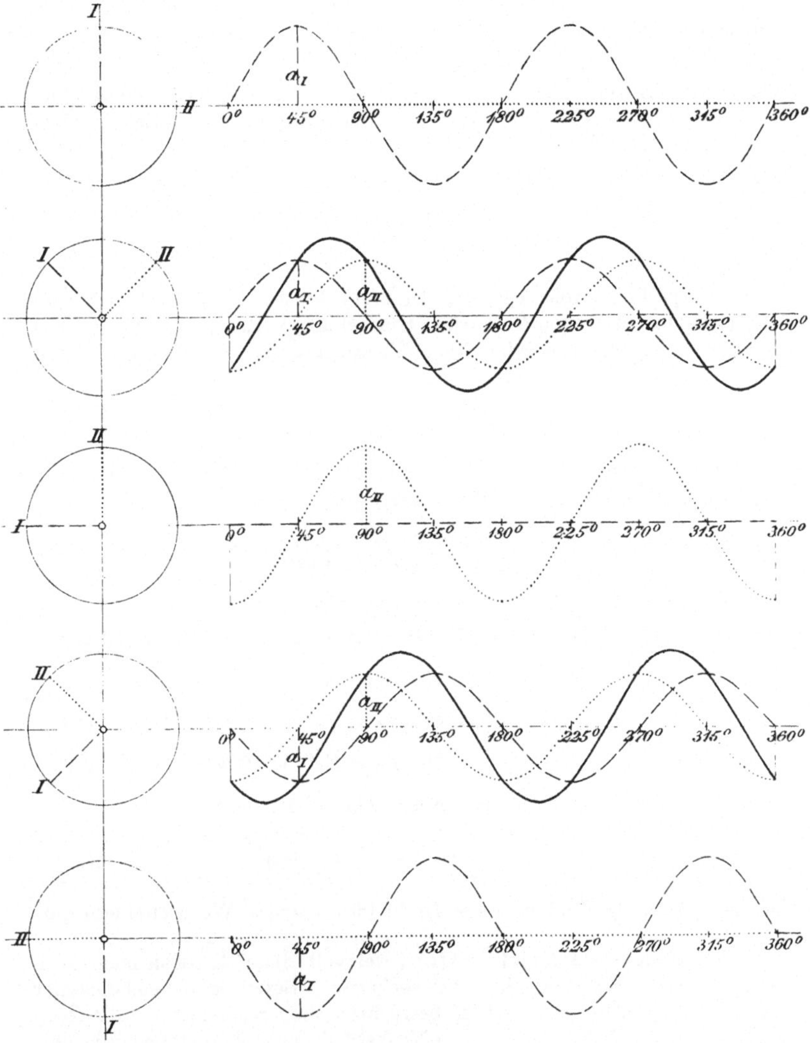

Fig. 131.

Feldes dreht sich also mit konstanter Winkelgeschwindigkeit im Sinne der Zählrichtung von α, in Fig. 131 von links nach rechts, herum. Da nun, wie oben festgestellt wurde, das ganze Feld in jedem Augenblicke sinusartig verteilt ist, so muß mit den Maximalwerten auch das ganze Feld mit gleichförmiger Geschwindigkeit von links nach rechts rotieren.

Auch über die Winkelgeschwindigkeit der Rotation gibt die obige Bedingungsgleichung Auskunft. Setzt man nämlich $\alpha = \alpha'$ für den Zeitpunkt $t = t'$ und entsprechend $\alpha = \alpha''$ für $t = t''$, so wird durch Subtraktion

$$p(\alpha' - \alpha'') = \omega(t' - t'').$$

Wenn zwischen t' und t'' die Dauer T einer Periode des Wechselfeldes liegt, so wird $t' - t'' = T$. Setzt man den während dieser Zeit zurückgelegten Winkel $\alpha' - \alpha'' = \beta$, so wird also

$$p\beta = \omega T = 2\pi v T = 2\pi$$

und

$$\beta = \frac{2\pi}{p},$$

d. h. bei p Polpaaren legt das Drehfeld während einer Periode der Wechselfelder den $p$ten Teil einer Umdrehung zurück, wie auch oben angegeben wurde. Die sekundliche Tourenzahl des Drehfeldes ist also bei v Perioden pro Sekunde

$$\frac{u}{60} = \frac{v}{p}. \quad \cdots \quad \cdots \quad \cdots \quad (16)$$

Aus den drei Feldern in Fig. 130 erhält man ein Drehfeld, wenn man ihnen je 120^0 Phasenverschiebung gibt, also

$$a_I = \mathfrak{B}_{max} \cos \omega t$$
$$a_{II} = \mathfrak{B}_{max} \cos (\omega t - 120^0)$$
$$a_{III} = \mathfrak{B}_{max} \cos (\omega t - 240^0)$$

macht. Das Einsetzen dieser Größen für a in die Gl. 10 bis 12 ergibt

$$\mathfrak{B}^{I}_{\alpha,\,t} = \mathfrak{B}_{max} \sin p\alpha \cos \omega t \quad \cdots \quad \cdots \quad (17)$$
$$\mathfrak{B}^{II}_{\alpha,\,t} = \mathfrak{B}_{max} \sin (p\alpha - 120^0) \cos (\omega t - 120^0). \quad (18)$$
$$\mathfrak{B}^{III}_{\alpha,\,t} = \mathfrak{B}_{max} \sin (p\alpha - 240^0) \cos (\omega t - 240^0), \quad (19)$$

und durch Addition dieser drei Ausdrücke erhält man

$$\mathfrak{B}_{\alpha,t} = \frac{3}{2} \mathfrak{B}_{max} \sin (p\alpha - \omega t). \quad \cdots \quad \cdots \quad (20)$$

In Fig. 132 ist die Bildung eines Drehfeldes aus drei Wechselfeldern dargestellt.

Es ist interessant und praktisch wertvoll, diese Rotation noch nach einer anderen Richtung hin zu verfolgen. Setzt man nacheinander $\omega t = 0$, 120^0, 240^0, ..., d. h. betrachtet man nacheinander die Zeitpunkte, wo die Vektoren I, II, III vertikal nach oben stehen, die entsprechenden Felder also ihre Höchstwerte haben, so gelten nach Gl. 20 zu diesen Zeitpunkten für das dazu gehörige Gesamtfeld die Gleichungen

$$\mathfrak{B}_{\alpha,t} = {}^3/_2 \mathfrak{B}_{max} \sin p\alpha$$
$$\mathfrak{B}_{\alpha,t} = {}^3/_2 \mathfrak{B}_{max} \sin (p\alpha - 120^0)$$
$$\mathfrak{B}_{\alpha,t} = {}^3/_2 \mathfrak{B}_{max} \sin (p\alpha - 240^0).$$

Zu ganz entsprechenden Ergebnissen kommt man, wenn man die Bedingung $\omega t = 0^0$, 120^0, 240^0 nacheinander in die Gl. 17 bis 19 für die drei

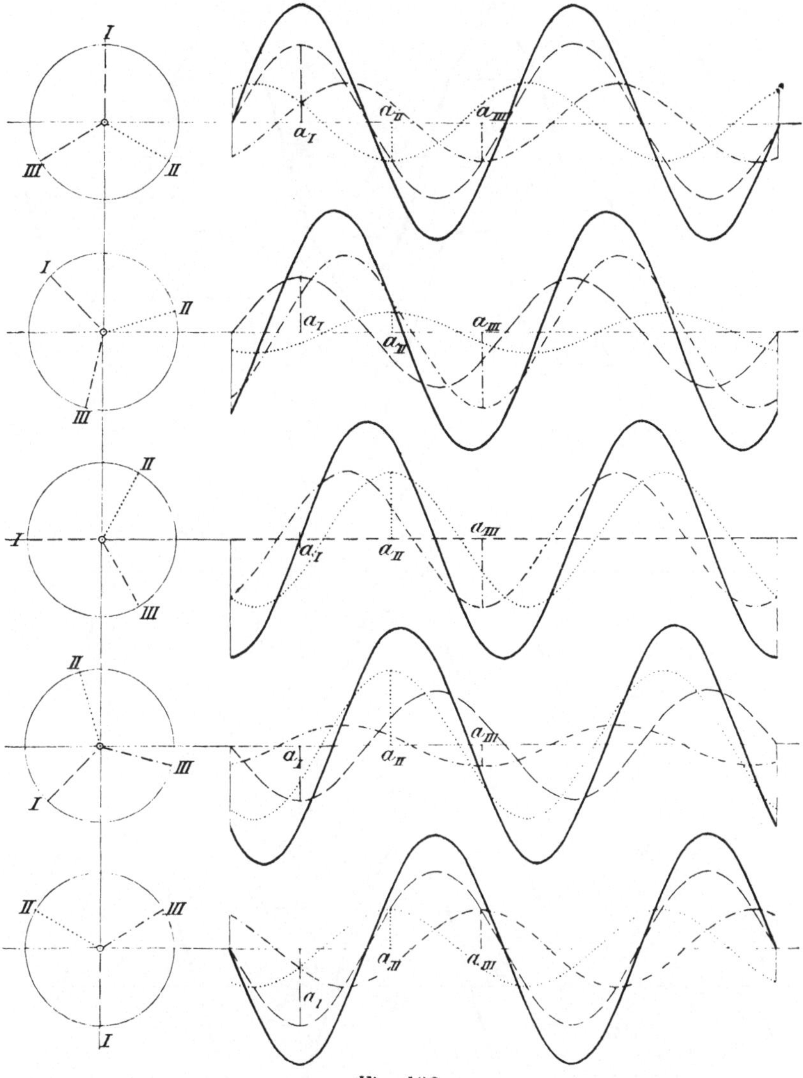

Fig. 132.

Einzelfelder einsetzt. Die dadurch erhaltenen drei Ausdrücke unterscheiden sich von den obigen Gleichungen nur insofern, als statt $^3/_2 \mathfrak{B}_{max}$ einfach $\mathfrak{B}_{max}$ als Faktor neben den Sinusgliedern steht; die Sinusglieder selbst aber sind bei den einander entsprechenden Ausdrücken die gleichen. Zur Zeit, wo eines der Wechselfelder den Höchstwert hat, ist also die Gleichung für die Verteilungskurve des Gesamtfeldes genau dieselbe wie diejenige dieses Einzelfeldes und unterscheidet sich nur dadurch, daß

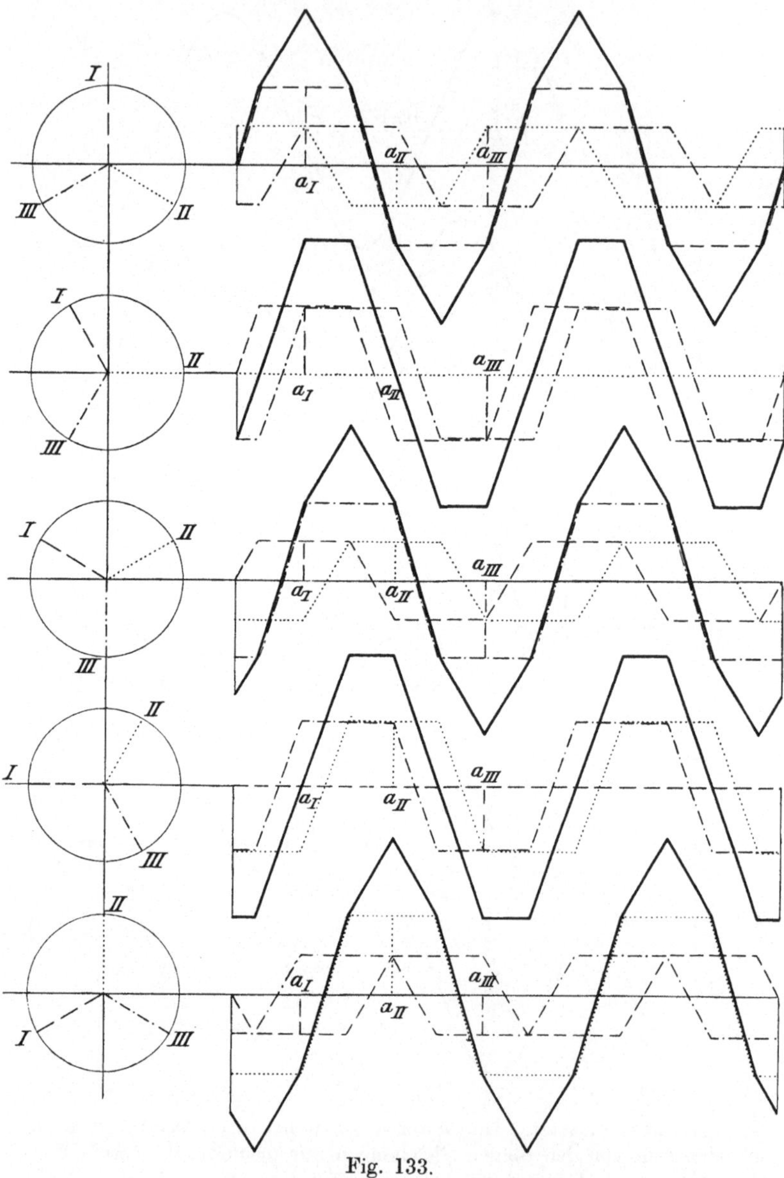

Fig. 133.

alle Ordinaten des Gesamtfeldes den $1\,^1/_2$ fachen Wert haben. Das Drehfeld liegt daher bei der Rotation immer über demjenigen Wechselfelde, das gerade den Höchstwert erreicht hat und hat die anderthalbfache Stärke wie dieses. Wenn also die Höchstwerte, entsprechend der Rotation

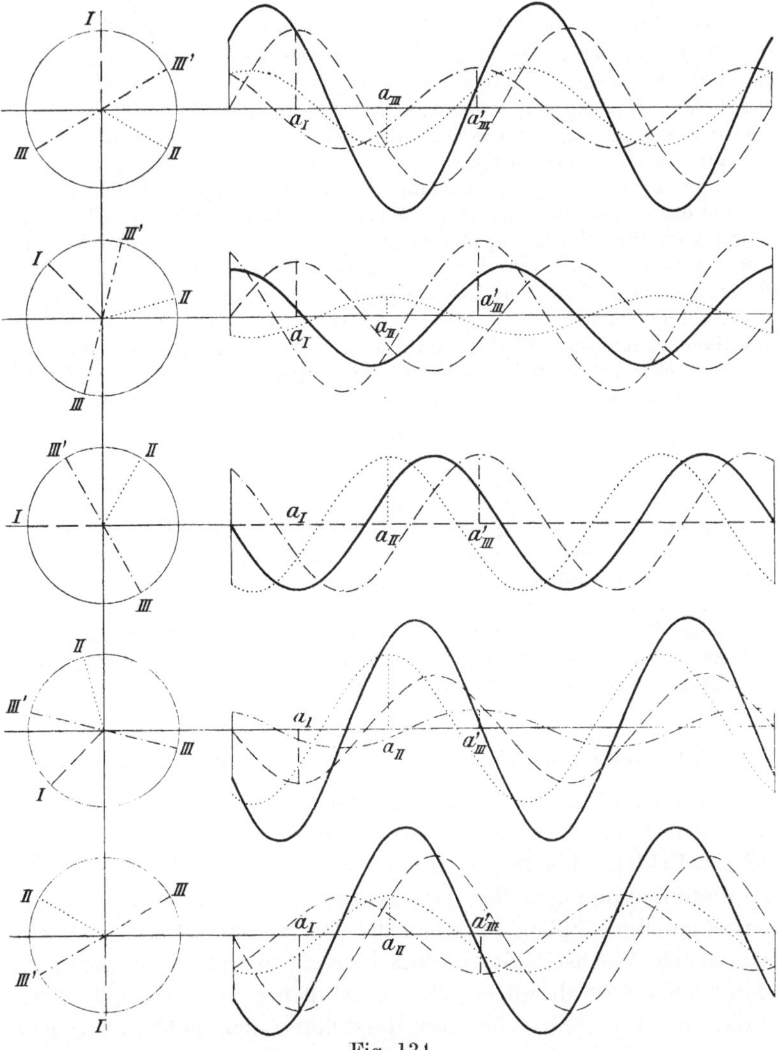

Fig. 134.

des Vektorkreuzes, nacheinander bei Feld *I, II, III* auftreten, so liegt das Drehfeld ebenfalls nacheinander auf *I, II* und *III*. Folgen sich die Höchstwerte in einem anderen Falle z. B. in der Reihe *I, III, II*, so wandert das Feld auch in diesem Sinne. Die letztere Bewegungsrichtung ist die umgekehrte, wie die zuerst genannte, denn sie kommt im geschlossenen Kranze der Wechselfelder hinaus auf den Drehungssinn von *III* nach *II* nach *I*, wie folgendes Schema zeigt:

I III II I III II I III II

Der Übergang von der Reihenfolge *I, II, III* der Höchstwerte in *I, III, II* bei der Rotation des Vektorkreuzes bedeutet nichts anderes, als daß dem Felde *II* ohne eine Veränderung seiner Lage die Phase des Feldes *III* gegeben wird und umgekehrt. Das oben für 2-polige Motoren mit homogenen Feldern entwickelte Verfahren der Umsteuerung gilt also auch für mehrpolige.

Um zu zeigen, wie Abweichungen von sinusartiger räumlicher Verteilung der radialen Komponenten des Magnetfeldes wirken, ist in Fig. 133 eine trapezartige Verteilung angenommen, die cosinusartige zeitliche Veränderung aber beibehalten. Die Trapezgestalt beruht auf der Annahme, daß zwischen je zwei Spulenseiten die Feldstärke konstant und abwechselnd positiv und negativ ist und innerhalb jeder Spulenseite linear vom positiven zum negativen Wert oder umgekehrt übergeht. Man erkennt, daß das Gesamtfeld gleichmäßig wandert, aber auch seine Gestalt verändert, und zwar so, daß nach je 60° Drehung des Vektorenkreuzes, also nach einer Sechstelperiode, die alte Gestalt wiederkehrt.

In Fig. 134 endlich wird gezeigt, wie es wirkt, wenn eine der drei Wicklungen des Motors verkehrt angeschlossen ist, also ein umgekehrtes Feld erzeugt als es eigentlich erzeugen soll. Für die Umkehrung ist das punktierte Feld *III* gewählt und mit *III'* bezeichnet. Man sieht, daß das resultierende Feld wiederum wandert, aber dabei sehr erheblich schwankt. Der Dreiphasenmotor würde also zwar laufen, aber schon bei Leerlauf eine erhebliche Energieaufnahme des Ankers zeigen und daher nur wenig belastungsfähig sein. Auf richtige Schaltung muß also sorgsam geachtet werden, sie muß schon in der Fabrik geschehen und nicht erst bei der Montage an der Verwendungsstelle.

§ 29. Wicklungen zur Herstellung der Wechselfelder.

Nachdem im vorangehenden Abschnitte gezeigt worden ist, daß sich Drehfelder durch die Vereinigung von feststehenden Wechselfeldern herstellen lassen, wenn die Wechselfelder bestimmte Bedingungen über gegenseitige Lage und zeitliche Phasenverschiebung erfüllen, entsteht die Frage, mit welchen Mitteln man solche Wechselfelder praktisch erzeugen kann. Entsprechend den beiden Anforderungen, die zu erfüllen sind, zerfällt die Aufgabe in zwei Teile: für die Herstellung der richtigen gegenseitigen Lage der Felder ist die Konstruktion geeigneter Magnetgestelle nötig, und zur Erzeugung richtiger Phasenverschiebungen müssen die Magnetgestelle von Wechselströmen magnetisiert werden, die selbst die gewünschten Phasenverschiebungen haben und ihrerseits zweckentsprechend erzeugt werden müssen. Demnach zerfallen die folgenden Betrachtungen von selbst in die beiden Abschnitte: 1. die Magnetformen und ihre Bewicklung und 2. die Erzeugung der sie erregenden Wechselströme.

Die Magnetformen und ihre Bewicklung.

Zur Herstellung eines einfachen Wechselfeldes mit annähernd sinusartiger Verteilung der magnetischen Kräfte könnte man das Magnetgestell eines gewöhnlichen Gleichstrommotors von entsprechender Polzahl benutzen, wie oben an der Hand von Fig. 107 bereits besprochen worden ist. Solche Magnetformen sind aber für Zwei- und Dreiphasenmotoren nicht geeignet. Sollte das in Fig. 107 dargestellte Gestell z. B. für einen Zweiphasenmotor umkonstruiert werden, so müßten zu den vier vorhandenen und das eine Wechselfeld erzeugenden Polen noch vier neue Magnetpole hinzugefügt werden, die das um eine Viertelteilung verschobene Feld herzustellen und deshalb gerade zwischen den anderen Polen zu liegen hätten. Für diese neuen Pole wäre aber an dem Gestell, wie es in der Figur gezeichnet ist, kein Platz mehr. Man müßte also hinter dem ersten noch ein selbständiges zweites Gestell mit der geschilderten Lage der Pole aufbauen und den Anker doppelt so lang machen wie früher, damit er sich gleichzeitig im Felde beider Magnete befände, oder man müßte die vorhandenen Pole schmaler machen, um für die zwischen ihnen anzubringenden Platz zu schaffen. Die erste dieser Konstruktionen wäre sehr schwerfällig und teuer, und bei der zweiten änderte man mit der Breite der Pole auch die Verteilung der magnetischen Kräfte um den Anker, so daß kein reines Drehfeld mehr zu erwarten wäre. Noch schlimmer würden diese Mängel bei einem Dreiphasenmotor, wo noch zweimal vier Pole unterzubringen wären.

Die heute verwendeten Magnetgestelle der Zweiphasen- und Drehstrommotoren bestehen aus einfachen Eisenringen, die gar keine Polansätze tragen und mit zwei oder drei Wicklungen zur Herstellung der entsprechenden Zahl von Wechselfeldern versehen sind. Im folgenden sollen nur die Dreiphasenmotoren besprochen werden, da diese Motorgattung für Deutschland bei weitem die größere Bedeutung erlangt hat. Die Wicklungsgesetze für den Zweiphasenmotor ergeben sich daraus ganz von selbst.

Fig. 135 zeigt das Magnetgehäuse eines Drehstrommotors mit einer der drei Wicklungen und innerhalb desselben einen zunächst noch unbewickelten Anker. Auf dem Ringgehäuse sehen wir rechts und links je eine Spule, die den sechsten Teil des Ringumfanges einnimmt. Beide Spulen sind hintereinander geschaltet und werden, von oben gesehen, im Sinne des Uhrzeigers vom Strome durchflossen. Im Innern dieser Spulen entstehen also Kraftlinien, die, von der magnetomotorischen Kraft der Spulen getrieben, in beiden Ringhälften von oben nach unten verlaufen und durch den Anker zurückkehren, da jede Linie in sich geschlossen sein muß (G. S. 20, 21). Im Anker entsteht dadurch ein von unten nach oben verlaufendes, annähernd homogenes Feld.

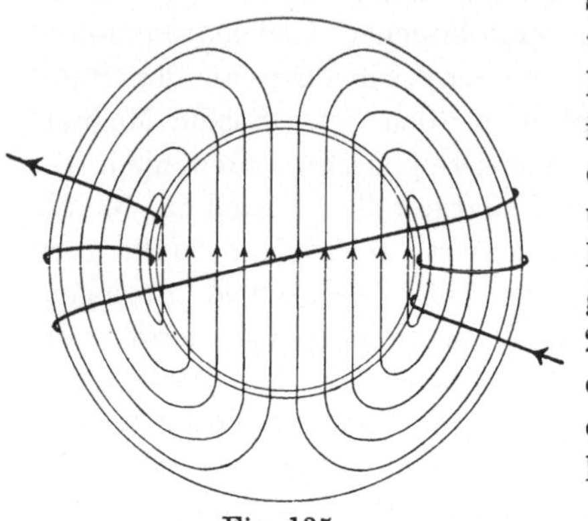

Fig. 135.

Denselben Verlauf der Kraftlinien bekommt man auch, wenn man, wie in Fig. 136, nur am inneren Rande des Ringes in Nuten gebettete Drähte anbringt und diese in der dort gezeichneten Weise miteinander verbindet. Dabei bilden diese Drähte zusammen eine Spule, deren Achse mit der vertikalen Mittellinie der Figur zusammenfällt und deren Windungen, von unten gesehen, von einem Strome im Sinne des Uhrzeigers durchflossen werden. Im Innern der Spule, d. h. durch den Anker hindurch, strömen also die Kraftlinien wieder, wie in Fig. 135, von unten nach oben und teilen sich dann, oben angekommen, in zwei Bündel, rechts und links ihre Wege durch das Eisen schließend. In Fig. 136 ist der geschilderte Kraftlinienverlauf, da er genau derselbe ist wie in Fig. 135, nicht eingezeichnet, die Kraftlinienrichtung ist aber durch zwei vertikale Pfeile angedeutet und die sinusartige Verteilung

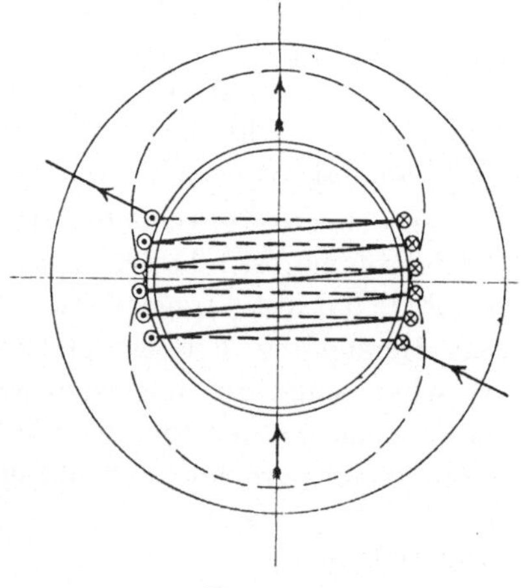

Fig. 136.

mehr eingezeichnet, die Kraftlinienrichtung ist aber durch zwei vertikale Pfeile angedeutet und die sinusartige Verteilung der radialen Komponenten durch eine gestrichelte Kurve dargestellt.

In Wirklichkeit wird die Verbindung der axialen Gehäusedrähte untereinander nicht so ausgeführt, wie in Fig. 136 schematisch angedeutet ist, da der Innenraum des Gehäuses für das Einsetzen und Herausnehmen des Ankers freibleiben muß. Man legt die verbindenden Leiter nicht direkt von einem axialen Draht zum andern hinüber, sondern führt sie am Umfange des Gehäuses entlang, wie in Fig. 109 für den Generator dargestellt worden war.

Die beiden anderen Wicklungen sind nun so anzubringen, daß sie zwei Felder erzeugen, die (Fig. 137) um je 120° gegen das bisher betrachtete geneigt sind, also verlaufen wie die Pfeile *II* und *III*. Diese Bedingung wird von den

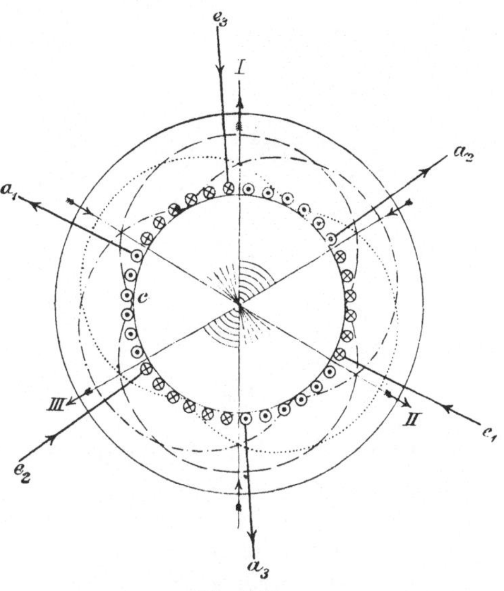

Fig. 137.

dort gezeichneten Spulen erfüllt; die Spule $a_2 e_2$, deren Sektoren in der Nähe des Mittelpunktes durch Kreisbögen charakterisiert sind, erzeugt das punktiert gezeichnete Feld *II*, denn ihre Achse fällt mit dem Pfeil *II* zusammen und sie wird, in der Pfeilrichtung gesehen, von einem Strom im Uhrzeigersinne durchflossen; die Spule $a_3 e_3$ endlich, deren Sektoren in der Nähe der Mitte kurze radiale Striche aufweisen, erzeugt das strichpunktierte Feld *III*.

Aus der Wicklung eines 2-poligen Motors ergibt sich die eines 4-poligen einfach dadurch, daß man die 2-polige Wicklung nur über die Hälfte des Umfanges ausdehnt, sie auf der anderen Hälfte einfach wiederholt und beide entsprechend hintereinanderschaltet. In Fig. 138 ist diese Wicklung dargestellt; die Verbindungen der Spulenseiten sind dabei durch je eine als Sehne gezeichnete gerade Linie angedeutet. Fig. 139 gibt eine Wiederholung der Fig. 138 ohne die genannten Verbindungsdrähte

aber mit den Verteilungskurven der radialen Felder. Fig. 139
entspricht also Fig. 137 in der Weise, daß bei Fig. 139 sowohl
die Wicklungsdrähte wie auch die dazu gehörigen Feldkurven
auf den halben Umfang zusammengerückt und auf der anderen Hälfte wiederholt sind. Fig. 139 gibt die durch Fig. 130 vorgeschriebene Feldverteilung, wie man leicht erkennt, wenn man Fig. 139 bei einem der beiden Punkte *c* aufschneidet und abwickelt. Um das Verständnis der etwas verwickelten Fig. 139 zu erleichtern, ist in Fig. 140 noch eine der drei Phasen gesondert gezeichnet, aus denen sich Fig. 139 zusammengesetzt.

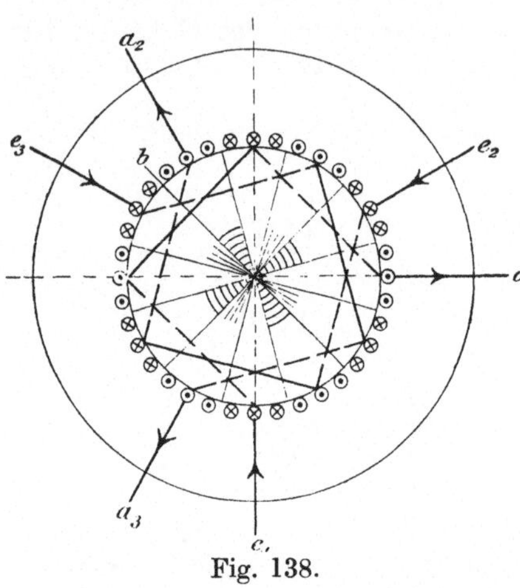

Fig. 138.

sammengesetzt. Fig. 140 entspricht daher Fig. 136. Der wirkliche Kraftlinienverlauf für eine Phase eines 4-poligen Motors endlich ist in Fig. 141 dargestellt. Fig. 140 entspricht also Fig. 135.

Die in den Wicklungen angedeuteten Ströme erzeugen drei Wechselfelder, die wie in Fig. 130 verlaufen. In dieser Figur bedeuten, wie auf S. 204 auch an Fig. 125 erörtert wurde, die drei Sinuskurven Höchstwerte der drei Felder, die aber nie gleichzeitig auftreten. Die wirklich gleichzeitig auftretenden Felder sind für verschiedene Zeitpunkte erst in Fig. 132 unter Verwendung rotierender Vektoren abgeleitet. Aus demselben Grunde sind in den oben abgeleiteten Wicklungsschemen den Strömen ihre positiven Höchst-

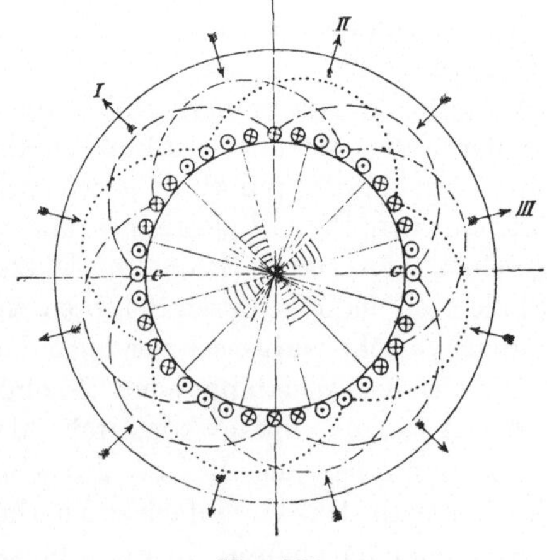

Fig. 139.

werte zuzuschreiben, die ebenfalls nicht gleichzeitig auftreten. Die gezeichneten Ströme sind also irreal. Um sie auf realen Boden zu bringen, können wir annehmen, daß die Wicklungen zunächst drei Gleichströme von den gezeichneten Richtungen und von solcher Stärke führen, daß diese gerade die nach Fig. 130 verlangten Höchstwerte der drei Magnetfelder erzeugen. Um ein Drehfeld zu liefern, müssen diese Gleichströme dann durch drei Wechselströme mit Phasenverschiebungen von je einer Drittelperiode ersetzt werden. Die gewählte Darstellungsweise ist in der Tat auch die einzig mögliche,

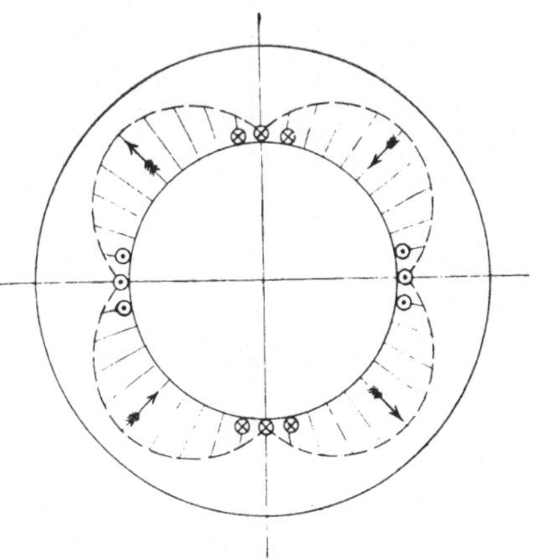

Fig. 140.

denn der fortwährende und bei den dreien nicht gleichzeitig auftretende Wechsel in der Richtung der Ströme läßt sich natürlich in einem einzigen Schaltungsschema nicht zum Ausdruck bringen. Wir behalten deshalb für alle weiteren Betrachtungen der Motorschaltungen im nächsten Abschnitte auch diese einfache Darstellungsweise bei.

Trotzdem ist es von Interesse, die sich wirklich ergebende Stromverteilung zu verfolgen. Zu diesem Zwecke ist in Fig.

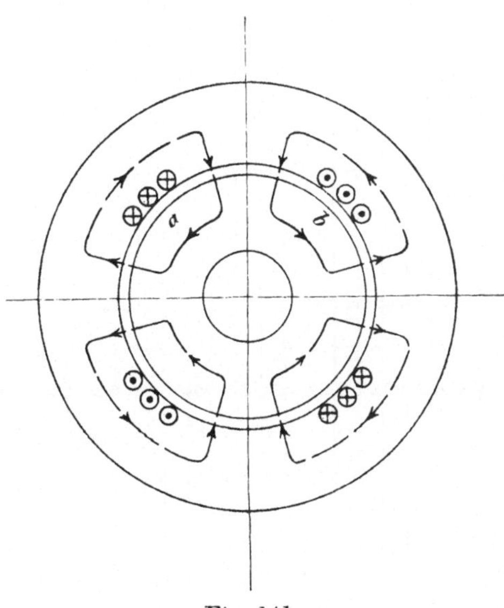

Fig. 141.

142 ganz oben die Stromverteilung der Fig. 138, von *b* aus abgewickelt noch einmal gezeichnet. Den Spulenseiten sind die Nummern der Wicklungen

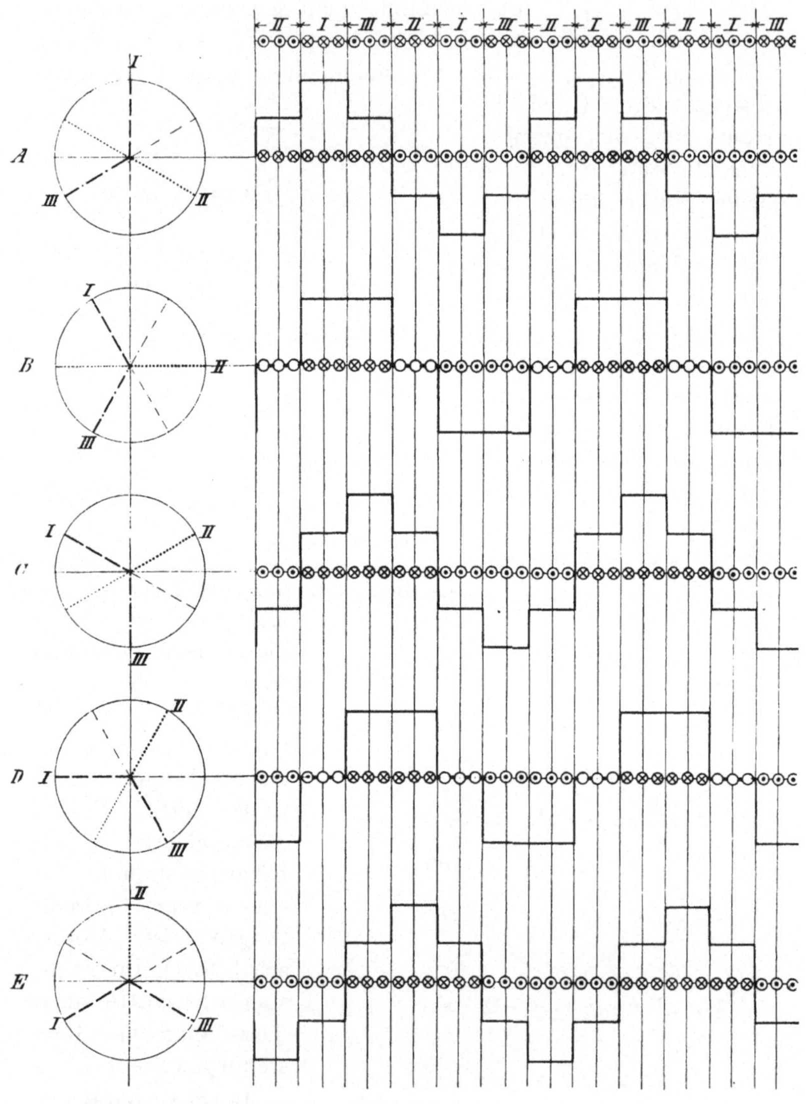

Fig. 142.

hinzugefügt, denen sie angehören, entsprechend der Numerierung in Fig. 138
und den kleinen radialen Strahlen und Kreisbogen, in der Nähe der
Achse, die in dieser Figur die drei Wicklungen charakterisieren. Um
von dieser, den positiven Höchstwerten der drei Felder entsprechenden
Stromverteilung auf die wahre zu kommen, zeichnen wir das Vektoren-

kreuz wieder in verschiedenen Stellungen untereinander und kehren die Stromrichtung in denjenigen Spulenseiten um, bei denen die Vektorstellungen negative Felder bedeuten, d. h. dort, wo die Vertikalprojektionen nach unten gehen. Diese Umkehr ist also zu vollziehen bei Stellung A für die Felder und daher auch für die Spulenseiten II und III, bei B, C, D für III und bei E für I und III. Nullwerte sind vorhanden bei B für II und bei D für I, weil die Vektoren horizontal liegen. Die sich daraus ergebende wahre Verteilung der Stromrichtungen ist in den einzelnen Leiterquerschnitten jeweilen neben dem Vektorkreuz dargestellt.

Auch die Stärke der Ströme läßt sich zu den verschiedenen Zeiten leicht aus der Figur entnehmen; die Vertikalprojektionen der Vektoren bilden ein Maß dafür, wie früher für die Feldstärke. Auf dieser Grundlage sind in Fig. 142 über den Leiterquerschnitten auch Stromverteilungskurven gezeichnet, die über jeder Spulenseite Ordinaten gleich der Größe ihrer Stromstärke haben. Um auch die Stromrichtung dabei zum Ausdruck zu bringen, sind diese Ordinaten bei den mit Kreuzen versehenen Leitern positiv (nach oben), bei den mit Punkten versehenen negativ (nach unten) gezeichnet. Die Höhen dieser Ordinaten sind einfach durch Hinüberprojizieren der Vektoren oder ihrer dünner gezeichneten negativen Verlängerung gewonnen. Man sieht, daß diese Verteilungskurven der Stromstärke, wie die Felder in Fig. 132, von links nach rechts wandern. Dem Drehfelde entspricht ein „Drehstrom". Während aber das Feld bei seiner Rotation konstant bleibt, ändert die Verteilungskurve der Stromstärke fortwährend ihre Gestalt. Wir sehen dieselben Werte immer nach einer Drehung des Vektorenkreuzes um $60\,^0/_0$ wiederkehren, d. h. — da eine ganze Umdrehung einer Periode des Wechselstromes entspricht — nach je $^1/_6$ Periode. Auf diese Schwankungen kommen wir bei der Betrachtung der Synchron-Motoren noch zurück.

§ 30. Die Erzeugung der drei Wechselströme durch einen Generator.

Die bisher betrachteten Dreiphasengeneratoren liefern drei Ströme, die nach S. 167 Phasenverschiebungen wie die Vektoren in Fig. 111b haben. Die gleichen Verschiebungen finden wir bei den Vektorkreuzen in den drei Vektoren I, II, III' der Fig. 134. Man erkennt aber aus dieser Figur, wenn man III' negativ macht, und den neuen Vektor mit III bezeichnet, daß die durch das Vektorkreuz I II III hergestellten Größen Phasenverschiebungen von je $120\,^0$ gegeneinander haben. Das Negativmachen des Vektors bedeutet für die Wicklungen eine Vertauschung der Anschlüsse. Der Dreiphasengenerator liefert also drei Ströme von je $120\,^0$ Phasenverschiebung in die Wicklungen eines Motors, wenn man zwei seiner Wicklungen in gleicher Weise, die dritte aber umgekehrt an den Motor anschließt. Da der Motoranker, wie wir auf S. 219 sahen, wie ein Generatoranker bewickelt ist, so kann man auch in ihm durch Rotation eines Magnetkreuzes drei EMKe nach dem Vektorkreuz $I\ II\ III'$ erzeugen und in den bisherigen Generatoranker entsprechend dem Vektorkreuz $I\ II\ III$, also mit je 120^{0} Phasenverschiebung schicken. Bei geeigneter Verbindung der beiden Drehstromwicklungen erhält man also stets, wenn man innerhalb der einen Wicklung ein Magnetkreuz rotieren läßt, innerhalb der anderen ebenfalls ein Drehfeld.

Um dies auch für die mehrpoligen Maschinen zu beweisen, braucht nur gezeigt zu werden, daß in den Drähten einer Wechselstrommaschine (z. B. Fig. 108), wenn man sie als Dreiphasenmaschine benutzt, eine Stromverteilung entsteht, die mit Fig. 142 übereinstimmt und auch wie in dieser Figur mit dem rotierenden Magnetkreuz wandert. Bei der Aufstellung der Stromverteilungskurve dieses Generators muß natürlich angenommen werden, daß der Schenkelstern sinusartige Verteilung der radialen magnetischen Kraft $\mathfrak{B}_r$ gibt. In Fig. 143 ist wieder $\mathfrak{B}_r$ längs einer Teilung gezeichnet, und in der Abzisse sind die Spulenseiten durch ausgezogene, punktierte und strichpunktierte Linien markiert. Da nach

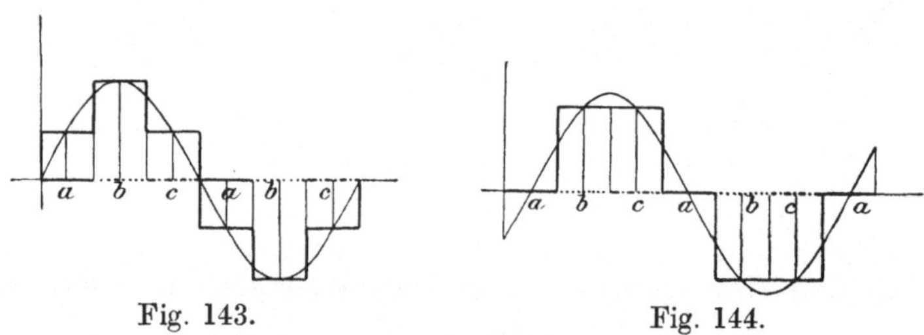

Fig. 143.Fig. 144.

S. 172 die EMK jeder Spulenseite der Ordinate $\mathfrak{B}_r$ über ihrer Mitte proportional ist, so brauchen wir, um die Kurven für die Verteilung der EMK der sechs Spulenseiten zu erhalten, nur (Fig. 143) durch die Mittelpunkte $a\ b\ c$ der Spulenseiten Ordinaten und durch deren Schnittpunkte mit der Sinuskurve Horizontale zu legen. Die gewonnene Verteilungskurve ist stärker gezeichnet; sie ist genau dieselbe wie in Fig. 142 A, denn die Ordinaten sind nacheinander proportional dem Sinus von 30^{0}, 90^{0} usw. Rückt dann das Feld um die Breite einer halben Spulenseite nach rechts, so entsteht eine Stromverteilung wie in Fig. 144; die Ordinaten entsprechen dem Sinus von 0^{0}, 60^{0}, 120^{0} usw. Wie man sieht, stimmt diese Figur vollständig mit Fig. 142 B überein. Bei weitergehender Drehung könnte man leicht die dauernde Übereinstimmung des Generatorstromes mit dem verlangten Motorstrome verfolgen.

§ 31. Die Fortleitung der Wechselströme.

Wenngleich im vorangehenden Abschnitt dargetan ist, daß die Erzeugung des Drehstromes durch ebenso einfache Maschinen geschehen kann, wie die Herstellung des einfachen Wechselstromes, scheint der Verwendung der Drehstrommotoren zunächst doch noch ein sehr schweres, wirtschaftliches Bedenken entgegen zu stehen wegen der großen Zahl von Leitungen, die zur Verbindung von Generator und Motor nötig werden. Da sowohl Generator wie Motor drei Wicklungen. tragen, so sind sechs Wicklungsenden miteinander zu verbinden, wozu zunächst sechs Drähte notwendig sind. In Fig. 145 a sind Generator (G) und Motor (M) mit diesen Verbindungsleitungen schematisch dargestellt. Bei Kraftübertragungen auf weite Entfernungen könnten die Material- und Verlegungskosten so vieler Leitungen ein unübersteigbares wirtschaftliches Hindernis bilden. Bei näherer Untersuchung erkennt man aber sofort, daß man zwei der Rückleitungen in Wegfall bringen kann, indem man alle drei Rückleitungen in eine einzige zusammenlegt, wie in Fig. 145 b durch eine ge-

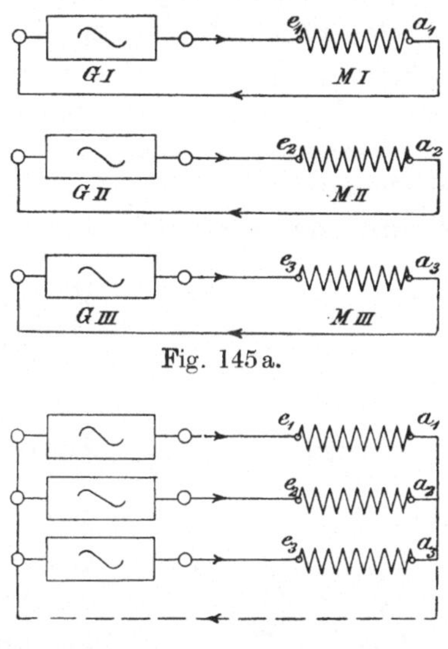

Fig. 145 a.

Fig. 145 b.

strichelte Linie angedeutet ist. Diese Rückleitung führt dann die Summe aus den drei Strömen.

Bei Gleichstrom wäre durch diese Maßregel allerdings nichts gewonnen, wie die folgende Überlegung zeigt: Wird der Strom in den drei Kreisen der Fig. 145 a mit J bezeichnet und der Widerstand jeder der Rückleitungen mit w, so ist der Spannungsabfall in jeder der letzteren $J \cdot w$, der Effektverlust $J^2 \cdot w$ und in allen drei Leitungen zusammen $3 J^2 \cdot w$. Wird dann die gemeinsame Rückleitung in Fig. 145 b durch einfache Vereinigung der drei Einzelleitungen ausgeführt, so hat die neue Rückleitung wegen ihres dreifachen Querschnittes den Widerstand $\frac{w}{3}$. Da sie den Strom $3\,J$ führt, so ist der Spannungsabfall wieder $3\,J \cdot \frac{w}{3} = J \cdot w$ und der Effektverlust $(3\,J)^2 \frac{w}{3} = 3\,J^2 w$. Bei gleichem Materialaufwand hat man also auch gleichen Spannungs- und Effektverlust in der gemeinsamen Rückleitung wie bei den einzelnen Rückleitungen. Eine Materialersparnis läßt sich demnach bei gegebener Größe der zulässigen Verluste durch gemeinsame Rückleitung nicht ermöglichen; man spart nur an Isolations- und Montagekosten.

Ganz anders liegen die Verhältnisse bei Drehstrom. Um den drei Wechselfeldern die zeitliche Phasenverschiebung von je $^1/_3$ Periode zu geben, sind in den drei Wicklungen des Motors drei Wechselströme nötig, die wie die drei Wechselfelder sinusartig verlaufen, einander gleich sind und ebenfalls Phasenverschiebungen von je $^1/_3$ Periode haben. Nennen wir die Amplituden der drei Ströme J_{max}, so können diese also gesetzt werden

$$J_t^{I} = J_{max}\sin \omega t$$
$$J_t^{II} = J_{max}\sin (\omega t - 120^0) \quad . \quad . \quad . \quad . \quad (1)$$
$$J_t^{III} = J_{max}\sin (\omega t - 240^0).$$

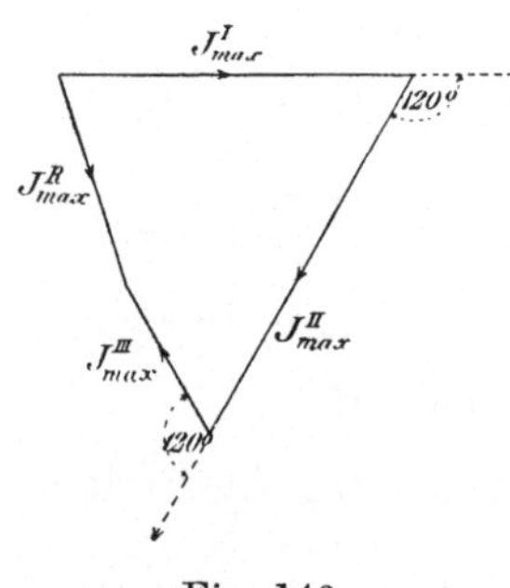

Fig. 146.

Zur Bestimmung der Summe dieser drei Ströme wollen wir zunächst annehmen, daß ihre Amplituden nicht einander gleich, sondern verschieden seien und die Werte J_{max}^I, J_{max}^{II}, J_{max}^{III} hätten. Zu ihrer graphischen Addition ziehen wir (Fig. 146) die Richtlinie horizontal nach rechts und legen darauf J_{max}^I. Dann muß J_{max}^{II} um 120^0 nach rechts gedreht an J_{max}^I, und J_{max}^{III} muß um weitere 120^0 nach rechts gedreht an J_{max}^{II} angeschlossen werden. Die Resultiereude J_{max}^R ist dann die Schlußlinie des Linienzuges mit entgegengesetzter Pfeilrichtung.

Wir sehen, daß J_{max}^R, der Gesamtstrom der Rückleitung, im vorliegenden Falle kleiner ist als jeder der Einzelströme in den Hinleitungen. Dieses Ergebnis wird noch paradoxer, wenn die drei Strömn einander gleich sind. Da in Fig. 146 die Innenwinkel, unter denen die Größen J^I und J^{II} einerseits, und J^{II} und J^{III} andererseits aneinanderstoßen, die Größe von 60^0 haben, so bilden J^I, J^{II}, J^{III}, wenn sie einander gleich sind, ein gleichseitiges Dreieck (Fig. 147). Die Resultierende J^R_{max} schrumpft dann also zu einem Punkt zusammen; sie wird Null. Die gemeinsame Rückleitung einer Dreiphasenanlage, deren Ströme in den drei Hinleitungen gleich groß sind, führt demnach überhaupt keinen Strom. Man kann diese Rückleitung daher ganz weglassen und kommt deshalb mit drei einfachen Leitungen aus. Die Rückleitung ist deshalb in Fig. 145 b gestrichelt gezeichnet.

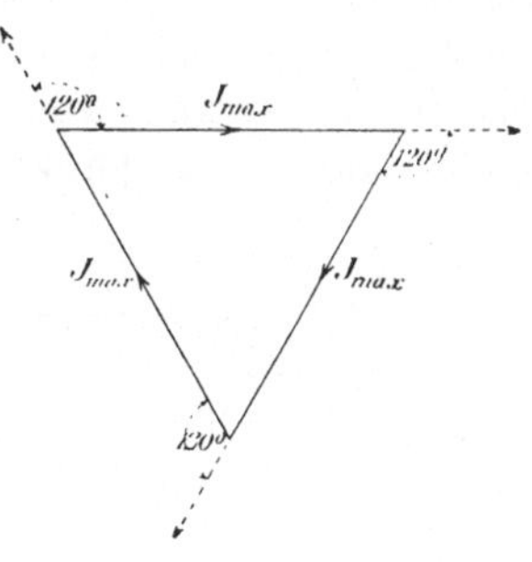

Fig. 147.

Der Grund dieses scheinbar widersprechenden Ergebnisses ist natürlich die Phasenverschiebung der drei Größen. Wie diese von Moment zu Moment wirkt, übersehen wir am besten in Fig. 130, deren drei um je 120^0 verschobene Sinuskurven außer den früher erörteten Feldern auch die drei Ströme der Gl. 1 darstellen. Wäre keine Phasenverschiebung vorhanden, so müßten die drei Kurven sich decken, und die Summe ihrer Ordinaten müßte für jede Abszisse gleich dem dreifachen Werte der Einzelordinate werden. Durch die Phasenverschiebung aber erhalten für jeden Abszissenpunkt immer zwei Ströme entgegengesetztes Vorzeichen wie der dritte, und ihre Summe wird der Größe des dritten gleich. Die drei Ströme heben sich also auf oder, anders gesprochen, der dritte dient immer als Rückleitung für die beiden ersten. Im fortwährenden Wechselspiel tauschen die drei Leitungen diese Rollen miteinander aus. Die so arbeitende Stromverkettung heißt ein Drehstrom.

Das Schaltungsschema der drei Phasen von Generator und Motor pflegt man nicht wie in Fig. 145 b, sondern wie in Fig. 148 zu zeichnen. Sachlich sind beide Figuren einander gleich, denn bei Fig. 145 b können die drei vertikalen Verbindungsleitungen links am Generator und rechts am Motor als so kurz und dick gedacht werden, daß an ihnen keine Spannungsdifferenzen auf-

15*

treten können, daß sie also elektrisch einen Punkt bilden.
In Fig. 148 sind diese Vereinigungspunkte auch geometrisch als
Punkte gezeichnet; sie werden die neutralen oder Nullpunkte
genannt. Die ganze Schaltung heißt nach der äußerlichen
Eigenschaft des Schemas, daß die drei Phasen wie die Strahlen
eines Sternes von je einem Punkte ausgehen, allgemein die
Sternschaltung. Die neutralen Punkte sind in der Figur
noch durch eine punktierte Rückleitung verbunden, die weg-

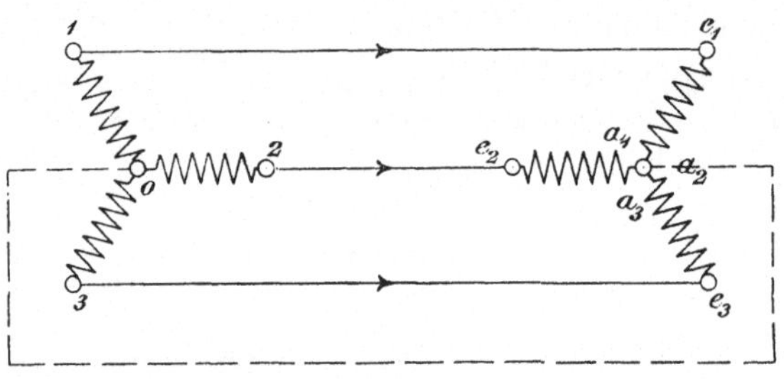

Fig. 148.

fallen kann. Da nach dem vorliegenden Schema nur an drei
Enden der Wicklungen von Generator und Motor Leitungen
angeschlossen sind, so bekommen diese Maschinen meist nur
drei Klemmen; die neutralen Punkte werden oft, besonders
bei Hochspannung, über einen Widerstand geerdet. Will
man einen Motor durch einen Generator speisen, so ist es
zunächst gleichgültig, in welcher Reihenfolge man die drei
Klemmen miteinander verbindet, denn, da die drei Ströme des
Generators auf jeden Fall je 120^0 Phasenverschiebung haben,
so haben auch die drei Ströme des Motors dieselbe Phasenverschiebung, und der allgemeinen Bedingung für die Entstehung
eines Drehfeldes ist immer Genüge getan. Die Reihenfolge,
in der die Klemmen verbunden werden, bestimmt nur den
Drehungssinn des Motors. Durch eine Vertauschung zweier
Anschlußdrähte kann man nach S. 203 den Drehungssinn umkehren.

Die Sternschaltung hat eine für den Betrieb zu beachtende
Eigenart, daß nämlich die Spannung zwischen zwei Leitungen,
die vom Generator zum Motor führen, nicht dieselbe ist wie
die Spannung an den Enden jeder der drei Generator- oder
Motorwicklungen.

In Fig. 149 sind die Vektoren der Wicklungsspannungen des Generators durch $Ep_{1,0}$, $Ep_{2,0}$, $Ep_{3,0}$ dargestellt. Soll z. B. die Spannung zwischen den Leitern 1 und 2 bestimmt werden, so ergibt sie sich nach Fig. 148 als Differenz der Spannungen $Ep_{1,0}$ und $Ep_{2,0}$. Statt die letzten beiden Größen voneinander zu subtrahieren, kann man $Ep_{2,0}$ mit negativen Zeichen addieren. Denken wir uns in Fig. 149 $Ep_{2,0}$ mit entgegengesetzter Pfeilrichtung versehen, wie durch die gestrichelt gezeichnete negative Verlängerung darge-stellt, so ergibt es, zu $Ep_{1,0}$ addiert, das ge-suchte $Ep_{1,2}$. Verfahren wir in entsprechender Weise auch mit den anderen Wicklungsspannungen, so erkennen wir, daß sich aus je zwei Wicklungsspannungen Ep_0 eine Leiterspannung Ep er-gibt, deren Größe bestimmt ist durch die Gl.

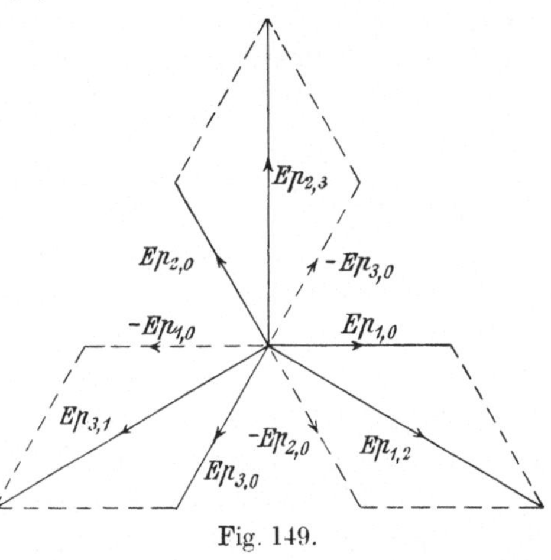

Fig. 149.

$$Ep^2 = Ep_0{}^2 + Ep_0{}^2 - 2\,Ep_0\,Ep_0 \cos 120^0.$$

Hieraus folgt

$$Ep = Ep_0 \sqrt{3},$$

so daß die drei Leiterspannungen Ep eine Phasenverschiebung von je 120^0 haben. Nach den MN heißt Ep die Spannung des Drehstroms schlechthin, Ep_0 die „Sternspannung". Wo Ep von anderen Spannungen zu unter-scheiden ist, soll es im folgenden „ver-kettete" Spannung heißen. Die drei effektiven Werte der Spannungen Ep sind natürlich unter sich gleich, wie auch die der drei Spannungen Ep_0.

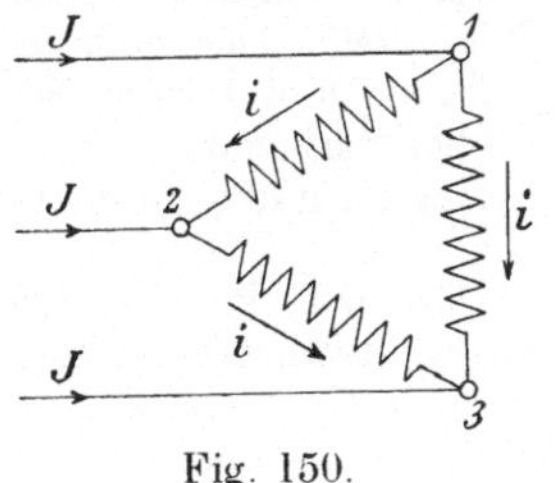

Fig. 150.

Dieses Ergebnis gibt die Möglich-keit, die drei Motorwicklungen auch unmittelbar an die drei Leitungen anzuschließen wie in Fig. 150. Die Bewicklungen erhalten dann die volle verkettete Spannung statt der Sternspannung; diese Schaltung heißt Dreieckschaltung. Bezeichnet man hierbei die Ströme in den drei Wicklungen mit i, die Ströme in den Zuleitungen mit J, so ergibt sich jedes J als Differenz je zweier Werte i, die 120^0 Phasenverschiebung haben, genau so wie sich bei der Sternschaltung die verkettete Spannung Ep als Differenz zweier Sternspannungen Ep_0 ergab, die ebenfalls 120^0 Phasenverschiebung haben. Es gilt daher wie zwischen Ep und Ep_0 auch zwischen J und i die Beziehung

$$J = i\sqrt{3}.$$

Während bei der Sternschaltung also die Ströme in Zuleitungen und Maschinenwicklungen gleich groß sind, die Spannungen sich aber verhalten wie $\sqrt{3}:1$, sind bei der Dreieckschaltung umgekehrt die Spannungen in den Leitungen und Wicklungen gleich groß, und die Ströme verhalten sich wie $\sqrt{3}:1$. Bei der Sternschaltung ist die Gesamtleistung in den drei Motorwicklungen $3 Ep_0 JF = \sqrt{3} Ep JF$ und bei der Dreieckschaltung $3 Ep i F = \sqrt{3} Ep JF$, wenn die Motorwicklungen den Leistungsfaktor F aufweisen. **Besteht zwischen den drei Leitungen eines Drehstromsystems die Spannung Ep und herrscht in ihnen der Strom J mit einer gewissen Phasenverschiebung, so ist also die Leistung $\sqrt{3} Ep JF$, unabhängig von der Schaltungsart der Verbrauchsstelle.**

Die Leistung des Drehstromes kann man bei Sternschaltung bestimmen durch die Messung der Einzelleistungen in den drei Phasen mit je einem Wattmeter und durch Addition derselben. Die Spannungsspulen der Wattmeter werden dabei an die Sternspannungen der Phasen gelegt, in die die Stromspulen eingeschaltet sind. Sind die Belastungen aller drei Phasen gleich, so genügt die Bestimmung der Leistung in einer Phase und deren Multiplikation mit 3. Hat man Sternschaltung mit nicht erreichbarem Nullpunkt oder Dreieckschaltung, so kann man für die Entwicklung eines Meßverfahrens statt dieser Schaltungen eine fingierte Sternschaltung in Betracht ziehen, bei der die Größen und Phasen der Leiterströme und -spannungen so groß wie die wirklich vorhandenen sind; denn wenn diese Größen gegeben sind, ist die Leistung nach obigem unabhängig von der Schaltungsart.

Zu unterscheiden sind dann zwei Fälle: 1) Die drei Phasen sind gleich belastet; dann genügt die Benutzung eines Wattmeters in folgender Weise: Man lege (Fig. 151a) die Stromspule zum Beispiel in Leitung 1 und die Spannungsspulen abwechselnd an 1,2 und 1,3 und addiere die obigen Angaben. Hat dann J_1 eine Verschiebung von q gegen $Ep_{1,0}$ (Fig. 151b), so ist die wahre Gesamtleistung $3 Ep_{1,0} J_1 \cos q$. Gemessen wird bei der einen Schaltung $Ep_{1,2} J_1 \cos (30^0 + q)$, bei der anderen $E p_{1,3} J_1 \cos(30^0 - \varphi)$. Die Summe aus beiden ist die oben angegebene wahre Gesamtleistung, da $E p_{1,2} = E p_{1,3} = \sqrt{3}\, E p_{1,0}$. 2) Die drei Phasen sind ungleich belastet; dann sind zwei Wattmeter zu benutzen: Die beiden Stromspulen werden z. B. in die Phasen 1 und 3

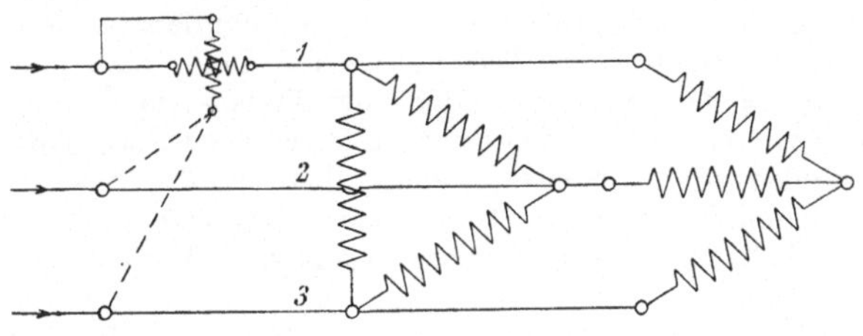

Fig. 151 a.

gelegt, die Spannungsspule von 1 an 1,2, die von 3 an 2,3. Die beiden Angaben werden wiederum addiert. Begründung: Die wahre Leistung ist jetzt in jedem Augenblick $A_t = E p_{1,0\,t} J_{1\,t} + E p_{2,0\,t} J_{2\,t} + E p_{3,0\,t} J_{3\,t}$. Da $J_{1\,t} + J_{2\,t} + J_{3\,t} = 0$ ist, so ergibt sich

$$A_t = J_{1\,t}(E p_{1,0\,t} - E p_{2,0\,t}) + J_{3\,t}(E p_{3,0\,t} - E p_{2,0\,t})$$
$$= J_{1\,t} E p_{1,2\,t} + J_{3\,t} E p_{3,2\,t};$$

Die beiden Summanden des letzteren Ausdruckes bestimmen die Ausschläge der beiden Wattmeter.

Bei Drehstromsystemen mit vier Leitern wie in Fig. 148 ist es natürlich auch möglich, einen Teil der Anschlüsse in Stern- und einen anderen in Dreieckschaltung zu legen, so z. B. Lampen in Sternschaltung, Motoren in Dreieckschaltung. Dies bietet den Vorteil, daß man die Lampen mit 220 Volt, die Wicklungen der Motoren aber

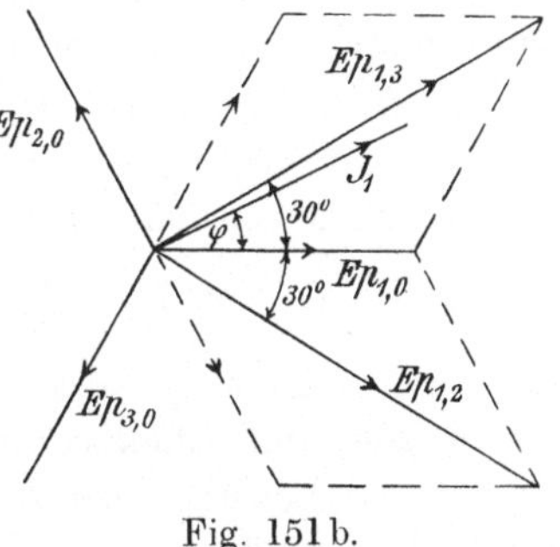

Fig. 151 b.

mit $220 \sqrt{3} = 381$ Volt speisen, also an Leitungsmaterial erheblich sparen kann. Erdet man dabei die Rückleitung, so kommt in diesem System keine höhere Spannung als 220 Volt gegen Erde vor; es darf also nach den Vorschriften für Niederspannungsanlagen verlegt werden. Die Erdströme können dann freilich in benachbarte Telephon- und Telegraphenleitungen eindringen, die mit Erdleitungen arbeiten, eine Umlegung dieser Schwachstromleitungen ist aber meist weit billiger als die Aufopferung der Vorteile des geschilderten Drehstromsystems.

Bei sinusartiger Veränderung der Stromstärken treten in dem geschilderten Vierleitersystem Ströme in der Rückleitung und Erdströme nur auf, wenn die drei Ströme in den drei Hinleitungen nicht gleich sind, wenn also z. B. an die 3 Phasen verschiedene Anzahlen von Glühlampen eingeschaltet sind. Verändern sich die Ströme nicht sinusartig, so treten an die Stelle der Sinusgrößen in Gl. 1 drei Fouriersche Reihen. Bei diesen wird die Summe der Glieder gleicher Ordnung null, nur nicht die der Glieder von der Ordnung 3 oder einer Potenz von 3. Die Partialkurven der zuletzt genannten Ordnungen haben keine Phasenverschiebung gegen einander; sie addieren sich unmittelbar, und die Rückleitung führt daher in diesem Falle einen Strom. Diese Tatsache bildet einen der Gründe, weshalb man heute möglichst sinusartige Kurven zu erreichen sucht (s. S. 170).

Von besonderem Interesse ist ein Vergleich des Verbrauchs an Leitungsmaterial mit dem Verbrauch bei Gleichstrom und einfachem Wechselstrom. Um ihn zu ziehen, wollen wir annehmen, daß über eine gewisse Entfernung l hinweg einmal durch Gleichstrom und einmal durch Drehstrom eine Leistung A übertragen werde. Die Spannung zwischen zwei Fernleitungen soll dabei in beiden Fällen die gleiche sein und den Wert Ep haben. Die Leitungen sollen so dimensioniert werden, daß bei beiden Betriebsarten der in ihnen auftretende Effektverlust den Wert K habe. Es sei die Frage zu beantworten, wie groß das ganze Kupfervolumen der Leitungen in beiden Fällen wird.

1. Gleichstrom oder einfacher Wechselstrom. Bezeichnen wir die in der einfachen Hin- und Rückleitung fließenden Stromstärken mit J, so ist die übertragene Arbeitsleistung $A = E_p \cdot J$, also ist $J = \dfrac{A}{E_p}$. Nennen wir ferner w den Widerstand einer Leitung, so ist der Widerstand der Hin- und Rückleitung $2w$, der Effektverlust beim Durchtreiben des Stromes durch diese Leitung also $K = J^2 \cdot 2w$, und der Widerstand w muß daher werden

$$w = \frac{K}{2\,J^2} = \frac{K \cdot E_p{}^2}{2\,A^2}.$$

Aus der Grundformel $w = \dfrac{c \cdot l}{q}$, worin l die Länge, q den Querschnitt und c den spez. Leitungswiderstand bedeutet, ergibt sich

$$q = \frac{c \cdot l}{w} = 2 \cdot \frac{c \cdot l \cdot A^2}{K \cdot E_p{}^2}$$

und das gesamte Kupfervolumen der Hin- und Rückleitung

$$V = 2 \cdot q \cdot l = 4 \, \frac{c \cdot l^2 \cdot A^2}{K \cdot E_p{}^2} \cdot$$

2. Drehstrom. Nach einer oben vorgenommenen Betrachtung ist

$$A = \sqrt{3}\, E_p \cdot J.$$

Der Strom in jeder der drei Leitungen wird also $J = \dfrac{A}{\sqrt{3}\, E_p}$, und der Effektverlust in allen drei Leitungen zusammen, wenn w der Widerstand einer Leitung ist, $K = 3\, J^2 \cdot w$. Daher wird

$$w = \frac{K \cdot 3\, E_p{}^2}{3\, A^2} = \frac{K \cdot E_p{}^2}{A^2} \cdot$$

Hieraus ergibt sich $q = \dfrac{c \cdot l}{w} = \dfrac{c \cdot l \cdot A^2}{K \cdot E_p{}^2}$ und das Kupfervolumen aller drei Leitungen

$$V = 3\, q \cdot l = 3\, \frac{c \cdot l^2 \cdot A^2}{K \cdot E_p{}^2} \cdot$$

Vergleicht man die Kupfervolumina für Drehstrom und Gleichstrom, so bemerkt man, daß sie sich verhalten wie $3 : 4$. Der Drehstrom verbraucht also unter ganz gleichen Umständen für die Fernleitungen trotz der drei Leitungen $25\,^0/_0$ weniger Kupfer als der Gleichstrom. Für den Drehstrom etwas ungünstiger ist freilich, daß die Isolation und Verlegung der drei Leitungen teurer wird als die von zweien, gleich, ob sie unterirdisch als Kabel oder oberirdisch als Freileitungen an Masten mit Isolatoren ausgeführt werden. Von Bedeutung wäre dieses bei sehr hohen Spannungen; doch kommt hierbei der Gleichstrom für den Vergleich nicht in Betracht.

Zur besseren Übersicht der obigen vergleichenden Rechnung folgt hier noch eine Gegenüberstellung ohne erklärenden Text.

Vergleichende Übersicht des Kupferverbrauchs bei Gleichstrom und Drehstrom.

Gleichstrom:	Drehstrom:
$A = E_p \cdot J$	$A = \dfrac{3 \cdot E_p}{\sqrt{3}} \cdot J$
$J = \dfrac{A}{E_p}$	$J = \dfrac{A}{\sqrt{3}\, E_p}$
$K = 2\, J^2 \cdot w$	$K = 3\, J^2\, w$

$$w = \frac{K}{2\,J^2} = \frac{K \cdot E_p{}^2}{2\,A^2} \qquad\qquad w = \frac{K}{3\,J^2} = \frac{K \cdot 3\,E_p{}^2}{3\,A^2}.$$

$$q = \frac{c \cdot l}{w} = 2 \cdot \frac{c \cdot l \cdot A^2}{K \cdot E_p{}^2} \qquad\qquad q = \frac{c \cdot l}{w} = \frac{c \cdot l \cdot A^2}{K \cdot E_p{}^2}$$

$$V = 2\,q \cdot l = 4\,\frac{c \cdot l^2\,A^2}{K \cdot E_p{}^2} \qquad\qquad V = 3\,q \cdot l = 3\,\frac{c \cdot l^2 \cdot A^2}{K \cdot E_p{}^2}.$$

Benutzt man bei Drehstrom die Sternschaltung, so hat dies den Vorzug, daß die Wicklungen der angeschlossenen Maschinen und der anderen Verbrauchsapparate nur den $\sqrt{3}$ ten Teil der Leiterspannung führen. Läßt man umgekehrt die gleiche Wicklungsspannung zu, so wäre die Leiterspannung $\sqrt{3}$ mal so groß, V also nur $^1/_3$ von dem oben berechneten Wert und $^1/_4$ von dem Werte bei Gleichstrom. Wegen der verschiedenen Leiterspannungen können aber die beiden Übertragungssysteme auf diese Weise nicht verglichen werden. Hier käme für den Vergleich nur das Dreileitersystem in Betracht.

So ist denn also bewiesen worden, daß sowohl die Erzeugung wie auch die Fortleitung des Drehstroms in technisch einfacher und wirtschaftlich günstiger Weise geschehen kann. Zu untersuchen bleibt nur noch die Transformation.

§ 32. Transformation der Mehrphasenströme.

Wenn es nötig wird, einen Mehrphasenstrom zu transformieren, so kann man jeden Strom in einem Transformator einzeln transformieren, wobei sowohl die primären wie auch die sekundären Wicklungen geschaltet werden wie die an das Mehrphasensystem angeschlossenen Verbrauchsapparate, bei Drehstrom z. B. also in Stern- oder Dreieckschaltung. In diesem Falle sind also die Wicklungen der einzelnen Transformatoren verkettet, die Eisenkörper indessen sind getrennt. Aber auch eine Verkettung der Eisenkörper ist möglich, unter Benutzung der Tatsache, daß die Summe der Kraftlinienzahl der einzelnen Transformatoren in jedem Augenblicke Null sein muß, wie die Summe der Ströme, von denen die Kraftlinien erzeugt werden. Denkt man sich z. B. die einzelnen Transformatoren als Kerntransformatoren und von den beiden Kernen jedes Transformators nur den einen bewickelt, den anderen aber frei, so kann man die freien Kerne zu einem einzigen verschmelzen, dieser führt dann also gar keinen Kraftfluß und kann ganz weggelassen werden. Nur die magnetische Verbindung der Kerne, die durch die gemeinsame Verbindung mit dem nunmehr weggelassenen Kerne entstanden war, muß bleiben. Bei Drehstrom besteht dann also der Gesamttransformator aus drei je mit primären und sekundären Wicklungen bewickelten Kernen, die magnetisch miteinander verbunden sind. In Fig. 152 und 153 sind zwei Typen solcher Kerntransformatoren dargestellt. Fig. 152 zeigt von dem einen Typ nur die Verbindung zwischen den drei Kernen im Grundriß. Die Verteilung der Kerne und ihre Verbindungen sind dabei vollkommen symmetrisch. Fig. 153 zeigen einen anderen Typ im Aufriß und zwar zwei miteinander abwechselnde einander „überlappende" Blechschichten; hier ist die Anordnung der drei Kerne unsymmetrisch, die Herstellung ist aber wesentlich einfacher und der Typ daher auch viel verbreiteter.

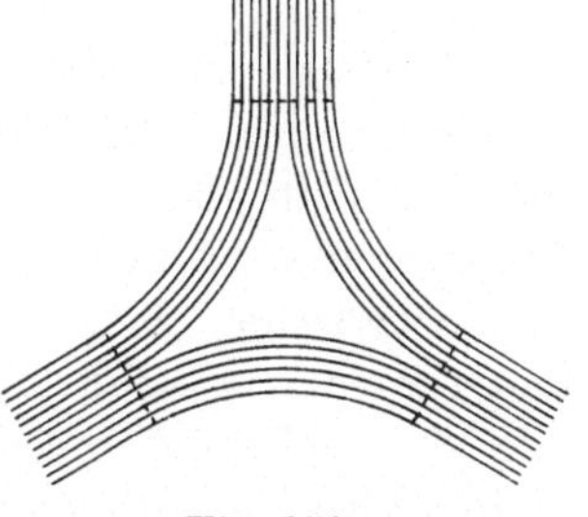

Fig. 152.

Bei gegebener Primärspannung muß zunächst bei Leerlauf im Eisen eine so große magnetische Induktion auftreten, daß der Primärspannung durch die induzierte EMK die Wage gehalten wird. Der dazu nötige Leerlaufstrom in jeder der drei Wicklungen muß bei Fig. 152 aus Gründen der Symmetrie so groß sein, daß er die Kraftlinien durch den magnetischen

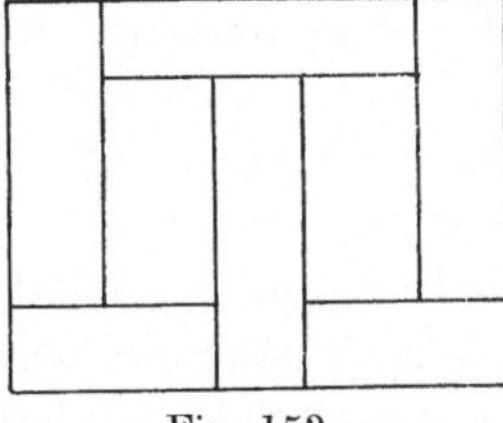

Fig. 153 a.

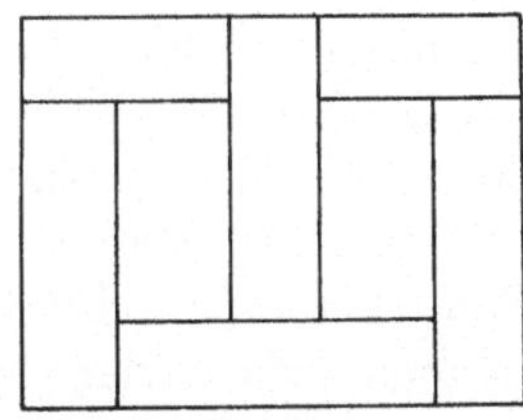

Fig. 153 b.

Widerstand eines Schenkels und des oberen und unteren Verbindungsjoches zum nächsten Schenkel hindurchschickt; dabei wirken die Kerne wie die Zuleitungen zu den in Dreieck geschalteten Jochen und führen $\sqrt{3}$ mal soviel Kraftlinien wie diese. Bei Fig. 153 dagegen muß der Leerlaufstrom in jedem der beiden äußeren Schenkel die Kraftlinien durch diesen Schenkel und durch die beiden Joche bis zu dem nächsten Verzweigungspunkte, also bis zum mittleren Schenkel führen, während der Leerlaufstrom des mittleren Schenkels nur die Kraftlinien durch diesen Schenkel selbst, nicht aber durch die Joche hindurchtreiben muß. Werden die magnetischen Widerstände ϱ in den Schenkeln, den Jochen und den Luftfugen entsprechend mit ϱ_s, ϱ_j und ϱ_l bezeichnet, so sind also die Widerstände, die die magnetomotorischen Kräfte der Leerlaufströme zu überwinden haben, für die ~~beiden äußeren~~ Schenkel

$$\varrho_s + \varrho_l,$$

für die beiden ~~mittleren~~ Schenkel

$$\varrho_s + 2\,\varrho_j + 3\,\varrho_l.$$

Bei dieser unsymmetrischen Anordnung sind also die Leerlaufströme in den Schenkeln um so verschiedener, je weniger die Stoßfugen in Betracht kommen. Bei Belastung der Transformatoren muß durch eine entsprechende Änderung der magnetomotorischen Kraft der primären Spulen die der sekundären wieder ausgeglichen werden. Da die Sekundärströme für alle drei Schenkel gleich sind, so wird also der prozentische Unterschied der primären geringer als bei Leerlauf.

Die Wicklungen können bei Drehstromtransformatoren sowohl primär wie sekundär in Stern oder Dreieck geschaltet werden. In letzter Zeit hat sich für die Niederspannungswicklung die Sternschaltung mit viertem, an den Nullpunkt angeschlossenem Leiter sehr verbreitet, weil sie die Möglichkeit gibt, die Motoren durch Anschluß an die verkettete Spannung mit höherer Spannung zu speisen, als die in Sternspannungen angeschlossenen Lampen. Die Vorzüge dieses Verteilungssystems sind bereits auf S. 231 erörtert worden.

Wählt man sekundär die Sternschaltung mit viertem Leiter, so muß auch primär der vierte Leiter verlegt oder die Dreieckschaltung gewählt werden. Geschieht dies nicht, sondern benutzt man primär Sternschaltung ohne vierten Leiter, so treten bei ungleicher Belastung der drei Phasen zu starke Verschiedenheiten der Spannungen in den drei Phasen auf. Betrachten wir z. B. (Fig. 154a) den äußersten Fall der Ungleichmäßigkeit in der Belastung, nämlich, daß nur eine Phase a überhaupt belastet wird und die anderen leer laufen, so muß die zu der sekundär belasteten Phase gehörige (auf den gleichen Kern gewickelte) primäre Phase A zur Ausbalancierung der Spannung ebenfalls einen entsprechend großen Strom führen. Dieser Strom muß aber durch die beiden anderen primären

Phasen zugeführt werden, da eine andere Zuführung nicht vorhanden ist; diese beiden Phasen wirken also, da ihnen offene Sekundärspulen gegenüberstehen, als Drosselspulen und drosseln

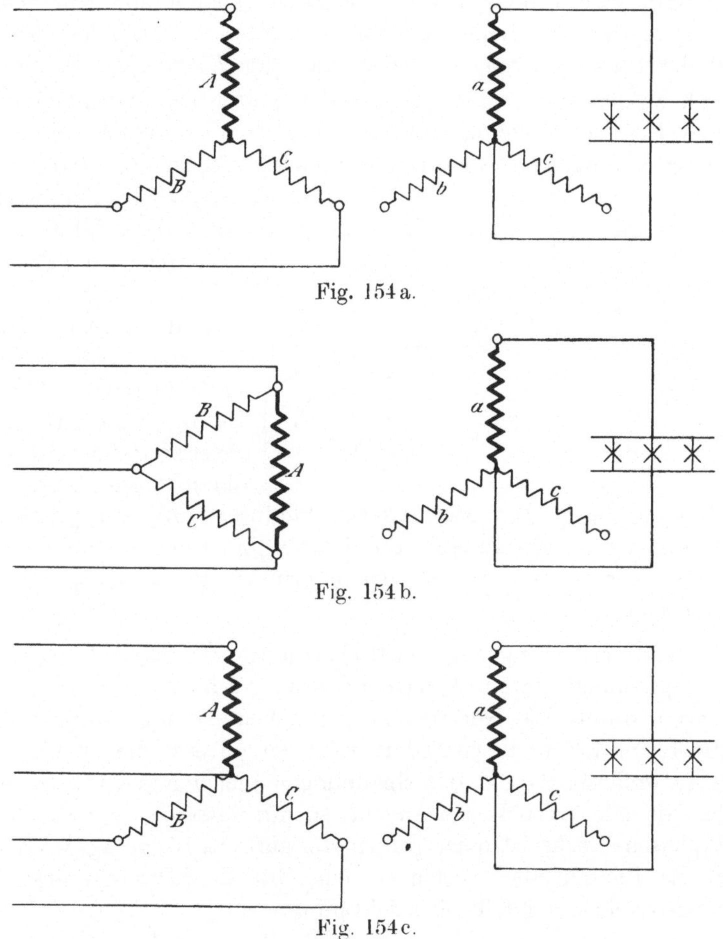

Fig. 154 a.

Fig. 154 b.

Fig. 154 c.

die Spannung der belasteten Phase stark ab. Benutzt man dagegen primär Dreieckschaltung (Fig. 154 b), so wird der belasteten primären Phase der Strom unmittelbar durch die beiden daran angeschlossenen Netzleiter zugeführt, und die beiden anderen laufen leer mit. Entsprechend ist es auch bei Primärschaltung mit viertem Leiter (Fig. 154 c); hier wird der

primär belasteten Phase der Strom durch die an sie angeschlossene Zuleitung und den vierten Leiter zugeführt, und
die anderen Phasen arbeiten ebenfalls leer.

Will man primär den vierten Leiter sparen und trotzdem
den besonders bei hohen Primärspannungen wesentlichen Vorteil der Sternschaltung genießen, daß die Wicklungen im Vergleich zu den Zuleitungen nur auf den $\sqrt{3}$ ten Teil der Spannung
gegen Erde zu isolieren sind, so kann man sekundär die sogenannte Doppelsternschaltung verwenden, die in Fig. 155a dargestellt ist. Bei dieser sind die Sekundärwicklungen jeder Phase auf zwei Magnetkerne
verteilt, derart, daß sich die Spannungen
subtrahieren (Fig. 155b). Eine größere
Belastung einer sekun-
dären Phase überträgt

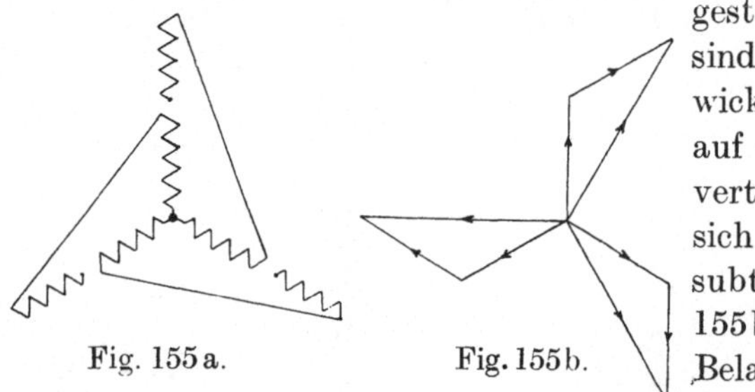

Fig. 155 a.   Fig. 155 b.

sich jetzt durch zwei Magnetkerne hindurch auf zwei primäre
Phasen, denen die Energie durch zwei Zuleitungen direkt zugeführt wird, während die dritte primäre Phase weniger belastet bleibt.

Bei Parallelschaltung von Drehstromtransformatoren müssen
die Spannungskurven kongruent sein. Da die Gestalt der
Kurven durch die Netzspannung gegeben ist und durch die
Transformation nicht verändert wird, so müssen die effektiven
Werte und die Phasen der Spannungen gleich gemacht werden.
Was die effektiven Werte angeht, so gilt dasselbe, was für den
Einphasen-Wechselstromtransformator auf Seite 151 gesagt worden
ist, die Phasen aber verlangen eine für den Drehstromtrans-
formator eigenartige Berücksichtigung.

Bei gegebener Primärspannung sind die Phasen der Sekundärspannung durch die Art der Verkettung bestimmt. Ist die
Primärwicklung z. B. in Stern geschaltet, die sekundäre aber
in Dreieck, so erzeugt der magnetische Kraftfluß, der primär
die Spannung ausbalanciert, sekundär die verkettete Spannung;
die sekundären Phasenspannungen sind also dagegen verschoben.
Sind dagegen Primär- und Sekundärwicklung beide in Stern

geschaltet, so haben ihre Spannungen bei entsprechendem Wicklungssinn gleiche Phase.

Man kann daher zunächst Transformatoren parallel.schalten, die sowohl primär, wie sekundär die gleiche Art der Verkettung und den gleichen Wicklungssinn aufweisen. Bei verschiedener Art der Verkettung müssen aber erst Untersuchungen über deren Wirkung auf die Phasenverschiebung vorgenommen werden. Für die Verwendung von Transformatoren verschiedener Herkunft ist diese Frage natürlich von größter Bedeutung.

Der Verband hat aus diesem Grunde in den MN die gebräuchlichsten Wicklungsarten zusammengestellt und nach ihrer Zusammenschaltbarkeit geordnet.

Die an der betreffenden Stelle der jetzt gültigen MN (ETZ 1909 S. 788) gegebenen Schaltungs- und Wicklungsschemen enthalten einige Versehen. Diese sind in den neu vorgeschlagenen, aber noch nicht angenommenen MN (ETZ 1912 S. 464) ausgemerzt. Da aber bei der praktischen Ausführung der Wickelung und Schaltung wegen der Komplikation der Verhältnisse Versehen vorkommen können, so tut man gut, die Parallelschaltung von Drehstrom-Transformatoren zunächst an den Hochspannungsklemmen auszuführen und vor der Verbindung der Niederspannungsklemmen sich durch Zwischenschaltung eines Voltmeters zwischen zwei zu verbindende Klemmen davon zu überzeugen, daß keine Spannung zwischen ihnen vorhanden ist.

VI. Asynchrone Mehrphasenmotoren ohne Kollektor.

§ 33. Die Stärke des Drehfeldes.

Bei Untersuchung der elektrischen Betriebseigenschaften eines Drehstrommotors genügt es, eine der drei primären Wicklungen zu betrachten, da die darin auftretenden Vorgänge sich in den anderen bis auf die Phasenverschiebungen von 120^0 und 240^0 wiederholen, also leicht daraus abzuleiten sind. Wir bezeichnen die Spannung, die der betrachteten Wicklung vom Netz zugeführt wird, unabhängig davon, ob Stern- oder Dreieckschaltung besteht, mit Ep_{1t}. Zu dieser Spannung kommt wie bei der einfachen Induktionsspule und dem Transformator die EMK e_t hinzu, die dort durch ein feststehendes Wechselfeld, hier durch das Drehfeld induziert wird. Es wird also in jeder Phase

$$Ep_{1t} + e_t = J_{1t} w_1 \ldots \ldots \ldots (1)$$

Um den Einfluß von e_t zu untersuchen, ist sowohl die Richtung wie auch die Größe von e_t festzustellen. Würde e_t im Sinne von Ep_{1t} wirken, so daß es den von Ep_{1t} erzeugten Strom J_{1t} vergrößerte, so würde dadurch zunächst das resultierende Magnetfeld und dadurch wiederum e_t vergrößert werden. Die Vergrößerung von e_t hätte aber wiederum eine Vergrößerung von J_{1t} zur Folge usf., und so würde man bei gegebener Netzspannung unendlich große Ströme in der Wicklung erhalten was natürlich nicht möglich ist. Die induzierte EMK e_t wirkt also der Klemmenspannung Ep_t entgegen. Es bleibt aber noch festzustellen, ob die Phasenverschiebung genau 180^0 beträgt, wobei die Richtung in jedem Augenblick entgegengesetzt wäre, oder ob sie nur in der Nähe davon liegt.

In den Verlauf der induzierten EMK gewinnen wir am leichtesten Einsicht durch eine Betrachtung der Fig. 156, die eine Abwicklung des links oben gelegenen Quadranten der Fig. 140 bildet und zwei aufeinanderfolgende Spulenseiten einer Phase zusammen mit dem von ihnen erzeugten Magnetfeld darstellt. Wir setzen dabei Leerlauf voraus, so daß der Ankerstrom Null und der Primärstrom allein wirksam ist. Wenn wir annehmen, der Strom in dieser Phase habe in dem bestimmten Augenblicke gerade seinen Maximalwert, so hat auch das von

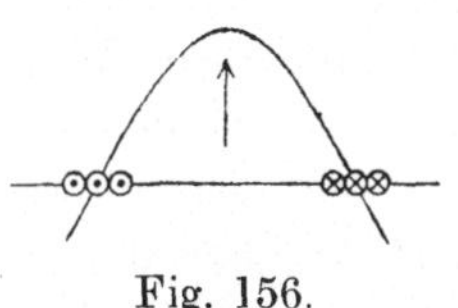

Fig. 156.

ihm erzeugte und ihm proportionale Feld gerade seinen Höchstwert. Aus den Betrachtungen auf S. 214 wissen wir nun, daß das gesamte Drehfeld, das alle drei Phasen zusammen bilden, immer gerade über demjenigen feststehenden Wechselfeld liegen muß, das gerade seinen Höchstwert hat, und daß das Drehfeld $1^1/_2$ mal so groß ist wie dieses. In Fig. 156 stellt also die Feldkurve in anderem Maßstabe gleichzeitig auch die Verteilungskurve des Drehfeldes vor, die in dem betrachteten Augenblicke auftritt; sie umfaßt zwischen den beiden Punkten, an denen sie durch Null geht, gerade eine halbe Teilung. Wenn dieses Feld nun mit gleichförmiger Geschwindigkeit nach rechts oder links wandert, so entsteht in jeder Spulenseite eine EMK e_t, die in jedem Augenblicke proportional der Ordinate der Feldkurve über der Mitte dieser Spulenseite ist. e_t hat also seinen Maximalwert, wenn der Maximalwert der Verteilungskurve über der Mitte der Spulenseite gelegen, d. h. wenn die Verteilungskurve gegen die Stellung in Fig. 156 um eine Viertelteilung nach rechts oder links gewandert ist. Da nun das Feld während einer Periode eine ganze Teilung zurücklegt, so ist also der Maximalwert der induzierten EMK e_t in jeder Phase um $^1/_4$ Periode zeitlich verschoben gegenüber dem Maximalwert des Stromes J_{0t} in derselben Phase. Es bleibt nur noch festzustellen, in welcher Richtung die induzierte EMK wirkt.

Als Grundlage für diese Feststellung dient wieder die Fingerregel: Man lege von der rechten Hand den Mittelfinger in die Richtung der magnetischen Kraft, den Zeigefinger in die Richtung der Bewegung des Drahtes, so gibt der senkrecht auf beide gestellte Daumen die Richtung der induzierten EMK an. Handelt es sich umgekehrt um Bewegung des Feldes gegen die Drähte, so ist das Ergebnis das umgekehrte, oder der Daumen der linken Hand gibt bei Lage von Mittel- und Zeigefinger die Richtung der induzierten EMK richtig an. Denkt man sich nun das Feld nach rechts bewegt und nach einer Viertelperiode mit seinem Maximalwert gerade über der rechten Spulenseite stehen, so daß die darin induzierte EMK ebenfalls ihren Maximalwert hat, so wirkt diese nach der Fingerregel im Sinne der vorhandenen Stromrichtung. Bewegt sich das Feld nach links, so daß sein Maximalwert nach einer Viertelperiode über der linken Spulenseite steht, so ergibt sich auch hier eine EMK in dem Sinne des herrschenden Stromes. Bei beiden Drehrichtungen des Feldes hat also die induzierte EMK in jeder Spulenseite den Maximalwert eine Viertelperiode später als der darin herrschende Strom. Da dieses aber natürlich für alle hintereinander geschalteten Spulenseiten einer Phase gleichzeitig gilt, so ist auch die ganze EMK der Wicklung in der Phase um 90^0 gegen J_{0t} zurück.

Gl. 1 können wir also für Leerlauf durch das Vektordiagramm Fig. 157 darstellen. Wir sehen darin e senkrecht stehen auf $J_0 w_1$ und der Verzögerung wegen um 90^0 dagegen nach rechts gedreht, und $J_0 w_1$ als Resultierende von $E p_1$ und e. Man sieht aus dieser Figur, daß e und $E p_1$ einander in der Tat fast genau entgegenwirken, und zwar um so genauer, je kleiner $J_0 w_1$ ist. Bei allen modernen Motoren ist $J_0 w_1$ wie bei Transformatoren gegenüber $E p_1$ selbst bei den höchsten vorkommenden Stromstärken nur gering, so daß es praktisch vernachlässigt werden kann.

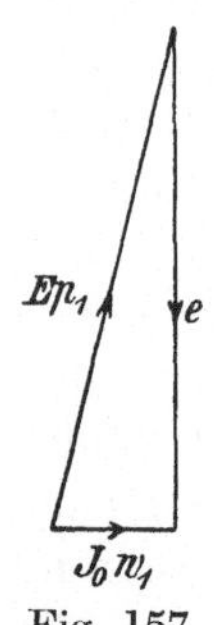

Fig. 157.

Praktisch fallen e und $E p_1$ zu einer Geraden von gleicher Länge zusammen, auf der e und $E p_1$ entgegengesetzte Pfeilrichtungen haben. Es ist demnach

$$e = -E p_1 \quad . \ . \ . \ . \ . \ . \ . \ . \ . \ (2)$$

e ist also eine elektromotorische Gegenkraft, die fast die gleiche Größe wie $E p_1$ annimmt.

Das betrachtete e_t entspricht der EMK $-n_1 \dfrac{dN}{dt}$, die in der primären Wicklung eines Transformators vom Felde N_t induziert wird. Bei der Transformatorentheorie ist aber nicht dieser Wert, sondern $+ n_1 \dfrac{dN}{dt}$ mit e_t bezeichnet worden, um wie auf S. 114 ausführlich erörtert worden ist, die Grundgleichung in solcher Form zu erhalten, daß das Entgegenwirken von e gegen Ep_1 auch in ihr schon deutlich zum Ausdruck kommt. Bezeichnen wir auch beim Drehstrommotor jetzt den negativen Wert der induzierten EMK mit e_1, so können wir wie beim Transformator schreiben

$$Ep_{1t} = J_{0t} w_1 + e_{1t} \quad \ldots \ldots \ldots \ldots (3)$$

Auf den Effektivwert hat diese Änderung der Bedeutung von e_t natürlich keinen Einfluß. Dieser ist wegen der früher erörterten Gleichheit der Wicklungen wie beim Generator nach Gl. 8 S. 175

$$e = 2{,}22\, f N\, n_1\, v \quad \ldots \ldots \ldots \ldots (4)$$

Gl. 3 gilt auch für den Gleichstrommotor, wenn unter e die elektromotorische Gegenkraft verstanden wird, die im Gleichstromanker durch seine Rotation induziert wird. Der Gleichstrommotor entwickelt also in seinem Anker, der Drehstrommotor in seiner primären Wicklung beim Betriebe eine elektromotorische Gegenkraft, die der von außen zugeführten Klemmenspannung bis auf den sehr kleinen Spannungsabfall in der Wicklung die Wage hält. Der Gleichstromanker erreicht diese Gegenkraft, indem er sich auf die zu ihrer Herstellung nötige Tourenzahl einläuft, der Drehstrommotor nach Gl. 4 durch die Ausbildung eines entsprechend großen Drehfeldes. In der Tat wird e bei gegebenen Konstruktionsdaten f und n_1 und gegebener Frequenz v nur durch das Drehfeld N bestimmt. Indem die vorhandene Klemmenspannung Ep_1 den Motor zur Entwicklung einer bestimmten elektromotorischen Gegenkraft e zwingt, zwingt sie ihm also auch ein bestimmtes Drehfeld auf, das er herstellen muß, solange Ep_1 vorhanden ist. Wenn ein Drehstrommotor mit konstanter Spannung gespeist wird, wie es im praktischen Betriebe stets geschieht, so muß er also auch unter allen Umständen ein konstantes Drehfeld aufweisen. Sein Anker arbeitet also unter denselben Betriebsbedingungen wie der im § 26 betrachtete Anker im Felde der konstanten rotierenden Magnete oder Elektromagnete (Induktionskupplung). Alle für diese Induktionskupplung gefundenen Ergebnisse können also ohne weiteres auf den Drehstrommotor übertragen werden.

16*

§ 34. Das Verhalten des Drehstrommotors als Transformator.

Der Drehstrommotor, dessen Primärspannung durch ein konstantes Drehfeld bis auf den Ohmschen Spannungsabfall ausbalanciert wird wie die Primärspannung des Transformators durch ein konstantes Wechselfeld, und in dem sich ein Anker befindet, der den Induktionswirkungen dieses Drehfeldes ausgesetzt ist wie die Sekundärwicklung des Transformators der Wirkung des Wechselfeldes, muß offenbar alle seine elektrischen Eigenschaften mit denen des Transformators gemeinsam haben.

Das Leerlaufdiagramm (Fig. 157) ist, wenn man e_1, wie oben besprochen wurde, durch $-e_1$ ersetzt, offenbar identisch mit dem Leerlaufdiagramm des Transformators (Fig. 91), wenn man den Effektverlust im Eisen vernachlässigt. Wir erinnern uns daran, daß in dem Mittelwertdiagramm für die einfache Induktionsspule (Fig. 43a) $\overline{FC} = \dfrac{\mathfrak{E}_H}{J}$ ist[1]), und daß bei $\mathfrak{E}_H = 0$ F auf C fällt, und das Diagramm zu einem rechtwinkligen Dreieck wird, das wie Fig. 157 aus $\overline{BD} = Ep_1$, $\overline{BC} = Jw$ und $CD = e_1$ besteht. Berücksichtigt man auch bei dem Drehstrommotor die Eisenverluste, so wird auch für diesen das Leerlaufdiagramm schiefwinklig, und $\triangle BDF$ in Fig. 91 gilt auch für den leerlaufenden Drehstrommotor.

Bei Belastung ist nach Gl. 7 S. 197 der sekundäre Strom

$$J_2 = \frac{N\,p\,(\omega_1 - \omega_2)}{w_2\,2\,\sqrt{2}} \ \ldots \ldots \ldots (1)$$

bei gegebenen Konstruktionsgrößen p und w_2 infolge der Konstanz von N allein bestimmt durch die Schlüpfung. Während J_2 beim Transformator von dem Belastungswiderstande w abhängt, der daran angeschlossen wird, bleibt beim Drehstrommotor der Widerstand des Sekundärkreises unverändert, und die durch das auszuübende Drehmoment gegebene Schlüpfung ist es, die für J_2 maßgebend ist. Für das elektrische Verhalten ist es aber offenbar gleichgültig, wodurch J_2 bestimmt ist. Wenn ein Sekundärstrom J_2 vorhanden ist, erzeugt er wie beim Transformator selbst ein Feld, und der primäre Strom muß sich so einstellen, daß er seinerseits ein Feld herstellt, das mit dem Sekundär-

---

[1]) Über die Berücksichtigung der Wirbelströme siehe S. 85.

felde des Ankers zusammen ein resultierendes Feld hervorbringt, das dem Leerlaufsfelde gleich ist und wie dieses die
primäre Spannung ausbalanciert. Alle aus dieser Tatsache gezogenen Schlußfolgerungen über das Verhalten des Transformators (§ 16) und über die graphische Darstellung desselben
(§ 17) können also ohne weiteres für den Drehstrommotor übernommen werden. Der Drehstrommotor verhält sich ganz wie
ein Transformator, aber wie ein schlechter Transformator, da
er infolge der Luftstrecke zwischen Primärgehäuse und Anker
einen ungünstigen Kraftlinienweg aufweist.

Am besten erkennt man die Identität des elektrischen
Verhaltens von Drehstrommotor und Transformator, wenn man
den Anker nicht rotieren läßt, sondern stillstellt und den Sekundärstrom dadurch verändert, daß man die Sekundärwicklung
auf veränderlichen Widerstand arbeiten läßt. Zwischen Motor
und Transformator ist jetzt offenbar gar kein Unterschied mehr
vorhanden. Die Figuren 158 zeigen das Ergebnis von Messungen,
die im Elektrotechnischen Institut in Danzig an einem Drehstrommotor für 5 PS, 220 Volt und 13,8 Amp. normale Stromaufnahme in der geschilderten Weise bei Stillstand und dann
auch bei Lauf ausgeführt wurden. Zum Vergleich wurden dieselben Messungen außerdem an einem normalen Drehstromtransformator für 5 KVA, 220 Volt und 13 Amp. normale
Stromaufnahme vorgenommen. Die Kurven I stellen das Verhalten des normalen Transformators, II dasjenige des stillstehenden und III das des laufenden Drehstrommotors dar. A_1, η und
F sind als Funktionen der Nutzleistung A_n (beim laufenden Motor
als Funktionen der abgebremsten), aufgetragen, J_1 dagegen ist
als Funktion von J_2 gezeichnet.

Wir sehen zunächst, daß alle drei Kurven stets den gleichen
Charakter haben. Vergleichen wir das rein elektrische Verhalten des Transformators mit dem des stillstehenden Motors,
so finden wir das des Motors durchgehends ungünstiger. Der
schlechtere magnetische Kreis hat einen größeren Leerlaufstrom
zur Folge und damit auch bei allen Belastungen eine größere
Stromaufnahme und daher einen kleineren Leistungsfaktor, eine
größere Effektaufnahme und einen schlechteren Wirkungsgrad.
Vergleicht man das Verhalten des stillstehenden und des laufenden Motors, so findet man bei der Beziehung zwischen J_1 und
J_2, weil sie rein elektrisch ist, nur einen geringen Unterschied, bei

den anderen Kurven aber, die als Funktion der Nutzleistung aufgetragen sind und daher beim laufenden Motor die mechanische Reibung berücksichtigen, beim Laufe natürlich durchgehends ungünstigere Werte. Günstiger ist bei Lauf nur der Effektverlust im Ankereisen, weil dieses bei der kleinen Schlüpfung nur mit geringerer Frequenz ummagnetisiert wird als bei Stillstand, doch ist dieser Unterschied nicht durchschlagend.

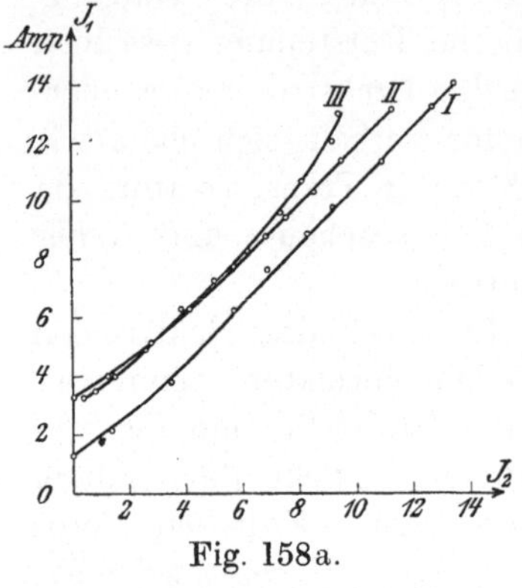

Fig. 158a.

Fig. 158 gibt gleichzeitig einen Überblick über die Betriebseigenschaften eines modernen kleinen Drehstromtransformators und -motors. Als weiteres praktisches Beispiel möge das folgende dienen. An einem 14-PS-Motor für 500 V. und 970 Umdrehungen fand sich folgende Arbeitsleistung

$$3A_1 = 3J_1{}^2 w_1 + nJ_2{}^2 w_2 + \underbrace{\mathfrak{E} + L} + A_n$$
$$11600 = \quad 365 \quad + \quad 335 \quad + \quad 700 \quad + 10200 ,$$

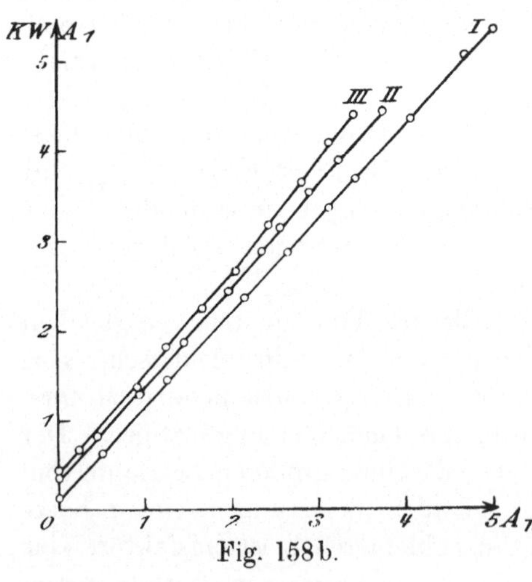

Fig. 158b.

wobei sämtliche Größen in Watt angegeben sind und L den mechanischen Verlust durch Lager- und Luftreibung bedeutet. Man sieht, daß der Kupferverlust in jeder von beiden Wicklungen etwa je $3\,{}^0/_0$, die Gesamtheit der Ummagnetisierungs- und mechanischen Verluste etwa $6\,{}^0/_0$ des Arbeitsverbrauches bei voller Belastung beträgt.

Bei absolutem Leerlauf fällt außer A_n wegen des Synchronismus zwischen Anker und Drehfeld auch $nJ^2{}_2 w_2$ weg, und es ist daher

$$3A_0 = 3J_0{}^2 w_1 + \mathfrak{E} + L \quad . \quad . \quad . \quad . \quad . \quad (13)$$

Beim praktischen Leerlauf fand der Verfasser bei dem oben genannten Motor

$$3A_0 = 3J_0{}^2 w_1 + \underbrace{\mathfrak{E} + L}$$
$$760 = \quad 50 \quad + \quad 710.$$

Man sieht, daß $\mathfrak{E} + L$ ziemlich, wenn auch nicht ganz konstant und bei voller Belastung etwas geringer ist als bei Leerlauf. Der Unterschied von $710 - 700 = 10\,\mathrm{Watt}$ kommt aber in der Gesamtbilanz gegenüber der Nutzleistung und der Effektaufnahme des Motors so wenig in Betracht, daß auf seine Erklärung hier nicht eingegangen zu werden braucht. Von Interesse sind aber noch die Verhältnisse des Leerlaufstromes J_0 und der Leerlaufsleistung A_0 zu den entsprechenden Größen

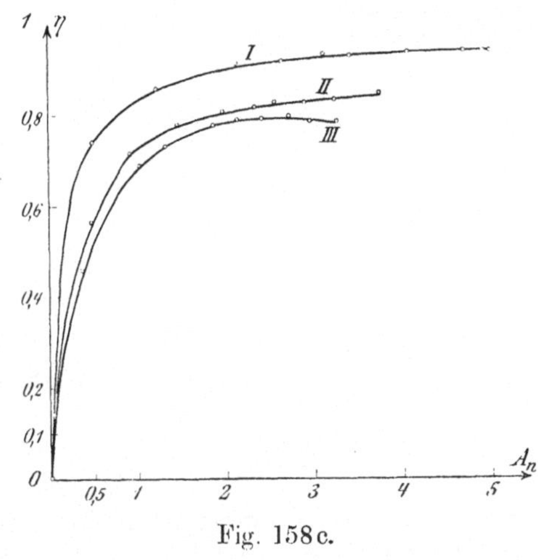

Fig. 158c.

J_{1n} und A_{1n} bei normaler Belastung des laufenden Motors. Für den 5-PS-Motor ergaben die in Fig. 158 dargestellten Untersuchungen

$$J_0 : J_{1n} = 0{,}24 \quad \text{und} \quad A_0 : A_{1n} = 0{,}089,$$

Allgemein gelten für moderne Motoren etwa die Grenzwerte

$$J_0 : J_{1n} = 0{,}2 \text{ bis } 0{,}4 \quad \text{und} \quad A_0 : A_{1n} = 0{,}03 \text{ bis } 0{,}10,$$

wobei die kleineren Zahlen sich natürlich auf die größeren Motoren beziehen. Bei Kleinmotoren erreicht der Leerlaufstrom sogar 33 bis $75^0/_0$ der Stromaufnahme bei normaler Belastung.

Die obigen Zahlen lehren, daß die beiden genannten Verhältnisse von einander außerordentlich verschieden sind. Der Grund hierfür liegt hauptsächlich in der geringen Größe der Widerstände w_1, die zur Folge hat, daß der Effektverlust $3J_0{}^2 w_1$ trotz des hohen Wertes von J_0 nur geringe Werte annimmt (s. das Zahlenbeispiel). Der unvermeidlich große Leerlaufstrom bringt also durchaus nicht eine entsprechend große Leerlaufsleistung mit sich. Die letztere ist vielmehr weit weniger bestimmt durch den Leerlaufstrom selbst und die zum Durchtriebe durch die primäre Wicklung nötige Leistung $3 J_0{}^2 w_1$ als durch die rein mechanische Leerlaufsleistung L und durch die Um-

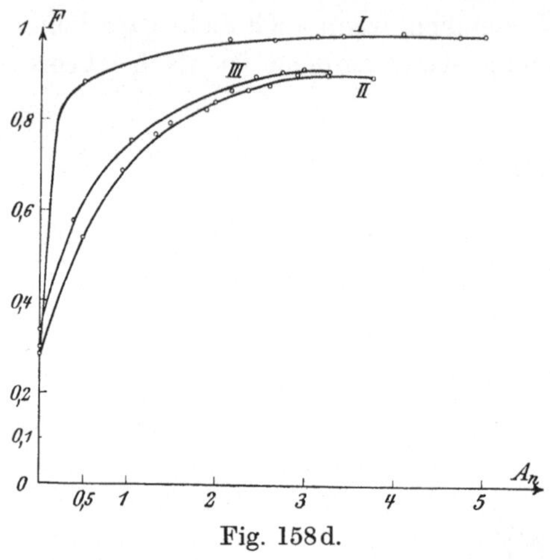

Fig. 158 d.

magnetisierungsleistung $\mathfrak{E}$, die im Zahlenbeispiel zusammen 14 mal so groß sind wie $3 J_0{}^2 w_1$.

Genau genommen gilt die oben vorausgesetzte Beziehung, daß Primärstrom und Ankerstrom zusammen stets ein Feld gleich dem des Leerlaufstromes geben müssen, nur für die Gesamtwirkung der drei phasenverschobenen Einzelströme, die den Drehstrom bilden und für die von ihnen erzeugten Drehfelder. Nur für die letzteren können wir zunächst schreiben

$$N_1 + N_2 = N = \text{const.} \quad \dots \text{ (2)}$$

Für die Einzelströme aber muß diese Beziehung noch besonders bewiesen werden. Zu diesem Zwecke ist zunächst die noch nicht erörterte Stromverteilung im Anker zu betrachten.

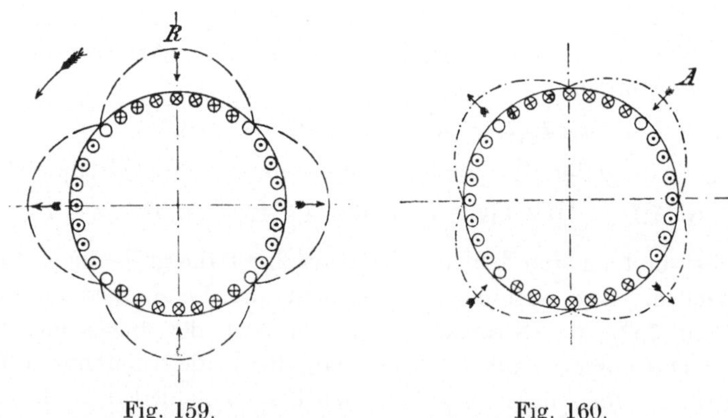

Fig. 159.   Fig. 160.

In Fig. 159 stelle die gestrichelte Kurve die Verteilung der radialen Komponente $\mathfrak{B}_r$ des Drehfeldes N eines 4 poligen Motors um den Anker in irgendeinem Augenblicke dar. Wenn dieses Feld entgegen dem Uhrzeiger relativ zum Anker bewegt wird, so entstehen in dem betrachteten Moment in den äußeren axialen Ankerdrähten nach der Fingerregel

Ströme von den gezeichneten Richtungen. Die Drähte vor den vier
Polen führen abwechselnd Ströme verschiedenen Sinnes, und jeder
Strom fließt so, daß sein Draht durch die auf ihn wirkende elektromagnetische Zugkraft vom Felde mitgenommen wird, wie es die Betrachtungen im § 26 verlangen. Derselbe Anker ist in Fig. 160 ohne
die gestrichelte Feldkurve in gleicher Lage noch einmal gezeichnet;
an dieser Figur möge die Verteilung des Ankerfeldes näher betrachtet
werden.

Wir sehen (Fig. 160) in der Mitte jedes Ankerquadranten einen
Draht, der keinen Strom führt, weil er (Fig. 159) gerade vor dem Nullwerte des induzierenden Feldes liegt. Diese stromlosen Leiter trennen
die Leiter mit verschiedenen Stromrichtungen voneinander so, daß in
jedem der vier durch eingezeichnete Koordinaten gebildeten Quadranten
die eine Hälfte einen Strom von umgekehrter Richtung führt wie die andere.
Das Bild der Stromverteilung ist genau dasselbe wie bei einem Gleichstromanker mit Wicklung für gleiche Polzahl (G. Fig. 23). Indem wir nun immer
die Drähte eines Quadranten zu einer Spule vereinigt denken, deren Achse
radial durch den stromlosen Leiter geht, oder indem wir bedenken, daß
jeder einzelne Ankerdraht mit konzentrischen Kraftlinien umgeben ist,
können wir genau wie bei Fig. 140 die Verteilung der radialen Kraft-
komponenten der Ankerströme bestimmen. Wir finden wieder maximale
Feldstärke in der Spulenachse und Feldstärke Null in der Mitte zwischen
zwei Achsen, im übrigen eine Kraftverteilung von ähnlichem Charakter
wie in Fig. 140. Die Verteilungskurve des Ankerfeldes ist in Fig. 160
strichpunktiert gezeichnet. Wir sehen, daß das Ankerfeld um eine Viertelteilung gegen das induzierende (Fig. 159) nach rechts gedreht ist, denn
entsprechende Punkte der Felder, wie A und R, schließen miteinander
einen Winkel von 45° ein, der bei einem Motor von zwei Polpaaren eine
Viertelteilung bedeutet.

Denken wir uns nun wieder das induzierende Magnetfeld in Fig. 159
entgegen der Uhrzeigerbewegung rotieren, so muß sich die von ihm
hervorgerufene Verteilung des Ankerstromes mit gleicher Geschwindigkeit
mitdrehen. Mit der Feldkurve der Fig. 159 muß also auch die Anker-
feldkurve der Fig. 160 gleich schnell rotieren, denn diese ist nur bestimmt
durch die Stromverteilung im Anker. Da nun in Fig. 160 das Ankerfeld
um eine Viertelteilung gegenüber dem induzierenden Feld in Fig. 159
nach rechts verstellt ist, die Drehung beider Felder aber nach links
geschieht, so bleibt das Ankerfeld bei der Drehung gegen das resultierende immer um eine Viertelteilung zurück. Das Wesentliche dieses
Ergebnisses ist, daß das Ankerfeld nicht mit der Geschwindigkeit des
Ankers selbst rotiert, sondern mit der um die Ankerschlüpfung größeren
Geschwindigkeit des induzierenden Feldes hinter diesem her, über den
langsamer laufenden Anker wie ein Schatten hinwegläuft. Die Stärke
des induzierten Ankerstromes hängt natürlich nach wie vor von der
Schlüpfung des Ankers gegen das induzierende Feld ab und ist dieser
nach Gl. (1) proportional.

In Fig. 161 ist die Verteilung des induzierenden Feldes (gestrichelte
Kurve) und des Ankerfeldes (strichpunktierte Kurve) in der Abwicklung
gleichzeitig gezeichnet. Dabei ist wiederum vorausgesetzt, daß sich

beide Felder nach links bewegen. Infolgedessen erscheint das zurückbleibende Ankerfeld um eine Viertelteilung nach rechts verschoben. Das primäre Feld $N_1 = N - N_2$ ergibt sich also als die stärker gezeichnete Kurve.

Um aus der gewonnenen Beziehung der Felder den Zusammenhang des primären und sekundären Stromes abzuleiten, ist es zweckmäßig, die Drehfelder wieder in feststehende Wechselfelder zu zerlegen. Wir zer-

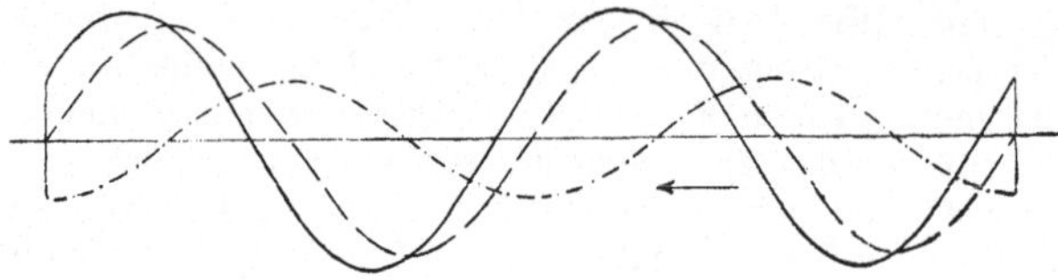

Fig. 161.

legen zunächst das bei Leerlauf allein vorhandene Drehfeld N in die drei Wechselfelder, die von den drei primären Wicklungen einzeln erzeugt werden, und zerlegen dann auch die beiden anderen Drehfelder N_1 und N_2 derartig, daß ihre Einzelfelder auf die von N zu liegen kommen. Die räumliche Verschiebung der Drehfelder gegeneinander um einen bestimmten Teil der Teilung (z. B. um den $x$ten Teil) muß dann eine zeitliche Verschiebung der aufeinanderliegenden feststehenden Wechselfelder um den gleichen ($x$ten) Teil einer Periode zur Folge haben; denn nach S. 214 liegen die Drehfelder immer auf denjenigen ihrer Einzelfelder, die gerade ihren Maximalwert haben und bewegen sich während einer Periode der Einzelfelder um eine Teilung weiter, so daß eine Verschiebung mehrerer Drehfelder in der Teilung von einer gleichen Verschiebung ihrer Einzelfelder in der Phase begleitet sein muß. Wenn sich also eines der Einzelfelder des Drehfeldes N verändert nach dem Gesetze

$$N_t = N_{max} \sin \omega t, \quad \ldots \ldots \ldots \quad (3)$$

so muß sich das daraufliegende Einzelfeld des Drehfeldes N_2, da N_2 nach Fig. 161 gegen N um eine Viertelteilung zurück ist, verändern nach dem Gesetze

$$N_{2t} = N_{2max} \sin (\omega t - 90^0), \quad \ldots \ldots \quad (4)$$

weil es um eine Viertelperiode gegen N_t verzögert sein muß. Das entsprechende Einzelfeld von N_1 endlich muß, da N_1 nach Fig. 161 um einen gewissen Winkel gegen N voraus ist, auch in der Phase eine gewisse Voreilung (γ) haben, also dem Gesetz gehorchen:

$$N_{1t} = N_{1max} \sin (\omega t + \gamma) \quad \ldots \ldots \ldots \quad (5)$$

Ferner muß sich auch die Beziehung der Drehfelder

$$N_1 + N_2 = N$$

auf die Einzelfelder übertragen, also

$$N_{1t} + N_{2t} = N_t \ldots \ldots \ldots \ldots \quad (6)$$

sein. Die Gl. 3, 4, 5, 6 sind in der Tat die auch für den Transformator geltenden. Gl. 6 stimmt mit Gl. 1 S. 112 überein; aus Gl. 3 folgt beim Transformator

$$J_{2t} = \frac{e_{2t}}{w_2} = -\frac{n_2}{w_2}\frac{dN}{dt} = -\frac{n_2}{w_2} N_{max} \cos \omega t$$

$$= \frac{n_2}{w_2} N_{max} \sin (\omega t - 90^\circ)$$

und hieraus, da N_{2t} prop. J_{2t}, Gl. 4. Wie die Beziehungen zwischen N_{1t} und N_{2t} stimmen aber auch die Beziehungen zwischen den ihnen proportionalen Größen J_{1t} und J_{2t} beim Drehstrommotor mit den beim Transformator gültigen überein.

Die Wirkungsgrade sind natürlich außerordentlich verschieden und sehr abhängig von der Leistung, Drehzahl und dem elektrischen, magnetischen und mechanischen Aufbau. Während ein Kleinmotor von $^1/_4$ PS einen Wirkungsgrad von etwa $75^0/_0$ hat, ist derjenige eines Motors für 1000 PS etwa $91^0/_0$ bei normaler Belastung. Für andere Belastungen ergeben sich die Wirkungsgrade aus denen für Vollast ungefähr durch Multiplikation mit den in der folgenden Tabelle angegebenen Faktoren.

Wirkungsgrad bei Vollast	Multiplikations-Faktoren für Bruchteile der Vollast			
	$^1/_4$	$^1/_2$	$^3/_4$	$^5/_4$
60 bis 70$^0/_0$	0,68	0,89	0,97	0,98
71 „ 80$^0/_0$	0,80	0,94	0,99	0,99
81 „ 85$^0/_0$	0,83	0,96	0,99	0,99
86 „ 93$^0/_0$	0,89	0,97	0,99	0,99

Wir sehen, daß die Wirkungsgrade sehr schnell emporsteigen und zwischen $^3/_4$ und $^5/_4$ der normalen Last sich so gut wie garnicht ändern.

Als Transformatoren können die asynchronen Mehrphasenmotoren primär (im Ständer) mit einer sehr großen und sekundär (im Läufer) mit einer sehr kleinen Spannung arbeiten. Sie können also primär unmittelbar an Hochspannungsnetze angeschlossen, und die Bedienung des Ankers kann demnach ganz ungefährlich gemacht werden. Normal werden diese Motoren von den deutschen Firmen ausgeführt bis zu primären Spannungen von 5000 Volt, ohne daß dies die erreichbare Grenze wäre; gegenüber Gleichstrommotoren liegt hierin ein sehr erheblicher Vorzug. In dem meist vorkommenden Bereich sind die Spannungen durch die M.N. festgesetzt zu 110, 220, 500, 1000, 2000, 3000, 5000 Volt. Auf dem Leistungsschilde sind anzugeben außer dieser Spannung auch primäre Stromstärke, Frequenz, Leistung, Leistungsfaktor bei normaler Belastung und die im Anker auftretende Spannung beim Anlassen. Da auf den Leistungsfaktor die geringste Abweichung des Luftabstandes zwischen Läufer und Ständer schon von Einfluß ist, so braucht nicht der Wert für das betreffende Exemplar des Motors sondern der Mittelwert des betreffenden Modelles angegeben zu werden. Auf den Leistungsfaktor kommen wir bei der Betrachtung der magnetischen Streuung noch zurück.

Eine Grenze für die Belastungsfähigkeit der Mehrphasenmotoren ist wie bei Transformatoren gezogen durch die Erwärmung und ihre schädliche Wirkung auf die Isolationsmaterialien. In den M. N. sind unter der Voraussetzung, daß die Temperatur des Prüfraumes 35^0 nicht überschreitet, die folgenden, gleichzeitig auch für Generatoren gültigen Grenzwerte für die Temperaturzunahme festgesetzt:

für Wicklungen, bei Isolation durch Baumwolle . . . 50^0

,,   ,,   ,,   ,,   ,,   Baumwolle in Öl und Papier . . . . . 60^0

,,   ,,   ,,   ,,   ,,   Email, Glimmer, Asbest und deren Präparate . . . . . 80^0

für Lager . . . . 50^0

Bei dauernd kurzgeschlossenen Wicklungen können die obigen Werte überschritten werden.

Für das Eisen, in das Wicklungen eingebettet sind, gelten dieselben Temperaturen wie für die eingebetteten Wicklungen.

Für Straßenbahnmotoren sind besondere Werte angegeben.

Die Temperaturbestimmungen geschehen teils durch Thermometer, teils durch Widerstandsmessungen nach bestimmten Vorschriften. Die Überlastungsproben sind nur in bezug auf mechanische Überlastungsfähigkeit auszuführen, ohne daß dabei die Temperaturen die oben angegebenen Werte überschreiten dürfen. Die Motoren müssen $25^0/_0$ Überlastung während einer halben Stunde und $40^0/_0$ während 3 Minuten aushalten können und leerlaufend eine Erhöhung der Drehzahl um $15^0/_0$ 5 Minuten lang ertragen. Besondere Zusicherungen neben der Erfüllung dieser Vorschriften bleiben natürlich den Fabrikanten vorbehalten. So gibt z. B. eine Firma an, daß ihre Motoren während 2 Stunden um $15^0/_0$ und während $^1/_4$ Minute um 100 bis $150^0/_0$ überlastungsfähig seien, vorausgesetzt, daß zwischen zwei Überlastungen wieder eine Abkühlung der Motoren eintritt.

Die obigen Temperaturgrenzen, so eindeutig sie auch sind, bestimmen die normale Belastungsfähigkeit der Motoren doch noch nicht genau. Die Belastung, die ein Motor vertragen kann, hängt vielmehr auch ab von der Zeit, während der sie dauert, denn aus der Größe und aus der Zeitdauer der Belastung zusammen berechnet sich die in der Zeiteinheit im Mittel erzeugte Wärme, die für die Temperatur bestimmend ist. Ein Motor, der z. B. zum Antrieb einer Transmission dauernd annähernd voll belastet läuft, wird keine so große Leistung erzeugen können, als wenn er, z. B. als Kranmotor benutzt, sich zwischen zwei Arbeitsperioden immer wieder abkühlen könnte. Bei den durch die M. N. festgelegten Temperaturgrenzen sind also, genau genommen, so viele „Normal‘‘-Leistungen möglich, wie Betriebsarten vorkommen. Da der großen Mannigfaltigkeit aller praktischen Möglichkeiten nicht Rechnung getragen werden kann, so hat der Verband Deutscher Elektrotechniker in den M. N. die Betriebe in zwei Klassen geteilt, nämlich den Dauerbetrieb und den kurzzeitigen Betrieb. Beim Dauerbetrieb muß die angegebene Leistung beliebig lange, beim kurzzeitigen Betrieb dagegen braucht sie nur während einer beliebig vereinbarten Zeit abgegeben zu werden, ohne daß die Temperatur die oben vermerkten Grenzen übersteigt. Diese Trennung ist gerechtfertigt, denn die Endtemperatur stellt sich bei einer Maschine je nach ihrer Ausführung und Größe erst nach 5 bis 10 Stunden ein, während es eine ganze Reihe von Betrieben gibt, die nur 2 bis 3 Stunden dauern. So kommt z. B. in Einzelanlagen für Beleuchtung nur ausnahmsweise eine längere Beanspruchung vor, und es ist dann immer noch möglich die Belastung geringer zu nehmen, um die Maschine vor zu großer Anstrengung zu bewahren. Man ist also durch die Einführung von Maschinen für kurzzeitigen Betrieb in der Lage, in gewissen Fällen mit kleineren Maschinen auszukommen als es sonst möglich wäre.

In den bisherigen Vorschriften waren auch noch für den „intermittierenden“ Betrieb Bestimmungen getroffen. Als solcher wurde derjenige bezeichnet, bei welchem nach Minuten zählende Arbeitszeiten und Ruhepausen einander abwechseln, wie z. B. bei Kranen, Aufzügen, Straßenbahnen. Um auch für diese unter sehr verwickelten Erwärmungsverhältnissen arbeitenden Betriebe Normen zu schaffen, war festgesetzt, daß die Motoren die angegebene Leistung bei ununterbrochenem Betriebe eine Stunde lang aushalten müßten. Die obige Definition, die nur die Tatsache angibt, daß nach Minuten zählende Arbeitszeiten und Ruhepausen einander abwechseln, nicht aber die für die Erwärmung gerade entscheidende Dauer dieser Betriebszustände bestimmt, ist durchaus nicht scharf, und es können daher für verschiedene Arten des intermittierenden Betriebes Motoren von ganz verschiedener Stundenleistung in Frage kommen. Dies ist offenbar nicht immer beachtet worden, und der Begriff des intermittierenden Betriebes hat daher eher Verwirrung als Aufklärung geschaffen, trotzdem der Verband sich in den den Maschinennormalien beigegebenen Erläuterungen lebhaft um die Aufklärung bemüht hat. Aus diesem Grunde wohl wird beabsichtigt, die Regelung der an dem intermittierenden Betriebe zu stellenden Ansprüche durch die Normalien fallen zu lassen.

Da dennoch wohl noch viele Jahre hindurch für intermittierende Betriebe gelieferte Maschinen in Gebrauch sein werden, so möge hier noch ein Zitat aus den Erläuterungen des Verbandes gegeben werden. Es wird dabei ein Motor betrachtet, der in drei verschiedenen Fällen intermittierend betrieben wird, immer eine Leistung von 20 PS aufweist und dennoch in den drei Fällen für eine ganz verschiedene Stundenleistung zu bestellen ist.

Fall a: Es wird ein Motor gebraucht zum Antrieb eines Lastenaufzuges, der sehr viel im Betriebe ist. Die Belastung des Motors beträgt immer, wenn er im Betriebe ist, 20 PS.

Fall b: Es wird ein Motor gebraucht zum Antrieb des Hubwerkes eines Dreimotorenkranes. Der Kran ist mäßig im Betriebe. Die Beanspruchung des Motors ist gleichfalls, wenn er im Betriebe ist, 20 PS.

Fall c: Es wird ein Motor gebraucht für das Hubwerk eines Dreimotorenkranes. Der Kran ist nur sehr selten im Betriebe; er wird höchstens 5 Minuten benutzt und steht mehrere Stunden still. Der Motor wird, wenn er im Betriebe ist, mit 20 PS beansprucht.

Für vorstehende drei Fälle ist selbstverständlich nicht immer derselbe Motor zu verwenden. Nur für den zweiten Fall wird man einen nach den bisherigen Normalien als Motor für 20 PS (intermittierend) bezeichneten wählen. Für den ersten Fall wird man ein größeres Modell nehmen müssen, etwa einen Motor, der eine Stundenleistung von 25 PS hat, während man für den dritten Fall ein kleineres Modell verwenden kann, etwa einen Motor von 16 PS. Bei der Lieferung würden diese Motoren natürlich auch als 25-, 20- und 16-PS-Motoren für intermittierenden Betrieb anzugeben sein.

Sollen die vorgenannten drei Motoren geprüft werden, so sind sie selbstverständlich auch der Angabe des Verkaufes entsprechend als 25-, 20- und 16-PS-Motoren eine Stunde lang zu prüfen, trotzdem sie für eine Leistung von 20 PS in dem speziellen Falle verwendet werden. Zweckmäßig würde man dem Abnehmer auch sagen, daß er für den vorliegenden Fall, wo der Motor mit 20 PS, wie vorstehend beschrieben, beansprucht wird, ein 25-, 20- bzw. 16-PS-Modell verwenden muß.

Die obigen Erklärungen zeigen deutlich, daß durch die bisherigen Normalien die Schwierigkeit, für intermittierenden Betrieb den geeigneten Motor zu wählen, durchaus nicht aus der Welt geschafft ist. Die Ansprüche, die an den Fabrikanten auf Grund seiner Angabe auf dem Leistungsschilde zu machen sind, sind zwar durch den Begriff der Stundenleistung festgelegt, für die Wahl des richtigen Motors ist aber mit dem Begriff der Stundenleistung nicht viel anzufangen.

Die oben genannte Stundenleistung ist etwa die Leistung, die für Betriebe zu benutzen ist, in denen auf eine Arbeitsdauer von höchstens 3 Minuten eine mindestens ebenso lange Ruhepause folgt; für sie können unmittelbar bestellt werden Motoren für stark benutzte Aufzüge, Gießereikrane, häufig benutzte Werkstattkrane und Portalkrane, die den ganzen Tag mit den gebräuchlichen Pausen benutzt werden, ebenso Schiebebühnen, Schlepper usw. Für weniger angestrengte Betriebe, wie Aufzüge in Wohnhäusern, Schleusenwinden, Drehbrücken, Krane für Werkstattmontage können die für Stundenleistungen bestimmten Motoren um $20\,^0/_0$ höher beansprucht werden. Einige Firmen nennen diese Leistung die „Aufzugsleistung" und geben für so beanspruchte Motoren besondere Preislisten heraus. Umgekehrt sind für angestrengte Betriebe, wie häufig benutzte Aufzüge, Krane, von denen stets die maximale Last gehoben wird, oder bei denen die Ruhepausen kürzer als die Arbeitszeiten sind, die Stundenleistungen der Motoren um $10\,^0/_0$ herabgesetzt in die Berechnung zu ziehen; auch hierfür sind besondere Typen „für 80-Minuten-Betriebe" geschaffen. Bei besonders angestrengten intermittierenden Betrieben kann es sogar vorkommen, daß für die berechneten Leistungen Motoren für Dauerleistung gewählt werden müssen, z. B. bei Aufzügen in Warenhäusern, die ununterbrochen im Betriebe sind und bei geringen Stockwerkhöhen außerordentlich häufig anfahren und anhalten müssen. Für schwere Spezialaufzüge, z. B. Materialaufzüge im Hüttenbetrieb, Gichtaufzüge oder ähnliche kommen unter Umständen besondere Motoren in Betracht; für alle angestrengten Betriebe wünschen die Fabrikanten daher besondere Anfrage, damit sie Sonderanordnungen treffen können.

Bei Betrieben, in denen die Motoren durch Staub und andere feste Fremdkörper, Nässe oder explosible Gase gefährdet werden können, sind besondere Umkleidungen nötig, die aber die Ausstrahlung der in den Motoren erzeugten Wärme vermindern und daher die Temperatur unzulässig erhöhen würden, wenn nicht die Leistung herabgesetzt würde. Gegen das Eindringen größerer Fremdkörper genügt es, die offenen Stellen rings herum oder wenigstens an den gefährdeten Seiten mit Drahtgaze oder durchlöchertem Blech zu umkleiden; die Leistung der Motoren wird dadurch noch nicht beeinflußt. Sollen dagegen die Wicklungen gegen Regen oder Tropfwasser geschützt werden, so werden die Motoren „ventiliert" gekapselt. Die Lagerschilder werden dann als Gußkappen ausgeführt, die die Wicklungen vollständig abschließen und nur einige nach unten gerichtete Ventilationsöffnungen tragen, durch die ein an der Welle angebrachter Ventilator die zur Kühlung nötige Luft einsaugt. Die Leistung dieser Motoren ist zwischen 1 und $30^0/_0$ geringer als die von offenen Motoren.

In Räumen mit starker Staubentwicklung, mit säurehaltigen Dämpfen oder mit umherspritzendem Wasser werden geschlossen gekapselte Motoren verwendet, denen die Luft durch Rohrleitungen aus anderen Räumen wieder mittels eines auf der Welle sitzenden Ventilators zugeführt wird. Damit auch bei Stillstand eines solchen Motors keine schädlichen Gase oder Dämpfe in ihn eintreten können, muß die erwärmte Luft durch Rohrleitungen entweder ins Freie oder in einen Kamin oder in einen benachbarten Raum abgeführt werden (Durchzugs-Type). Ohne den kühlenden Luftdurchzug ist die Leistung ganz geschlossener Motoren um 40 bis $60^0/_0$ geringer als die Leistung offener. Sollen offene Motoren in feuchten Räumen, wie in Bergwerken, Brunnenschächten, Hafenanlagen, Färbereien, und geschlossene, aber nicht ventilierte Motoren in Räumen mit schwachen Säuredämpfen, wie in Zellulose- und Gasfabriken aufgestellt werden, so ist eine besondere Imprägnierung der

Isolation, die sogenannte Bergwerksisolation, notwendig. In Räumen mit explosiblen Gasen bedarf es einer besonderen „schlagwettersicheren" Ausführung.

Die obigen Erörterungen über die Belastungsgrenze der Motoren gelten für alle Motorarten und werden daher bei späteren Betrachtungen anderer Wechselstrommotoren nicht wiederholt werden. Sie berücksichtigen aber nur eine Grenze, die für die Belastung zu ziehen ist. Neben derjenigen, die die Erwärmung bildet, gibt es aber bei mehrphasigen Induktionsmotoren noch eine andere Grenze durch die Art, in der das Drehmoment gebildet wird. Wir wollen jetzt diese zweite Grenze betrachten.

§ 35. Drehmoment und Schlüpfung.

Das bei konstanter Betriebsspannung konstante Drehfeld N des Motors erzeugt in dem Anker ein Drehmoment in der im § 26 geschilderten Weise und von der in § 27 berechneten Größe. Die bisher besprochenen Vorgänge werden aber dadurch beeinflußt, daß bei den Motoren sowohl im festen als auch im rotierenden Teil magnetische Streuung auftritt wie bei den in Nuten gebetteten Wicklungen der Generatoren. Primär kommt dadurch zu dem Ohmschen Spannungsabfall wie beim Transformator noch ein Abfall durch die Streuung hinzu, e wird dadurch kleiner (Gl. 3 S. 243) und mit e auch das Drehfeld N, von welchem e erzeugt wird, und das Drehmoment, das diesem Felde seine Entstehung verdankt. Die Ankerstreuung zeigt ihre Wirkung darin, daß der Anker außer den Kraftlinien, die er mit dem primären Gehäuse austauscht und mit denen zusammen er das Drehfeld N ergibt, noch eigene Kraftlinien hat, welche Selbstinduktion erzeugen. Die Beziehung zwischen der in einer kurzgeschlossenen Ankerwindung induzierten EMK e_t' und dem dadurch hervorgerufenen Strome ist nicht mehr allein durch den Widerstand gegeben, wie im § 27 bei der Berechnung des Drehmomentes angenommen wurde (Gl. 4), die Streulinien sind vielmehr durch einen Koeffizienten der Selbstinduktion zu berücksichtigen, den wir mit L bezeichnen wollen.

Daß die primäre Streuung das Drehmoment verkleinert, ist klar, da die primären Streulinien dem Anker zur Bildung seines Drehmomentes verloren gehen; die Wirkung der Selbstinduktion des Ankers ist aber nicht ohne weiteres zu übersehen, da sie nicht nur den induzierten Ankerstrom verkleinert, was ebenfalls eine Verminderung des Drehmomentes zur Folge hätte, sondern auch eine Phasenverschiebung gibt.[1]) Wir betrachten deshalb die Wirkung der sekundären Streuung jetzt näher.

Hat der Wechselstrom des speisenden Netzes die sekundliche Periodenzahl ν, also die „Kreisfrequenz" $\omega = 2\pi\nu$, so rotiert ein Drehfeld von p Polpaaren mit einer absoluten Winkelgeschwindigkeit $\omega_1 = \dfrac{\omega}{p}$ und mit einer relativen Geschwindigkeit gegen den Anker von $\dfrac{\omega\sigma}{p}$, wenn der Anker ein Schlüpfungsverhältnis σ gegen das Feld hat. Das Drehfeld legt also in einer Zeit t den Winkel $\dfrac{\omega\sigma}{p}t$ relativ zum Anker zurück. Gehorcht das rotierende Feld beim Stillstand dem Verteilungsgesetz $\mathfrak{B}_r = \mathfrak{B}_{max}\sin p\alpha$, und betrachten wir den Punkt der Ankeroberfläche, an dem zurzeit $t = 0$ auch $\alpha = 0$ ist, so gehört also zu diesem Ankerpunkte nach der Zeit t ein Feldpunkt

$$\alpha = \frac{\omega\sigma}{p}t$$

und eine Feldstärke

$$\mathfrak{B}_r = \mathfrak{B}_{max}\sin p\alpha = \mathfrak{B}_{max}\sin(\omega\sigma)t = \mathfrak{B}_{max}\sin\omega't,$$

wobei also

$$\omega' = \omega\sigma = 2\pi\nu\sigma$$

gesetzt ist.

Wie vorauszusehen, wird also auch bei einem $2\text{-}p$-poligen Felde die Frequenz des Netzstromes im Anker im Schlüpfungsverhältnisse verkleinert.

Wir haben nun die im § 27 gegebene Entwicklung des Drehmomentes von Gl. 3 an wieder aufzunehmen, indem wir jetzt

$$e_t' = \mathfrak{B}_{max}\,lg\sin\omega't \quad \ldots \ldots \ldots \quad (1)$$

---

[1]) **Anmerkung.** Genau genommen, erhält natürlich auch das Feld N durch die primäre Streuung eine Phasenverschiebung. Die für den Betrieb des Motors in Frage kommenden Erscheinungen lassen sich aber alle durch die Ankerstreuung allein erklären. Da dies in besonders einfacher Weise geschehen kann, so soll an dieser Stelle nur die Ankerstreuung berücksichtigt werden. Im nächsten Paragraphen wird die genauere Lösung auf graphischem Wege gegeben und dabei auch der primären Streuung Rechnung getragen.

setzen. Infolge der Selbstinduktion L erhalten wir jetzt nach § 6

$$J_t = \frac{\mathfrak{B}_{max}\, lg}{\sqrt{w^2 + \omega'^2 L^2}}\, \sin(\omega't - \varphi), \quad \ldots \quad (2)$$

wobei

$$\varphi = \operatorname{arctg}\frac{\omega'L}{w} \quad \ldots \ldots \quad (3)$$

ist. Hieraus ergibt sich

$$J = \frac{\mathfrak{B}_{max}\, lg}{\sqrt{2}\sqrt{w^2 + \omega'^2 L^2}} \quad \ldots \ldots \quad (4)$$

entsprechend Gl. 5 der zitierten Entwicklung im § 27 für den streuungslosen Motor und

$$J = \frac{Np\,(\omega_1 - \omega_2)}{2\sqrt{2}\sqrt{w^2 + \omega'^2 L^2}} = \frac{N\omega_1\sigma}{2\sqrt{2}\sqrt{w^2 + \omega'^2 L^2}} \quad . \quad (5)$$

entsprechend Gl. 7 jener Entwicklung. Das Drehmoment wird

$$D_{1t} = \mathfrak{B}_r J_t lr = \frac{\mathfrak{B}_{max}^{\;2}\, l^2 gr}{\sqrt{w^2 + \omega'^2 L^2}}\, \sin(\omega't)\sin(\omega't - \varphi) \, . \, (6)$$

Nach unseren Betrachtungen der elektrischen Arbeitsleistung § 9 ist der Mittelwert des Produktes der beiden phasenverschobenen Sinus $\tfrac{1}{2}\cos\varphi$, also

$$M\,(D_{1t}) = D_1 = \frac{\mathfrak{B}_{max}^{\;2}\, l^2 gr}{2\sqrt{w^2 + \omega'^2 L^2}}\,\cos\varphi, \, \ldots \, (7)$$

und da wegen Gl. 3

$$\cos\varphi = \frac{w}{\sqrt{w^2 + \omega'^2 L^2}} \quad \ldots \ldots \quad (8)$$

ist, so wird

$$D_1 = \frac{\mathfrak{B}_{max}^{\;2}\, l^2 gr}{2\,w}\,\cos^2\varphi \, . \, \ldots \ldots \quad (9)$$

Diese Gleichung entspricht Gl. 7a S. 198 für den streuungslosen Motor, und wir erhalten daher jetzt für alle n Windungen zusammen das Drehmoment

$$D = \frac{N^2 p^2 n}{8\,w}\,(\omega_1 - \omega_2)\cos^2\varphi \, . \, \ldots \ldots \quad (10)$$

Das Drehmoment des Ankers mit Streuung unterscheidet sich also von dem Drehmoment des Ankers ohne Streuung durch den Faktor $\cos^2\varphi$, der bei Streuung noch hinzukommt. Auch die Ankerstreuung vermindert also das Drehmoment wie die primäre Streuung.

Praktisch von größter Wichtigkeit ist der sich hieraus ergebende Zusammenhang zwischen Drehmoment und Schlüpfung. Wir erhalten, indem wir $\cos\varphi$ nach Gl. 8 einsetzen, durch einfache mathematische Umformung

$$D = \frac{N^2 p n}{8} \; \frac{1}{\dfrac{w}{\omega\sigma} + \dfrac{\omega\sigma}{w} L^2} \quad \dotfill (11)$$

wobei $\omega = 2\pi\nu$ ist. Betrachten wir dabei zunächst die extremen Fälle kleiner Schlüpfung (normaler Lauf mit geringer Belastung) und großer Schlüpfung (Anlauf): Bei kleiner Schlüpfung verschwindet im Nenner des zweiten Bruches der zweite Summand gegen den ersten, bei großer Schlüpfung der erste gegen den zweiten. Wir erhalten für den schwach belasteten Lauf

$$D' = \frac{N^2 p n}{8} \; \frac{\omega\sigma}{w} \quad \dotfill (12)$$

und für den Anlauf

$$D'' = \frac{N^2 p n}{8} \; \frac{w}{\omega\sigma L^2} \quad \dotfill (13)$$

Gl. 12 ist identisch mit Gl. 8 S. 198 für den streuungslosen Motor; sie ergibt sich auch, wenn man in Gl. 11 $L = 0$ setzt. D' wird dargestellt durch die Gerade I in Fig. 162, D'' als Funktion von σ aufgefaßt, bildet die gleichseitige Hyperbel II. Zwischen den beiden Extremen liegt die wirkliche Drehmomentkurve und schmiegt sich dabei mit ihren Enden an die Kurven I und II an; sie hat demnach den Charakter der Kurve III. Das Drehmoment steigt also bei wach-

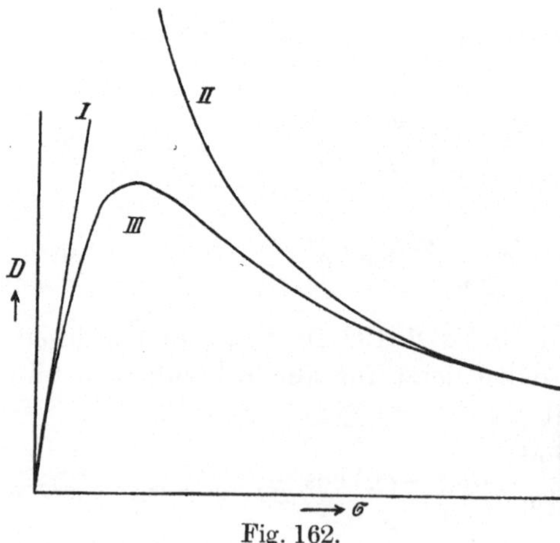

Fig. 162.

sender Belastung bis zu einem Maximalwert an; wird diese Belastung aber überschritten, so nimmt es ab, der Motor fällt dann aus dem Tritt und bleibt stehen. Wäre keine Streuung vorhanden, so stiege das Drehmoment vom synchromen Laufe bis zum Stillstand dauernd an.

Die geschilderte Wirkung der Streuung ist natürlich außerordentlich übel. Sie bedeutet eine Belastungsgrenze des mehrphasigen Induktionsmotors, die zu derjenigen noch hinzukommt, die durch die Erwärmung gegeben ist. Gute Motoren müssen natürlich so gebaut sein, daß sie an der Erwärmungsgrenze noch weit davon entfernt sind, aus dem Tritt zu fallen. Moderne Typen erfüllen diese Bedingung aber durchaus; sie vermögen etwa das zwei- bis dreifache ihrer normalen Last durchzuziehen. Die Schlüpfung bei normaler Belastung beträgt etwa 2 bis 5 $\%$, die kritische liegt weit höher. Besondere Beachtung verdient die Überlastbarkeit bei Motoren, die in Betrieben arbeiten, bei denen kurz andauernde heftige Belastungsstöße vorkommen, wie bei Hebezeugen, Bahnen und Bergwerks- und Hüttenbetrieben. Von ungünstigstem Einfluß ist die Wirkung der Streuung auch beim Anlauf; sehen wir doch, wie sehr bei starken Schlüpfungen die Kurve *III* gegen die Kurve *I* herabgedrückt ist. Wir werden aber später bei Betrachtung des Anlaufsvorganges erkennen, daß dieser Nachteil durch geeignete Maßnahmen gemildert werden kann.

Als maximales Drehmoment finden wir durch Differentiation von Gl. 11 den Ausdruck

$$D_{max} = \frac{N^2 p n}{16} \frac{1}{L};$$

es tritt auf bei einer Schlüpfung

$$\sigma = \frac{w}{\omega L}.$$

Man sieht, daß die höchste Zugkraft des Motors umgekehrt proportional der Streuung ist, und daß das gleiche gilt für die Schlüpfung, bei der sie eintritt. Die Streuung hat also eine außerordentliche Bedeutung für die Betriebseigenschaften des Motors

Von Interesse ist auch die Betrachtung des Einflusses der Frequenz. Nach der Ausbalancierungsgleichung (Gl. 4 S. 243) ist bei gegebener Spannung die Polstärke N umgekehrt proportional der Frequenz, und daher ist das höchst erreichbare Drehmoment umgekehrt proportional dem Quadrat der

Frequenz. Da andererseits die Umdrehungszahl proportional der Frequenz
ist, so ist also die höchste erreichbare Leistung umgekehrt proportional
der Frequenz. Wird ein Motor mit einer höheren Frequenz als der normalen betrieben, so sinkt seine Überlastbarkeit um den Prozentsatz der
Frequenzerhöhung und umgekehrt. Für Motoren, besonders in den oben
genannten schweren Betrieben, ist also die Verwendung niederer Periodenzahlen günstiger. Für Bahnen ist neuerdings die Frequenz von 15 als
normaler internationaler Wert in Vorschlag gebracht worden. Für reinen
Motorenbetrieb in ortsfesten Anlagen war bisher die Frequenz von 25 in
Deutschland angenommen. Für Lichtbetriebe und, des Lichtes wegen,
auch für gemischte Betriebe ist die Periodenzahl auf 50 normalisiert
worden, weil empfindliche Augen bei geringeren Frequenzen, besonders bei
Bogenlampen, noch ein Flimmern des Lichtes bemerken. In größeren Anlagen werden für die verschiedenen Bedürfnisse auch Perioden-Umformer
verwendet, auf die wir später zurückkommen werden.

Anders verhält sich dagegen die normale Leistung des Motors.
Bei einer Verdopplung der Frequenz z. B. geht das Drehfeld N auf die
halbe Stärke herab. Nach Gl. 12 erreicht also D' bei gleichem Schlüpfungsverhältnis den halben Wert, da ω sich mit der Frequenz verdoppelt.
Das wirkliche Drehmoment ist aber wegen der Streuung nach Gl. 11
geringer; es wird bei gegebener Streuung L gegenüber dem streuungslosen Motor um so mehr herabgezogen, je größer die Frequenz ist. Da
die Herabdrückung des Drehmoments auf weniger als die Hälfte bei Verdopplung der Frequenz von einer Verdopplung der Drehgeschwindigkeit
des Feldes begleitet ist, so nimmt also die Leistung bei Verdopplung
der Frequenz und gleichem Schlüpfungsverhältnis etwas ab. In bezug
auf die Erwärmung dagegen verhält sich der Motor wie ein Transformator, und bei diesem fällt die Erwärmung mit zunehmender Frequenz,
wie auf S. 135 nachgewiesen wurde. Bei den Motoren ist der Einfluß der
Frequenz in diesem Sinne noch größer, weil die Stromaufnahme bei
irgendeiner Belastung weit mehr durch den Leerlaufstrom bestimmt ist,
und dieser sich (wie N) umgekehrt proportional der Frequenz einstellt.
Im ganzen steigt bei Motoren die normale Leistung bei gleicher
Erwärmung mit der Frequenz etwas an. Motoren, die für 50 Perioden
gebaut sind, geben bei 55 bis 60 Perioden etwa $10\,^0/_0$ mehr und bei 40
bis 45 Perioden etwa $10\,^0/_0$ weniger Leistung. Die Überlastbarkeit
sinkt dagegen, wie oben ausgeführt wurde, um den Prozentsatz der Frequenzerhöhung und steigt um den Prozentsatz der Frequenzerniedrigung.

Von Einfluß ist die Streuung auch auf den Leistungsfaktor. Bei Transformatoren fanden wir (S. 134) bei Vernachlässigung der Kupferverluste

$$F_1 = \frac{\mathfrak{E} + A_2}{E\, p_1 J_0 + \dfrac{A_2}{F_2}}$$

und erkannten, daß F_1 vom Werte $\dfrac{\mathfrak{E}}{E\, p_1 J_0}$ ansteigend sich asymptotisch dem Werte F_2, also bei induktionsloser Belastung dem Werte 1 nähert. Bei Drehstrommotoren ist

$$F_2 = \cos \varphi = \frac{w}{\sqrt{w^2 + \omega^2 \sigma^2 L^2}}.$$

F_2 ist also bei Leerlauf ($\sigma = 0$) am größten und sinkt dann bei zunehmender Belastung und Schlüpfung. F_1 steigt daher nicht bis zu 1 an, sondern sinkt mit F_2 wieder, erreicht also bei einer bestimmten Belastung ein Maximum.

Hoch bringen kann man den Leistungsfaktor

$$F_1 = \frac{A_1}{E p_1 J_1}$$

bei gegebener Netzspannung $E p_1$ und Effektaufnahme A_1, indem man J_1 möglichst niedrig hält. Da J_1, wie wir gesehen haben, wesentlich durch den Leerlaufstrom bestimmt ist, der hauptsächlich die Aufgabe hat, das Drehfeld N herzustellen, so setzt man J_1 herab indem man einen günstigen magnetischen Kreis schafft, also keine offenen Nuten verwendet und vor allem den Luftweg zwischen Läufer und Ständer kurz macht. Aus mechanischen Gründen ist dafür natürlich eine Grenze gegeben.

Die Frage des Leistungsfaktors hat deswegen eine erhebliche Bedeutung, weil die Elektrizitätswerke ein großes Interesse daran haben, hohe Werte desselben für alle angeschlossenen Motoren zu verlangen, damit nicht wattlose Komponenten den von ihnen zu liefernden Strom und den Spannungsabfall in den Generatoren unnütz erhöhen. Dieses Interesse hat öfters zu ungerechten Forderungen an die Besitzer von Motoren geführt und auch die Motorenfabrikation beunruhigt durch den Zwang, entweder abnormale Motoren zu liefern oder auf Lieferung für Anschlüsse an ein Werk ganz zu verzichten. Der Verband Deutscher Elektrotechniker hat deshalb „Normale Bedingungen für den Anschluß von Motoren an öffentliche Elektrizitätswerke" aufgestellt und dabei für die Leistungsfaktoren der Mehrphasenmotoren bei normaler Belastung folgende Mindestwerte festgesetzt:

$$F_1 = 0{,}60 \text{ bei Motoren bis zu } 0{,}5 \text{ PS}$$
$$0{,}65 \quad \text{,,} \qquad \text{,,} \qquad \text{,,} \quad \text{,,} \quad 1 \quad \text{,,}$$
$$0{,}70 \quad \text{,,} \qquad \text{,,} \qquad \text{,,} \quad \text{,,} \quad 1{,}5 \quad \text{,,}$$

$$F_1 = 0{,}75 \text{ bei Motoren bis zu } 5 \text{ PS}$$

$$0{,}77 \ , \qquad , \qquad , \quad , \ 10 \ ,$$
$$0{,}80 \ , \qquad , \qquad , \quad , \ 15 \ ,$$
$$0{,}82 \ , \qquad , \qquad , \quad , \ 20 \ ,$$
$$0{,}85 \ , \qquad , \quad \text{über } 20 \ ,$$

Diese Leistungsfaktoren kann man erreichen, ohne gezwungen zu sein, den Luftabstand zwischen Ständer und Läufer abnormal gering zu machen.

Aus den Leistungsfaktoren für Vollast erhält man diejenigen für andere Belastungen etwa durch Multiplikation mit den in folgender Tabelle angegebenen Faktoren:

Leistungsfaktoren bei Vollast	Multiplikationsfaktoren für Bruchteile der Vollast				
	0	$^1/_4$	$^1/_2$	$^3/_4$	$^5/_4$
0,70 bis 0,75	0,33	0,52	0,72	0,88	1,10
0,75 „ 0,83	0,23	0,61	0,83	0,94	1,02
0,84 „ 0,87	0,22	0,70	0,92	0,99	1,00
über 0,87	0,21	0,75	0,94	0,99	1,00

§ 36. Das Kreisdiagramm.

Einen noch genaueren Einblick in das Verhalten des Drehstrommotors gibt die graphische Darstellung. Diese ermöglicht die Berücksichtigung der sekundären und der primären Streuung in der einfachsten Weise. Da der Drehstrommotor in seinem elektrischen Verhalten als Transformator angesehen werden kann, so kann man dabei die Transformatordiagramme einfach übernehmen. Eine Schwierigkeit scheint freilich zunächst vorzuliegen insofern, als bei den Drehstrommotoren die Ankerströme eine andere Periodenzahl haben als die primären. Diese Schwierigkeit kann man aber überwinden, wenn man die Diagramme nicht für die EMKe zeichnet, sondern für die magnetischen Felder, von denen sie induziert werden.

Wir nehmen die beiden Grundgleichungen des Transformators (Gl. I und II S. 145), die die Streuung berücksichtigen, vernachlässigen aber zunächst den primären Ohmschen Spannungsabfall $J_1 w_1$, setzen $J_{2\iota} w_2 + E p_{2\iota} = J_{2\iota} (w_2 + w) = J_{2\iota} w_2'$ und erhalten daher

$$E p_{1\iota} = n_1 \frac{dN}{dt} + n_1 \frac{dN_{1s}}{dt}$$
$$\qquad\qquad | \qquad\quad |$$
$$\div \quad e_{1\iota} \ + \ e_{1s\iota} \cdot \ \cdot \ \cdot \ \cdot \ \cdot \ \cdot \ \cdot \ \cdot \quad (1)$$

$$0 = J_{2t} w_2' + n_2 \frac{dN}{dt} + n_2 \frac{dN_{2s}}{dt}$$

$$= J_{2t} w_2' + e_{2t} + e_{2st}. \quad . \quad . \quad . \quad . \quad (2)$$

Da wir jetzt zum Unterschiede vom Transformator nicht mehr $- n_2 \frac{dN}{dt}$,

sondern $+ n_2 \frac{dN}{dt}$ mit e_{2t} bezeichnen, so ist also in dem sekundären Transformatordiagramm (Fig. 98), welches hier unter Einführung von $J_2 w_2'$ als

Fig. 163a wiederholt ist, e_2 mit entgegengesetzter Pfeilrichtung zu versehen. Auf dasselbe kommt es hinaus, wenn man die Pfeilrichtung von e_2 unverändert läßt und die von e_{2s} und $J_2 w_2'$ vertauscht (Fig. 163b), denn es handelt sich nur darum, e_2 eine Phasenverschiebung von 180° zu geben gegen e_{2s} und $J_2 w_2'$ oder umgekehrt. Das primäre Transformatordiagramm (Fig. 97) nimmt wegen der Vernachlässigung von $J_1 w_1$ die Form an wie Fig. 164a oder 164b.

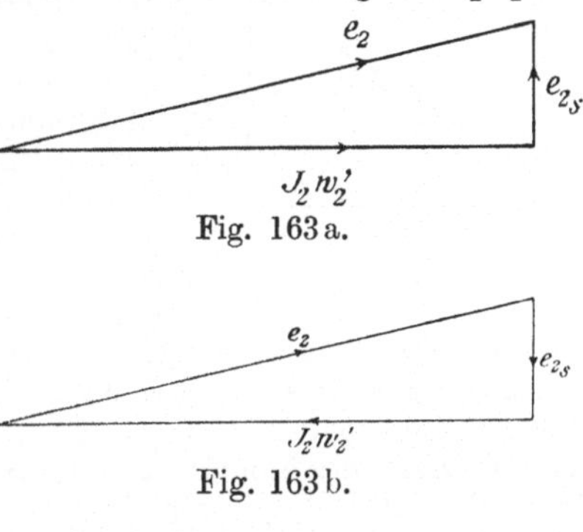

Fig. 163a.

Fig. 163b.

Bei dem Ersatz der EMKe und Spannungen durch die magnetischen Kraftfelder bedenken wir, daß allgemein ein Feld

$$N_t = N_{max} \sin \omega t,$$

das zu einer EMK in der Beziehung steht

$$e_t = + n \frac{dN}{dt} = N_{max} \, n \, \omega \sin \left(\omega t + \frac{\pi}{2} \right) \quad (3)$$

gegen diese EMK eine Verzögerung von $\frac{\pi}{2}$ hat, und daß die maximalen Werte in einem Verhältnis stehen

$$\frac{e_{max}}{N_{max}} = n \omega = 2 \pi \nu n,$$

das für jede Periodenzahl einen fest gegebenen Wert hat. Wenn wir also die Diagramme eines Drehstrommotors als Transformatordiagramme für eine bestimmte Periodenzahl ν der primären elektrischen Größen und für eine bestimmte, durch das Schlüpfungsverhältnis σ gegebene Periodenzahl $\nu\sigma$ des Ankers zeichnen (Fig. 163b und 164b), so können wir sie zu Felddiagrammen umbilden, indem wir sie einzeln im Verhältnis $n_1 \omega$ beziehungsweise $n_2 \omega \sigma$ verkleinern und um 90° gegen ihre frühere Lage nach links gedreht zeichnen. Bei der Größenänderung bleibt jedes Diagramm sich selbst geometrisch

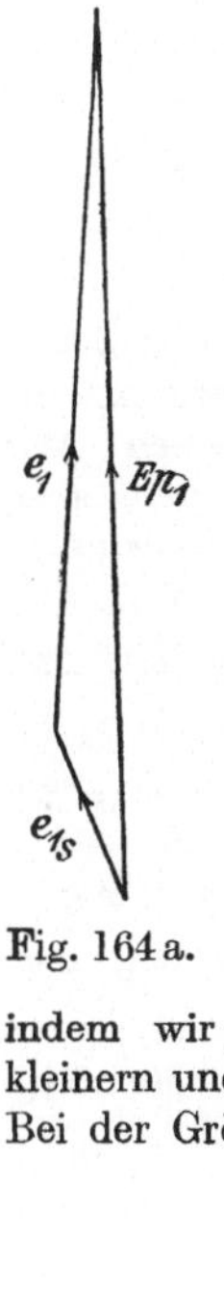

Fig. 164a.    Fig. 164b.

ähnlich, die Drehung um 90° kann aber natürlich ganz unterlassen werden, da sie bei allen Größen gleichmäßig zu geschehen hat, und es nur auf die relative Lage der Größen zueinander ankommt. Die Diagramme stellen also, in einem anderen Maßstabe gemessen, sogleich auch die Feld-

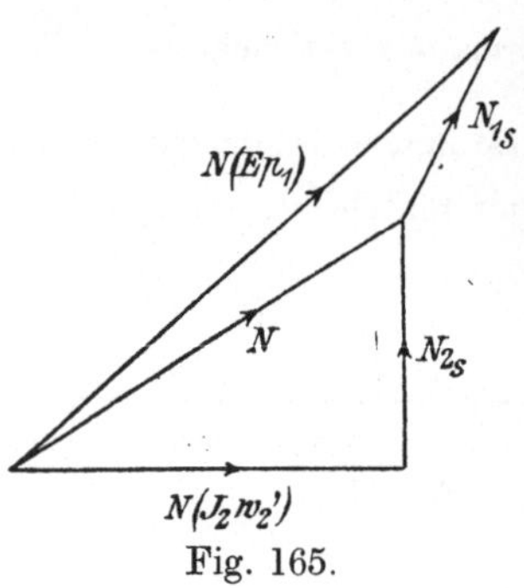

Fig. 165.

diagramme dar. Wir deuten dies dadurch an, daß wir die Buchstaben e durch die Buchstaben N ersetzen und die magnetischen Felder, die Ep_1 und J_2w_2' entsprechen, mit N_{Ep_1} und $N_{J_2w_2'}$ bezeichnen. Da e_1 und e_2 durch das gemeinsame Feld N induziert werden, so sind beide durch N zu ersetzen. Wir können demnach die beiden Figuren 163b und 164b abheben und bei N aufeinander legen. Die sich auf diese Weise ergebende Fig. 165 bildet dann also das Felddiagramm des Drehstrommotors.

N_{Ep_1} stellt in diesem Diagramm ein Feld dar, das der wieder als konstant vorausgesetzten primären Spannung des Motors bis auf den vernachlässigten Ohmschen Spannungsabfall die Wage hält. N_{Ep_1} muß also im Betriebe des Motors konstant bleiben. $N_{J_2w_2'}$ ist das eigentliche Nutzfeld des Motors, das unter Berücksichtigung der Streuung im Anker die EMK J_2w_2' induziert, also auf den Anker wirkt wie das bisher betrachtete Drehfeld N. Für $N_{J_2w_2'}$ gelten also z. B. die Gl. 7 und 9 S. 197 und 198

$$J_2 = \frac{N_{J_2w_2'}\, p\,(\omega_1 - \omega_2)}{w_2'\, 2\, \sqrt{2}} \quad\quad\quad \dots \dots \quad (4)$$

$$D = \frac{N_{J_2w_2'}\, n\, J\, p}{2\, \sqrt{2}}.$$

Wir vervollständigen die Darstellung, indem wir außer den Streufeldern N_{1s} und N_{2s} auch die Felder eintragen, die die primäre und die sekundäre Wicklung einzeln erzeugen, und miteinander austauschen. Wir bezeichnen diese entsprechend mit N' und N''. Da N' von demselben Strome wie N_{1s}, und N'' von demselben Strome wie N_{2s} erzeugt wird, so hat N' gleiche Phase wie N_{1s}, und N'' hat gleiche Phase wie N_{2s}. Wir zeichnen (Fig. 166) $N'' = \overline{AK}$ in der Verlängerung von $N_{2s} = \overline{KG}$ und ziehen $\overline{OA}$, das, mit N'' vereinigt, das gemeinsame Feld $\overline{OK} = N$ ergibt, also N' darstellt und bei richtiger Zeichnung parallel mit $\overline{KB} = N_{1s}$ sein muß. Verlängern wir dann N' um $\overline{AA'} = N_{1s}$, so stellt $\overline{OA'} = N' + N_{1s}$ das von dem primären Strome erzeugte Gesamtfeld und $\overline{AG} = \overline{AK} + \overline{KG} = N'' + N_{2s}$ das von dem sekundären Strome erzeugte Gesamtfeld dar. $\overline{OB}$ bedeutet, wie in Fig. 165 das konstante Feld N_{Ep_1}; senkrecht darauf und nach links gedreht steht Ep_1 nach Gl. 3. $\overline{OA'}$ und $\overline{AG}$ bilden also ein Maß für J_1 und J_2.

Wir definieren die Verhältnisse

$$\frac{N_{1s}}{N'} = \tau_1 \quad \text{und} \quad \frac{N_{2s}}{N''} = \tau_2 \quad \ldots \ldots \quad (5)$$

als die Streuungskoeffizienten der beiden Wicklungen. Sie sind konstant, solange die erzeugten Kraftflüsse den erzeugten Stromstärken proportional sind, was bei den in der Wechselstromtechnik verwendeten geringen Sättigungen praktisch der Fall ist.

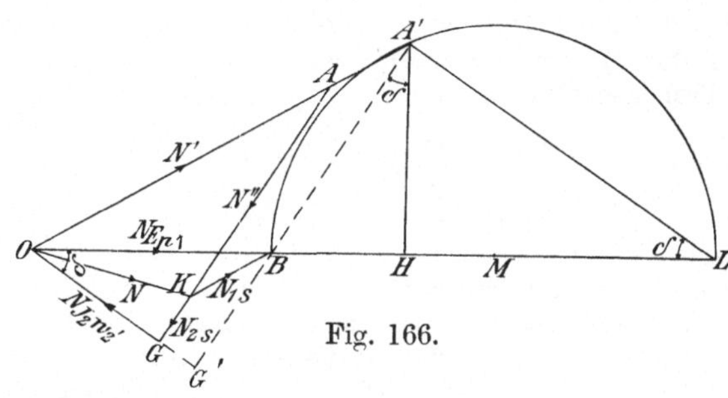

Fig. 166.

Unter diesen Voraussetzungen ist es leicht festzustellen, wie sich das Diagramm verändert, wenn der Motor bei konstantem Ep_1 verschieden belastet wird. Setzen wir $\sphericalangle BOG = \delta$, so ist $\sin\delta = \dfrac{\overline{BG'}}{\overline{OB}}$, wobei

$$\overline{OB} = N_{Ep_1}$$

und

$$\overline{BG'} = \overline{A'G'} - \overline{A'B} = \overline{AG} \cdot \frac{\overline{OA'}}{\overline{OA}} - N''$$

$$= (N'' + N_{2s}) \cdot \frac{N' + N_{1s}}{N'} - N''$$

$$= N'' (1 + \tau_2)(1 + \tau_1) - N''$$

$$= N'' (\tau_1 + \tau_2 + \tau_1\tau_2) = N''\tau.$$

Durch Einsetzen erhält man

$$\sin\delta = \frac{N''}{N_{Ep_1}}\tau.$$

Verlängern wir $\overline{OB}$ über B hinaus und ziehen wir $\overline{A'L} \parallel \overline{OG}$, so ist auch $\sphericalangle \overline{A'LB} = \delta$ und daher

$$\sin\delta = \frac{\overline{BA'}}{\overline{BL}} = \frac{N''}{\overline{BL}},$$

also

$$\overline{BL} = \frac{N_{Ep_1}}{\tau} \quad \ldots \ldots \ldots \quad (6)$$

$\overline{BL}$ ist daher eine Konstante, und der Scheitel A' des rechten Winkels $BA'L$ hat als geometrischen Ort einen Kreis.

Dieser Satz ist zuerst von Heyland entwickelt worden. Er schließt das Verständnis der Vorgänge im Drehstrommotor völlig auf und gibt nicht nur einen klaren, sondern auch einen sehr einfachen Einblick sowohl in das elektrische wie in das mechanische Verhalten. Wir betrachten nacheinander die Beziehung der Stromstärken und den Leistungsfaktor, das Drehmoment und die Schlüpfung.

Die Beziehungen der Stromstärken und der Leistungsfaktor. Ist der Kreis bekannt, so erhält man ohne weiteres für alle Belastungen des Motors die zusammengehörigen Werte von J_1 und J_2 wegen der Proportionalitäten

$$\overline{OA'} = N' + N_{1s} = k_1 J_1$$

$$\overline{A'B} = N'' = k_2 J_2.$$

Die konstanten Faktoren k_1 und k_2 sind dabei nach dem Gesetz des magnetischen Kreises nur bestimmt durch die Zahl der Windungen, die von J_1 und J_2 durchflossen werden, und den magnetischen Widerstand, den die Kraftflüsse $N' + N_{1s}$ und N'' finden. $\sphericalangle A'OE_{p_1} = \varphi_1$ (Fig. 167)

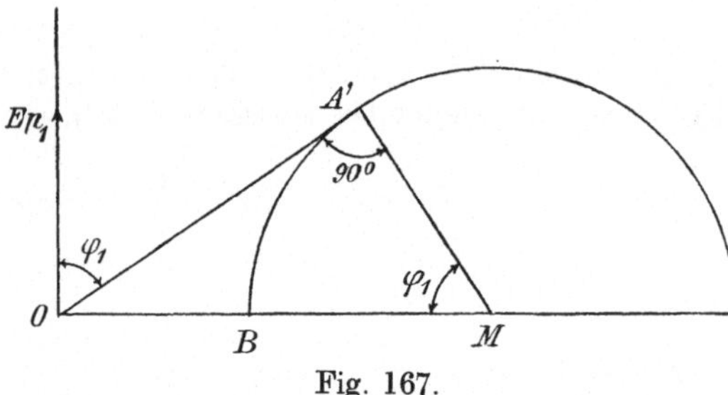

gibt die primäre Phasenverschiebung und den Leistungsfaktor $F_1 = \cos \varphi_1$.

Läßt man A' von B aus rechts herum längs des Kreises wandern, so sieht man also, wie bei zunehmender Belastung die beiden Stromstärken J_1 und J_2 sowohl wie

Fig. 167.

auch F_1 zunehmen. F_1 erreicht aber ein Maximum an der Stelle, wo $\overline{OA'}$ eine Tangente des Kreises bildet (Fig. 167). Wird der Mittelpunkt des Kreises mit M bezeichnet, so ist also an dieser Stelle

$$\sphericalangle OA'M = 90^0 \quad \text{und} \quad F_1 = \cos \varphi_1 = \frac{\overline{A'M}}{\overline{OM}}.$$

Aus $\overline{OB} = N_{Ep_1}$ und $\overline{BM} = \overline{A'M} = \dfrac{N_{Ep_1}}{2\,\tau}$ folgt dann

$$F_{1\,max} = \frac{1}{2\,\tau + 1}. \quad \ldots \ldots \ldots \quad (7)$$

Jeder asynchrone Drehstrommotor hat also bei einer bestimmten Belastung ein Maximum des Leistungsfaktors, das nur durch die magnetische Streuung bestimmt ist und nur bei völliger Abwesenheit von Streuung ($\tau = 0$) den Wert 1 hat.

Effektaufnahme und Drehmoment. Die Effektaufnahme

$$A_1 = 3\,E_{p_1}\,J_1 \cos \varphi_1$$

ist bei konstanter Betriebsspannung bestimmt durch $J_1 \cos \varphi_1$, d. h. durch die Projektion von $\overrightarrow{OA'}$ auf E_{p_1} oder durch das Lot $\overline{A'H}$ (Fig. 168). Da

$$A_1 = D \,\omega_1,$$

wobei $\omega_1 = \dfrac{2\,\pi\,r}{p}$ eine konstante Größe ist, so ist auch das Dreh-

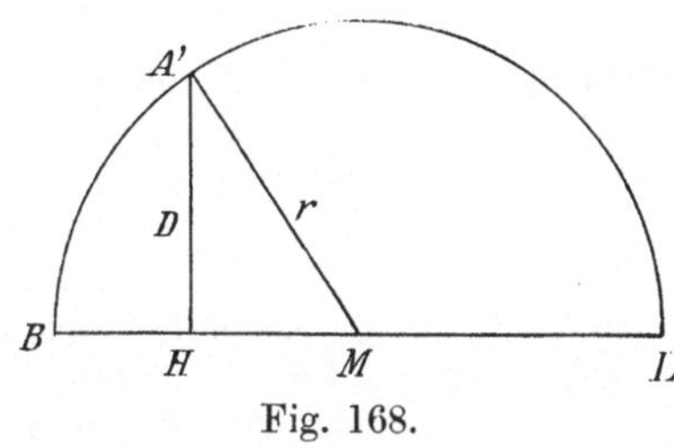

moment D bestimmt durch $\overline{A'H}$. Bei der Wanderung von A' von B längs des Kreises nach L erkennen wir, daß das Drehmoment zunimmt bis zu einem Werte, bei dem $\overline{A'H} = $ dem Halbmesser des Kreises wird. Auch das Diagramm zeigt also, daß bei zunehmender Belastung das Drehmoment des Motors nur bis zu einem maximalen Werte steigen kann, jenseits dessen der Motor aus dem Tritt fällt.

Fig. 168.

Einen Maßstab für das wirksame Feld $N_{J_2 w_2'}$ bildet nicht nur $\overline{OG}$ (Fig. 166), sondern auch $\overline{A'L} = \overline{OG'} \dfrac{\overline{BL}}{\overline{OB}} = \overline{OG}\,(1 + \tau_1)\,\tau$. Bei der Wanderung von A' mit zunehmender Belastung des Motors erkennt man deutlich, wie das wirksame Feld immer geringer wird, und daß seine Abnahme allein durch die Streuung bestimmt ist.

Die Schlüpfung. Aus Gl. 4 folgt

$$\sigma = \frac{\omega_1 - \omega_2}{\omega_1} = \frac{w_2'\,2\sqrt{2}}{p\,\omega_1}\,\frac{J_2}{N_{J_2 w_2'}} \quad \cdot \quad \cdot \quad \cdot \quad (8)$$

Da (Fig. 166) $B\,A'$ ein Maß für J_2, und $\overline{A'L}$ ein Maß für $N_{J_2 w_2'}$ bildet,

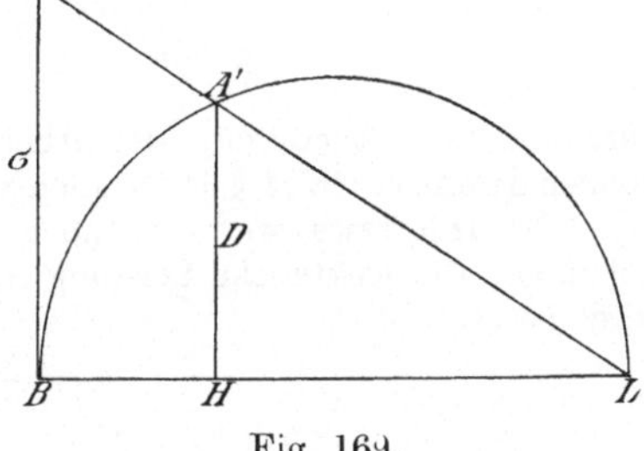

so hat man für die Schlüpfung ein Maß in $\operatorname{tg}(A'LB) = \operatorname{tg}\delta$ oder auch in der Strecke, die $\overline{A'L}$ auf einem an irgendeiner Stelle von $\overline{OL}$, z. B. in B, errichteten Lote abschneidet (Fig. 169).

Verfolgt man den Zusammenhang zwischen Drehmoment und Schlüpfung auf einer Wanderung von A' von B nach L, so findet man, daß bei kleinen Winkeln $A'LB$ die Schlüpfung zunächst

Fig. 169.

ungefähr proportional dem Drehmoment $A'H$ zunimmt, daß sie dann langsam weiter wächst, während D zum Maximalwert wird, daß sie darauf aber schnell zunimmt und bei $D = 0$ unendliche Werte annimmt.

Um den Zusammenhang zwischen D und σ mathematisch auszudrücken, beziehen wir uns auf Fig. 168 und setzen hierin $HL = x$ und den Kreisdurchmesser $\dfrac{N_{E p_1}}{\tau} = 2\,r$. Dann ist

$$D^2 + (x - r)^2 = r^2,$$

also

$$D^2 + x^2 = 2\,r\,x.$$

Da ferner

$$\frac{\sigma}{2\,r} = \frac{D}{x},$$

so ergibt die Elimination von x

$$D = \frac{1}{\dfrac{\sigma}{4r^2} + \dfrac{1}{\sigma}} = \frac{1}{\dfrac{1}{\sigma} + \sigma\,\dfrac{\tau^2}{N_{Ep_1}^2}}, \qquad \ldots \ldots \quad (9)$$

einen Ausdruck von genau derselben mathematischen Form wie Gl. 11 § 34 sowohl in bezug auf die Schlüpfung σ, wie auch in bezug auf die Streuung. Die letztere erscheint dort in Form von L^2, hier in Form von τ^2.

Die Ergebnisse des § 34 bleiben also auch bestehen, wenn man außer der sekundären Streuung auch noch die primäre berücksichtigt. Wäre der Widerstand w_2' nicht als konstanter Faktor bei den letzten

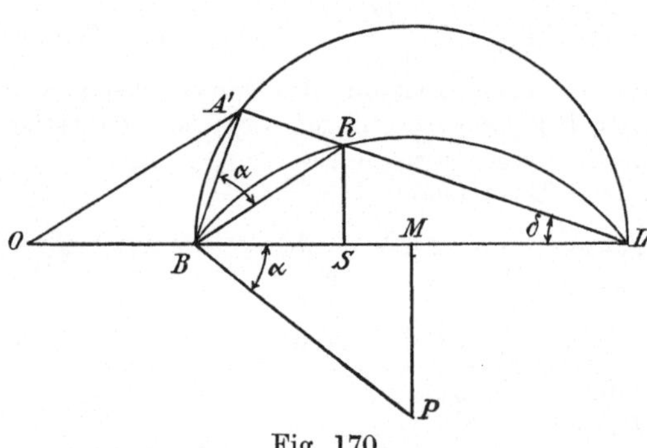

Fig. 170.

Betrachtungen weggelassen worden, so wäre sein reziproker Wert als Faktor neben σ in Gl. 9 enthalten, denn alle aus Gl. 8 für σ gezogenen Schlußfolgerungen gelten ohne weiteres auch für $\dfrac{\sigma}{w_2'}$. Auch der Zusammenhang zwischen Drehmoment und Ankerwiderstand wird also durch die Berücksichtigung der primären Streuung nicht beeinflußt. Wir können demnach Gl. 11 § 34 zu allen weiteren Schlußfolgerungen benutzen.

Des Interesses wert ist noch eine Darstellung der mechanischen Leistung. Die elektrische Leistung A_2, die in mechanische umgewandelt wird, ist

$$A_2 = \frac{\omega_2}{\omega_1}\,A_1.$$

Wir brauchen also $\overline{A'L}$ durch den Punkt R (Fig. 170) nur im Verhältnis

$$\frac{\overline{RL}}{\overline{A'L}} = \frac{\omega_2}{\omega_1}$$

zu teilen, um in Gestalt des Lotes $\overline{RS}$ ein Maß für A_2 zu erhalten. Da hiernach

$$\frac{\overline{A'R}}{\overline{A'L}} = \text{konst.}\ \sigma = c\,\sigma$$

und nach den obigen Erörterungen an Gl. 8

$$\operatorname{tg} \delta = \frac{\overline{A'B}}{\overline{A'L}} = \text{konst. } \sigma = k\sigma,$$

so ergibt sich $\qquad$ $\operatorname{tg} \alpha = \dfrac{\overline{A'R}}{\overline{A'B}} = \text{konst.}$

Bei $\alpha =$ konst. ist aber, wie sich leicht nachweisen läßt, der geometrische Ort von R ein durch B und L gehender Kreisbogen, dessen Mittelpunkt P dadurch gewonnen wird, daß man α an $\overline{BL}$ anträgt und im Mittelpunkte M des Halbkreises auf $\overline{BL}$ ein Lot errichtet. Man sieht, daß auch die mechanische Leistung einen Maximalwert erreicht, und zwar bei zunehmender Belastung, bevor D den Maximalwert gewonnen hat. Jenseits $A_{2\,max}$ vermindert der Tourenabfall die Leistung mehr, als das noch steigende Drehmoment sie hebt.

Das Heylandsche Diagramm gibt also nach allen Richtungen hin über das Verhalten des Motors Aufschluß. Für die Vorausbestimmung der Eigenschaften gegebener Motoren hat es aber natürlich nur dann Wert, wenn der Kreis experimentell oder durch Rechnung leicht bestimmt werden kann. Experimentell bestimmt man ihn am leichtesten durch eine Messung von E_{p_1}, J_1 und A_1 bei Leerlauf und bei Stillstand (Kurzschluß). Aus diesen Messungen berechnet sich für beide Fälle die primäre Phasenverschiebung $\varphi_1 = A'OE_{p_1}$. Man erhält also die Lage und Länge zweier Vektoren $J_1 = \overline{OA'}$ im Diagramm und daher zwei Punkte A' des Kreises. Da das Lot $\overline{OL}$ auf E_{p_1} die Lage des Kreisdurchmessers angibt, so ergibt ein Schnitt mit der Mittelsenkrechten auf der Sehne, die die beiden Punkte A' verbindet, den Mittelpunkt des Kreises.

Das Diagramm berücksichtigt noch nicht die primären Kupferverluste und die mechanischen und die magnetischen Verluste des Motors. Durch einen weiteren Ausbau gelingt es auch, diese in die graphische Darstellung einzuziehen. Das oben entwickelte Diagramm gibt aber schon alle wesentlichen Eigenschaften des Drehstrommotors wieder. Es gilt in seinen elektrischen Teilen natürlich auch für den Transformator, da es auf der Grundlage der Transformatorgleichungen entwickelt worden ist.

§ 37. Die Regelung der Umdrehungszahl.

Die Drehzahl eines asynchronen Mehrphasenmotors ist bei p Polpaaren und ν sekundlichen Perioden, wie oft erwähnt, bei Leerlauf in der Minute

$$u = \frac{60\,\nu}{p}.$$

Bei steigender Belastung nimmt sie um 2 bis $5\,^0/_0$ ab. Bei $\nu = 50$ ergeben sich also für verschiedene Polzahlen die folgenden synchronen Umdrehungszahlen:

2 Pole	4 Pole	6 Pole	8 Pole	10 Pole
$p=1$	$p=2$	$p=3$	$p=4$	$p=5$
$u=3000$	$u=1500$	$u=1000$	$u=750$	$u=600 \ldots$

Alle diese Umdrehungezahlen hinab bis auf 300 in der Minute kommen bei den normalen Typen der deutschen Firmen vor. Die hohe Drehzahl von 3000 pflegt man nur zum Antriebe unmittelbar auf die Achse gesetzter Schleifsteine, Putzbürsten und dergleichen anzuwenden. Drehzahlen von 300 finden sich nur bei großen Motoren von mehr als 100 PS.

Da v durch die Umdrehungsgeschwindigkeit des Generators gegeben ist, der die drei Wechselströme für die Speisung des Motors erzeugt, so kann man die Drehzahl des Motors durch die des Generators regeln, wobei man natürlich nur so weit herabgehen kann, daß der Generator bei der höchsten, erreichbaren Erregung auch noch die genügende Spannung zu liefern vermag. Diese Regelungsweise ist natürlich nur in besonderen Fällen möglich; für größere Verteilungsnetze dagegen, bei denen viele Motoren an einem Generator hängen, ist sie ausgeschlossen.

Ein zweites Mittel ist eine Änderung der Polzahl $2p$ des Motors. Diese hat zu geschehen durch eine Umschaltung der primären Wicklung, die, wie wir früher gesehen haben, durch entsprechende Verbindung der axialen Drähte für die Herstellung einer bestimmten Polzahl eingerichtet werden kann. Solche Umschaltungen ermöglichen natürlich nur sprungweise vor sich gehende Veränderungen der Drehzahl im Verhältnis von $1:2:3:\ldots$ und sind analog der Regelung durch Stufenscheiben. Die Umschaltung der Wicklung von einer Polzahl auf die andere verlangt dabei. ziemlich verwickelte Schalteinrichtungen, und das elektrische Verhalten der Motoren ist nicht bei allen Stufen gleichwertig. Dieses Regelungssystem findet daher nur selten praktische Verwendung. So baut z. B. die Maschinenfabrik Örlikon insbesondere zum Antriebe von Zeugdruckmaschinen „Stufenmotoren" mit zwei in sich umschaltbaren Wicklungen, von denen die eine 4, 6 und 8 Pole, die andere 12, 16 und 24 Pole ergibt; für die Umschaltung sind dabei 48 Ableitungen zu einer mit dem Motor verbundenen Schaltwalze nötig. Die Drehzahl läßt sich also im Verhältnis von 4 zu 24 gleich 1 zu 6 regeln. Eine wirtschaftliche Regelung in solchem Umfange ist, wie wir sehen werden, bei einfachen, an konstante Spannung zu legenden Induktionsmotoren ohne Kollektor heute auf andere Weise noch nicht möglich.

Eine allmähliche und stetige Änderung der Umdrehungszahl kann man nur erreichen durch Zuschaltung von veränderlichen Widerständen zu den Ankerwindungen. Hierbei ändert sich für eine gegebene Zugkraft die Schlüpfung in demselben Verhältnis, wie der Widerstand jeder Ankerwindung verändert wurde. Wir erkennen dies sogleich bei der Betrachtung der Gl. 11 S. 260 für das Drehmoment. In dieser kommen σ und w nicht allein, sondern nur im Quotienten $\dfrac{\sigma}{w}$ vor. Wenn der Motor also mit einer bestimmten Zugkraft eine Belastung durchzuziehen hat, und plötzlich w verdoppelt wird, so muß sich auch

σ verdoppeln, damit dieselbe Zugkraft weiter ausgeübt werden kann; der Motor muß sich also von selbst auf doppelte Schlüpfung einlaufen. In Fig. 171 gibt die ausgezogene Kurve den Verlauf des Drehmomentes für ein-

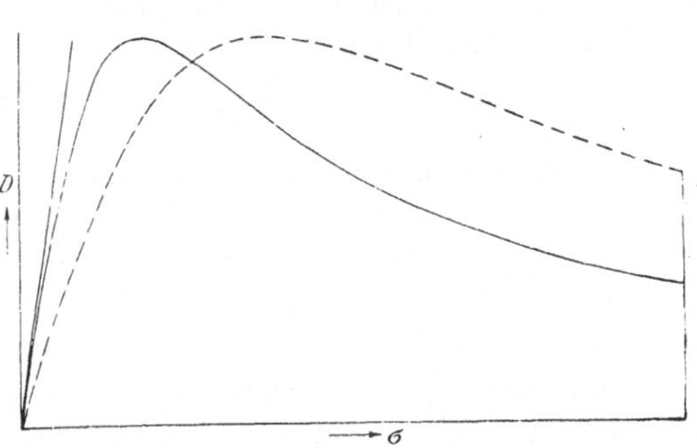

Fig. 171.

fachen, die gestrichelte den für doppelten Ankerwiderstand an: Die Abszissen sind für sämtliche Ordinaten bei der letzteren Kurve doppelt so groß wie bei der ersteren. Der innere Grund für diese Vorgänge liegt natürlich darin, daß der Motor der doppelten Schlüpfung bedarf, um bei doppeltem Ankerwiderstande bei gegebenem Drehfelde denselben Ankerstrom zu induzieren.

Diese Betrachtung zeigt aber sofort einen Nachteil des Regelungsverfahrens, nämlich den, daß mit Verdopplung des Ankerwiderstandes auch der Effektverbrauch der Ankerwicklung verdoppelt wird, denn während dieser vorher für jede Windung $J_2{}^2 w_2$ war, wird er nach der Verdopplung des Widerstandes $J_2{}^2 \cdot 2\,w_2 = 2\,J_2{}^2\,w_2$. Die Regelung geschieht also auf Kosten des Wirkungsgrades. Wir sehen ferner, daß durch dieses Verfahren die Umdrehungsgeschwindigkeit auch nur heruntergedrückt, nicht aber erhöht werden kann. Ein dritter Nachteil ist endlich der, daß durch die Einschaltung der Widerstände die Selbstregelungsfähigkeit in demselben Maße wie die Drehzahl vermindert wird. Vergleichen wir nämlich die Drehzahl des Motors vom Ankerwiderstand w_2 mit derjenigen des Motors von $2\,w_2$ einmal bei absolutem Leerlauf und dann bei steigender Belastung, so sehen wir (Fig. 171) zunächst (bei $D = 0$) volle Übereinstimmung beider Schlüpfungen und dann steigende Differenz ihrer Werte. Wenn der Motor mit w_2 zwischen Leerlauf und voller Belastung seine Geschwindigkeit um $5^0/_0$ ändert, so ändert sie derjenige von $2\,w_2$ um $10^0/_0$. Der Nachteil dieser Methode liegt also darin, daß zwar für eine bestimmte Belastung die Drehzahl auf jeden Wert herabgedrückt werden kann, daß sie aber schon bei geringer Entlastung sofort wieder steigt und bei Leerlauf endlich den Synchronismus wieder erreicht. Für jede Belastung muß also eine besondere Einregelung auf die gewünschte Drehzahl erfolgen. Da bei absolutem Leerlauf die Drehung bei allen Widerständen vollständig synchron ist, bei größeren Drehmomenten aber eine Verdopplung des Widerstandes eine sehr erhebliche Änderung der Drehzahl mit sich bringt, so ist also die Geschwindigkeitsänderung, die ein gegebener Regelungswiderstand hervorbringen kann, d. h. der Wirkungsbereich dieses Widerstandes, bei verschiedenen Belastungen des Motors ganz verschieden, bei geringeren sehr viel kleiner als bei größeren. Diese Ergebnisse stimmen genau mit demjenigen überein, was im Buche über Gleichstrommotoren für die Geschwindigkeitsregelung durch Ankervorschaltwiderstände (G. S. 73) gefunden wurde.

Bei der praktischen Ausführung des geschilderten Verfahrens ist es natürlich nicht möglich, jeder einzelnen Windung des Ankers einen besonderen Vorschaltwiderstand zu geben. Es wird daher notwendig, die Windungen zu Spulen hintereinander zu schalten und die Zahl der Vorschaltwiderstände dadurch auf die Zahl der Spulen herabzusetzen. Bei der Ausbildung und Schaltung der Spulen ist man scheinbar unbeschränkt, da früher (§ 26) nachgewiesen wurde, daß der Anker vom Drehfeld in jedem Falle mitgenommen wird, wie auch die

Ankerwicklung beschaffen sei. Für einen guten Motor ist aber im allgemeinen die Forderung zu erfüllen, daß die gewünschten Drehmomente bei möglichst geringer Schlüpfung erreicht werden, d. h. daß die Ankerwicklung so beschaffen ist, daß schon bei geringer Schlüpfung genügend starke Ströme in den Spulen entstehen. Diese Forderung legt aber bei der Ausbildung der Spulen Beschränkung auf, denn sie zwingt dazu, die Breiten der Spulenseiten nicht über ein gewisses Maß auszudehnen, da sonst der Spulenfaktor, also auch der bei gegebener Schlüpfung induzierte Strom, zu gering wird. Man bewickelt den Anker genau so wie das primäre Gehäuse mit drei voneinander unabhängigen Wicklungen gleicher Polzahl, in denen durch das Drehfeld drei Wechselströme von je 120° Phasenverschiebung induziert werden. An jede von diesen Wicklungen wird ein Regelungswiderstand angeschlossen.

Als Schema für diese Schaltung kann Fig. 145a dienen, wenn man unter G die drei Ankerwicklungen und unter M die drei Regelungswiderstände versteht. Statt der drei Rückleitungen kann man wieder eine gemeinsame Rückleitung wählen (Fig. 145b) und diese schließlich sogar wegfallen lassen, da sie keinen Strom führt. Die Regelungswiderstände werden dabei gewöhnlich nicht in den Anker eingebaut, da sie Ankerabmessungen und -Gewichte vergrößern würden, und dadurch auch das den Anker umgebende Primärgehäuse an Volumen und Gewicht zunähme; sie werden vielmehr fest neben dem Motor aufgestellt. Der Stromübergang von den sich drehenden Wicklungen zu den feststehenden Widerständen wird geschaffen durch geschlossene Bronzeschleifringe, die isoliert auf der Ankerwelle

befestigt und an die Wicklungsenden angeschlossen werden; auf diesen Ringen schleifen feststehende Bürsten, die mit den Regelungswiderständen verbunden sind. Nach Fig. 145b kommt

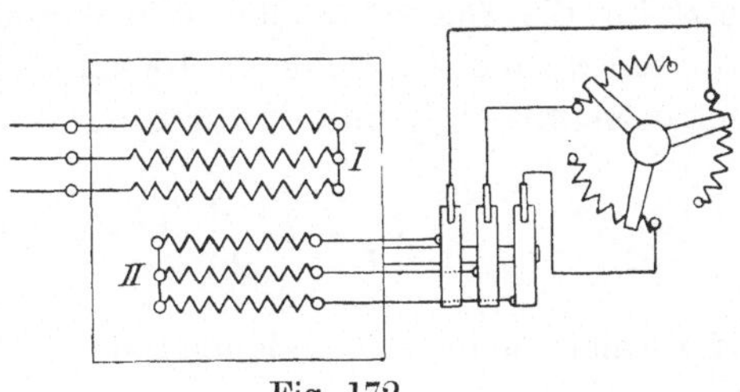

Fig. 172.

man mit drei Schleifringen an den Übergangsstellen e_1, e_2 und e_3 aus. In Fig. 172 ist diese Schaltung hergestellt; hierin bedeutet II die Ankerwicklung und I die direkt an das Verteilungsnetz angeschlossene Primärwicklung; die drei Widerstände werden durch ein gemeinsames Kurbelkreuz gleichzeitig geregelt, dessen Drehachse den neutralen Punkt bildet.

Die drei um je eine drittel Periode in Phase verschobenen Wechselströme des Ankers erzeugen zusammen ein Drehfeld wie die primären Ströme. Um die Stellung dieses Drehfeldes gegenüber den primären, die Ankerströme induzierenden Drehfeldern zu erkennen, nehmen wir an, daß eine der drei Ankerwicklungen mit der Mitte ihrer Spulenseiten sich gerade in den Polmitten des induzierenden Feldes befände, je eine Spulenseite dieser Wicklung gerade vor je einer Polmitte; der in dieser Ankerwicklung induzierte Strom hat dann seinen Maximalwert und daher hat ihn auch das Feld, das von diesen Ankerwicklungen erzeugt wird. Die Verteilung des induzierenden Feldes, des in der Ankerwicklung induzierten Stromes und des von dieser erzeugten Feldes sind dann wie in Fig. 159 und 160, nur daß sich im vorliegenden Falle die Spulenseiten des Ankers vor einem Pole bloß über den dritten Teil der Polbreite ausdehnen. Nach S. 214 liegt nun aber das ganze von den drei Ankerwicklungen erzeugte Drehfeld gerade über dem Einzelfeld, das seinen Maximalwert hat, und weist die anderthalbfache Stärke dieses Feldes auf. Das gesamte Ankerdrehfeld liegt also im betrachteten Augenblick, wie das Ankerfeld in Fig. 160, gegen das induzierende Feld in Fig. 159 um eine Viertelteilung nach rechts verschoben, dreht sich mit diesem Felde mit und bleibt hinter dem Anker um eine Viertelteilung zurück.

Die in jeder Ankerphase induzierte Stromstärke ergibt sich aus der in jeder Windung induzierten (Gl. 7 S. 197), wenn man jetzt für die Ankerphase den Widerstand mit w_2, die Windungszahl mit n_2 und den Spulenfaktor mit f_2 bezeichnet, durch Multiplikation mit $n_2 f_2$ und Einführung von w_2 zu

$$ J_2 = f_2 \frac{N n_2 p}{2\sqrt{2}\, w_2} (\omega_1 - \omega_2), \quad \ldots \ldots (1) $$

oder wenn man den Widerstand einer Ankerwindung wieder

$$ w = \frac{w_2}{n_2} \text{ setzt} $$

$$ J_2 = \frac{f_2 N p}{w\, 2\sqrt{2}} (\omega_1 - \omega_2). \quad \ldots \ldots (2) $$

Hieraus folgt der Verlust im Anker

$$Q = 3\,J_2{}^2\,w_2$$

und nach der allgemeinen Gleichung (Gl. 1 S. 196)

$$D = \frac{Q}{\omega_1 - \omega_2} = f_2{}^2\,\frac{N^2\,p^2\,3\,n_2}{8\,w}\,(\omega_1 - \omega_2) \quad . \quad . \quad . \quad (3)$$

Setzt man hierin J_2 ein, und setzt man ferner die gesamte auf dem Anker befindliche Drahtzahl $3\,n_2 = n$, so wird

$$D = f_2\,\frac{N\,n\,J_2\,p}{2\sqrt{2}} \quad . \quad . \quad . \quad . \quad . \quad (4)$$

Gl. 2 und 4 stimmen mit den Gl. 7 und 9 S. 197 und 198 für den mit lauter in sich kurzgeschlossenen Windungen versehenen Anker überein bis auf den konstanten Faktor f_2, der die Spulenbreite zum Ausdruck bringt und für die hier betrachtete Dreiphasenwicklung den Wert $f_2 = 0{,}955$ hat. Alle aus den genannten Gleichungen des § 27 gezogenen und noch zu ziehenden Folgerungen gelten also ohne weiteres auch für den Schleifringanker.

Statt der Dreiphasenwicklung könnte man dem Anker natürlich auch eine Wicklung für beliebige Phasenzahlen, z. B. für eine oder zwei Phasen, geben; die Wicklung wäre dann genau so einzurichten, wie die entsprechende eines Wechselstromgenerators, und in die obigen Formeln für J_2 und D wären dann die dazugehörigen Werte von f_2 einzuführen (S. 173), z. B. bei der Einphasenwicklung $f = 0{,}637$, bei der Zweiphasenwicklung $f = 0{,}900$. Die Zweiphasenschaltung des Ankers ist in Fig. 173 abgeleitet; in Fig. 173 a sind A die beiden Ankerwicklungen und ϱ die zugeschalteten Widerstände, in Fig. 173 b sind beide Rückleitungen zu einer einzigen vereinigt, und in Fig. 174

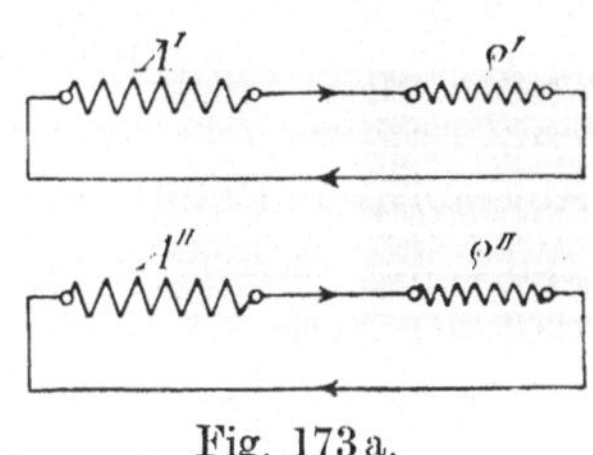

Fig. 173 a.

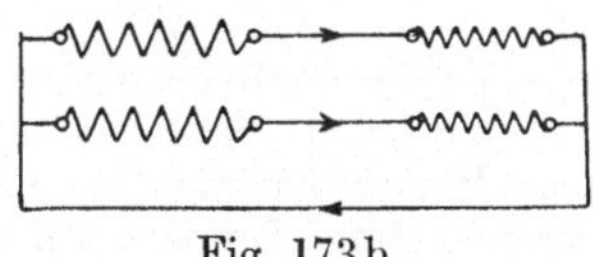

Fig. 173 b.

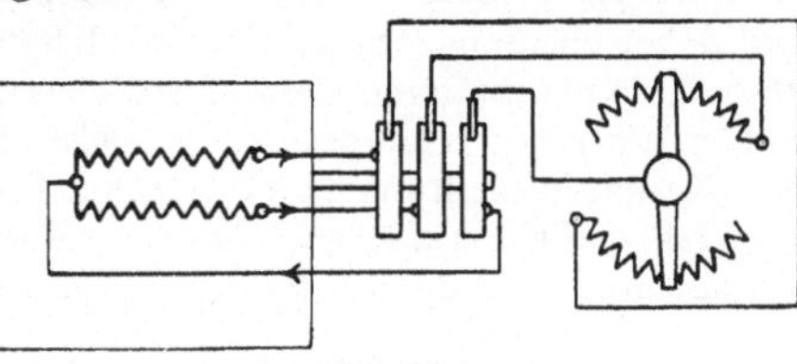

Fig. 174.

ist die Verbindung mit den Schleifbürsten dargestellt. Man

braucht also auch hier drei Schleifringe und drei Bürsten, aber nur zwei Regelungswiderstände. Da sich nach Gl. 3 die Drehmomente bei gleicher Schlüpfung wie die Quadrate der Spulenfaktoren verhalten, so ist eine größere Phasenzahl der geringeren Spulenbreite wegen günstiger; infolge der größeren Zahl der Schleifringe, Bürsten und Regelungswiderstände geht dieser Vorteil aber wieder verloren. Man benutzt daher gewöhnlich Dreiphasenwicklung, bei kleineren Motoren aber auch Zweiphasenwicklung des Ankers.

Andere Mittel zur Regelung der Drehzahlen eines asynchronen Mehrphasenmotors gibt es nicht. Wir stellen also fest, daß außer einer stufenweise vorgenommenen Änderung durch die Polzahl nur eine Verminderung der Umdrehungsgeschwindigkeit, nicht aber eine Erhöhung über den synchronen Lauf möglich ist, und daß die Verminderung durch Zuschaltung von Widerständen zum Anker auf Kosten des Wirkungsgrades geschieht. Die asynchronen Mehrphasenmotoren sind also in Bezug auf die Regelungsfähigkeit den Gleichstrommotoren gegenüber außerordentlich im Nachteil. Diesem großen Mangel abzuhelfen ist eine seit Jahren mit allem Eifer bearbeitete Aufgabe der Wechselstromtechniker. Eine Lösung hat man gefunden in dem Zusammenarbeiten mehrerer asynchroner Mehrphasenmotoren (Kaskadenschaltung) und in der Entwicklung eines neuen Motortypus, des Mehrphasenmotors mit Kollektor. Wir wollen die erste der beiden Lösungen der bedeutungsvollen Frage jetzt, die andere später besprechen.

§ 38. Kaskadenschaltung.

Um bei der Regelung der Drehzahl von Drehstrommotoren die Vernichtung von Energie in Widerständen zu vermeiden, kann man den Ankerstrom in die Primärwicklung eines zweiten Motors schicken. Da dieser Ankerstrom nur die geringe Periodenzahl der Schlüpfung hat, so erzeugt er im zweiten Motor nur ein langsam laufendes Drehfeld, und der Anker des zweiten Motors wird daher ebenfalls langsam laufen. Kuppelt man dann die Anker beider Motoren, so nimmt der gesamte Maschinensatz eine wesentlich kleinere Drehzahl an, als der erste Motor allein aufweist. Die geschilderte Schaltung heißt die „Kaskadenschaltung“, der Maschinensatz heißt die „Kaskade“.

Ist ν_1 die Periodenzahl des den Motor I speisenden Netzes, v_1 die sekundliche Drehzahl des Feldes dieses Motors, so ist

$$v_1 = \frac{\nu_1}{p_1} .$$

Führt der Anker von Motor I und die Primärwicklung von II einen Strom von der Periodenzahl ν_2, so ist die Drehzahl des Feldes bei

Motor II und daher auch die Drehzahl dieses Motors selbst und der Kaskade bei Leerlauf

$$v_2 = \frac{v_2}{p_2}.$$

Zwischen v_1 und v_2, den Periodenzahlen des primären und sekundären Stromes des Motors I, besteht ferner nach dem Gesetz der Schlüpfung die Beziehung

$$v_2 = v_1 \frac{v_1 - v_2}{v_1}.$$

Die drei obigen Gleichungen ergeben schließlich für die Kaskade

$$v_2 = v_1 \frac{p_2}{p_1 + p_2}$$

und

$$v_2 = \frac{v_1}{p_1 + p_2}.$$

Die Kaskade läuft also mit einer Umdrehungszahl wie ein einzelner Motor von $p_1 + p_2$ Polpaaren.

Für den Motor I gilt ferner folgendes: Ist die seinem Anker vom Drehfelde von der sekundlichen Umdrehungszahl v_1 zugeführte Leistung A, so ist die von ihm mechanisch abgegebene Leistung nach § 26

$$A^I_m = A \frac{v_2}{v_1}.$$

Die Differenz zwischen A und A^I_m ist eine Leistung, die im Anker des Motors I und der damit verbundenen Primärwicklung des Motors II in Wärme verwandelt wird. Abgesehen von den Verlusten im Anker I wird also dem Motor II die elektrische Leistung zugeführt

$$A^I_e = A - A^I_m = A \frac{v_1 - v_2}{v_1}$$

und dann in mechanische verwandelt und auf die gemeinsame Welle übertragen. Dabei besteht zwischen der primären und sekundären Spannung des Motors I oder zwischen der Netzspannung und der Spannung der Kaskade die Beziehung

$$E p_2 = E p_1 \frac{n_2 \, v_2}{n_1 \, v_1} = E p_1 \frac{n_2}{n_1} \frac{p_2}{p_1 + p_2}.$$

Man kann den Klemmen, an denen die Spannung $E p_2$ besteht, auch Strom für andere Zwecke entnehmen. Da dieser Strom die Periodenzahl

$$v_2 = v_1 \frac{p_2}{p_1 + p_2} = v_1 \frac{v_1 - v_2}{v_1}$$

hat, so wirkt die Einrichtung als Periodenumformer. Ein so aus dem Anker des Motors I entnommener Strom vergrößert das Drehmoment des Ankers und beschleunigt ihn und damit auch den Anker des Motors II. Motor II kann dabei zum Asynchrongenerator werden (§ 40), der zusammen mit dem Anker des Motors I den in der Frequenz umgeformten Strom nach außen liefert.

Die aus Asynchronmotoren gebildete Kaskade arbeitet demnach als Periodenumformer bei zunehmender Belastung mit zunehmendem v_2 und abnehmendem r_2, also mit negativer Schlüpfung. Dieser Umstand und die Unmöglichkeit der Spannungsregelung hat dazu geführt, den asynchronen Motor II durch einen synchronen Motor zu ersetzen. Auf diese Einrichtung des Periodenumformers kommen wir bei der Besprechung des Synchronmotors zurück. Eine weitere noch wichtigere Verwendung der Kaskade bildet die Vereinigung eines asynchronen Drehstrommotors mit einem Umformer zum Kaskadenumformer oder mit einem Drehstromkollektormotor zu einem „Regelsatz". Auch diese können erst später an anderer Stelle betrachtet werden.

Will man die Kaskadenschaltung nur zur Abstufung der Umdrehungszahl von Motoren benutzen, so pflegt man den Ankerstrom des Motors I nicht in die Wicklung des feststehenden Primärgehäuses („Ständers"), sondern in den Anker („Läufer") des Motors II zu leiten, um die Schleifringe zu sparen; die Ständerwicklung des Motors II wird dann also als sekundäre Wicklung dieses Motors benutzt. Läuft der Motor II dann beispielsweise leer, so kann in seiner Ständerwicklung kein Strom induziert werden, das Drehfeld dieses Motors, das gegen den Anker mit der sekundlichen Umdrehungszahl v_2 läuft, muß also gegen das Gehäuse feststehen. Es muß sich demnach mit der Geschwindigkeit v_2 der Kaskade entgegen dem Anker drehen, während es im Motor I im Sinne des Ankers umläuft. Die Umkehrung des Drehsinnes des Feldes im Läufer des Motors II erfolgt durch Vertauschung der Verbindungen bei zweien von den zueinandergehörigen Wicklungsenden der beiden Läufer.

Die Kaskadenschaltung der Asynchronmotoren ist, wie oben erörtert, erfunden worden, um die Drehzahl des Drehstrommotors in größeren Stufen wirtschaftlich regeln zu können. Das Verhalten der Kaskade ist aber viel ungünstiger als das des einzelnen Drehstrommotors. Betrachten wir z. B. die Kaskadenschaltung zweier ganz gleicher Motoren bei Leerlauf und Kurzschluß. Bei Leerlauf der Kaskade läuft nur der Motor II im eigentlichen Sinne leer; seinen Leerlaufstrom muß der Läufer des Motors I liefern. Der Primärstrom des Motors I ist also größer als der Leerlaufstrom dieses Motors allein. Bei Kurzschluß ist zur Hervorbringung einer bestimmten Stromstärke im Ständer des Motors II eine bestimmte Stromstärke und Spannung am Läufer dieses Motors nötig entsprechend der Induktivität dieses stillstehenden Systems. In Reihe damit eingeschaltet ist die Induktivität des stillstehenden Motors I. Bei gleicher Kurzschlußstromstärke ist also eine höhere Netzspannung nötig als bei einem einzelnen Motor, oder umgekehrt bei gegebener Betriebsspannung ist die Kurzschlußstromstärke geringer. Im Kreisdiagramm bedeuten aber nach § 36 eine geringere Kurzschlußstromstärke einen geringeren Durchmesser des Kreises und eine größere Leerlaufstromstärke einen größeren Abstand des Punktes O (Fig. 166) vom Kreise, dies besagt aber sowohl eine Verminderung der Überlastbarkeit wie auch eine Verringerung des größten auftretenden Leistungsfaktors gegenüber den entsprechenden Größen jedes der beiden Einzelmotoren. Der geringeren Leistung der Kaskade entspricht aber wegen der geringen Drehzahl dennoch ein größeres Drehmoment als bei dem Einzelmotor; das Drehmoment der Kaskade ist aber geringer als das von beiden Maschinen zusammen, wenn sie unabhängig von einander betrieben werden.

Die Kaskade präsentiert sich also als ein teuerer Asynchronmotor von schlechten Eigenschaften im normalen Betriebe. Die Abstufbarkeit der Umdrehungszahl ist also mit sehr großen Opfern erkauft. Der Kaskadenmotor hat deshalb nie als eine endgültige Lösung des Problems der Regulierbarkeit des asynchronen Drehstrommotors gelten können und hat auch keine große Verbreitung gefunden. Die neueren Bestrebungen haben, wie bereits erwähnt, zur Ausbildung des Drehstromkollektormotors geführt, der zwar durch verwickelte Schaltung und Bürstenanordnung ebenfalls teuerer wird als der asynchrone Drehstrommotor ohne Kollektor, aber dennoch erheblich günstigere Eigenschaften hat als die Kaskade. Er wird unter den Kollektormotoren ausführlicher besprochen werden.

§ 39. Das Anlassen.

Wenn man die primäre Wicklung eines Drehstrommotors mit Kurzschlußanker ohne besondere Vorkehrung an ein Netz mit konstanter Spannung anschließt, so wird der Anker plötzlich der Induktionswirkung eines Drehfeldes ausgesetzt, das mit sehr großer Geschwindigkeit um ihn herum rotiert und daher sehr starke Ströme in ihm induziert. Der Anker muß also mit sehr großer Zugkraft anlaufen. Nach den Betrachtungen des § 35 steigt freilich die Zugkraft nicht proportional der relativen Geschwindigkeit zwischen Anker und Feld; der magnetischen Streuung wegen nimmt vielmehr das Drehmoment mit wachsender Schlüpfung nach Überschreitung eines Maximums wieder ab (Fig. 162). Die Motoren können aber immer so eingerichtet werden, daß sie mit der normalen oder, wenn man bereit ist an Wirkungsgrad zu opfern, auch mit der doppelten und mit noch höherer Zugkraft anzulaufen.

Die starken Ankerströme, die bei großen Schlüpfungen induziert werden, haben große Primärströme zur Folge und deshalb unter Umständen große Spannungsabfälle in den Zuleitungen. Da das Drehfeld proportional der dem Motor zugeführten Primärspannung ist, und das Drehmoment bei gegebener Schlüpfung dem Quadrat dieses Feldes proportional ist (Gl. 11 S. 260), so vermindert sich die Anlaufszugkraft ungefähr um den doppelten Prozentsatz des Spannungsabfalles.

Wenn es auf die Anlaufszugkraft ankommt, muß man daher bei der Berechnung der Zuleitungen zum Motor die Wirkung des Spannungsabfalls aufmerksam berücksichtigen. Kommen in dem Netz starke Spannungsschwankungen vor, wie es in reinen Kraftverteilungsnetzen geschehen kann, wenn starke Belastungsstöße auftreten (Bahnen, Hebezeuge), so müssen die Motoren so eingerichtet werden, daß sie bei der niedrigst möglichen Spannung noch das genügende Anlaufsmoment hergeben. Beispiel: Ein Hubmotor soll an ein Netz angeschlossen werden, in dem die Spannung zwischen 170 und 210 Volt schwankt; das beim Heben der frei schwebenden Maximallast geforderte Anzugsmoment soll 180 mkg betragen. Der Motor ist dann zu bestellen (und zu wickeln) für die mittlere Spannung von 190 Volt. Das verlangte Anzugsmoment muß er aber in jedem Falle, auch bei 170 Volt, entwickeln können. Um dies erreichen zu können, muß er aber bei 190 Volt ein Anzugsmoment von

$$180 \cdot \frac{190^2}{170^2} = 225 \text{ mkg}$$

besitzen und dafür gewickelt werden.

Da die Drehmomentkurve (Fig. 162) allein durch den magnetischen und elektrischen Aufbau eines Motors bestimmt ist, so ist sie für jeden Motor fest gegeben. Sie ändert sich also nicht mit der normalen Leistung, die nach der Betriebsart für den Motor festgesetzt ist. Beispiel: Wenn ein Motor für intermittierenden Betrieb bestimmt ist und als Aufzugsmotor benutzt werden soll, so kann seine Normalleistung, soweit die Rücksicht auf die Erwärmung in Frage kommt, wie in § 34 erörtert wurde, um $20^0/_0$ erhöht werden. Das maximale Anzugsmoment verändert sich aber nicht mit, sondern behält denselben Wert, wird also gegen das normale Drehmoment relativ kleiner. Betrug es vorher das 2,5-fache, so beträgt es jetzt nur das 2-fache. Motoren für angestrengte Betriebe oder geschlossene Motoren, deren normale Leistung geringer angesetzt ist als bei ihrer gewöhnlichen Betriebsweise, besitzen dagegen, bezogen auf die neue Normalleistung, ein entsprechend höheres Anzugsmoment. Bei diesen Motoren wird der Leistungsfaktor aber durch die bloße Herabsetzung der Leistung geringer, weil von der Kurve, die ihn als Funktion der Nutzleistung darstellt (Fig. 158d III), ein Punkt von kleinerer Abszisse in Frage kommt. Soll dies vermieden werden, so müssen die Motoren besonders gewickelt werden.

Die Stärke des im Anker beim Anlauf induzierten Stromes kann man beurteilen, wenn man bedenkt, daß der Motor im vollen Laufe mit normaler Belastung nur um etwa $5^0/_0$ gegen das Drehfeld schlüpft. Da im Momente des Anlaufens die Schlüpfung $100^0/_0$ beträgt, so müßte wegen der 20-fachen relativen Geschwindigkeit der Strom im Anker auch 20mal so groß sein wie der normale Betriebsstrom, wenn das Drehfeld konstant und keine Streuung vorhanden wäre. Entsprechend hoch würde dann auch der primäre Strom, der eigentliche Anlaufstrom, ansteigen. Dieses starke Anwachsen der Stromstärke wird allerdings durch die magnetische Streuung wesentlich gemildert. Denken wir uns zunächst den ganzen, dem streuungslosen Motor entsprechenden Strom im ersten Augenblick des Anschlusses in die primäre Wicklung des Motors einströmen und nun die Streuung plötzlich in Erscheinung treten, so bleibt ein Teil der von den primären Strömen erzeugten Kraftlinien im primären Gehäuse zurück und tritt nicht in den Anker über, das induzierende Feld N wird also sogleich kleiner. Für den Ankerstrom finden wir dann (Gl. 5 S. 259)

$$ J = \frac{N \omega \sigma}{2\sqrt{2}\sqrt{w^2 + \omega^2 \sigma^2 L^2}}, \qquad \ldots \ldots (1) $$

worin $\sigma = 1$ zu setzen ist. In dieser Gleichung kommt die Ankerstreuung in L zum Ausdruck. Primär- und Ankerstreuung bewirken also durch Verkleinerung des Zählers und durch Vergrößerung des Nenners gleichzeitig eine Verkleinerung des Ankerstromes. Diese Verringerung hat aber wiederum eine Verminderung des Primärstromes zur Folge. Der tatsächlich auftretende Primärstrom beträgt aber beim Anlauf eines belasteten Motors mit Kurzschlußanker gewöhnlich immerhin das Vier- bis Fünffache des Stromes bei voll belastetem Lauf, wenn der Motor mit normaler bis anderthalbfacher Zugkraft anlaufen soll. Diesen Anlaufstrom kann der Motor zwar selbst vertragen, ohne zu warm zu werden, wenn das Anlassen nicht mit kleinen Pausen oft wiederholt wird; von schlimmem Einflusse kann er aber werden auf die Zentrale.

Wenn ein großer Motor plötzlich mit dem Netz einer

Zentrale verbunden wird, so erzeugt die momentane Vergrößerung
der Stromstärke in den Generatoren eine bremsende elektromagnetische Kraft und gibt den Antriebsmaschinen einen Ruck,
der ein Niederzucken der Spannung zur Folge hat; eine weitere
Verminderung der Spannung tritt ein durch die Erhöhung des
Spannungsabfalles in den Leitungen, die durch die Vergrößerung
der Stromstärke verursacht wird. Bei reinen Kraftübertragungs-
anlagen müßten diese Schwankungen schon beträchtlich sein,
um störend einzuwirken, da sich die anderen schon laufenden Motoren durch ihre Trägheit selbst über den Augenblick
der Spannungszuckung hinweghelfen. Bei gleichzeitiger Verteilung von Lichtstrom dagegen wird eine geringere Spannungs-
schwankung durch ein Zucken des Lichtes schon unangenehm
bemerkbar.

Hiernach ist das unmittelbare Anschließen von Motoren
mit Kurzschlußanker nur in besonderen Fällen zu empfehlen.
Zu diesen gehören Anlagen mit eigenen Kraftstationen, besonders
wenn kein geschultes Personal zur Bedienung besonderer Anlaßvorrichtungen der Motoren zur Verfügung steht, und die Motoren im Dauerbetriebe nur selten angelassen werden (Beispiele: manche Fabrik- und Bergwerksanlagen), ferner Anlagen,
bei denen die Motoren mit nur geringem Drehmoment anlaufen müssen (z. B. bei Umformern, Antrieben von Zentrifugal-
pumpen usw.). In weitaus den meisten Fällen ist die Verwendung
von Anlaßvorrichtungen nötig, die den Motorstrom auf einen
vorgeschriebenen Wert herabdrücken. Die Einwirkung auf die
Stromstärke kann dabei geschehen im primären sowohl wie im
sekundären Teile, da beide Ströme voneinander abhängen.

Wir erkennen alle Möglichkeiten am besten, wenn wir vom
Ankerstrom ausgehen und dafür Gl. 1 betrachten. Um die
Wirkung aller Maßnahmen auf das Drehmoment zu verstehen,
müssen wir aber zugleich den Ausdruck für D ins Auge fassen.
Wir wählen dazu die Form, in der sich D in Gl. 11 S. 260
darbietet, also

$$D = \frac{N^2 p n}{8} \frac{1}{\dfrac{w}{\omega \sigma} + \dfrac{\omega \sigma}{w} L^2}, \quad \ldots \ldots \quad (2)$$

und betrachten nun Gl. 1 und 2 zusammen bei $\sigma = 1$.

Hiernach können wir J_2 und damit gleichzeitig J_1 bei gegebener Streuung des Motors (L) und Periodenzahl des Netzes (ω) vermindern durch

Verkleinerung von N und

Vergrößerung von w.

Da N das Drehfeld ist, das die Primärspannung Ep_1 des Motors ausbalanciert, so bedeutet eine Verminderung von N eine Verkleinerung dieser primären Spannung. Das erste der beiden Verfahren bedeutet also eine Regelung auf der Primärseite, das zweite eine solche auf der Sekundärseite.

Bei der Regelung auf der Primärseite erkennt man sofort den Nachteil, daß eine Verminderung von Ep_1 durch eine proportionale Verminderung von N eine quadratische Abnahme von D zur Folge hat. Auf der Primärseite können die Motoren daher nur leer oder mit geringer Belastung angelassen werden. Das Anlassen auf der Sekundärseite ist von diesem Nachteile frei. Zum Anschluß von Widerständen an den Anker ist dieser aber mit Schleifringen auszurüsten, während beim primären Anlassen die Reguliereinrichtung an die feststehenden Klemmen der Primärwicklungen angeschlossen werden, der Anker also ein einfacher Kurzschlußanker bleiben kann.

Anlaßvorrichtungen auf der Primärseite: Das nächstliegende Mittel, die primäre Spannung herabzudrücken, ist die Einschaltung von Regelungswiderständen oder Drosselspulen zwischen Primärklemmen und Netz oder einfacher zwischen dem Sternpunkt des Motors und den drei Wicklungsklemmen, mit denen er zu verbinden ist (Fig. 175). Die Motoren verbrauchen hierbei aber selbst bei leerem Anlauf noch das Zwei- bis Dreifache der normalen Stromstärke. Dieses Verfahren wird daher nur für kleine Motoren verwendet.

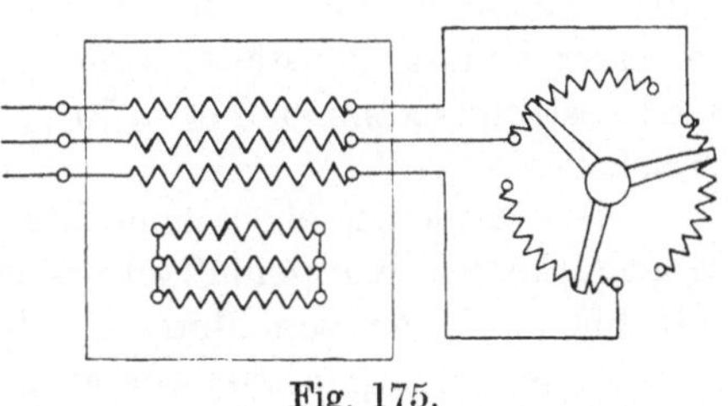

Fig. 175.

Eine so große Erhöhung der Anlaufstromstärke vermeidet man, wenn man die Spannung durch einen zwischen Netz und Motor geschalteten Transformator herabsetzt; der dem Netz zu entnehmende Anlaufstrom vermindert sich dabei gegenüber dem bei Vorschaltwiderständen auftretenden etwa in demselben Verhältnis, wie die Spannung herabgedrückt wird. Ein Motor, der ohne Transformator beim Anlauf das $2^1/_2$-fache der normalen Stromstärke aufnimmt, verbraucht mit einem Transformator, der die Spannung im Verhältnis von 2 zu 1 herabsetzt, nur etwa den $1^1/_2$-fachen Normalstrom; bei geeigneter Größe des Ankerwiderstandes kann man mit 1- bis 2-fachem Normalstrom den Motor mit $80^0/_0$ des normalen Drehmomentes anlassen. Die Anlaßtransformatoren werden gewöhnlich als Spartransformatoren ausgebildet und bekommen auch mehrere Übersetzungsverhältnisse, etwa $^1/_2$, $^3/_4$, $^1/_1$; die an den Motor angeschlossene sekundäre Windungszahl wird dabei meist durch einfache Umschalter (Stufenschalter) verändert.

Für kleinere Motoren ist aber die Verwendung eines Anlaßtransformators zu teuer. Ein einfacheres Verfahren dafür ist die Benutzung von Sternschaltung der primären Motorwicklung bei Anlauf und die Umschaltung auf Dreieckschaltung bei Lauf; die Anlaufstromstärke wird dadurch im Verhältnis von $1 : \sqrt{3}$ herabgesetzt, das Anlaufsmoment etwa im Verhältnis von 1 zu 3. Dieses Verfahren ist also in bezug auf das Verhältnis von Anlaufsmoment zu Anlaufstrom so ungünstig wie das der Vorschaltung von Widerständen und gestattet außerdem nur die Verwendung einer einzigen Anlaßstufe; es ist aber außerordentlich einfach, billig und zuverlässig, besonders wenn, wie heute stets, die Einschaltung derart zwangläufig eingerichtet wird, daß man zuerst die Sternschaltung herstellen muß. Bei einer Anlaufstromstärke vom doppelten Werte des normalen Betriebsstromes kann man etwa $70^0/_0$ des normalen Drehmomentes erreichen.

Die sämtlichen oben gemachten Angaben über die Anlaufstromstärke bei Kurzschlußankern gelten natürlich nur für gebräuchliche Typen von Motoren, aber durchaus nicht für den asynchronen Mehrphasenmotor an sich; die Anlaufstromstärken hängen vielmehr von den Ankerwiderständen ab.

Anlaßvorrichtungen auf der Sekundärseite: Um eine Erhöhung des Ankerwiderstandes möglich zu machen, muß der Anker als Schleifringanker gewickelt sein (Fig. 172). Beim Anlassen wird der primäre Teil des Motors direkt an das Verteilungsnetz angeschlossen und der Zusatzwiderstand dann allmählich ausgeschaltet. Da das Anlassen nur ein vorübergehender

Betriebszustand ist, können diese Anlaßwiderstände knapp bemessen werden, sie müssen aber auch schnell — gewöhnlich wird vorgeschrieben mindestens in einer halben Minute — ausgeschaltet werden. Sollen sie gleichzeitig auch zur Regelung der Drehgeschwindigkeit dienen, so bedürfen sie natürlich größerer Querschnitte, um dauernd den Ankerstrom zu vertragen, und können dann bei genügender Größe gleichzeitig auch als Anlaßwiderstände benutzt werden. Für größere Drehstrommotoren verwendet man, wie auch bei Gleichstrommotoren, nicht Draht-, sondern Flüssigkeitsanlasser. Diese bestehen in Gefäßen, die mit einer Lösung von Soda oder Pottasche gefüllt sind und in welche Weißblechelektroden tauchen. Entweder ist nur ein Gefäß vorhanden, das den Sternpunkt bildet und in das drei Elektroden tauchen, die mit den Schleifringen verbunden sind, oder die drei Elektroden sind unter sich verbunden, bilden den Sternpunkt und sind in drei isolierte Gefäße getaucht, die an die Schleifringe angeschlossen sind. Je tiefer die Bleche eintauchen, desto größer ist in beiden Fällen der Querschnitt der durchströmten Flüssigkeitsschicht und desto kleiner deren Widerstand. Durch immer tieferes Eintauchen kann man also die drei Widerstände allmählich ausschalten; bei der tiefsten Stellung ist ein Kurzschlußkontakt vorhanden.

Vermittels der geschilderten Anlaßwiderstände kann man den Anlaufstrom leicht auf denjenigen Wert herabdrücken, den er im Betrieb bei voller Belastung hat. Vergrößert man w in dem Maße, daß beim Anlauf ($\sigma = 1$) das Verhältnis $\dfrac{\sigma}{w}$ das gleiche bleibt wie im normal belasteten Laufe, so behalten nach Gl. 1 und 2 sowohl D wie J dieselben Werte. Das Anlaßverfahren gestattet also, den Motor mit der für den Lauf gültigen normalen Stromstärke und der dazugehörigen Zugkraft anlaufen zu lassen.

Nach Gl. 13 S. 260 ist das Anlaufsmoment annähernd proportional $\dfrac{w}{\omega\sigma L}$. Man kann also durch Steigerung des Widerstandes w — so paradox es erscheint — das Anlaufsmoment heben, bis es den nach Fig. 171 möglichen maximalen Wert erreicht. In dieser Figur zeigt die gestrichelte Kurve, die für den doppelten Widerstand gilt, wie die ausgezogene, die genannte Wirkung deutlich; denn bei großen Weiten von σ

hat die gestrichelte Kurve in der Tat die größeren Ordinaten. Der innere Grund dieses scheinbaren widersprechenden Verhaltens liegt darin, daß eine Vergrößerung des Ohmschen Widerstandes w zwar den Ankerstrom herabdrückt, aber auch seine Phasenverschiebung gegen seine EMK vermindert und dadurch die Wirkung der Verkleinerung seiner Stärke wieder auszugleichen, ja sogar zu übertreffen vermag. Setzen wir auf S. 259 Gl. 5 in Gl. 10 ein, so finden wir unter Benutzung von Gl. 8

$$D = \frac{Nnp J}{2\sqrt{2}} \cos \varphi \quad \ldots \ldots \ldots \quad (3)$$

und erkennen unmittelbar, wie eine Verkleinerung von J und von φ einander entgegenwirken, und wie es auf die Wirkung der Leistungskomponente $J \cos \varphi$ allein ankommt. Hat man den Anlaßwiderstand so gewählt, daß der Anker beim Anlauf gerade etwa das maximale Drehmoment auszunützen vermag, und beansprucht man ihn dann nur mit einem schwächeren Anlaufsmoment, so behält mit dem w und L des Ankers und Anlaßwiderstandes auch $\cos \varphi$ den einmal gegebenen Wert; beim Einschalten steigt J aber nur bis zu dem kleineren Wert an, bei dem jetzt der Anker nach Gl. 3 das verlangte geringere Drehmoment auszuüben vermag, und damit nimmt auch die primäre Anlaufstromstärke J_1 nur einen geringeren Wert an. Ein Motor mit Schleifringanker, der so eingerichtet ist, daß er beim Anlauf die normale Zugkraft des Laufes bei der normalen Stromaufnahme aufweist, zeigt bei doppelter Belastung etwa die doppelte Stromaufnahme usw. Für den Betrieb, wie Bahnen, Hebezeuge usw., wo große Anzugskräfte nötig sind, ist dies von sehr großer Wichtigkeit.

Die Berechnung der zum Anlauf mit beliebiger Zugkraft nötigen Anlaßwiderstände ergibt sich leicht aus einer der Kurven für das Drehmoment in Fig. 171, wenn man annimmt, daß das Ende dieser Kurven dem Stillstande des Motors entspricht. Da nach Früherem immer eine Verdopplung des Widerstandes auch eine Verdopplung der Abszisse bei gleicher Ordinate zur Folge hat usw., braucht man nur für gewünschte Drehmomente, z. B. in der ausgezogenen Kurve die Abszissen zu suchen und das Verhältnis aus diesen und der Abszisse des Endpunktes der Kurve zu bilden. Die gewonnene Zahl gibt dann gleichzeitig an, in welchem Verhältnis die Ankerwiderstände vergrößert werden müssen.

Die Schleifringe, wenn sie auch Organe sind, die dem Kurzschlußanker fehlen, bedeuten doch keine erhebliche Komplikation der Einrichtung des Drehstrommotors. Man war besonders in den ersten Jahren nach der Erfindung dieses Motors der Meinung, den in der Einfachheit des Kurzschlußankers gelegenen Vorteil nicht opfern zu dürfen, und glaubte mit Schleifringen und Schleifbürsten wieder zu den verwickelteren Einrichtungen der Gleichstrommotoren zurückzukehren. Dies ist indessen keineswegs der Fall. Die Kommutatoren der Gleichstrommotoren sind in Lamellen unterteilt, während die Schleifringe der Drehstrommotoren geschlossene Ringe sind. Eine Funkenbildung kann bei geschlossenen Ringen aber überhaupt nicht eintreten; auch der Ort, wo die Bürsten aufliegen, ist vollständig gleichgültig, also gerade das, was den Kommutator zum empfindlichsten Teil des Gleichstrommotors macht, fällt beim Schleifringanker des Drehstrommotors völlständig weg. Die Schleifringe und Bürsten des Drehstrommotors sind nur rein mechanischer Abnützung ausgesetzt, die natürlich durch passende Einrichtungen sehr gering gemacht werden kann. Man vermeidet auch diese Abnutzung dadurch, daß man nach dem Anlauf die Bürsten von den Schleifringen abhebt und die Schleifringe kurzschließt. Hierbei wird auch der Wirkungsgrad etwas, bei kleinen Motoren bis zu 2%, erhöht.

Bei der hohen Bedeutung, die der asynchrone Drehstrommotor für die Technik hat, sind seine Anlaßvorrichtungen wie die des Gleichstrommotors heute auf das Vollkommenste durchgearbeitet. Es gibt Einrichtungen, durch die die Anlaßkurbel beim Ausbleiben der Netzspannung selbsttätig auf die Ausschaltstellung zurückgedreht wird, damit erneutes Anlassen nicht ohne Vorschaltwiderstände geschehen kann — Einrichtungen, die die Bewegung der Anlaßkurbel hemmen, so daß das Einschalten nur langsam und ruckweise vor sich gehen kann — Anlasser mit auswechselbaren Endkontakten, die beim Drehen der Anlaßkurbel an Stelle eigentlicher Kontakte die Funken aufnehmen — verstärkte Endkontakte in Fällen, wo kleinere Anlasser gewählt sind, als der Dauerleistung des Motors entspricht — Anlasser in Walzenform (wie bei Straßenbahnen), oft unmittelbar angebaut an den Motor, so daß nur noch die drei Zuleitungen an das Netz anzuschließen sind für Betriebe, in denen die Motoren häufig ein- und ausgeschaltet werden — Anlasser mit Maximal-, Minimal- und Fernauslösung — Selbstanlasser für Pumpen, Windkessel — fertige feuersichere Schaltkästen und Schaltsäulen, in welche die Schalter, Sicherungen, Meßinstrumente, Anlasser eingebaut sind, mit Türverriegelung, die bewirkt, daß die Türen nur bei geschlossenem Schalter geöffnet oder geschlossen werden können, usf.

Auch der Kurzschlußanker hat eine vielseitige und weitgehende konstruktive Ausbildung erfahren. Die Verwendung einzelner, in sich geschlossener Windungen ist umständlich und beim Trommelanker nicht möglich, weil auf der inneren Zylinderfläche des Ankers keine axialen Leiter vorhanden sind, die als Rückleitung dienen könnten. Man kann hier als

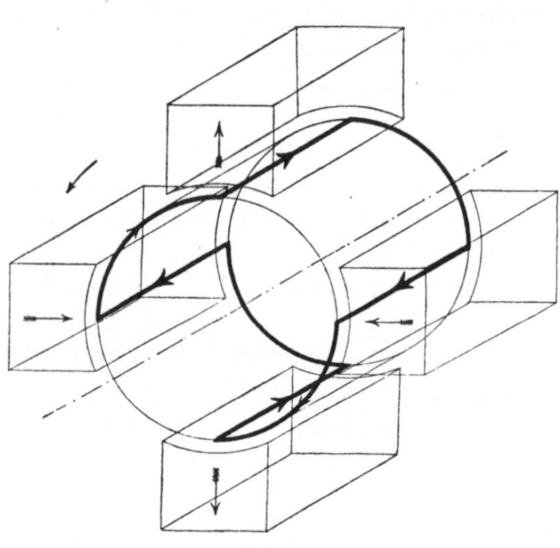

Fig. 176.

Rückleitung für einen axialen Draht einen anderen benutzen, der gegen den ersten um eine halbe Teilung versetzt ist, derart also, daß beide Leiter zwei Nachbarpolen in gleicher Weise gegenüberstehen und gleiche, aber entgegengesetzte Induktion erfahren; durch Verbindungen an den Stirnflächen des Ankers werden die zusammengehörigen Drähte hintereinander geschaltet. Wenn statt 2 Pole p Polpaare vorhanden sind, so kann man auf diese Weise sämtliche $2\,p$ Leiter, die den einzelnen Polen in gleicher Lage gegenüberstehen, in der geschilderten Weise hintereinander schalten. In Fig. 176 ist dies für einen 4-poligen Motor schematisch dargestellt.

Fig. 177 zeigt eine andere Form des Kurzschlußankers, die von M. von Dobrowolski herrührt und als Käfigwicklung bezeichnet werden kann. Diese Form wird heute fast ausschließlich für Kurzschlußanker verwendet. Bei ihr sind die Enden der axialen Leiter vorn und hinten durch je einen angelöteten oder angenieteten, leitenden Stirnring miteinander verbunden; die einzelnen Ankerstäbe tauschen die in ihnen induzierten Ströme miteinander aus, und der gesamte Stromfluß ist sehr verwickelt. Sind die Stirnringe sehr dick, ihr Widerstand also sehr klein, so ist, wie nähere Betrachtungen zeigen, der Stromfluß in jedem Stab gerade so, als wenn dieser Stab unabhängig von allen anderen Stäben durch einen Leiter vom Widerstande Null in sich kurzgeschlossen wäre.

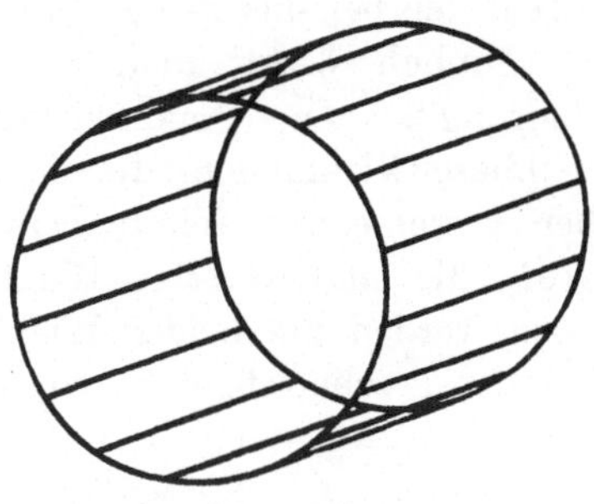

Fig. 177.

Der ganze Anker verhält sich dann genau so wie ein Ringanker (Fig. 121) mit lauter in sich kurzgeschlossenen Windungen, je vom Widerstande w eines der Ankerstäbe. Der praktisch immer vorhandene Widerstand der Stirnringe ändert dies nur insofern ab, als der Strom in der Rückleitung eines jeden Stabes in einem bestimmten und überall gleichen Verhältnis verkleinert wird, also so, als ob der Widerstand jeder einzelnen kurzgeschlossenen Ankerwindung größer wäre als w. Für die Größe dieses Verhältnisses spielt der Widerstand der Ringe eine sehr erhebliche Rolle, so daß auch dicke Ringe schon die Stromstärke beträchtlich verkleinern. Daher kann man einen Käfiganker, der einen zu großen Anlaufstrom oder ein zu geringes Anlaufsmoment zeigt, durch einfaches Abdrehen seiner Stirnringe nachträglich in der gewünschten Weise umändern. Es verdient auch als Vorzug des Käfigankers erwähnt zu werden, daß er für Gehäuse von jeder Polzahl paßt, während Anker von den früher geschilderten Konstruktionen von vornherein für bestimmte Polzahlen gewickelt werden müssen[1]).

Um die Vorzüge des Schleifringankers in bezug auf die Anlaßstromstärke mit der Einfachheit des Kurzschlußankers zu vereinigen, wird dieser auch derart ausgebildet, daß er außer

---

[1]) Näheres findet sich in einer Arbeit des Verfassers E.T.Z. 1898 S. 45 und 46 und Simons E.T.Z. 1909 S. 1191.

der eigentlichen Betriebswicklung noch eine besondere Anlaß-
wicklung von größerem Widerstande enthält; die Betriebswicklung ist dabei während des Anlassens geöffnet und wird durch
einen Fliehkraftschalter erst bei einer bestimmten Umdrehungszahl kurzgeschlossen („Stufen“-Anker). Das Anzugsmoment
beträgt hierbei das 2- bis 2,5-fache des normalen Drehmoments.

Ähnlich wirkt auch die von Görges erfundene „Gegenschaltung“. Die Ankerwicklung besteht hierbei aus zwei
Dreiphasenwicklungen, die in denselben Nuten verteilt werden,
aber verschiedene Windungszahl haben. Die eine hat z. B.
zwei, die andere eine Windung in jeder Nute. Beim Anlassen werden die beiden Wicklungen, wie in Fig. 178, gegeneinander geschaltet, d. h. so, daß sich ihre elektromotorischen

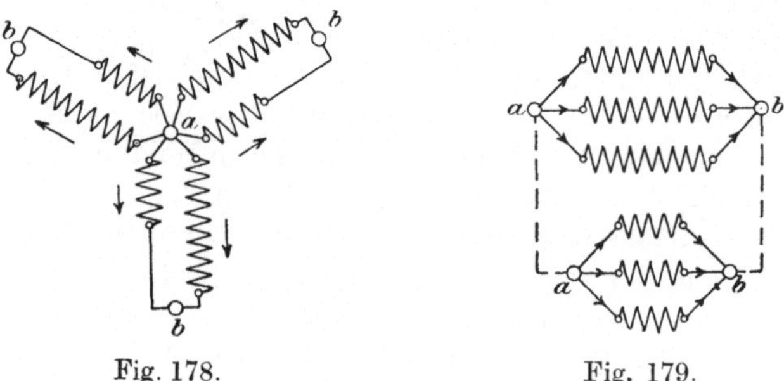

Fig. 178.   Fig. 179.

Kräfte in jeder Phase subtrahieren. Wären die Windungen
einer Phase sämtlich so hintereinander geschaltet, daß sie
sich addierten, so wäre die EMK im Verhältnis von
$2 + 1 = 3$ zu $2 - 1 = 1$ größer. Durch die Gegenschaltung
werden also EMK und Strom in jeder Phase auf den
dritten Teil herabgedrückt oder der Widerstand, wie durch
einen Vorschaltwiderstand, scheinbar auf das Dreifache erhöht.
Sobald der Anker die volle Tourenzahl erreicht hat, werden
die Punkte b durch kurze und dicke Leitungen miteinander
verbunden. Dadurch wird die Schaltung wie in Fig. 179, wo
die gestrichelten Linien als so kurze und dicke Verbindungsleitungen zu denken sind, daß die Punkte a unter sich und
die Punkte b unter sich zusammenfallen. Die beiden Ver-
bindungspunkte sind in Wirklichkeit etwas länger gezeichnet,
um zu zeigen, daß der Anker bei dieser Schaltung zwei unab-
hängige Phasenankerwicklungen hat. Da die eine der beiden

Wicklungen wegen der doppelten Windungszahl gleichzeitig den doppelten Widerstand und die doppelte EMK hat wie die andere, so sind die Stromstärken in beiden dieselben, und jede arbeitet, als wenn die andere nicht vorhanden wäre. Diese Anker entwickeln beim Anlassen etwa das normale Moment, während der Anlaufstrom etwa das Zwei- bis Dreifache des normalen beträgt. Gegenschaltung wird verwendet für Anlauf unter voller Last bei Motoren bis zu 15 PS, für Leeranlauf bis zu 80 PS.

Bei dieser Mannigfaltigkeit der vorhandenen Anlaßvorrichtungen, bei denen teilweise immer noch recht erhebliche Stromstöße möglich sind, haben die Elektrizitätswerke zwingenden Grund, darüber zu wachen, daß keine zu großen Spannungsschwankungen des Netzes die Folge sind. Jedes Werk hatte bisher seine eigenen Vorschriften darüber erlassen, die teilweise als drückend empfunden wurden, bis der Verband Deutscher Elektrotechniker in den schon früher (S. 263) erwähnten Anschlußbedingungen von Motoren unter Hinzuziehung der Beteiligten Vorschläge gemacht hat, die heute wohl allgemein von den Elektrizitätswerken angenommen worden sind.

Die Vorschriften bestimmen zunächst, daß bei Motoren, die im Betriebszustande nicht anlaufen können, Einrichtungen vorzusehen sind, welche bei Ausbleiben der Spannung entweder die Motoren selbsttätig vom Netze abtrennen oder den Anlaufszustand wiederherstellen. Die Vorschriften unterscheiden ferner Betriebe mit „geringer" und mit „großer" Anzugskraft, bzw. mit „geringem" und „großem" Anlaufstrom. Bei der Anmeldung des Motors ist außer der Leistung und Bestriebsart beim Lauf (Dauer-, intermittierender oder kurzzeitiger Betrieb) auch anzugeben, für welche von den genannten Anlaufsarten der Motor bestimmt ist. Bei der Aufstellung der Bestimmungen lag es für den Verband nahe, die Anlaufstromstärke durch ihr Verhältnis zur normalen Betriebsstromstärke festzulegen; dabei wäre aber für Motoren, welche beim Lauf einen schlechten Leistungsfaktor haben, auch ein größerer Anlaufstrom für zulässig erklärt worden, als für Motoren mit gutem Leistungsfaktor, was widersinnig gewesen wäre. Um dies zu vermeiden und die Vorschriften gleichzeitig für jede Betriebsspannung gültig zu machen, wurden die zulässigen Anlaufstromstärken durch die für je 1 PS gestatteten Volt-Ampere ausgedrückt und dafür die folgenden Grenzwerte für verschiedene Motorgrößen festgelegt:

Volt-Ampere pro PS	bei Motoren				
3500	von	0,5	bis	1	PS
3000	über	1	„	1,5	„
2500	„	1,5	„	2	„
1600	„	2	„	5	„
1400	„	5	„	15	„
1000	„	15 PS			
3200	„	2	bis	5	„
2900	„	5	„	15	„
2500	„	15 PS			

für geringe Anzugskraft. (Zeilen 3500–1000 PS)

für hohe Anzugskraft. (Zeilen 3200–2500 PS)

Mit dem für „geringe" Anlaufszugkraft sich dabei ergebenden Anlaufstrom lässt sich in der Regel bei Motoren von 2 bis 5 PS ein normales Drehmoment und bei Motoren über 15 PS, $^3/_4$ des normalen Drehmoments erreichen. Mit dem für „große" Anzugskraft zulässigen Anlaufstrom kann man in der Regel das Zweifache des normalen Drehmoments herstellen, wenn Schleifringanker benutzt werden. Bei Motoren von 0,5 bis 2 PS. ist ein Unterschied zwischen großer und geringer Anzugskraft nicht gemacht worden, um die Verwendung von Kurzschlußankern zu ermöglichen. Die angegebenen Grenzwerte kann man hierbei noch mit einfachen Anlaßvorrichtungen, wie Stern-Dreieck-Umschaltung, innehalten. Ganz ohne Anlaßvorrichtungen kann man aber auch hier nicht auskommen. Nur für Motoren unter $^1/_2$ PS. wurde von Vorschriften gänzlich abgesehen, da diese kleinen Motoren nennenswerte Spannungsschwankungen nicht veranlassen können; sie also dürfen mit Kurzschlußankern ohne jede Anlaßvorrichtung eingeschaltet werden.

Eine besondere Art des Anlassens bildet die Umsteuerung, die als eine Vereinigung von Bremsen und Anlassen aufgefaßt werden kann. Es empfiehlt sich daher, die Bremsung und Umsteuerung an dieser Stelle zu betrachten.

Schon auf S. 203 ist nachgewiesen worden, daß die Umsteuerung eines Drehstrommotors durch Vertauschung der Wechselströme in zweien der Primärwicklungen erfolgen kann. Nach Fig. 148 kann dieses einfach dadurch geschehen, daß man die Zuleitungen zu zweien der Motorklemmen (e_1, e_2, e_3) miteinander vertauscht, ohne die Generatoranschlüsse zu verändern, oder indem man die Vertauschung an den Generatorklemmen ausführt und die Anschlüsse der Motorklemmen bestehen läßt.

Die Umsteuerung kommt natürlich auf ein Abstellen und Wiederanlassen hinaus. Wenn der Anker bei voller Belastung mit 5 % Schlüpfung, also in Teilen der Drehfeldgeschwindigkeit ausdrückt, mit der Geschwindigkeit von 0,95 läuft, und der Drehungssinn des Feldes plötzlich umgekehrt wird, so hat das neue Feld gegenüber dem Anker eine Geschwindigkeit von 1,95 oder eine Schlüpfung von 195 %. Bei dieser starken Schlüpfung müssen nach der oben erörterten Theorie der Anlaufströme sehr große Primärströme entstehen, so daß höchstens sehr kleine Motoren mit Kurzschlußankern, die zum Anlaufen durch einfache Schalthebel an das Netz angeschlossen werden dürfen, auf diese Weise umgesteuert werden können; größere müssen erst bis zum Stillstand gebremst und dann mit Anlaßwiderstand wie gewöhnlich angelassen werden.

Die Bremsung der Drehstrommotoren kann nicht in der Weise geschehen wie bei Gleichstrommotoren, daß man die Motorklemmen vom Netz abtrennte und sie dann durch einen Widerstand verbände oder ohne einen solchen ganz kurzschlösse. Durch die Abschaltung vom Netz hört das Drehfeld des Motors auf, und der Anker dreht sich rein mechanisch infolge seiner Trägheit und derjenigen der von ihm angetriebenen Maschinen oder Fahrzeuge weiter. Die Bremsung kann nur mechanisch oder elektromagnetisch durch äußere, mit den Betriebseigenschaften des Motors nicht zusammenhängende Kräfte geschehen. Als wirksamstes Mittel bleibt natürlich die Verwendung von „Gegenstrom“, d. h. die Umsteuerung übrig. Wie wir oben gesehen haben, vertragen kleinere Motoren den Gegenstrom immer, größere im Notfalle, doch nicht ohne schädliche Rückwirkung auf die Zentrale. Während bei Gleichstrom diese Bremsmethode nicht ohne heftige Beanspruchung des Kommutators benutzt werden könnte, kann sie bei Drehstrommotoren wenigstens als Notbremsung ohne Schaden für die Motoren selbst verwendet werden.

§ 40. Der Asynchrongenerator.

Ein asynchroner Drehstrommotor kann als Generator arbeiten und elektrische Energie abgeben, wenn der Anker in der Richtung des Feldes künstlich schneller als dieses selbst gedreht wird. Man kann zunächst das allgemeine Prinzip dieser Methode leicht verstehen, wenn man zurückdenkt an die im § 26 besprochene Induktionskupplung. Dort ist gezeigt worden, daß ein beliebig bewickelter Anker ein ihn umgebendes drehbares Magnetsystem bei seiner eigenen Drehung mitnimmt, wobei das Magnetsystem eine geringe Schlüpfung hat. Danach vermag also ein rotierender Kurzschlußanker auf ein langsamer als er selbst sich drehendes Magnetfeld Arbeit zu übertragen. Bei Drehstrommotoren wird diese Arbeit vom Drehfelde in Form von elektrischer Energie an die Primärwicklung abgegeben und geht dann weiter in das Verteilungsnetz; der Motor nimmt also nicht mehr Strom auf, sondern erzeugt Strom als Generator. Es darf aber nicht vergessen werden, daß zur Ausübung dieser Energieübertragung auf das Drehfeld ein Drehfeld überhaupt vorhanden sein muß; dies ist aber nur der Fall, wenn der Motor an ein Verteilungsnetz mit Drehstromspannung angeschlossen ist, das ihn zur Ausbalancierung dieser Spannung und daher zur Erzeugung eines entsprechenden Drehfeldes zwingt. Ohne diese von außen zugeführte Drehstromspannung wäre ein magnetisches Feld überhaupt nicht da, und der Anker könnte ebensowenig Energie auf die primäre Wicklung übertragen, wie auf die Magnete der Induktionskupplung, wenn diese nicht erregt wären. Der Drehstrommotor kann also niemals als selbständiger Generator arbeiten wie ein Gleichstrommotor, sondern nur im Anschluß an andere Generatoren. Sind solche vorhanden, so kann ein angeschlossener synchroner Drehstrommotor allerdings zu ihrer Unterstützung herangezogen werden. Im Gegensatz zu dem nunmehr gewonnenen Asynchrongenerator nennt man den bisher erörterten einen Synchrongenerator.

Im elektrischen Verhalten unterscheidet sich der Asynchrongenerator von dem bisher betrachteten Motor dadurch, daß sein Ankerstrom, weil der Anker eine entgegengesetzte Relativbewegung gegen das Drehfeld macht, eine entgegengesetzte Richtung, also 180° Phasenverschiebung gegen den Ankerstrom des Motors erhält. Dadurch bekommt auch der primäre Strom, der beim Motor eine Verzögerung gegen die Spannung hat, eine Voreilung gegen diese; der Phasenverschiebungswinkel φ, der beim Motor mit zunehmender Belastung immer kleiner wird, nimmt beim Generator immer mehr zu, geht über 90^0 hinaus, und die durch $\cos \varphi$ bestimmte elektrische Leistung wird daher negativ, aus einer aufgenommenen zu einer abgegebenen.

In der Voreilung des Stromes gegen die Spannung beim Asynchrongenerator liegt ein Nachteil beim Zusammenarbeiten mit dem Synchrongenerator; denn, da die Belastung eines Leitungsnetzes heute fast ausschließlich induktiv ist, muß der Strom des Synchrongenerators eine um so größere Verzögerung gegen die Spannung erhalten. Braucht z. B. (Fig. 180) ein Netz einen Strom J mit der Phasenverschiebung $\operatorname{arc} \cos \varphi = 0,8$ gegen die Spannung und beteiligt sich an der Stromlieferung ein Asynchrongenerator mit einem Strom J_a von der Vor-eilung φ_a, so muß der Syn-chrongenerator den Strom J_s mit der Verzögerung φ_s liefern; dabei ist aber $J_a + J_s > J$, und die Verluste durch Anker-stromwärme sind daher größer, als wenn die Phasen gleich und $J_a + J_s = J$ wäre. Gün-stiger liegen die Verhältnisse z. B. bei Hochspannung und Speisung von langen Kabel-netzen, weil die Ladeströme der Kabel selbst eine Vor-eilung gegen die Spannung haben.

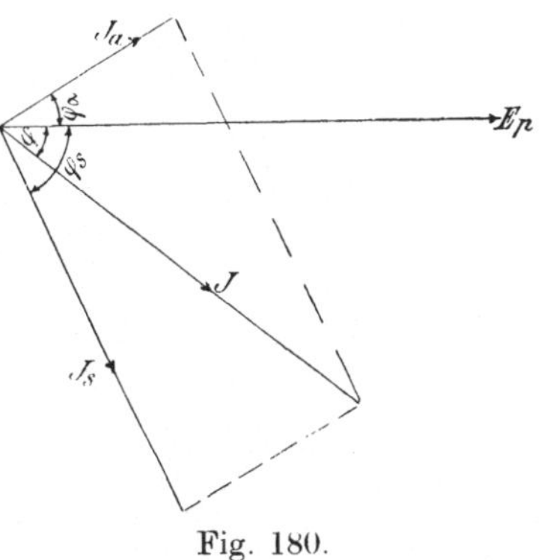

Fig. 180.

Zerlegt man die in Frage kommenden Ströme in Watt- und wattlose Komponenten, so läßt sich das Zusammenarbeiten eines Synchron- und eines Asynchrongenerators auch so verstehen, daß der Asynchron-generator eine voreilende wattlose Komponente liefert, die durch eine besonders zu erzeugende nacheilende Komponente seitens des Synchrongenerators wieder vernichtet werden muß. Bei den praktisch vorkommenden Leistungsfaktoren der Asynchronmotoren sind die wattlosen Komponenten im Verhältnis zum gesamten von den Motoren aufzunehmenden Strom durchaus nicht gering. Dies zeigt die nachfolgende Tabelle, in der für verschiedene Leistungs-faktoren $\cos \varphi_a$ die dazu gehörigen wattlosen Komponenten $\sin \varphi_a$, in Prozenten ausgedrückt, zusammengestellt sind.

$$\cos \varphi_a = 0,98, \quad 0,96, \quad 0,94, \quad 0,92, \quad 0,90, \quad 0,85, \quad 0,50$$
$$\sin \varphi_a = 20^0/_0, \quad 28^0/_0, \quad 34^0/_0, \quad 39^0/_0, \quad 44^0/_0, \quad 53^0/_0, \quad 60^0/_0.$$

Geht man aus vom synchronen Lauf des Ankers eines Drehstrommotors, so findet man bei zunehmender Schlüpfung eine Änderung des Drehmomentes nach Fig. 162. Läßt man die Schlüpfung im umgekehrten Sinne zunehmen, so ergibt sich eine symmetrische Kurve, wie in Fig. 181 dargestellt. Um eine steigende negative Schlüpfung zu erhalten, muß man also den Anker mit steigender Kraft vorwärts drücken, und damit steigt auch die abgenommene elektrische Leistung bis zu einem Maximum. Die Leistung eines Asynchrongenerators wird also durch die Drehzahl geregelt, wobei entsprechend den praktisch auftretenden geringen Schlüpfungen nur geringe Änderungen der Dreh-

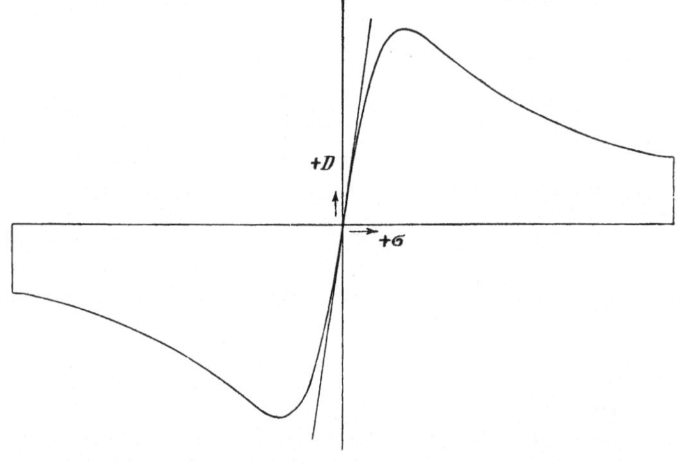

Fig. 181.

zahl nötig sind. Die Regelung geschieht durch Einstellung des Regulators der antreibenden Kraftmaschine von Hand. Im Gegensatz dazu muß die Drehzahl der Synchrongeneratoren bei allen Belastungen genau konstant gehalten werden, weil durch diese die Periodenzahl des gelieferten Wechselstromes bestimmt ist. Dieser grundsätzliche Unterschied bringt es mit sich, daß auch für die Parallelschaltung der beiden Arten von Maschinen sehr verschiedene Maßnahmen zu treffen sind. Soll eine Synchronmaschine zu einer bereits im Betriebe befindlichen anderen zugeschaltet werden, so müssen die Spannungskurven vor dem Zusammenschluß kongruent gemacht werden. Zu diesem Zwecke sind, wie später ausführlich erörtert werden wird, ziemlich verwickelte Schalt-(„Synchronisier"-)Einrichtungen nötig. Das Zuschalten eines Asynchrongeneratos dagegen kann wie das eines Asynchronmotors mit Anlaßwiderstand oder bei Benutzung eines Kurzschlußankers durch einen Stufenschalter geschehen, der den Ständer an die Sammelschienen zunächst über Widerstände hinweg anschließt, die dann herausgenommen werden.

Das einfache Parallelschalten des Asynchrongenerators bildet einen wesentlichen Vorzug desselben gegen den Synchrongenerator. Ein anderer Vorzug liegt in dem einfacheren Bau des Läufers, der im Gegensatz zu dem Magnetkreuz der Synchronmaschine ein einfacher Käfiganker sein kann und auch keiner Erregermaschinen bedarf. Dieser Vorteil kommt vor allem zur Geltung bei den schnellaufenden Turbogeneratoren und besonders gegenüber den schlimmen Begleiterscheinungen des plötzlichen Kurzschlusses bei diesen.

Die Asynchrongeneratoren haben bisher noch keine sehr umfangreiche Verwendung gefunden. Sie sind nach obigem besonders am Platze für kleinere Nebenwerke, die zur Unterstützung von Hauptwerken auf dasselbe Netz arbeiten, aber keine kostspielige Einrichtung benötigen sollen. Außer mit Synchrongeneratoren in selbständigen Zentralen können sie auch mit Synchronumformern zusammenarbeiten, die wir später behandeln werden.

Die Eigenschaft des asynchronen Drehstrommotors, als Generator zu arbeiten, kann auch zur Bremsung dieses Motors durch Stromrückgabe benutzt werden, z. B. bei Bergbahnen, wenn die Wagen abwärts fahren. Schaltet man zur Abwärtsfahrt einer mit Drehstrom getriebenen Bergbahn die Rotationsrichtung der Drehfelder der Motoren um, so nehmen die Wagen zunächst die dem Synchronismus entsprechende Geschwindigkeit an und werden bei weiter zunehmender Geschwindigkeit immer stärker gebremst. Schließlich laufen sie sich ein auf eine Geschwindigkeit, bei der die nach unten wirkende Zugkraft der Gravitation gleich der Bremskraft ist. Da sowohl bei positiver wie auch bei negativer Schlüpfung das Maximum des Drehmomentes bei etwa $5^0/_0$ Abweichung vom Synchronismus erreicht wird, so fährt der abwärtsfahrende Wagen nur um wenige Prozente schneller als der aufwärtsfahrende. Selbstverständlich muß dafür Sorge getragen werden, daß die an steilster Stelle nach unten wirkende Zugkraft die höchste erreichbare Bremskraft nicht überschreitet. Da die letztere aber ungefähr dieselbe ist wie die maximale bei der Auffahrt erreichbare Zugkraft, so sind die Sicherheitsbedingungen für Auffahrt und Abfahrt annähernd die gleichen.

§ 41. Spannungsergänzer.

Bei Vergrößerung des Stromanschlusses in einem Teile eines Leitungsnetzes kommt man oft in die Lage, gegen Überlastung einer Speiseleitung Abhilfe schaffen zu müssen. Da die hohen Belastungen gewöhnlich nur während kurzer Zeit des Tages und Jahres andauern, entschließt man sich vielfach schwer zur Verlegung neuer teurer Speiseleitungen, und es kann vorteilhaft sein, in die überlastete Speiseleitung einen Apparat einzuschalten, der den zu großen Spannungsabfall durch eine Zusatzspannung wieder ausgleicht. Hierbei kann man nötigenfalls die Leitung bis zu ihrer Erwärmungsgrenze ausnutzen.

Auch bei Überlandzentralen kann die nachträgliche Anbringung solcher Spannungsergänzer zweckmäßig sein. Bei diesen Zentralen wurde bisher das Verteilungsnetz vielfach unmittelbar an das Kraftwerk angeschlossen ohne Benutzung von Speiseleitungen. Dann addieren sich aber die Spannungsverluste in den Verteilungsleitungen von der Zentrale aus zu den Transformatorverlusten und unter Umständen auch zu den Verlusten größerer Niederspannungsnetze, und die den verschiedenen Anschlüssen zur Verfügung stehende Spannung ist oft sehr verschieden. Man kann dabei für die Niederspannungsnetze wesentlich günstigere Verhältnisse schaffen, wenn man die Spannung auf der Hoch- oder Niederspannungsseite des speisenden Transformators durch einen Spannungsergänzer konstant hält.

Bei der Projektierung neuer Anlagen pflegt man zu große Spannungsabfälle durch die Wahl entsprechend hoher Spannungen zu vermeiden. Aber auch in diesem Falle kann ein Spannungsergänzer wirtschaftlich richtiger sein als die Wahl einer höheren Spannung; dann nämlich, wenn die Krafterzeugung so billig ist, daß der den Spannungsverlust begleitende Energieverlust einschließlich des Besitzes des Ergänzers bei der geringeren Spannung weniger jährliche Kosten verursacht als die Isolation der höheren Spannung. Die Spannungsergänzer haben demnach ein sehr ausgedehntes Verwendungsgebiet.

Für die Spannungsergänzung sind heute zwei Einrichtungen in Gebrauch, der Stufen- und der Drehtransformator. Der Stufentransformator ist entsprechend Fig. 182 geschaltet. Die Primärwicklungen sind von der Netzleitung abgezweigt, deren Spannung erhöht werden soll, und die Sekundärwicklungen sind unmittelbar in diese Netzleitungen eingeschaltet, aber derart, daß ihre Wicklungen stufenweise zu- und abgeschaltet werden können, ähnlich wie Akkumulatorenzellen durch einen Zellenschalter. Der Drehtransformator dagegen besteht bei Drehstrom aus einem Drehstrommotor (Fig. 183) mit feststehendem durch eine selbstbremsende Schnecke gehaltenen Schleifringanker, der gewöhnlich in Abzweigung liegt, während die Ständerwicklung mit den Netz-

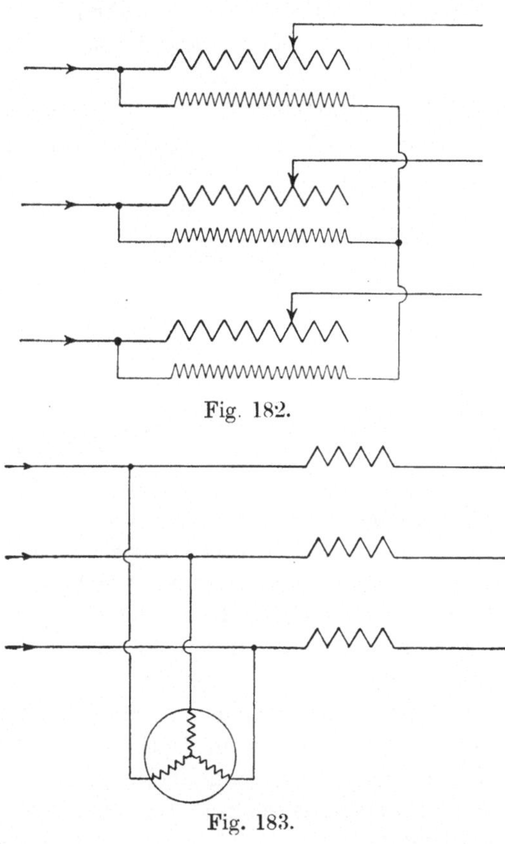

Fig. 182.

Fig. 183.

leitern in Reihe geschaltet wird. Hier wird die Spannung des Netzes durch Einstellung des Ankers in verschiedene Stellungen geregelt. Der Anker entwickelt durch die annähernd konstante Netzspannung Ep, an die er angeschlossen ist, ein annähernd konstantes Drehfeld und induziert in der sekundär liegenden Ständerwicklung eine der Größe nach konstante, aber der Phase nach durch die Ankerstellung bestimmte Zusatz-EMK e_z, und es ergibt sich die Gesamtspannung Ep' (Fig. 184). Der Anker des Drehtransformators oder der Kontaktschlitten des Stufenschalters beim Stufentransformator kann von Hand

oder durch einen Motor bewegt, der Motor dabei durch Druck-
knopf oder Spannungsrelais gesteuert werden. Steht der Regler
nicht an der Stelle, wo reguliert werden soll, befindet er sich
also etwa in der Zentrale, während die Speisepunktspannung
zu regeln ist, so ist ein kompensiertes Voltmeter zu verwenden.

Hat ein Drehtransformator einen Netzstrom J zu führen,
so ist die elektrische Leistung, für die er eingerichtet werden
muß, $\sqrt{3}\,e_z J$, und er vermag dabei die Spannung
um $2\,e_z$ zu verändern. Sein Drehmoment geht hervor aus der Winkelgeschwindigkeit des Drehfeldes

$$\omega = \frac{2\,\pi\,\nu}{p}\ \text{ mit Hilfe der Gleichung}$$

$$D\,\frac{2\,\pi\,\nu}{p}\,9{,}81 = \sqrt{3}\,e_z J,$$

woraus

$$D = \frac{\sqrt{3}\,e_z J\,p}{61{,}64\,\nu}\ \text{mkg}.$$

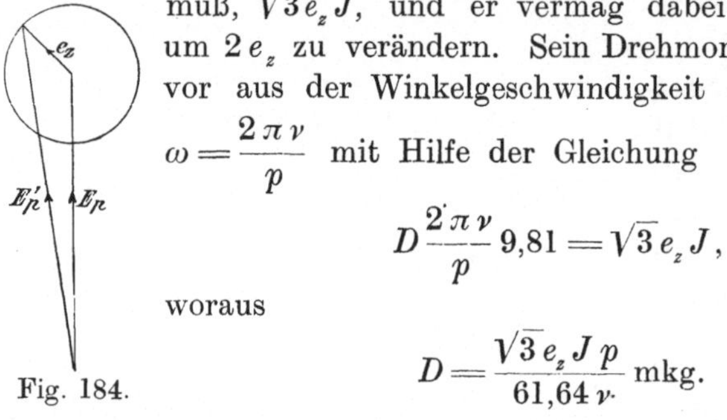

Fig. 184.

Der Stufentransformator vermag bei einer Leistung von $\sqrt{3}\,e_z J$
die Spannung nur um e_z zu verändern. Man kann also sagen,
daß der Stufentransformator prozentrisch ebensoviel von der
durch ihn geleiteten Leistung des Netzes verbraucht, wie er an
Spannung erzeugt, und daß der Drehtransformator nur halb so
viel verzehrt. Für den Drehtransformator von der Leistung
$\sqrt{3}\,e_z J$ sind aber größere Modelle nötig als für einen Drehstrommotor für gleiche Leistung, weil beim Regler die Ven-
tilation fehlt, die beim Motor durch die Bewegung hervorgebracht wird. Man kann aber den Drehtransformator wie auch
den Stufentransformator zur Kühlung in Öl setzen. Der
Leistungsfaktor kann bei dem Drehtransformator sehr viel besser
gemacht werden, als bei dem laufenden Motor, weil man den
Luftraum zwischen Läufer und Ständer geringer wählen kann.

Wägt man die Vorzüge und Nachteile beider Arten der
Spannungsergänzer gegeneinander ab, so findet man etwa die
folgenden:

Nachteile des Stufentransformators: Der Transformator
braucht Anzapfungen der sekundären Wicklung unter Öl und
einen Stufenschalter. Die Hauptmängel dieses Schalters sind
die ziemlich großen Spannungsdifferenzen zwischen seinen Kon-
takten und der deshalb nötige ziemlich große Überbrückungs-

widerstand, ferner der Abbrand der Kontakte auch bei Benutzung einer Funkenentziehvorrichtung. Dieser Abbrand läßt sich zwar bei Stromunterbrechung unter Öl vermindern; dabei entstehen dann aber andere Nachteile, nämlich die durch die Funkenbildung hervorgerufene Verunreinigung des Öles, die dessen Isolierfähigkeit beeinträchtigt und den Reibungswiderstand für den Antriebsmotor vergrößert, ferner die Möglichkeit des Durchbrennens dieses Widerstandes und der Entzündung des Öles. Trotz aller dieser Mängel geschieht die Regelung nur stufenweise. Dem gegenüber hat der Drehtransformator den Vorzug, daß er gleichmäßig regelt und keine funkenbildenden Kontakte braucht.

Vorzüge des Stufentransformators: Die Regelung ändert nur die Größe, nicht aber die Phase. Geregelte und ungeregelte Teile eines Netzes können daher parallel geschaltet werden, und in einem geschlossenen Leitungsringe läßt sich die Belastung in beiden Ringstrecken beliebig verteilen. Der Stufentransformator kann mit kleinem e_z und daher ohne

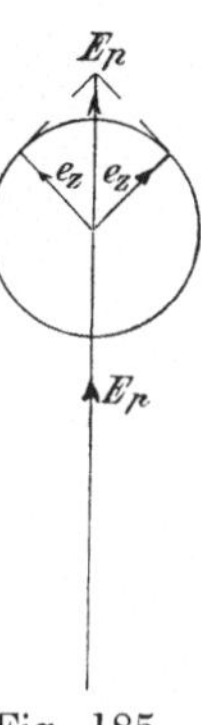

Fig. 185.

besondere Vorsichtsmaßregeln in eine Leitung eingeschaltet werden, während man beim Drehtransformator beim Einschalten den Anker stromlos machen muß.

Die Nachteile des Drehtransformators sind jetzt beseitigt durch den Doppelfeldregler. Dieser besteht aus zwei Drehtransformatoren gleicher Größe mit entgegengesetzt rotierenden Feldern, gemeinsamer Welle, Parallelanschluß der Erregeranker an das Netz und Reihenschaltung der Ständerwicklungen in dem Netz. Die Gesamtspannung bildet sich bei diesem Doppelfeldregler aus den beiden Vektoren als eine Resultierende, die nach Fig. 185 dauernd die gleiche Phase hat wie die zu korrigierende Spannung.